Jürgen Kiefer

Strahlen und Gesundheit

Beachten Sie bitte auch weitere interessante Titel zu diesem Thema

Lyss, A. P., Fagundes, H., Corrigan, P.

Chemotherapie und Bestrahlung für Dummies

2009
ISBN: 978-3-527-70479-8

Bäuerle, D.

Laser

Grundlagen und Anwendungen in Photonik, Technik, Medizin und Kunst

2009
ISBN: 978-3-527-40803-0

Häußler, P.

Donnerwetter – Physik!

2006
ISBN: 978-3-527-31644-1

Diehl, J. F.

Radioaktivität in Lebensmitteln

2003
ISBN: 978-3-527-30722-7

Lilley, J. S.

Nuclear Physics

Principles and Applications

2001
ISBN: 978-0-471-97936-4

Gottwald, W., Heinrich, K. H.

UV/VIS-Spektroskopie für Anwender

1998
ISBN: 978-3-527-28760-4

Jürgen Kiefer

Strahlen und Gesundheit

Nutzen und Risiken

WILEY-VCH Verlag GmbH & Co. KGaA

Autor

Prof. Dr. Jürgen Kiefer
Justus-Liebig-Universität
Strahlenzentrum
Leihgesterner Weg 217
35392 Gießen

1. Auflage 2012

■ Alle Bücher von Wiley-VCH werden sorgfältig erarbeitet. Dennoch übernehmen Autoren, Herausgeber und Verlag in keinem Fall, einschließlich des vorliegenden Werkes, für die Richtigkeit von Angaben, Hinweisen und Ratschlägen sowie für eventuelle Druckfehler irgendeine Haftung

**Bibliografische Information
der Deutschen Nationalbibliothek**
Die Deutsche Nationalbibliothek verzeichnet diese Publikation in der Deutschen Nationalbibliografie; detaillierte bibliografische Daten sind im Internet über <http://dnb.d-nb.de> abrufbar.

© 2012 Wiley-VCH Verlag & Co. KGaA, Boschstr. 12, 69469 Weinheim, Germany

Alle Rechte, insbesondere die der Übersetzung in andere Sprachen, vorbehalten. Kein Teil dieses Buches darf ohne schriftliche Genehmigung des Verlages in irgendeiner Form – durch Photokopie, Mikroverfilmung oder irgendein anderes Verfahren – reproduziert oder in eine von Maschinen, insbesondere von Datenverarbeitungsmaschinen, verwendbare Sprache übertragen oder übersetzt werden. Die Wiedergabe von Warenbezeichnungen, Handelsnamen oder sonstigen Kennzeichen in diesem Buch berechtigt nicht zu der Annahme, dass diese von jedermann frei benutzt werden dürfen. Vielmehr kann es sich auch dann um eingetragene Warenzeichen oder sonstige gesetzlich geschützte Kennzeichen handeln, wenn sie nicht eigens als solche markiert sind.

Umschlaggestaltung Bluesea Design Simone Benjamin, McLees Lake, Canada
Satz Reemers Publishing Services GmbH, Krefeld
Druck und Bindung betz-druck GmbH, Darmstadt

Print ISBN: 978-3-527-41099-6
ePDF ISBN: 978-3-527-64843-6
ePub ISBN: 978-3-527-64842-9
mobil ISBN: 978-3-527-64841-2
oBook ISBN: 978-3-527-64840-5

Printed in the Federal Republic of Germany
Gedruckt auf säurefreiem Papier.

WK für mehr als 50 Jahre Geduld

Inhaltsverzeichnis

Vorwort *XV*

Farbtafel *XIX*

1	**Die Welt der Strahlen und Wellen** *1*	
1.1	Einführung *1*	
1.2	Elektromagnetische Wellenstrahlung *3*	
1.3	Radioaktivität *10*	
1.3.1	Teilchenstrahlen *10*	
1.3.2	Gammastrahlung *15*	
1.4	Ultraschall *16*	
2	**Ein Blick in die Biologie** *19*	
2.1	Grundsätzliches *19*	
2.2	Zellen *20*	
2.3	Organe und Gewebe *25*	
2.4	Tumoren *27*	
3	**Wenn Strahlung auf den Körper trifft ...** *31*	
3.1	Eindringvermögen *31*	
3.2	Wechselwirkungsprozesse *32*	
3.2.1	Ionisierende Strahlen *32*	
3.2.2	Optische Strahlung *35*	
3.2.3	Terahertzstrahlung *35*	
3.2.4	Hochfrequenz- und Mikrowellen *36*	
3.2.5	Elektromagnetische Wellen niedriger Frequenz (ELF) *36*	
3.2.6	Ultraschall *36*	
3.3	Expositionsmaße und ihre Einheiten *37*	
3.3.1	Ionisierende Strahlen *37*	
3.3.1.1	Dosisbegriffe und Messgrößen *37*	
3.3.1.2	Radioaktivität *38*	
3.3.2	Optische Strahlung *39*	
3.3.3	Terahertzstrahlung *39*	

3.3.4	Hochfrequenz- und Mikrowellen	*39*
3.3.5	Elektromagnetische Wellen niedriger Frequenz (ELF)	*40*
3.3.6	Ultraschall	*40*
3.3.7	Übersicht über Messgrößen	*40*

4	**Der Blick in das Innere: Strahlendiagnostik**	*43*
4.1	Einleitende Vorbemerkungen	*43*
4.2	Röntgendiagnostik	*44*
4.2.1	„Klassische" Röntgendiagnostik	*44*
4.2.2	Röntgen-Computertomographie	*49*
4.3	Nuklearmedizin	*51*
4.3.1	Funktionelle Untersuchungen, Szintigraphie	*51*
4.3.2	Positronen-Emissions-Tomographie (PET)	*53*
4.4	Magnetresonanztomographie (MRT)	*55*
4.5	Ultraschalldiagnostik (Sonographie)	*58*

5	**Strahlenrisiken**	*61*
5.1	Vorbemerkungen	*61*
5.2	Übersicht	*61*
5.3	Frühschäden	*63*
5.3.1	Veränderungen der Organfunktion	*63*
5.3.2	Akutes Strahlensyndrom	*65*
5.3.3	Fertilitätsstörungen	*68*
5.3.4	Augenkatarakte	*68*
5.3.5	Schwellendosen	*69*
5.4	Spätwirkungen	*69*
5.4.1	Das genetische Risiko	*69*
5.4.2	Krebs durch Strahlen oder das wissenschaftliche Erbe von Hiroshima	*71*
5.4.3	Herz-Kreislauf-Erkrankungen	*81*
5.5	Strahlen und das Ungeborene	*81*

6	**Die gar nicht immer liebe Sonne ...**	*85*
6.1	Vorbemerkungen	*85*
6.2	Ultraviolette Strahlen	*86*
6.2.1	Akute Wirkungen	*86*
6.2.1.1	Haut	*86*
6.2.1.2	Auge	*92*
6.2.2	Spätwirkungen, Hautkrebs	*93*
6.2.3	Solarien und Sonnenstudios – einige Anmerkungen	*97*
6.3	Sichtbare Strahlung	*99*
6.4	Infrarot, Terahertzwellen	*100*
6.5	Laser	*101*

7 Handys, Mikrowellenherde und Strommasten *103*

- 7.1 Einleitung und Übersicht *103*
- 7.2 Hochfrequenzfelder *103*
- 7.2.1 Gefahren durch Radar? *104*
- 7.2.2 Leukämie im Umkreis von Radio- und Fernsehsendern? *106*
- 7.2.3 Mobilfunkkommunikation *106*
- 7.2.3.1 Vorbemerkung *106*
- 7.2.3.2 Die Frage des Krebsrisikos *107*
- 7.2.3.3 Andere gesundheitliche Einflüsse *113*
- 7.2.3.4 Abschlussbemerkung *115*
- 7.2.4 Mikrowellenherde *116*
- 7.3 Masten und Stromversorgungsleitungen *116*

8 Heilen mit und durch Strahlen *121*

- 8.1 Einleitung *121*
- 8.2 Ionisierende Strahlen *122*
- 8.2.1 Tumortherapie *122*
- 8.2.1.1 Teletherapie *122*
- 8.2.1.2 Brachytherapie *126*
- 8.2.1.3 Radionuklidtherapie *127*
- 8.2.1.4 Schlussbemerkung: Angst vor der Strahlentherapie? *128*
- 8.2.2 Nicht-Krebs-Erkrankungen *129*
- 8.3 Ultraviolette und sichtbare Strahlung *131*
- 8.4 Hochfrequente Felder *133*

9 Strahlen und Lebensmittel *135*

- 9.1 Einleitung *135*
- 9.2 Radioaktivität in Lebensmitteln *135*
- 9.3 Lebensmittelbestrahlung *140*
- 9.4 Und die Mikrowelle in der Küche? *142*

10 Strahlen in unserer Umwelt *145*

- 10.1 Übersicht *145*
- 10.2 Umweltstrahlung und ihre Bedeutung *146*
- 10.2.1 Natürliche Strahlenquellen *146*
- 10.2.2 Innere Exposition durch Ingestion und Inhalation *151*
- 10.3 Zivilisatorische Einflüsse *155*
- 10.3.1 Medizinische Expositionen *155*
- 10.3.2 Andere zivilisatorische Strahlenquellen *158*
- 10.3.2.1 Nutzung der Kernenergie *158*
- 10.3.2.2 Technische und „alltägliche" Anwendungen *162*
- 10.4 „Esoterische" Strahlenquellen – von Erdstrahlen, Wünschelruten & Co. *163*

11 Erzeugung und Wechselwirkungen von Strahlung – etwas detaillierter   167
- 11.1   Ionisierende Strahlen   167
- 11.1.1 Photonenstrahlen   167
- 11.1.2 Übertragung der Energie – mikroskopisch und makroskopisch   172
- 11.2   Optische Strahlungen   175

12 Strahlenwirkungen in der Zelle – etwas näher betrachtet   179
- 12.1   Übersicht   179
- 12.2   Initiale DNA-Veränderungen   181
- 12.3   Strahleninduzierte Veränderungen der Chromosomen   183
- 12.4   Zelluläre Endpunkte: Teilungsfähigkeit, Mutationen, Transformationen   187
- 12.5   Modifikationen der Strahlenwirkung   191
- 12.5.1 Vorbemerkung   191
- 12.5.2 Zeitliches Bestrahlungsmuster   191
- 12.5.3 Strahlenschutzsubstanzen und Sensibilisatoren   193
- 12.5.4 Reparaturprozesse   195
- 12.6   Abschließende Synopse   199

13 Strahlendosen und ihre Messung   201
- 13.1   Vorbemerkungen und Übersicht   201
- 13.2   Kalorimetrie   203
- 13.3   Elektrische Verfahren   204
- 13.3.1 Ionisationskammer   204
- 13.3.2 Geigerzähler   206
- 13.3.3 Stabdosimeter   207
- 13.4   Optische Verfahren   208
- 13.4.1 Szintillationszähler   208
- 13.4.2 Thermolumineszenzdosimetrie   210
- 13.4.3 Glasdosimeter, Speicherfolien   211
- 13.4.4 Festkörperdetektoren in der Röntgendiagnostik   212
- 13.5   Chemische Verfahren   213
- 13.6   Biodosimetrie   214

14 Die Epidemiologie und ihre Fallstricke   217
- 14.1   Vorbemerkungen   217
- 14.2   Studientypen   222
- 14.2.1 Ökologische Studien   222
- 14.2.2 Kohortenstudien   222
- 14.2.3 Fall-Kontroll-Studien   223
- 14.3   Fallstricke der Epidemiologie – die Bradford-Hill-Kriterien   224

15	**Das System des Strahlenschutzes** *227*	
15.1	Übersicht *227*	
15.2	Ionisierende Strahlen *228*	
15.2.1	Grundlegende Verfahren und Prinzipien *228*	
15.2.2	Strahlenschutzbestimmungen in Deutschland *233*	
15.3	Nicht ionisierende Strahlen *238*	
15.3.1	Vorbemerkungen *238*	
15.3.2	Regelungen in Deutschland *240*	
16	**Strahlenzwischenfälle** *243*	
16.1	Übersicht *243*	
16.2	Nicht nukleare Ereignisse *245*	
16.3	Nukleare Zwischenfälle *248*	
16.3.1	Kernwaffenproduktion *248*	
16.3.2	Kernenergie *248*	
16.3.2.1	Vinca, Jugoslawien *248*	
16.3.2.2	Three Mile Island, Harrisburg USA *249*	
16.3.2.3	Tschernobyl *249*	
16.3.2.4	Tokai-Mura *253*	
16.3.2.5	Fukushima *253*	
16.4	Schlussbemerkung *257*	

Literatur *259*

Weiterführende Literatur *266*

Epilog *267*

Glossar *269*

Sachregister *277*

Danksagungen

Für die Erlaubnis des Abdrucks von Abbildungen danken wir:
  Prof. Dr. Föll, Institut für Materialwissenschaften, Universität Kiel
  Bundesamt für Strahlenschutz (BfS)
  Physikalisch-Technische Bundesanstalt (PTB)
  Georg Thieme Verlag
  Springer-Verlag (Spektrum Akademischer Verlag)
  Siemens AG
  Universitätsklinikum Heidelberg
  Deutsches Röntgenmuseum
  Oak Ridge Associate Universities
  sowie Dr. Andrea Kinner und Dr. C. Johannes.

Vorwort

Strahlen tragen für viele Menschen das Signum des Unheimlichen, manchmal des Mythischen, oft der Gefahr. Dieses Buch beschäftigt sich ihrem Einfluss auf die menschliche Gesundheit, was sofort die Assoziation mit potenziellen oder auch realen negativen Folgen hervorruft. Auch über sie soll hier gesprochen werden, aber es gilt auch ihre positiven Möglichkeiten gebührend heraus zu stellen. Es ist das Ziel, realistisch und unaufgeregt aufzuklären und Fakten darzustellen – auf dem Boden wissenschaftlicher Befunde, soweit sie vorliegen. Auch Unsicherheiten sollen nicht verschwiegen werden.

Die Einstellung zur Strahlung in unserer Gesellschaft hat eine wechselvolle, oft irritierende, Geschichte. Kurz nach der Entdeckung von Röntgenstrahlen und Radioaktivität erhoffte man sich wahre Wunderdinge, und die Gefahren spielten im öffentlichen Bewusstsein keine sehr große Rolle. Auch die Möglichkeiten der Anwendung der Kernspaltung wurden geradezu enthusiastisch gefeiert. Dabei stand die Energiegewinnung im Vordergrund, das Potenzial zur Zerstörung war den Fachleuten natürlich bekannt, blieb aber in den Geheimlabors der Militärs weitgehend verborgen. Diese Situation änderte sich schlagartig mit den Bombenabwürfen auf Hiroshima und Nagasaki im Sommer 1945, allerdings speiste sich das Entsetzen mehr aus der Zerstörungskraft, kaum aus den Gefahren der Strahlung, die erst nach und nach realisiert wurden. Es war ein genialer Schachzug des damaligen amerikanischen Präsidenten Dwight D. Eisenhower, die weltweite friedliche Nutzung der Kernenergie zu einem Ziel seiner Regierung zu machen und dadurch von den fürchterlichen Folgen der weiteren Entwicklung atomarer Waffen, und der Rolle der USA dabei, abzulenken. Seine Rede vor den Vereinten Nationen am 8. Dezember 1953[1] („Atoms for Peace") führte nicht nur zur Gründung der „International Atomic Energy Agency" (IAEA), sondern löste auch weltweite Aktivitäten aus, deren erster Kulminationspunkt eine große internationale Konferenz im August 1955 verbunden mit einer Ausstellung in Genf war, die später auch in der Essener Gruga gezeigt wurde. Die Erinnerung an die Bombe schien verdrängt, eine neue Euphorie brach aus. Deutschland hatte seinen Teil daran, wobei auch eine Rolle spielte, dass der nunmehr von den Alliierten erlaubte Bau nuklearer Anlagen

---

1) http://web.archive.org/web/20070524054513/http://www.eisenhower.archives.gov/atoms.htm

als Zeichen wiedererlangter Souveränität empfunden wurde. Sogar ein „Atomministerium" wurde geschaffen. Die Industrie verhielt sich zögerlich, die (wirtschaftlichen) Unsicherheiten schienen zu groß. Mit kräftiger politischer Unterstützung – auch und nicht zuletzt durch die SPD – entstanden dann die ersten Kernkraftwerke. Der Stimmungswandel zeichnete sich in den 1970er Jahren ab. Wie nicht ganz selten in der Geschichte startete er mit einem „Bauernaufstand": Als am Oberrhein bei Wyhl ein Kraftwerk errichtet werden sollte, fürchteten die Winzer, dass die Schwaden der Kühltürme ihr wundervolles Mikroklima zerstören würde und setzten sich letztlich erfolgreich zur Wehr. Mit Strahlung hatte das ursprünglich wenig zu tun, was sich dann aber ändern sollte. Die aufstrebende „grüne Bewegung" machte die Gegnerschaft zur Kernenergie alsbald zu ihrem Markenzeichen und Identifikationsmerkmal. Die Auswirkungen der Katastrophe von Tschernobyl taten ein Übriges. Die heutige Lage ist bekannt: eine klare Mehrheit der Bevölkerung lehnt die Verwendung der Kernenergie ab.

Man mag dies bedauern oder begrüßen, das ist hier nicht das Thema. Ganz bewusst wird hier keine Stellung bezogen (der Autor besitzt eine, aber sie bleibt hoffentlich verborgen). Schlimm wird die Situation jedoch dadurch, dass nun alles, was auch im Entferntesten mit Strahlung in Verbindung gebracht werden kann, als bedrohlich empfunden wird und als weltliches Teufelswerk angesehen wird, was mit steigender Skepsis gegenüber Wissenschaft und Technik einhergeht. Dem durch objektive Information entgegen zu wirken, bildet ein Hauptanliegen dieses Buches. Es lässt sich nicht vermeiden, sich ab und an auch deutlich gegen den derzeitigen „Mainstream" zu stellen, durch Rückgriff auf die zahlreich angegebenen Quellen mag der Leser sich selbst ein Urteil bilden. Allerdings, so genannte „graue Literatur" von Bürgerinitiativen, Umweltverbänden etc. wird in der Regel nicht herangezogen, da viele der dort gemachten Aussagen schwer oder kaum verifizierbar sind. Wenn sie sich auf Publikationen nach anerkannten wissenschaftlichen Standards beziehen, werden sie selbstverständlich angemessen berücksichtigt.

Strahlung ist ein physikalisches Phänomen. Es lässt sich also nicht vermeiden, auch auf die Physik einzugehen. Aus langjähriger Erfahrung mit Studenten und Kursteilnehmern vor allem medizinischer und biologischer Disziplinen weiß ich, dass diese Ankündigung viele Leser dazu bringen wird, das Buch schon jetzt zu schließen (schlecht für den Autor) oder es nicht zu kaufen (schlecht für den Autor und den Verlag). Sie erinnern sich an frustrierende Schulstunden oder Vorlesungen, aus denen sie mit der Überzeugung heraus gingen, diese Wissenschaft sei schwer und für „normale" Menschen nicht zu verstehen. Sie erliegen dabei einem weit verbreiteten Irrtum: In Wirklichkeit ist die Physik die einfachste Naturwissenschaft – man muss es nur merken. Im Gegensatz zu Biologie, Chemie oder auch Anatomie kommt man mit einem Minimum an zu memorierenden Einzelheiten aus, auf Strukturformeln, Pflanzen- oder Tiernamen oder eine Unmenge lateinische Termini kann man weitgehend verzichten. Die physikalische Wissenschaft entwickelt sich aus wenigen Grundprinzipien, auf denen sich das ganze Gebäude aufbaut. Dieses zu verstehen, erfordert nicht unerhebliche intellektuelle Anstrengung, die allerdings belohnt wird mit einem „Heureka-Erlebnis", wie es schon im dritten Jahrhundert vor Christus dem Griechen Archimedes auf Syrakus widerfuhr, als er herausgefunden hatte, nach welchem Prinzip der Auftrieb in Flüssigkeiten funktioniert.

Um den möglichen Abschreckungscharakter abzumildern, ist dieses Buch in zwei große Abschnitte unterteilt: im ersten werden die Fakten dargestellt und die wissenschaftlichen Begründungen kurz gehalten, im zweiten (ab Kapitel 11) wird auf diese ausführlicher eingegangen und auf weiterführende Literatur verwiesen. Quellen und Literaturverweise finden sich in den Anmerkungen. Das Internet eröffnet heute Zugänge, die früher undenkbar waren. Aus diesem Grunde sind auch, wo immer möglich, entsprechende Adressen angegeben. Der Autor hofft, auf diese Weise verschiedenen Anforderungen gerecht zu werden, nämlich über den gegenwärtigen Stand der Kenntnisse über Möglichkeiten und Gefahren der Strahlenanwendung zunächst mit einem Minimum an technischen Details aufzuklären, auf der anderen Seite aber auch diejenigen Leser zu bedienen, die etwas tiefer in die Materie eindringen möchten. Allerdings soll es kein wissenschaftliches Lehrbuch werden, sondern dem Nichtfachmann (was die Frauen einschließt), der an der Thematik generell interessiert ist, Information liefern.

Der Autor hat als „gelernter" Physiker viele Jahrzehnte mit nicht nachlassender Faszination Strahlenbiologie betrieben, auch im Ruhestand lässt ihn das Gebiet nicht los. Die im wahrsten Sinne des Wortes tief greifenden Entwicklungen der modernen Biologie spiegeln sich auch in dieser Teildisziplin wider, die auch selbst Einiges zu den neuen Erkenntnissen beigetragen hat. Ab und an mag in diesem Buch etwas durchscheinen von der Erregung, welche die Forscher erfasste, wenn sie glaubten, bewegend Neuem auf der Spur zu sein. Einige mehr persönlich gefärbte Aspekte werden im „Epilog" angesprochen.

Das Feld der Strahlenforschung ist auch heute noch in beachtlicher Bewegung, neue unerwartete Erkenntnisse kommen laufend hinzu. Insofern kann hier nur eine Momentaufnahme geliefert werden, nicht alles, was neu aufscheint, wurde erwähnt, einmal, um den Leser nicht zu sehr zu verwirren, vor allem aber, weil nicht immer sicher ist, in wie weit die Ergebnisse auch Einfluss auf die Beurteilung gesundheitlicher Wirkungen haben.

Mit Bedauern und auch Traurigkeit muss man feststellen, dass die Abkehr von der Kernenergie leider die gesamte Strahlenforschung in Misskredit gebracht hat, so dass sich junge Menschen von ihr abwenden. Wie immer man zu der jüngsten Entwicklung stehen mag, der Verzicht auf weitere Forschungen wäre ein herber Verlust, darüber hinaus würde Deutschland international als Gesprächspartner auf einem Gebiet ausfallen, auf dem es einst eine Führungsrolle innehatte. Hoffen wir, dass es dazu nicht kommt!

Die Rolle des Wissenschaftlers ähnelt der des unerfüllten Liebhabers. Immer, wenn man glaubt, dem Brunnen der Erkenntnis näher gekommen zu sein, sprudeln neue Quellen. Man ist nie fertig, „und das ist auch gut so...". So kann man auch dieses Buch nicht anders auf die Reise zum Leser schicken als man mit den Worten, die Beethoven seiner „unsterblichen Geliebten" widmete:

„Nimm sie hin denn, diese Lieder,
Die ich dir, Geliebte, sang ..."

Romantische Gefühle werden beim Lesen sicher nicht aufkommen, vielleicht aber kann ein Informationsbedürfnis befriedigt werden. Wenn dem so ist, und möglicherweise der Wunsch zu weiterem Nachfragen geweckt wird, ist ein bescheidenes Ziel erreicht.

Wettenberg/Giessen, Sommer 2012

Jürgen Kiefer

Farbtafel

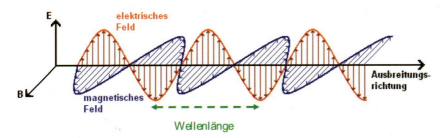

Abb. 1.2 Elektromagnetische Wellen. [1]

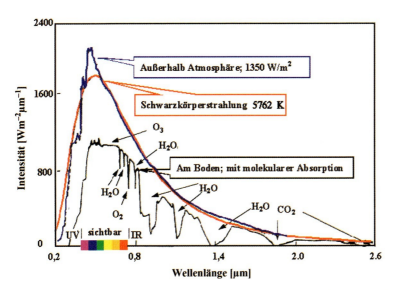

Abb. 1.4 Strahlenspektrum der Sonne: Man sieht, dass im UV und im IR große Bereiche durch die Absorption von Ozon (O_3), Sauerstoff (O_2), Wasser (H_2O) und Kohlendioxid (CO_2) in der Atmosphäre abgeschwächt werden. [2]

Strahlen und Gesundheit: Nutzen und Risiken, 1. Auflage. Jürgen Kiefer
© 2012 Wiley-VCH Verlag GmbH & Co. KGaA. Published 2012 by Wiley-VCH Verlag GmbH & Co. KGaA.

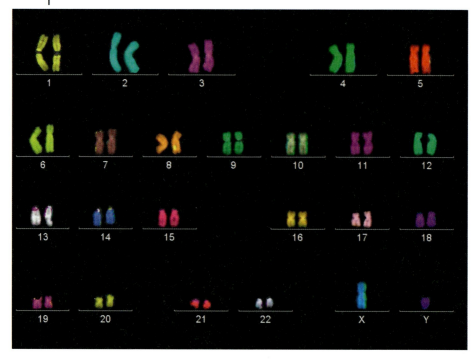

Abb. 2.3 Die Chromosomen einer menschlichen (männlichen) Zelle (Karyogramm). Die Zahlen entsprechen der heute üblichen Klassifizierung, X und Y sind die Geschlechtschromosomen, in weiblichen Zellen findet man zwei X-Chromosomen, in männlichen ein X- und ein Y-Chromosom (dankenswerterweise zur Verfügung gestellt von Dr. C. Johannes, Univ. Duisburg-Essen).

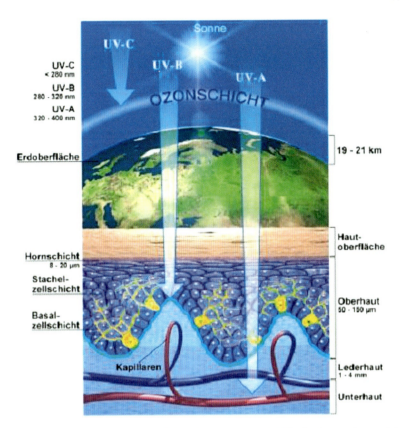

Abb. 6.1 Die Anteile der solaren UV-Strahlung, welche die Erdoberfläche erreichen und ihre Eindringtiefen in die menschliche Haut (Quelle: Strahlenschutzkommission (SSK), 1997 [28]).

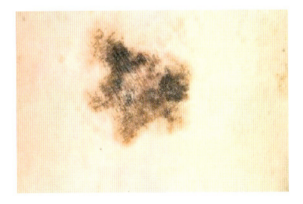

Abb. 6.5 Malignes Melanom (Quelle: SSK[1]).

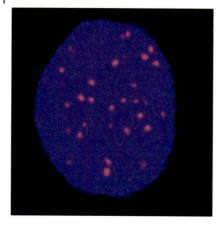

Abb. 12.3 Immunchemische Färbung von DNA-Doppelstrangbrüchen im Kern einer mit Röntgenstrahlen exponierten Säugerzelle. Jeder Punkt entspricht einem Doppelstrangbruch. (Foto: Dr. Andrea Kittler)

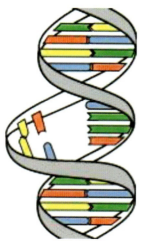

Abb. 12.4 Pyrimidindimere im DNA-Doppelstrang (NASA/David Herring).

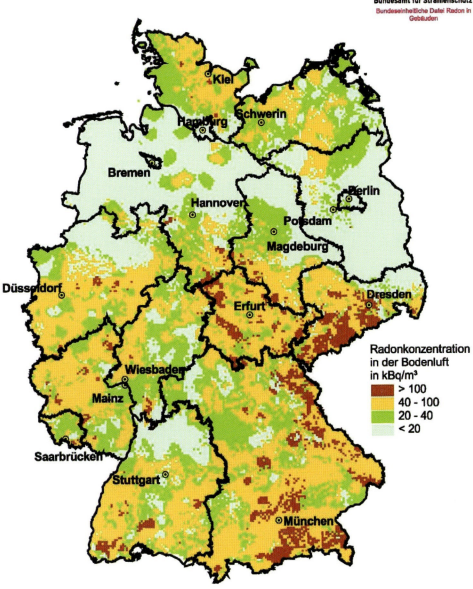

Abb. Radonexpositionen in Deutschland (Quelle: BfS).

1
Die Welt der Strahlen und Wellen

1.1
Einführung

Das Wort „Strahlen" birgt für viele Menschen – je nach Gemütslage – etwas Leuchtendes, oft aber auch Unheimlich-Mystisches. Im Alltag verbindet man damit Gedanken an die strahlenden Augen der Kinder oder von Liebenden, man denkt an das strahlende C-Dur gegen Ende von Mozarts „Zauberflöte", wo es heißt „Die Strahlen der Sonne vertreiben die Nacht." Bei manchen wird allerdings auch die Erinnerung an den Physikunterricht wach, was nicht in jedem Fall mit positiven Gefühlen besetzt ist. Dieser Rückgriff lässt sich allerdings nicht vermeiden, denn „Strahlung" ist eine physikalische Erscheinung, will man sie und ihre Wirkungen verstehen, muss man auf die Grundlagen zurückgreifen, und die sind nun mal (leider wird mancher seufzen) physikalischer Natur. Es mag dabei trösten, dass auch der Physiker hier oft seine Probleme hat, wie die Geschichte dieser Wissenschaft zeigt. Auf der anderen Seite ist die Entwicklung der modernen Physik auf das Engste mit der Erforschung der Strahlen verbunden, ohne sie gäbe es weder Relativitäts- noch Quantentheorie, zu schweigen von den vielfältigen technischen Entwicklungen

Am Anfang sollte man sich darüber einigen, wovon man spricht, wenn man sich mit Strahlen beschäftigt. Gängige Physikbücher sind hier bemerkenswert zurückhaltend, sie verzichten meist auf eine Definition und setzten voraus, dass der Leser schon weiß, wovon die Rede ist. Die Erfahrung zeigt allerdings, dass selbst Physikstudenten sich schwer tun, „Strahlen" zu definieren. Früher schaute man im Konversationslexikon nach, heute befragt man das Internet und die universelle Wissensbörse WIKIPEDIA. Dort findet man in der deutschen Ausgabe (6. Juni 2010): „Der Begriff *Strahlung* bezeichnet die Ausbreitung von Teilchen oder Wellen." Danach wäre also jedes Paddelboot eine Strahlenquelle, denn unzweifelhaft gehen von ihm Wellen aus. So geht es also nicht. Die englische Version ist schon etwas genauer (ebenfalls 6. Juni 2010): „*Radiation describes any process in which energy travels through a medium or through* space." („*Strahlung* beschreibt einen Prozess, bei dem Energie sich durch ein Medium oder den Raum bewegt.") Strahlung ist also Energietransport, die Übertragung ist nicht notwendigerweise an ein Medium gebunden, sie geschieht auch durch den leeren

Strahlen und Gesundheit: Nutzen und Risiken, 1. Auflage. Jürgen Kiefer
© 2012 Wiley-VCH Verlag GmbH & Co. KGaA. Published 2012 by Wiley-VCH Verlag GmbH & Co. KGaA.

Raum. Wäre es nicht so, gäbe es kein Leben auf der Erde, denn zwischen der Sonne und uns herrscht auf dem größten Teil der Strecke Vakuum. Nach dieser engeren Definition gehören elektromagnetische Wellen zu den Strahlen, nicht aber der Schall, der bekanntlich Luft (oder manchmal auch andere Träger) zu seiner Ausbreitung benötigt.

In der Medizin hat man weniger Skrupel: Die Sonographie, Diagnostik mit Hilfe von Ultraschall, gehört zum selbstverständlichen Handwerkszeug des Radiologen. Aus diesem Grunde werden wir uns hier auch mit dieser Anwendung beschäftigen, also etwas von der „reinen Lehre" abweichen, ohne allerdings die Unterschiede zu verwischen.

Für eine genauere Auseinandersetzung mit dem Thema Energie reichen qualitative Überlegungen nicht aus. Gerade im Hinblick auf mögliche Wirkungen muss man genau hinschauen, d. h. die Energie quantitativ erfassen, und dazu benötigt man Maßeinheiten, Dimensionen. Grundsätzlich ist man frei in ihrer Wahl, doch ist es praktischer, sich auf ein allgemein übliches System zu einigen. International eingeführt und in Deutschland auch verbindlich sind die SI-Einheiten (SI steht für *Système International d'Unités*), die von dem *Bureau International des Poids et Mesures* (abgekürzt: BIPM) koordiniert und überwacht werden, das seinen Sitz in der Nähe von Paris hat. Die SI-Einheit für die Energie ist das „Joule" (J), die früher übliche und beliebte „Kalorie" ist nicht mehr zulässig (s. Glossar). In der Atom- und Strahlenphysik ist die Verwendung des Joule auch möglich, jedoch unpraktisch, da man eine Menge Zehnerpotenzen dauernd mitführen müsste. Aus diesem Grunde hat man für dieses spezielle Gebiet eine besondere Einheit kreiert, das „Elektronvolt" (eV). Seine Definition geht auf ein wichtiges physikalische Gesetz zurück, das nach seinem Entdecker, dem französischen Physiker Charles Augustin de Coulomb (1736–1806), dem Begründer der Elektrostatik, benannt ist (Coulombsches Gesetz). Es besagt, dass sich ungleichnamige elektrische Ladungen anziehen, gleichnamige abstoßen, und dass die Kräfte mit dem Quadrat der Entfernung abnehmen. Es ist wie im menschlichen Leben „Gegensätze ziehen sich an...". Der praktisch wichtigste Ladungsträger ist das Elektron, das negativ geladen ist. In einem elektrischen Feld wird es zum positiven Pol beschleunigt und gewinnt dadurch Bewegungsenergie. Wenn die Beschleunigungsspannung gerade 1 Volt beträgt, so beträgt die Energie des Elektrons gerade 1 Elektronvolt (eV) (Abb. 1.1).

Einige Beziehungen zwischen Energieeinheiten sind im Glossar zusammengestellt.

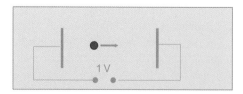

Abb. 1.1 Zum Verständnis der Energieeinheit „Elektronvolt". Wenn ein Elektron durch ein elektrisches Feld von 1 V beschleunigt wird, gewinnt es die Energie von 1 eV.

Kehren wir zum Ausgangspunkt zurück: Strahlen im eigentlichen Sinne treten in zwei Erscheinungsformen auf, als elektromagnetische Wellen und als Teilchenstrahlen. Letztere sind typische Erscheinungen der Radioaktivität, mit der wir uns weiter unten beschäftigen werden. Zunächst aber geht es um die Wellenstrahlung.

1.2
Elektromagnetische Wellenstrahlung

Unsere Welt ist voll von elektromagnetischen Wellen, sie sind also keineswegs nur Erzeugnisse moderner Technik, obwohl diese einiges dem Spektrum hinzugefügt hat. Die ohne Zweifel wichtigste Spielart ist das (sichtbare) Licht, die einzige Strahlung, für die wir ein spezielles Sinnesorgan besitzen. Über seine Natur haben die Physiker lange gerätselt und auch oft handfest gestritten. Seit der Mitte des 17. Jahrhunderts weiß man, dass es sich dabei um ein Wellenphänomen handelt. Sehr viel später erkannte man, dass es noch andere Strahlungen gibt, die, obwohl unsichtbar, ähnlichen Gesetzen folgen. Erst im 19. Jahrhundert gelang es, sie als elektromagnetische Felder zu identifizieren. Elektrisches und magnetisches Feld sind untrennbar verbunden, beide schwingen senkrecht zur Ausbreitungsrichtung und senkrecht zueinander.

Charakteristische Größen sind Wellenlänge (meist mit dem griechischen λ abgekürzt) und Frequenz (kurz v), worunter man die Zahl der Schwingungen pro Zeiteinheit versteht. Beide stehen in einem einfachen Zusammenhang:

$$\lambda = c/v$$

Hierbei ist c die Ausbreitungsgeschwindigkeit, welche im Vakuum (und näherungsweise auch in der Luft) 300.000 Kilometer pro Sekunde beträgt. Als Einheiten benutzt man für die Wellenlänge das Meter (m) bzw. Vielfache oder Bruchteile davon, für die Frequenz die Zahl der Durchgänge pro Sekunde mit dem speziellen Namen „Hertz", abgekürzt Hz, benannt nach dem deutschen Physiker Heinrich Hertz (1847–1894), der die Natur des Lichtes als elektromagnetische Wellenstrahlung experimentell bestätigte. Sein Neffe war übrigens Gustav Hertz (1887–1975), der entscheidende Beiträge zum Verständnis des Atoms lieferte.

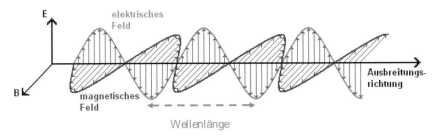

Abb. 1.2 Elektromagnetische Wellen. (s. auch Farbtafel S. XVII.) [1]

Die Natur des Lichtes hat die Physiker über Jahrhunderte beschäftigt. Isaac Newton (1643–1727) vertrat noch die Auffassung, dass es sich um Teilchen handelte, was jedoch der experimentellen Evidenz widersprach. So schien die Wellentheorie die einzige Erklärungsmöglichkeit bis Max Planck (1858–1947) auf Grund theoretischer Überlegungen im Jahre 1900 zu dem Schluss kam, dass die Energieübertragung in einzelnen Beträgen (*Quanten*) erfolgen müsste, was 1915 durch Albert Einstein (1879–1955) experimentell bestätigt wurde. Damit befinden wir uns in dem Dilemma eines unauflösbaren Widerspruchs – es kann eigentlich nicht sein, dass eine Erscheinung sowohl Wellen- als auch Teilchencharakter hat. Wellen sind räumlich ausgedehnt (man denke an den ins Wasser geworfenen Stein), Teilchen kompakt und lokalisierbar. Das ist offenbar eine Frage für Philosophen, die sich dieser Thematik auch ausführlich angenommen haben. Für unsere Betrachtung möge eine praktische Einstellung genügen: Elektromagnetische Strahlen haben sowohl Wellen- als auch Quantencharakter, je nach der experimentellen Anordnung tritt einmal die eine oder die andere Eigenschaft in Erscheinung. Eigentlich zeigen sie also fast menschliche Facetten ...

Die Planckschen Überlegungen führten zu folgender berühmten Beziehung, in der festgestellt wird, dass Quantenenergie E und Frequenz v zueinander proportional sind:

$$E = h\,v$$

Der verbindende Faktor h heißt „Plancksches Wirkungsquantum" (sein Wert beträgt im internationalen Einheitensystem $6{,}63 \times 10^{-34}$ J s). Will man elektromagnetische Wellen näher beschreiben, so kann man also auf Wellenlänge, Frequenz oder Quantenenergie zurückgreifen.

Abbildung 1.3 gibt eine Übersicht über die verschiedenen Strahlenarten und ihre Energien. Man sieht, dass ein sehr großer Energiebereich, nämlich ca. 15 Zehnerpotenzen, abgedeckt wird. In Tabelle 1.1 sind außerdem die Beziehungen zwischen Wellenlängen, Frequenzen und Quantenenergien im Einzelnen zusammengestellt, wobei auch noch feinere Unterteilungen mit aufgeführt sind, auf die noch einzugehen ist.

In Tabelle 1.1 sind in den Spalten jeweils die oberen und unteren Grenzen des jeweiligen Bereichs angegeben. Eine wichtige grundsätzliche Klassifizierung ist gerade im Zusammenhang mit der in diesem Buch diskutierten Problematik anzusprechen: Es gibt *ionisierende* und *nicht ionisierende* Strahlung. Unter Ionisierung (oder auch Ionisation) versteht man die Loslösung eines Elektrons aus dem Atom- oder Molekülverband. Da die Elektronen durch Kräfte gebunden sind, bedarf es zu ihrer Abtrennung einer gewissen Energie (in der Größenordnung von 100 eV). Sie kann nur von ionisierenden Strahlen aufgebracht werden. Alle Folgeerscheinungen, die auf einer initialen Ionisation beruhen, wie auch z. B. Gesundheitsschäden, können daher von nicht ionisierenden Strahlen nicht hervorgerufen werden. Dabei spielt die Intensität, d. h. die Zahl der auftreffenden Quanten, keine Rolle. Man kann sich das in einem simplen Bild verdeutlichen: Bekanntlich lassen sich Fensterscheiben durch Gewehrschüsse („ionisierend")

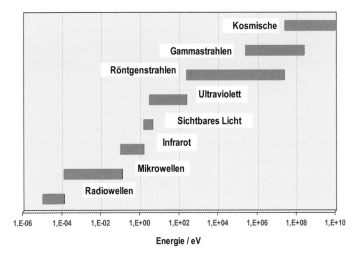

Abb. 1.3 Quantenenergien verschiedener elektromagnetischer Wellenstrahlungen.

durchlöchern, nicht aber durch Wattekugeln („nicht ionisierend"). Auch wenn man mit vielen Wattebäuschchen in schneller Folge die Scheibe bewirft, sie wird standhalten.

Der physikalischen Ehrlichkeit halber ist hier eine einschränkende Bemerkung angezeigt: Das Gesagte gilt nicht für Strahlenquellen sehr hoher Intensität, wie z. B. Hochleistungslaser. Bei ihnen treten so genannte nichtlineare Effekte auf, wodurch sekundäre Strahlen mit hoher Frequenz (und somit auch hoher Quanten-

Tabelle 1.1 Frequenzen, Wellenlängen und Photonenenergien elektromagnetischer Wellen.

Frequenz [Hz]	Wellenlänge [m]		Quantenenergie [eV]
$> 3 \times 10^{15}$	$< 10^{-7}$	Ionisierende Strahlung	$> 12{,}4$
3×10^{15}	10^{-7}	Ultraviolett	$12{,}4$
$7{,}5 \times 10^{14}$	4×10^{-7}		$3{,}1$
$7{,}5 \times 10^{14}$	4×10^{-7}	Sichtbares Licht	$3{,}1$
$3{,}75 \times 10^{14}$	8×10^{-7}		$1{,}6$
$3{,}75 \times 10^{14}$	8×10^{-7}	Infrarot	$1{,}6$
3×10^{12}	10^{-4}		$1{,}2 \times 10^{-2}$
3×10^{12}	10^{-4}	Terahertz	$1{,}2 \times 10^{-2}$
3×10^{10}	10^{-2}		$1{,}2 \times 10^{-4}$
3×10^{10}	10^{-2}	Mobilfunk, Mikrowellen	$1{,}2 \times 10^{-4}$
3×10^{9}	10^{-1}		$1{,}2 \times 10^{-5}$
3×10^{9}	10^{-1}	Hochfrequenz	$1{,}2 \times 10^{-5}$
3×10^{4}	10^{4}		$1{,}2 \times 10^{-10}$
$< 3 \times 10^{2}$	$> 10^{2}$	Extrem niedrige Frequenzen (ELF)	$< 10^{-12}$

energie) entstehen. Auf diesem Wege können also unter sehr besonderen Bedingungen auch durch nicht ionisierende Strahlen Ionisationen bewirkt werden.

Es gibt zwei Arten ionisierender Strahlen, Röntgenstrahlen und Gammastrahlen. Beide unterscheiden sich nicht grundsätzlich in ihrer physikalischen Natur (und daher auch nicht in ihren Wirkungen), sondern nur in Bezug auf den Entstehungsprozess. Röntgenstrahlen treten überall auf, wo beschleunigte Elektronen auf Materie treffen (z. B. in Röntgenröhren), Gammastrahlen bilden immer eine Begleiterscheinung des radioaktiven Zerfalls. Entgegen verbreiteter populärer Vermutungen sind Gammastrahlen weder immer energiereicher als Röntgenstrahlen noch etwa gefährlicher, sie entstehen nur anders.

Box 1.1: Erzeugung von Röntgenstrahlen

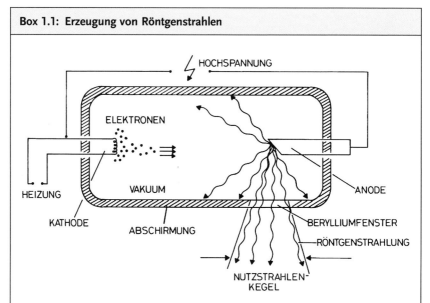

Röntgenstrahlen entstehen, wenn beschleunigte Elektronen in Metallen abgebremst werden, z. B. in Röntgenröhren, aber nicht nur dort. Das Prinzip ist im Bild dargestellt. In der Röntgenröhre werden Elektronen durch Erhitzung der als Heizdraht ausgebildeten Kathode freigesetzt. Durch die zwischen Kathode und Anode anliegende Hochspannung werden sie beschleunigt, wobei durch das im Inneren aufrechterhaltene Vakuum dafür gesorgt wird, dass sie sich frei bewegen können. Bei dem Auftreffen auf die Anode entstehen Röntgenstrahlen, allerdings wird auch Wärme frei (nur ungefähr 5% der aufgewendeten Energie wird zu Röntgenstrahlung umgesetzt). Die Röhrenummantelung schirmt die Röntgenstrahlung weitgehend ab, nur an der Austrittstelle ist ein durchlässiges Fenster aus Beryllium eingesetzt.

Genau genommen muss noch eine andere Strahlenart erwähnt werden, die in das bisherige Schema nicht passt und die später in diesem Kapitel angesprochen wird, die *Vernichtungsstrahlung*. Fälschlicherweise wird sie häufig, selbst in manchen Physikbüchern, als Gammastrahlung bezeichnet.

Abbildung 1.3 und Tabelle 1.1 illustrieren die beachtliche Vielfalt elektromagnetischer Wellenstrahlen. Sehr hohe Energien treten im Weltraum auf, die allerdings keine praktische Bedeutung haben, jedoch von besonderem wissenschaftlichem Interesse sind. Ihre Intensität ist sehr gering, für die Strahlengefährdung bei der Raumfahrt spielen sie keine Rolle, diese geht von geladenen Teilchen, vor allem Protonen und Alphateilchen aus.

An die ionisierende Strahlung schließt sich nach unten in der Energieskala der ultraviolette Teil (UV) des Spektrums an. Aus praktischen Gründen, die vor allem mit der medizinischen Wirkung in Zusammenhang stehen, hat man eine genauere Einteilung in verschiedene Unterbereiche nach Wellenlängen vorgenommen:

„Schumann"- oder Vakuum-UV 100–200 nm[1],
UV-C   200–280 nm,
UV-B   280–315 nm,
UV-A   315–380 nm.

Hauptquelle ultravioletter Strahlung auf der Erde ist die Sonne (Abb. 1.4). Betrachtet man nur die Strahlungseigenschaften, so unterscheidet sich unser Gestirn im Prinzip nicht von den klassischen Glühlampen mit der Heizwendel (die in Zukunft verboten sein werden): Sie ist ein Temperaturstrahler, allerdings deutlich wärmer als nahezu alles, was wir aus unserer Umgebung kennen. Ihre Temperatur beträgt annähernd 6000 Grad. Sie sendet Strahlen über einen weiten Wellenlängenbereich aus, vom kurzwelligen Ultraviolett bis hin zum fernen Infrarot. Nicht alles gelangt auf die Erde, die Atmosphäre und darin enthaltene Gase schirmen große Teile ab, wie man in Abb. 1.4 sieht.

Von besonderer Bedeutung ist in Bezug auf UV das Ozon, dreiatomiger Sauerstoff (O_3), das in den oberen Schichten der Stratosphäre photochemisch unter Einwirkung der Sonnenstrahlung gebildet wird. Es filtert kurzwelliges UV-C, teilweise auch UV-B, aus dem solaren Spektrum aus, so dass hiervon nur geringe Mengen die Erdoberfläche erreichen. Dies ist für das Leben auf unserem Planeten von erheblicher Bedeutung, da kurzwelliges UV biologische Vorgänge nachhaltig schädigen kann, wie später noch erläutert wird. Durch den Einfluss bestimmter Spurengase in der Atmosphäre (z. B. Fluorchlorkohlenwasserstoffe FCKW) kann das Ozon photochemisch abgebaut werden, was dann zu dem viel diskutierten „Ozonloch" führt. Durch die rigorose Beschränkung der Verwendung dieser Chemikalien konnte die Ausdehnung des Ozonlochs eingeschränkt werden, das bedeutet allerdings nicht, dass vollständige Entwarnung gegeben werden kann. Dies Ganze hat übrigens nichts mit der derzeit akuten CO_2-Problematik zu tun, dabei spielt die Infrarotstrahlung die entscheidende Rolle (siehe weiter unten).

---

1) 1 nm = 10^{-9} m oder 1 millionstels Millimeter

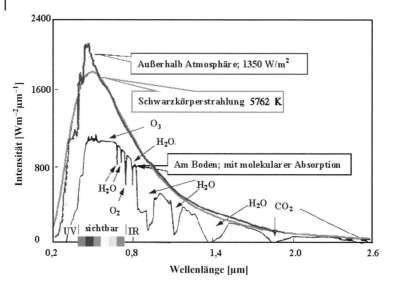

Abb. 1.4 Strahlenspektrum der Sonne: Man sieht, dass im UV und im IR große Bereiche durch die Absorption von Ozon (O_3), Sauerstoff (O_2), Wasser (H_2O) und Kohlendioxid (CO_2) in der Atmosphäre abgeschwächt werden. (s. auch Farbtafel S. XVII.) [2]

Ultraviolette Strahlen können technisch z. B. mit Gasentladungslampen erzeugt werden. Man findet sie in Sterilisierungseinrichtungen, aber auch in Solarien. Außerdem treten sie auch beim Elektroschweißen auf.

An das UV schließt sich der Bereich des sichtbaren Lichts an, was eigentlich ein Pleonasmus ist, da „Licht" per definitionem sichtbar ist. Leider hat sich häufig eine etwas schlampige Ausdrucksweise eingeschlichen, wenn man z. B. auch von „ultraviolettem" oder „infrarotem Licht" spricht. Eigentlich meint man damit die „optische Strahlung" zu der neben dem Sichtbaren auch das UV und das Infrarot gehören. Licht im engeren Sinne bildet nur einen sehr kleinen Teil des gesamten Spektrums elektromagnetischer Wellen. Es umfasst den Wellenlängenbereich von 380–800 nm und fällt recht genau mit dem Maximum der Sonnenemission zusammen, was interessante Rückschlüsse auf die Evolution des Auges zulässt.

Infrarotstrahlung (IR) besitzt eine geringere Energie als UV oder sichtbare Strahlung und überstreicht den Wellenlängenbereich von 800 nm bis ca. 1 mm. Auch hier gibt es eine weitere Unterteilung, nämlich

IR-A 780–1400 nm,
IR-B 1,4–3 µm,
IR-C 3 µm – 1 mm.

IR-C ist weitgehend identisch mit der sogenannten *Terahertz-Strahlung*, die in letzter Zeit mit den für die Passagierüberwachung vorgeschlagenen „Körperscannern" von sich reden machte, ihre effektive Erzeugung ist erst seit Kurzem technisch möglich geworden. Ansonsten äußert sich IR vor allem durch Wärme, alle erhitzten Körper senden infrarote Strahlen aus, nicht zuletzt auch die Sonne.

Für die Erwärmung der Erde ist aber nicht nur die einfallende Infrarotstrahlung verantwortlich. Alle Teile des gesamten Spektrums werden absorbiert und letztlich weitgehend in Wärme umgewandelt, wovon allerdings ein großer Teil zurück in den Weltraum abgestrahlt wird. Wird nun die Durchlässigkeit der Atmosphäre für IR vermindert, so sinkt dieser „Strahlungsverlust" und die Temperatur der Erde steigt. In *Abb. 1.4* sieht man, dass hierfür vor allem das Wasser, aber auch das Kohlendioxid CO^2 verantwortlich sind. Diese Klimaproblematik ist auch unter dem Namen „Treibhauseffekt" (greenhouse effect) bekannt geworden. Dort findet man nämlich ganz ähnliche Verhältnisse: Die Glasscheiben lassen das Licht durch, das im Innern des Häuschens absorbiert und in Wärme umgewandelt wird. Dafür sind die Glasscheiben aber undurchlässig, die Wärme bleibt gefangen. Was zur Aufzucht von Salat und Tomaten sehr erwünscht ist, kann für die Erde dramatische Folgen haben. Erhöht sich der CO^2-Gehalt der Atmosphäre, so heizt sich auf längere Sicht unser Planet auf, mit bisher noch nicht absehbaren Folgen. Spurenelemente in der Atmosphäre können unser Leben also entscheidend beeinflussen: Weniger Ozon lässt mehr schädliche UV-Strahlung in die Biosphäre kommen, mehr Kohlendioxid hält wärmende Infrarotstrahlung zurück.

Noch geringere Quantenenergien als die bisher angesprochenen Strahlenarten haben Mikro- und Radiowellen. Die ersten von beiden bildeten noch vor wenigen Jahrzehnten eine Spezialität der Experimentalphysiker, ohne große praktische Bedeutung. Heute assoziiert man mit ihnen vor allem „Mikrowellenherde", nicht so bekannt ist, dass sich auch die gesamte Mobilfunkkommunikation, also die allgegenwärtigen „Handys", sich ihrer bedient, ebenso wie auch die Radarortung. Über diese Anwendungen wird später noch ausführlich zu sprechen sein. Radiowellen, die zur Übertragung unserer täglichen Rundfunk- und Fernsehprogramme dienen, haben noch geringere Quantenenergien.

Nur der Vollständigkeit halber sind in Tabelle 1.1 auch Felder „extrem niedriger Frequenz" (ELF) aufgeführt, sie gehören eigentlich nicht zu den Wellenstrahlen, werden aber häufig gerade wegen vermuteter gesundheitlicher Wirkungen im selben Zusammenhang diskutiert, deshalb sollen sie hier nicht fehlen. Sie hängen vor allem mit der Elektrizitätsversorgung zusammen, sind also in der Nähe von Überlandleitungen, Erdkabeln oder entlang der Trasse elektrischer Züge zu finden.

Ein Wort noch zu einer „Strahlenart", die bei manchen ein gewisses Unwohlsein auslöst, nämlich der „Laserstrahlung". Es handelt sich hier eigentlich nicht um eine besondere Spezies, sondern nur um eine besondere Art der Erzeugung. Mit Hilfe von Lasern (*Light amplification by stimulated emission of radiation*) ist es möglich, sehr hohe Intensitäten zu erreichen. Dadurch ist die Besonderheit charakterisiert, nicht jedoch durch hohe Quantenenergien, denn Laser gibt es heute praktisch für den gesamten Bereich der optischen Strahlung, also UV, sichtbares Licht und Infrarot, sogar auch für Mikrowellen (dann heißen die Geräte „Maser"). Durch die große Energiekonzentration kann man hohe lokale Temperaturerhöhungen erzielen, was auch in der Medizin, z. B. in der Augenheilkunde oder der Dermatologie, benutzt wird. Wegen dieser Eigenschaften müssen bei Lasern besondere Schutzvorkehrungen beachtet werden.

Hiermit ist die kurze Besprechung elektromagnetischer Wellen abgeschlossen, es folgen die Teilchenstrahlen, die hauptsächlich im Zusammenhang mit radioaktiven Prozessen entstehen.

1.3
Radioaktivität

1.3.1
Teilchenstrahlen

Elektromagnetische Wellen übertragen Energie in Form von Quanten oder Photonen. Für sie ist charakteristisch, dass sie weder Masse noch Ladung besitzen und sich in homogenen Medien alle mit gleicher Geschwindigkeit fortbewegen. Bei dem Energietransport durch Teilchen ist alles anders: Die Partikel besitzen eine Masse (die der Regel sehr klein ist), in vielen Fällen eine Ladung und ihre Geschwindigkeit ändert sich mit ihrer Energie. Für unsere Anschauung bereiten sie geringere Probleme. Denn sie verhalten sich weitgehend wie die Objekte, die wir aus unserer Umgebung kennen, auch wenn sie sehr viel kleiner sind.

Teilchenstrahlen treten vor allem bei der Radioaktivität auf, d. h. dem Zerfall instabiler Atomkerne. Gleichgültig um welche Teilchenart es sich handelt, die emittiert wird, der Akteur ist immer der Atomkern, die Elektronenhülle ist höchstens manchmal sekundär und am Rande beteiligt. Nicht zu Unrecht umgibt die Radioaktivität eine Aura des Geheimnisvollen: Warum zerfallen Atomkerne? Die meisten Menschen machen sich nicht klar, dass diese Frage eigentlich falsch gestellt ist. Sie müsste lauten: Warum sind die meisten Atomkerne stabil? Sie bestehen bekanntlich aus Protonen, also positiv geladenen Teilchen, und Neutronen, die keine Ladung tragen. Nach dem schon erwähnten Coulombschen Gesetz stoßen sich gleichnamige Ladungen ab, und das umso mehr, je näher sie beieinander liegen. Atomkerne besitzen Radien in der Größenordnung von ca. 10^{-12} m, es ist also wirklich eng in ihrem Inneren, und dennoch fliegen die meisten nicht auseinander. Dies liegt daran, dass die Bestandteile – Protonen und Neutronen – durch spezielle Kräfte zusammengehalten werden, die allerdings nur auf sehr kurze Entfernungen wirksam sind, sie stellen also gewissermaßen den Kontaktkleber für den Zusammenhalt des Kerns dar. Da diese „starke Wechselwirkung" sowohl Protonen als auch Neutronen gleichermaßen erfasst, kompensieren die neutralen Komponenten einen Teil der elektrostatischen Abstoßung. Dies ist auch ein Grund dafür, dass man bei hohen Kernladungszahlen immer mehr Neutronen als Protonen findet. Aber alles hat seine Grenzen, bei einer Kernladungszahl von 82 (Blei) hört die Stabilität auf. Alle Elemente mit höheren Kernladungszahlen sind natürlicherweise radioaktiv. Auf der Erde geht das bis 92

(Uran), allerdings kann man durch Kernreaktionen diese Grenze herausschieben. Der derzeitige Rekord liegt bei 112, einem künstlichen Element, das 1996 am GSI-Helmholtz-Forschungszentrum für Schwerionenforschung in Darmstadt erstmalig erzeugt wurde und im Jahre 2010 den offiziellen Namen „Copernicium" erhielt.

Bei nahezu allen Elementen gibt es bei gleicher Protonenzahl verschiedene Kernmassen, die sich durch die Zahl von Neutronen unterscheiden, man bezeichnet sie dann als „Isotope". Manche von ihnen sind radioaktiv und Bestandteil unserer natürlichen Umwelt. Heute ist es möglich, von praktisch allen Elementen radioaktive Isotope herzustellen, wovon vor allem auch die Nuklearmedizin profitiert.

Der Zerfall eines individuellen Kerns ist nicht voraussagbar, Gesetzmäßigkeiten lassen sich nur für eine Vielzahl von ihnen formulieren. Es handelt sich hierbei um einen „stochastischen" (d. h. zufallsbestimmten) Prozess. Eine wichtige charakteristische Größe stellt die *Halbwertszeit* dar. In jedem betrachteten Zeitintervall zerfällt nämlich immer ein bestimmter Anteil der Kerne, während einer Halbwertszeit also gerade die Hälfte. Nach einer Halbwertszeit sind also bezogen auf die Ausgangsmenge noch 50% vorhanden, nach zwei Halbwertszeiten 25% ($½ \times ½ = (½)^2$), nach drei $1/8 = (½)^3$ usw. Die Halbwertszeiten radioaktiver Isotope erstrecken sich über einen riesigen Bereich, von kleinsten Bruchteilen einer Sekunde bis zu Milliarden von Jahren.

Die Radioaktivität wurde 1896, also weniger als ein Jahr nach Röntgens Experimenten, von dem französischen Physiker Henri Becquerel (1852–1908, Nobelpreis 1903) bei Versuchen mit Röntgenstrahlen fast zufällig entdeckt. Als er eines Tages dadurch überrascht wurde, dass seine Filme, die er in einer Schublade aufbewahrte, geschwärzt waren, schloss er, dass Mineralien die daneben lagen (es handelte sich um das Uranerz Pechblende), wohl die Ursache sein müssten. Zusammen mit seinen Mitarbeitern, dem Ehepaar Marie Sklodowska-Curie (1867–1934) und Pierre Curie (1859–1906, Nobelpreis 1903 gemeinsam mit Henri Becquerel und Marie Curie), erforschte er dieses neue unerwartete Phänomen und identifizierte 1900 die Betastrahlung.

Es gibt verschiedene Arten des radioaktiven Zerfalls, denen wir uns jetzt im Einzelnen zuwenden wollen (s. Box 1.2). Offensichtlich steigt die Wahrscheinlichkeit der Instabilität mit wachsender Protonenzahl wegen der Abstoßung der positiven Ladungen. Man könnte das Problem lösen, indem Protonen ausgestoßen würden. Dieses findet aber nicht statt, es gibt keine Protonenemission. Stattdessen werden Alphateilchen emittiert, die aus zwei Protonen und zwei Neutronen bestehen und chemisch den Kernen von Helium-4 entsprechen. Bei jedem Alphazerfall findet eine Elementumwandlung statt: die Kernladungszahl vermindert sich um zwei, die Massenzahl um vier. Alphazerfälle findet man nur bei schweren Kernen, was verständlich ist, da damit doch ein erheblicher „Substanzverlust" einhergeht.

Es gibt aber auch andere Möglichkeiten, Stabilität zu erreichen, die vor allem bei leichteren Kernen auftreten. Die „Elementarteilchen" Proton und Neutron sind nämlich keineswegs so unveränderbar wie der Name suggeriert, vielmehr können sie sich ineinander umwandeln, d. h. aus einem Proton kann ein Neutron entstehen und umgekehrt. Bei einem solchen Prozess muss allerdings die Gesamtladung erhalten bleiben. Wird also aus einem Proton ein Neutron, so muss die positive Ladung abgegeben werden. Dies geschieht durch die Emission eines positiv geladenen Teilchens, des *Positrons*, dessen Masse dem des Elektrons entspricht. Man bezeichnet diesen Vorgang als *β$^+$-Zerfall* („Beta-plus-Zerfall") (Identifizierung durch Irène und Frederic Joliot-Curie 1934).

Die genaue Analyse zeigt, dass dabei auch noch ein anderes, allerdings neutrales, Teilchen entsteht, das eine äußerst geringe Masse besitzt und als *Neutrino* bezeichnet wird. Es zeigt nur eine sehr geringe Neigung zur Wechselwirkung mit Materie und gibt auch heute noch den Physikern eine ganze Menge an Rätseln auf, was es natürlich recht interessant macht.

Der β$^+$-Zerfall besitzt ein Spiegelbild, nämlich den *β$^-$-Zerfall* („Beta-minus-Zerfall"), der sehr viel häufiger vorkommt und deshalb auch früher als Bestandteil der natürlichen Radioaktivität entdeckt wurde. Hierbei entsteht aus einem Neutron ein Proton, das im Kern verbleibt, während zur Ladungserhaltung ein negatives Elektron emittiert wird. Die bei dem Betazerfall auftretende Elektronenstrahlung kommt also aus dem Kern und nicht, wie man vielleicht vermuten könnte, aus der Atomhülle. Außerdem gibt es auch bei diesem Zerfall ein neutrales Teilchen, hier das „Antineutrino", das dem schon erwähnten Neutrino spiegelbildlich entspricht. Diese Tatsache eröffnet im wahrsten Sinn des Wortes neue Welten, nämlich die von Materie und Antimaterie.

Paul Maurice Dirac (1902–1984), einer der genialsten Köpfe der Physik im 20. Jahrhundert, das wahrlich nicht arm war an eminenten Forschern, sagte im Jahre 1928 die Existenz eines „Antiteilchens" zum wohlbekannten Elektron voraus, das von ihm postulierte Positron wurde erstmals 1932 in der kosmischen Strahlung durch den Amerikaner Carl David Anderson (1905–1991) nachgewiesen. Dirac verband die damals modernsten Theorien der Physik, nämlich die Quantentheorie und die spezielle Relativitätstheorie Einsteins, und war damit in der Lage, einige bis dato unerklärte Phänomene zu deuten, zum Beispiel den Elektronenspin, der uns noch später beschäftigen wird. Nach heutiger Kenntnis gibt es zu jedem Teilchen ein Antiteilchen – wir leben also in einer von zwei möglichen Welten. Nach gängigen Vorstellungen entstanden bei dem Urknall, der den Beginn des Universums markiert, Materie und Antimaterie zu gleichen Teilen. Die Frage, warum nur eine Spielart übrig blieb, bildet eines der großen ungelösten Rätsel der Kosmologie. Allerdings verdanken wir dieser Tatsache unsere Existenz.

Box 1.2: Der radioaktive Zerfall

Radioaktive Kerne zerfallen unter Aussendung von Teilchen, nämlich Alpha- und Betateilchen.

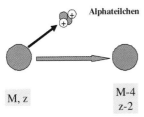

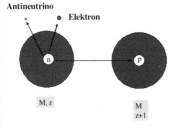

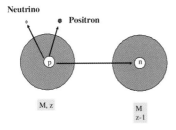

Alphazerfall

Alphateilchen bestehen aus zwei Protonen und zwei Neutronen und entsprechen somit dem Kern des Elements Helium. Bei einem Alphazerfall vermindert sich die Massenzahl M des Kerns um 4, die Kernladungszahl z um 2.

Betazerfall

Es gibt zwei Arten von Betazerfällen.

Bei dem β^--Zerfall entsteht aus einem Neutron ein Proton, das im Kern verbleibt, ein Elektron und ein Antineutrino werden emittiert. Die Massenzahlen von Ausgangs- und Folgekern bleiben unverändert, die Kernladungszahl erhöht sich um 1.

Bei dem β^+-Zerfall entsteht aus einem Proton ein Neutron, ein Positron sowie ein Neutrino werden emittiert. Auch hier bleiben die Massenzahlen unverändert, die Kernladungszahl verringert sich um 1.

Treffen nämlich Teilchen und Antiteilchen aufeinander, so verschwinden sie und verlieren ihre Masse: Gemäß der wohl berühmtesten Formel der Physikgeschichte wird sie in Energie umgewandelt:

$$E = mc^2$$

Diese Beziehung wurde 1905 von Albert Einstein im Rahmen der speziellen Relativitätstheorie abgeleitet und besagt, dass Masse und Energie äquivalent sind, also nur unterschiedliche Erscheinungsformen darstellen. In der obigen Formel bedeutet E die Energie und m die Masse. Verbunden sind sie durch das Quadrat der Lichtgeschwindigkeit c^2.

Antimaterie kommt auf der Erde nur in Form des äußerst kurzlebigen Positrons vor. Trifft es auf ein Elektron, so entstehen zwei Strahlungsquanten, deren Energie durch die Massen von Elektron und Positron gemäß der obigen Formel bestimmt ist. Sie fliegen in entgegengesetzter Richtung (also mit einem Winkel von 180 Grad) auseinander (Abb. 1.5). Es handelt sich hier um die besondere Art der *Vernichtungsstrahlung* und nicht um Gammastrahlen, auch wenn selbst in manchen Physikbüchern diese falsche Bezeichnung benutzt wird. Beide Quanten besitzen dieselbe Energie von jeweils 511 keV. Der beschriebene Vorgang hat in der modernen medizinischen Diagnostik große Bedeutung erlangt in Form der *Positronen-Emissions-Tomographie* (PET), ein eindrucksvolles Beispiel, dass scheinbar sehr theoretische Entwicklungen der Physik wichtige praktische Entwicklungen auslösen können.

In der Praxis spielen noch andere Teilchen eine Rolle, die hier erwähnt werden sollen, obwohl sie nicht bei radioaktiven Prozessen auftreten, nämlich *Protonen* und *Neutronen*. Sie können mit Hilfe spezieller Apparaturen erzeugt werden. Neutronen werden vor allem bei der Kernspaltung frei, z. B. in den Reaktoren der Kernkraftwerke. Dieser Vorgang ist von den besprochenen Kernzerfällen zu unterscheiden. Die Spaltung wird durch Neutronenbeschuss dazu geeigneter

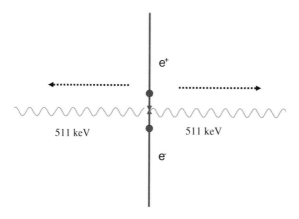

Abb. 1.5 Zur Entstehung von „Vernichtungsstrahlung".

Kerne, z. B. Uran-235, induziert. Mit ihrer Entdeckung im Jahre 1938 durch Otto Hahn (1879–1968) und Fritz Strassmann (1902–1980) begann das Atomzeitalter, dessen Folgen uns noch heute intensiv beschäftigen. Der historischen Wahrheit halber sei angefügt, dass die korrekte Deutung auf Hahns Mitarbeiterin Lise Meitner (1878–1968) und ihren Neffen Otto Robert Frisch (1904–1979) zurückgeht, die zu diesem Zeitpunkt wegen ihrer jüdischen Abkunft schon nach Dänemark emigriert waren. Bei der Spaltung werden die Kerne in annähernd gleichgroße Bestandteile zerlegt, die also um erheblich größere Massen verfügen als Alpha- oder Betateilchen. Ganz selten kommt bei dem künstlichen Transuranelement Californium die Kernspaltung auch spontan vor, das Isotop Californium-252 (Halbwertszeit 2645 Jahre) wird daher auch als Neutronenquelle eingesetzt, die erreichbaren Intensitäten sind allerdings recht gering.

Abgesehen von der kernphysikalischen Forschung spielen Protonen auch in der modernen Strahlentherapie von Tumoren eine Rolle. Die Nutzung von Neutronen zum selben Zweck hat heute nur noch eine vergleichsweise geringe Bedeutung.

1.3.2
Gammastrahlung

Wenn eine Bindung zerfällt, die über lange Zeit in engstem Kontakt bestanden hat, so geschieht das selten, ohne dass Erregung zurückbleibt. Atomkerne zeigen in dieser Hinsicht gewissermaßen menschliche Eigenschaften. Nach einem Zerfallsprozess wird nicht sofort Stabilität erreicht, der Kern befindet sich für kurze Zeit noch in einem angeregten Zustand. Die angestaute Energie wird durch Emission elektromagnetischer Wellenstrahlung abgegeben, der Gammastrahlung. Es wurde schon darauf hingewiesen, dass sie sich in ihrer Natur nicht grundsätzlich von Röntgenstrahlen unterscheidet. Häufig wird zwar unterstellt, dass Gammastrahlen energiereicher und damit durchdringender seien. Das stimmt allerdings nicht generell, es gibt sehr weiche Gammastrahlen, aber sie werden nur selten genutzt. In der Praxis spielen vor allem hochenergetische Gammastrahlen eine Rolle, wie sie z. B. durch Kobalt-60 oder Caesium-137 ausgesandt werden, was wahrscheinlich die Ursache für die falsche Wahrnehmung ist.

Es ist keine Überraschung, dass die Emission in Form wohldefinierter Strahlungsquanten erfolgt. Ihre Energien weisen für jedes Isotop eine charakteristische Verteilung auf, sie stellt gewissermaßen einen spektralen Fingerabdruck dar, durch den die Strahler leicht identifiziert werden können. Gammastrahlende Materialien brauchen dazu nicht chemisch aufbereitet zu werden, da die Strahlen in der Regel durchdringend genug sind, um sie mit Hilfe externer Detektoren messen zu können. Abbildung 1.6 zeigt als Beispiel das Spektrum einer Luftprobe, die am 2. Mai 1986 in dem Heimatinstitut des Autors mit Hilfe eines Filters aufgesammelt wurde. Man erinnert sich, am 26. April 1986 explodierte der Reaktor in Tschernobyl und verteilte die Spaltprodukte weit über Europa. Dank der Gammaspektroskopie wussten wir schon eine Woche später, was in Gießen niedergegangen war, jedenfalls sofern es sich um Gammastrahler handelte. Einige Nuklide sind im Bild markiert.

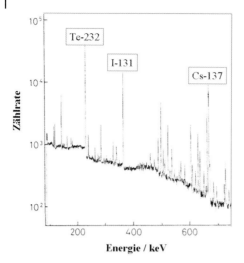

Abb. 1.6 Gammaspektrum einer Luftprobe, genommen am 2. Mai 1986 in Gießen [3].

Nicht alle radioaktiven Substanzen senden auch Gammastrahlen aus, das gilt vor allem für manche Betastrahler und leichtere Kerne. Ein Beispiel ist Strontium-90, ein sehr radiotoxisches Isotop, das auch bei der Kernspaltung frei wird. Eine Identifizierung ist hier ungleich aufwändiger, da komplizierte chemische Trennungen notwendig sind. So dauerte es recht lange, bis festgestellt werden konnte, dass glücklicherweise Strontium-90 durch die Tschernobylkatastrophe in geringerer Menge freigesetzt worden war, als man ursprünglich befürchtet hatte.

1.4 Ultraschall

Obwohl, wie eingangs erwähnt, der Ultraschall (US) nicht zu den Strahlen im engeren Sinne gehört, soll hier von der reinen Lehre abgewichen und eine kurze Besprechung angeschlossen werden, da der Ultraschall in der Medizin vielfach angewendet wird und sowohl die *International Commission on Non Ionising Radiation Protection* (ICNIRP) als auch die Weltgesundheitsorganisation (WHO) ihn als „Strahlung" betrachten. Ultraschall definiert sich über das menschliche Hörvermögen. Dieses umfasst (theoretisch, im Alter wird es deutlich schlechter) den Bereich von ca. 16 Hz bis 20 kHz. Alle höheren Frequenzen bezeichnet man als *Ultraschall*, alle tieferen als *Infraschall*. Es gibt viele Tiere, die Ultraschall wahrnehmen können, nicht nur die Fledermäuse, die sich mit Hilfe von Ultraschallradar orientieren. Bei Ultraschall handelt es sich nicht um elektromagnetische Felder, sondern um periodische Druckschwankungen, womit sofort klar ist, dass ein übertragendes Medium notwendig ist. Schall breitet sich in Luft aus, aber auch sehr gut in anderen Materialien, z. B. Wasser und auch in Festkörpern. In Luft verlaufen die Schwingungen in Richtung der Ausbreitung, man spricht daher von

Longitudinalwellen. In festen Körpern findet man aber auch *Transversalwellen*, bei denen die Schwingungen senkrecht zur Ausbreitungsrichtung verlaufen (das ist auch bei den elektromagnetischen Wellen der Fall).

Ultraschall wird in der Regel mit Hilfe des „piezoelektrischen Effekts" erzeugt, der übrigens von Pierre Curie, der eigentlich mehr für seine Arbeiten zur Radioaktivität bekannt ist, zusammen mit seinem Bruder Jacques, im Jahre 1880 entdeckt wurde. Piezoelektrische Materialien verändern ihre Länge, wenn sie einem elektrischen Feld ausgesetzt werden. Schwingt dieses mit einer bestimmten Frequenz, so wird diese auf Grund der rhythmischen Ausdehnung des Körpers auf die Luft übertragen, es entsteht Schall bzw. Ultraschall. Diese Erscheinung lässt sich übrigens umkehren: Wird ein piezoelektrischer Kristall von Schallschwingungen getroffen, so verändert sich seine Länge, und es kommt zu einer Verschiebung der Ladungsverteilung, die man messen und zur Detektion von Ultraschall benutzen kann.

In der medizinischen Diagnostik, dem Hauptanwendungsgebiet, verwendet man Frequenzen von 1 bis 40 MHz. Das Prinzip, das später ausführlicher besprochen wird, beruht vor allem auf der Reflexion der Wellen an Grenzflächen und ist vergleichbar der im militärischen Bereich entwickelten Echoortung, die schon im Ersten Weltkrieg benutzt wurde. So kann man auch hier, wie so oft in der angewandten Forschung, mit dem antiken griechischen Philosophen Heraklit (um 500 v. Chr.) feststellen: „Der Krieg ist aller Dinge Vater..." Es gibt eine Reihe von Vorteilen der Darstellung von Organen mit Ultraschall, besonders hervorzuheben ist aber, dass bei den in der Diagnostik verwendeten Intensitäten schädigende Einwirkungen nach heutigem Kenntnisstand auszuschließen sind.

2
Ein Blick in die Biologie

2.1
Grundsätzliches

Ein jeder lebende Organismus ist ein Wunderwerk in der Komplexität des Zusammenwirkens von Struktur und Funktion. Die letzten Jahrzehnte haben uns durch die Entwicklung immer neuer Untersuchungsmethoden Einblicke beschert, die zur Schulzeit des Verfassers unvorstellbar waren, und sie sind im Internet und durch das Fernsehen allen zugänglich. Ob wir damit der Klärung des Phänomens „Leben" näher gekommen sind, mögen die Philosophen, vielleicht auch die Theologen, entscheiden. Auch die Definition von Gesundheit hat sich tiefgreifend gewandelt. Verfeinerte Diagnosetechniken, an denen der Einsatz von Strahlung einen nicht unwesentlichen Anteil hat, bahnen den Weg zu verbesserten Therapien. Es ist unmöglich, den heutigen Kenntnisstand zu referieren, ohne Bibliotheken zu füllen und es soll daher auch gar nicht versucht werden. Das Thema dieses Buches kann man aber nicht behandeln, wenn nicht einige biologische Grundtatbestände angesprochen werden. Dies soll in diesem Kapitel geschehen, zugegebenermaßen in holzschnittartiger Vereinfachung.

Alle biologischen Systeme ähneln sich in ihrem grundsätzlichen Aufbau, der menschliche Körper bildet hierbei keine Ausnahme. Die speziellen Aufgaben basieren auf der Funktion der Organe, ihr abgestimmtes Zusammenspiel garantiert den Ablauf der Lebensvorgänge. Hierbei spielen sowohl chemische als auch physikalische Prozesse eine Rolle. Charakteristisch ist die Beteiligung besonderer Biomoleküle, welche in der unbelebten Umwelt nicht vorkommen, allerdings mit einer essentiellen Ausnahme, nämlich dem Wasser, ohne das Leben nicht möglich ist. Abbildung 2.1 gibt einen ungefähren Überblick über die molekulare Zusammensetzung des menschlichen Körpers.

Auf den ersten Blick erstaunlich ist die Tatsache, dass unser Körper zu nahezu 70% aus Wasser besteht, eine historische Reminiszenz an den Ursprung allen Lebens aus dem Meer. Allerdings verfügt dieses Molekül auch über erstaunliche Eigenschaften, die es für den Aufbau und die Funktion lebender Systeme zu prädestinieren scheinen (s. Box 2.1). Auch im Zusammenhang mit der Strahlenwirkung kommt ihm eine besondere Bedeutung zu, wie noch später auszuführen sein wird. Die wesentlichen Funktionen im Ablauf der Lebensprozesse werden

Strahlen und Gesundheit: Nutzen und Risiken, 1. Auflage. Jürgen Kiefer
© 2012 Wiley-VCH Verlag GmbH & Co. KGaA. Published 2012 by Wiley-VCH Verlag GmbH & Co. KGaA.

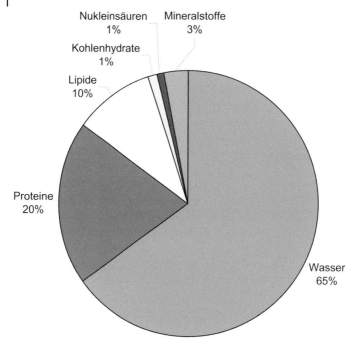

Abb. 2.1 Molekulare Zusammensetzung des menschlichen Körpers.

durch die Proteine, Eiweiße, vermittelt, gesteuert allerdings durch die genetische Information, deren Träger die Nukleinsäuren sind. Lipide stellen die konstituierenden Bestandteile von Membranen dar, Kohlenhydrate spielen eine zentrale Rolle im Energiestoffwechsel. Mineralstoffe tragen in vielfältiger Weise zur Funktion des Körpers bei, als Bestandteile des Knochengerüsts ebenso wie als wichtige Spurenstoffe im Stoffwechsel.

Proteine und Nukleinsäuren sind Makromoleküle, d. h. sie bestehen aus vielen Atomen und ihre Massen sind sehr groß (in der Größenordnung von 100.000 bis mehrere Millionen g/mol). Sie setzen sich allerdings nur aus wenigen Grundbausteinen zusammen, den Aminosäuren bei den Proteinen und den Nukleobasen bei den Nukleinsäuren. Auf weitere Einzelheiten braucht an dieser Stelle nicht eingegangen zu werden, obwohl die Versuchung groß ist ob der faszinierenden Einsichten, die zu gewinnen sind.

2.2
Zellen

Alle biologischen Systeme sind aus Zellen aufgebaut. Der menschliche Körper enthält ca. 10^{13}–10^{14} dieser Grundeinheiten des Lebens. In den Organen nehmen sie unterschiedliche Aufgaben wahr und bauen ca. 200 verschiedene Gewebe auf, wobei sie in Größe und Form erheblich variieren. Dennoch liegt ihnen allen ein analoger Grundbauplan zu Grunde: Die Abgrenzung des Inneren (*Cytoplasma*) zur Umgebung bildet immer eine Membran (in Pflanzen kommt meist noch eine Zellwand hinzu), über die auch Stoffe eingeschleust oder ausgeschieden werden.

Box 2.1: Wasser – ein erstaunliches Molekül

Im Wasser sind die beteiligten Atome nicht linear, sondern in einem Winkel von ca. 110 Grad angeordnet. Die Bindungen werden durch die Elektronen von Wasserstoff und Sauerstoff vermittelt, die allerdings nicht exakt lokalisiert sind. Folgend dem Coulombschen Gesetz übt der achtfach geladene Kern des Sauerstoffs auf die negativen Elektronen eine größere Anziehungskraft aus als die nur einfach geladenen Protonen, was zu einer unsymmetrischen Ladungsverteilung führt. Obwohl das Gesamtmolekül neutral ist, trägt es doch deutliche Ladungsschwerpunkte: An dem Ende des Sauerstoffs bildet sich ein negatives, bei den H-Atomen ein positives Übergewicht. Ein solches Gebilde nennt man Dipol.

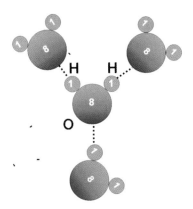

Auch Dipole werden durch elektrische Felder ausgerichtet, auch können sich die jeweiligen gegensätzlich gepolten Enden anziehen, wodurch eine gewisse Art von Bindung zustande kommt, die *Wasserstoffbrückenbindung*, die allerdings deutlich schwächer und auch weniger spezifisch ist als die kovalente Bindung der organischen Chemie. Die Wasserstoffbrücken zwischen den einzelnen Wassermolekülen sind für die besonderen physikalischen Eigenschaften, z. B. große Oberflächenspannung, hohe Schmelz- und Siedepunkte, große Dielektrizitätskonstante, verantwortlich.

Wasserstoffbrückenbindungen gibt es nicht nur im Wasser, sondern zwischen allen Molekülkomponenten mit polaren Gruppen. Sie spielen für Struktur und Funktion von Proteinen und Nukleinsäuren eine sehr wichtige Rolle.

Auf ihrer Oberfläche befinden sich aber auch Rezeptormoleküle, an die externe Partner „andocken" können. Mit solchen Reaktionen lassen sich intrazelluläre Signalwege anstoßen, durch die Stoffwechselabläufe gesteuert werden können. Auf diese Weise wirken z. B. viele Hormone. Membranen gibt es aber nicht nur an der Zellaußenfläche, sondern auch im Innern (*endoplasmatisches Retikulum*), wo sie für den geregelten Stofftransport verantwortlich oder (in den *Mitochondrien*) am Energiestoffwechsel beteiligt sind.

Alle wichtigen biologischen Reaktionen laufen mit der Hilfe von Katalysatoren ab, die Biokatalysatoren heißen *Enzyme* und sind ausnahmslos Proteine. Sie stellen also die eigentlichen „Arbeitspferde" in der Werkstatt der Zelle dar. Ihre Synthese wird gesteuert durch die im Zellkern lokalisierte genetische Information, ihr Träger ist ebenfalls ein Makromolekül, die berühmte Desoxyribonukleinsäure, im Deutschen abgekürzt mit *DNS*, meist allerdings mit dem aus dem Englischen kommenden *DNA* (*deoxyribonucleic acid*). Die Aufklärung ihrer Struktur im Jahre 1953 durch den amerikanischen Biologen James Watson und den englischen Physiker Francis Crick war eine wissenschaftliche Sensation ersten Ranges, welche den Gang der biologischen und auch der medizinischen Wissenschaft für Jahrzehnte entscheidend prägte, eine Entwicklung, die auch heute noch in keiner Weise abgeschlossen ist. Die DNA besteht aus zwei Strängen von *Nukleotiden*, die in wie eine Doppelschraube in Form der berühmten *Doppelhelix* ineinander verschränkt sind. Die Reihenfolge codiert die Information für den Aufbau der Proteine. Beide Stränge enthalten in komplementärer Form dieselbe Information so wie Positiv und Negativ eines Bildes, was für die Erhaltung der Information von großer Bedeutung ist und auch bei Reparaturprozessen eine Rolle spielt, wenn Schäden auftreten sollten.

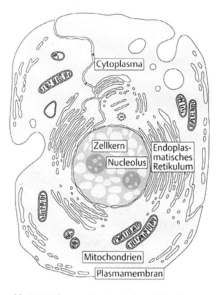

Abb. 2.2 Schema einer tierischen Zelle [4].

Zellen vermehren sich durch Teilung, bei der in der Regel zwei identische neue Individuen entstehen. Dieser Vorgang, die *Mitose*, lässt sich im Mikroskop beobachten. Mit Hilfe spezieller Färbetechniken kann man dabei auch die Erbinformation sichtbar machen in Form der *Chromosomen*. Sie bestehen aus DNA und besonderen Proteinen, den *Histonen*. Der Mensch besitzt in jeder Zelle des Körpers 23 Paare von Chromosomen, also insgesamt 46. Würde man die DNA als linearen Strang entwickeln, so hätte er eine Länge von ca. 2 m, wohlgemerkt in jeder Zelle! Bedenkt man, dass die Zellkerne in der Regel nur wenige Mikrometer groß sind, so erkennt man, dass hier ein beachtliches „Verpackungsproblem" existiert. Heute ist es möglich, jedes menschliche Chromosom spezifisch so anzufärben, dass eine klare Unterscheidung möglich wird. Die Technik trägt den komplizierten Namen *Fluoreszenz-in-situ-Hybridisierung*, abgekürzt „FISH". Strahleneinwirkung kann die Struktur der Chromosomen zerstören oder verändern, was ein wichtiges Indiz für eine genotoxische Wirkung darstellt und auch für dosimetrische Zwecke ausgenutzt werden kann.

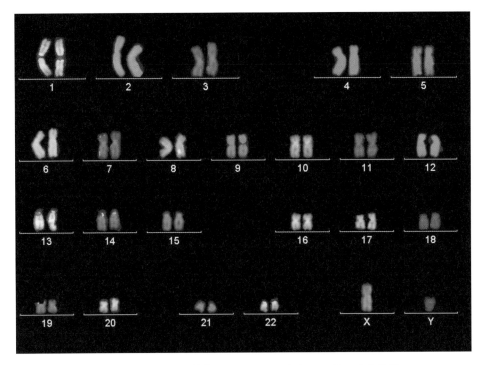

Abb. 2.3 Die Chromosomen einer menschlichen (männlichen) Zelle (Karyogramm). Die Zahlen entsprechen der heute üblichen Klassifizierung, X und Y sind die Geschlechtschromosomen, in weiblichen Zellen findet man zwei X-Chromosomen, in männlichen ein X- und ein Y-Chromosom (dankenswerterweise zur Verfügung gestellt von Dr. C. Johannes, Univ. Duisburg-Essen). (S. auch Farbtafel S. XVIII.)

Box 2.2: Die Struktur der genetischen Information

Die genetische Information befindet sich in den *Chromosomen* (aus dem Griechischen χρῶμα *chrōma*, Farbe, und σῶμα *sōma*, Körper; also wörtlich „Farbkörper"). Sie tragen ihren Namen, weil sie im mikroskopischen Bild sich teilender Zellen mit Hilfe spezieller Färbetechniken sichtbar gemacht werden können. Ihre Bestandteile sind die *Desoxyribonukleinsäure* (deutsch DNS, meist aber wie im Englischen DNA) und spezielle Proteine, die *Histone*.

Die DNA, der eigentliche Träger der genetischen Information, besteht aus *Nukleotiden*, die sich aus den *Nukleobasen*, der *Desoxyribose*, einer Zuckerart, und einem Phosphatrest zusammensetzen. Die einzigen variablen Elemente sind die Basen, von denen es vier verschiedene gibt, nämlich *Adenin* (A), *Thymin* (T), *Cytosin* (C) und *Guanin* (G). Ihre Reihenfolge bestimmt die Information zur Bildung der Proteine. Jeweils drei codieren für eine Aminosäure, von denen es 20 gibt.

Die Nukleotide sind in einem Doppelstrang angeordnet, der schraubenförmig als Doppelhelix ausgebildet ist. Die Nukleotide liegen sich im Inneren gegenüber, wobei auf Grund der spezifischen Basenpaarung jeweils Adenin-Thymin sowie Guanin-Cytosin über Wasserstoffbrücken verbunden sind. Die Information ist also in der DNA doppelt vorhanden, quasi in einem Negativ- und einem Positivbild.

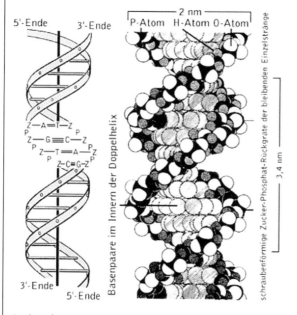

Struktur der DNA [5].

Jeder DNA-Abschnitt, auf dem die Information für ein bestimmtes Protein verzeichnet ist, bildet ein *Gen*. Ihre Zahl ist beim Menschen nicht genau bekannt, sie wird auf ca. 23.000 geschätzt.

2.3 Organe und Gewebe

Jeder Mensch erfährt täglich, welch vielfältige Aufgaben sein Körper zu erfüllen hat, meist ohne dass es einem bewusst wird. Erst wenn es durch Krankheiten zu Ausfällen und Schmerzen kommt, beginnt man, sich Gedanken zu machen. Die lebenslange ordnungsgemäße Funktion ist eigentlich ein großes Wunder, für das Staunen und Dankbarkeit eine mehr als angemessene Reaktion wäre. Unsere Organe sind hoch spezialisiert und das gilt auch für die Zellen, aus denen sie aufgebaut sind. Ausgehend von dem oben beschriebenen Grundmuster durchlaufen sie vielfältige Modifizierungen, ein Prozess, den man als *Differenzierung* bezeichnet.

Alle Zellen unseres Körpers besitzen nur eine begrenzte Lebensdauer, die erheblich kürzer ist als unsere Lebenserwartung, die nach einem bekannten Bibelspruch höchstens 80 Jahre beträgt, was damals wohl nicht der Realität entsprach, aber der heutigen Situation ziemlich nahe kommt. Das Ausscheiden der Zellen verläuft nicht unspezifisch, sondern nach einem recht raffinierten Programm, das man als *Apoptose* bezeichnet. Sie ist ein aktiver Prozess, bei dem die Bestandteile kontrolliert abgebaut werden, so dass die Bausteine wieder verwertet werden können. Es handelt sich also gewissermaßen um ein körpereigenes Recycling. Bei Entzündungen werden Zellen durch *Nekrose* zerstört, ein mehr oder weniger unkontrollierter Zerfall, wobei die Restbestände durch das Immunsystem beseitigt werden müssen. Die Apoptose verläuft also wesentlich schonender und stellt für den Körper eine wichtige Möglichkeit dar, sich unbrauchbar gewordener Zellen zu entledigen. Sie kann auch durch äußere schädigende Einflüsse induziert werden, wie z. B. bestimmte Chemikalien, mechanische Einwirkungen und auch Strahlung.

Um die Organfunktionen auf Dauer zu erhalten, ist es notwendig, die ausgeschiedenen Zellen zu ersetzen. Dies geschieht nach einem Schema, das in Abb. 2.4 skizziert ist: Es gibt einen Pool von undifferenzierten Zellen, die noch nicht differenziert sind, aber sich teilen können, eine Eigenschaft, welche die Funktionszellen verloren haben. Man bezeichnet sie als *Stammzellen*. Wird ein Mangel an funktionellen Zellen registriert, so werden die Stammzellen zur Differenzierung angeregt, was im Allgemeinen durch bestimmte Hormone stimuliert wird. Der Stammzellenpool wird durch sorgfältig abgestimmte Zellteilung konstant gehalten.

Die Lebensdauern der Körperzellen sind äußerst unterschiedlich. Die roten Blutkörperchen leben 120 bis 130 Tage, die Leberzellen 10 bis 15 Tage, die weißen Blutkörperchen ein bis drei Tage, die Schleimhautzellen des Dünndarms nur 30 bis 35 Stunden. Je nach dem betrachteten Organ findet man im menschlichen

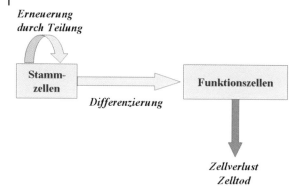

Abb. 2.4 Schema eines Zellerneuerungssystems.

Körper also beträchtliche Zellumsatzraten. Dies gilt besonders für Gewebe, die einer erhöhten Beanspruchung ausgesetzt sind, also alle äußeren und inneren Oberflächen wie die Haut und der gesamte Verdauungstrakt. Aber auch das Blutbildungs- und das Immunsystem gehören in diese Kategorie.

Stammzellen können Vorläufer für verschiedene Zelltypen sein. Ein markantes Beispiel bildet das Blutbildungssystem, das in Abb. 2.5 in sehr vereinfachter Form skizziert ist. Aus einer „omnipotenten" Stammzelle entstehen über verschiedene Zwischenschritte, welche im Bild nicht dargestellt sind, Thrombozyten (Blutplättchen), Erythrozyten (rote Blutkörperchen) sowie verschiedene Arten weißer Blutkörperchen (Leukozyten), nämlich Lymphozyten, Monozyten und Granulozyten. Die letzte Gruppe übernimmt wichtige Aufgaben bei der Immunantwort.

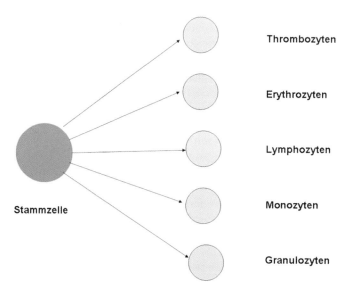

Abb. 2.5 Stark vereinfachtes Schema der Blutbildung.

Stammzellen sind in den letzten Jahren ins Zentrum des öffentlichen Interesses gerückt, sie werden von manchen als die Lösung vieler medizinischer Probleme angesehen, bis hin zur Etablierung von „Organfabriken". Diese Fragen können hier nicht Gegenstand der Diskussion sein, festzuhalten bleibt jedoch, dass sie für die Erhaltung der biologischen Funktionen eine äußerst wichtige Rolle spielen, übrigens auch für die Fortpflanzung. Die männlichen Keimzellen werden permanent aus teilungsfähigen Vorläufern produziert, werden diese geschädigt, so führt das zur teilweisen oder gar permanenten Sterilität.

Auch der Embryo entwickelt sich im Laufe der Schwangerschaft aus zunächst undifferenzierten wenigen Zellen, die Teilungsraten sind, vor allem in den frühen Stadien, sehr hoch: Aus einer einzigen Eizelle bilden sich im Laufe von neun Monaten ca. 100 bis 1000 Milliarden Körperzellen, rein formal entspricht das ca. 40 Zellgenerationen.

Werden Teile eines Organs durch Verletzung oder Krankheit zerstört, so läuft die Regeneration nicht mehr funktionsfähiger Zellen nach demselben Schema ab, wie es in Abb. 2.4 dargestellt ist. Eine ungestörte Zellteilung ist also für die Integrität unseres Körpers essentiell, jede Beeinträchtigung muss also schwerwiegende Folgen nach sich ziehen.

2.4
Tumoren

Zellverlust, Differenzierung und Zellteilung laufen im gesunden Körper in einem fein abgestimmten Gleichgewicht ab. Dafür sorgen vor allem hormonelle Regulationsprozesse, die allerdings nur funktionieren können, wenn die Zellen auf diese Signale reagieren. Diese Fähigkeit kann durch verschiedene Ereignisse verloren gehen, das wichtigste ist eine Umprogrammierung des genetischen Programms, also eine Mutation. Sie kann dazu führen, dass Gene ausgeschaltet werden, welche die Zellteilungsraten regulieren, oder auch dass Aktionsmuster reaktiviert werden, die z. B. bei der Embryonalentwicklung wichtig waren und die Zellteilung stimulierten, im Erwachsenen aber normalerweise nicht mehr zur Geltung kommen. Durch solche Mutationen (und dies sind nur Beispiele) kann eine Zelle zum Ausgangspunkt eines Tumors werden, man spricht dann von *Induktion* oder *Initiation*. Es muss betont werden, dass damit nur ein erster, allerdings wichtiger, Schritt vollzogen worden ist, der Weg bis zur Ausbildung eines klinisch manifesten Tumors ist noch lang und auch in keiner Weise endgültig vorgezeichnet.

Trotz intensiver Forschung ist der Ablauf der Karzinogenese bei weitem noch nicht aufgeklärt, es hat sich aber in den letzten Jahren ein Schema herausgebildet, das von den meisten Fachleuten als plausibel angesehen wird. Es liefert allerdings nur einen groben Rahmen, die meisten Einzelschritte bedürfen noch der näheren Erforschung. Man bezeichnet es als das „Mehrstadienmodell" (*multi stage model*) (Abb. 2.6): Am Anfang steht die schon erwähnte Induktion, durch welche die veränderte Zelle die Fähigkeit zu ungeregelter Proliferation erhält.

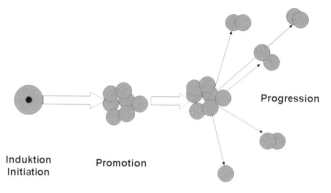

Abb. 2.6 Das Mehrstadienmodell der Karzinogenese.

Mit der Zeit entwickelt sich eine aus ihr eine Ansammlung einer größeren Zahl transformierter Zellen, die allerdings zunächst regional begrenzt bleibt. Diesen Schritt bezeichnet man als *Promotion*. Es handelt sich um eine Vorstufe zur Krebsentwicklung. Bei einer Diagnose zu diesem Zeitpunkt liegen die Heilungschancen normalerweise hoch. Ob es zur Ausprägung einer bösartigen Geschwulst kommt, entscheidet sich bei dem Übergang zum nächsten Schritt, der *Progression*. Darunter versteht man die Ablösung von Tumorzellen und ihre Verteilung über die Blut- und vor allem die Lymphbahn, die dann Ausgangspunkte für Tochtergeschwülste, *Metastasen*, sein können. Nicht alle Tumoren bilden Metastasen, man nennt sie dann „gutartig" (benign). Es ist aber durchaus möglich, dass gutartige Tumoren sich im Laufe der Zeit zu bösartigen (malignen) entwickeln. Trotz des beruhigenden Namens können auch „gutartige" Tumoren zu gravierenden Gesundheitsbeeinträchtigungen führen, z. B. wenn sie im Gehirn auftreten, was gar nicht selten ist. Generell bezeichnet man Aggregate von Zellen, deren Teilung nicht mehr der Gewebskontrolle unterliegt, als *Neoplasie* („Neubildung"), die sich klinisch als „raumforderndes" Wachstum äußern, wobei über den Grad der Bösartigkeit zunächst noch nichts gesagt ist.

Die beschriebenen Abläufe sind zwar bei weitem noch nicht im Einzelnen aufgeklärt, aber das grundsätzliche Schema erfreut sich großer Übereinstimmung bei den beteiligten Wissenschaftlern. Auf zwei Dinge muss noch hingewiesen werden: Wie schon oben gesagt, ist der Weg einer initiierten Zelle in keiner Weise vorgezeichnet. Der Organismus verfügt über eine große Zahl von Abwehrmechanismen, durch welche die Karzinogenese unterbrochen werden kann. Das Immunsystem spielt hier eine herausragende Rolle. Nicht jede „Tumorzelle" führt zum Krebs, in Wirklichkeit sind es nur recht wenige. Außerdem dauert die beschriebene Entwicklung sehr lange, zwischen dem ersten induzierenden Ereignis und der klinischen Manifestierung eines Tumors vergehen Jahre, in vielen Fällen sogar Jahrzehnte. Man bezeichnet diese Zeitspannen als *Latenzzeiten*. Sie sind am kürzesten bei der Leukämie, am längsten bei manchen soliden Tumoren, z. B. denen des Gehirns.

Krebs ist durchaus keine seltene Krankheit, etwa jeder vierte Todesfall in Deutschland ist auf diese Ursache zurückzuführen, nur Herz-Kreislauferkrankungen fordern einen höheren Tribut. Es wird oft gesagt, dass im Laufe der Zeit die Krebshäufigkeit angestiegen sei. Dies lässt sich so einfach nicht bestätigen, denn die Wahrscheinlichkeit an Krebs zu erkranken, hängt in besonderer Weise vom Lebensalter ab. Durch den an sich erfreulichen Anstieg der Lebenserwartung nimmt leider auch die Wahrscheinlichkeit einer Krebserkrankung zu, oder anders ausgedrückt, je höher der Anteil alter Menschen an der Bevölkerung, desto größer ist auch die Zahl der zu erwartenden Krebsfälle. Abbildung 2.7 zeigt diesen Zusammenhang für Deutschland. Hier sind alle Krebsarten zusammengefasst (mit Ausnahme des sogenannten „weißen" Hautkrebses, d. h. nur das maligne Melanom ist einbezogen).

Auch die Leukämie ist im Alter häufiger. Sie stellt zwar die am weitesten verbreitete maligne Erkrankung bei Kindern dar, aber die Häufigkeit ist in den ersten fünfzehn Lebensjahren deutlich niedriger als im höheren Lebensalter. Nach Angaben des Robert-Koch-Instituts (RKI) [7] erkranken 16 von 100.000 Kindern dieser Altersspanne pro Jahr an Krebs, wovon mehr als ein Viertel (4,4/100.000) auf lymphatische Leukämien entfällt (Bezugsjahre 2000–2009). Bei ca. 11 Millionen Jugendlichen in der deutschen Bevölkerung ist von knapp 500 Fällen auszugehen. Dies ist sicher eine betrübliche Zahl, die jedoch im Vergleich zur Summe aller Krebserkrankungen relativ klein ist. Eine weitere gute Botschaft: Die Heilungschancen können als recht gut bezeichnet werden, fast 90% überleben mehr als 15 Jahre.

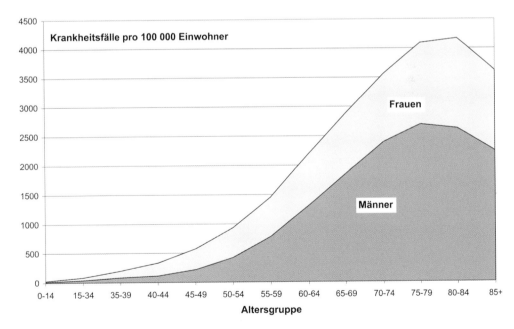

Abb. 2.7 Jährliche Krebs-Neuerkrankungsraten in verschiedenen Altersgruppen im Jahr 2006 [6].

Nach heutiger Einschätzung spielen Umwelteinflüsse, wozu auch Strahlung gehört, eine eher untergeordnete Rolle, diskutiert werden u. a. Infektionen, obwohl belastbare wissenschaftliche Belege für diese Hypothese bisher ausstehen. Diese Fragen werden im Weiteren noch mehrmals angesprochen werden.

3
Wenn Strahlung auf den Körper trifft ...

3.1
Eindringvermögen

Es gibt Grundsätze, die gelten gleichermaßen im Alltagsleben wie in der Wissenschaft. Dazu gehört „Von nichts kommt nichts!", mit anderen Worten, jede Wirkung muss eine Ursache haben, aber auch, nur ausreichend starke Einwirkungen führen zu Schäden. Angewandt auf unsere Thematik der Strahlenwirkung heißt das zunächst, nur ein Organ, das von der Strahlung überhaupt erreicht wird, kann geschädigt werden. Es kommt also darauf an, wie weit die Strahlung – so sie von einer äußeren Quelle kommt – in unseren Körper eindringt.

In Bezug auf die Abschwächung in Materie gibt es charakteristische grundsätzliche Unterschiede: Alle Wellenstrahlen werden niemals vollständig absorbiert, sondern nur *geschwächt*. Dieses Verhalten folgt im Wesentliche einem Exponentialgesetz, ähnlich dem zeitlichen Verlauf des radioaktiven Zerfalls: Jede Materieschicht reduziert die Intensität jeweils um einen bestimmten Anteil, man kann also „Halbwertsschichten" angeben, die von der Strahlenart, aber auch der Zusammensetzung des betrachteten Materials abhängen. Beim Durchdringen wird die Strahlung also immer schwächer, verschwindet aber nicht vollständig. In der Praxis des Strahlenschutzes spielt dieses Verhalten eine wichtige Rolle.

Teilchenstrahlen verhalten sich anders, jedenfalls wenn sie eine Ladung transportieren, sie besitzen definierte Reichweiten, die sich nach Strahlart und getroffenem Material unterscheiden. Die ungeladenen Neutronen machen hier eine Ausnahme, ihre Abschwächung verläuft ähnlich wie die der Wellenstrahlung.

Wirklich durchdringend, d. h. mit größeren Eindringtiefen im Körper, sind eigentlich nur energiereiche Röntgen- und Gammastrahlen sowie Neutronen, mit gewisser Einschränkung auch noch Elektronen. Eine solche Aussage gilt allerdings nur für den „Normalfall", d. h. übliche Radionuklide. Mit Hilfe leistungsfähiger Beschleuniger kann man schwere geladene Teilchen auf so hohe Energien bringen, dass sie auch tiefer gelegene Körperregionen erreichen können. In der modernen Strahlentherapie haben diese Verfahren eine sehr große Bedeutung erlangt.

Optische Strahlung, also Licht, Ultraviolett und Infrarot, können kaum in größere Tiefen vordringen und beeinflussen daher nur Vorgänge in der Haut

Strahlen und Gesundheit: Nutzen und Risiken, 1. Auflage. Jürgen Kiefer
© 2012 Wiley-VCH Verlag GmbH & Co. KGaA. Published 2012 by Wiley-VCH Verlag GmbH & Co. KGaA.

oder solche, die von der Haut ausgehen. Bei den hochfrequenten Kurz-, Radio- und Mikrowellen hängt die Eindringtiefe entscheidend von der Frequenz ab – je geringer die Frequenz, desto größer die Eindringtiefe. Aus diesem Grunde werden bei der *Diathermie*, einer Tiefenwärmebehandlung mit Hilfe elektromagnetischer Wellen, Frequenzen im Megahertz-Bereich eingesetzt. Mikrowellen fallen in ihrer Intensität schon nach ca. 5 cm auf 1/10 ihres Anfangswerts ab. Bei sehr niedrigen Frequenzen sind die elektrischen und die magnetischen Felder entkoppelt, beide Komponenten wirken unabhängig voneinander. Elektrische Felder dringen kaum in den Körper ein, die gut leitende Haut schirmt ähnlich wie ein „Faraday-Käfig" das Innere weitgehend ab. Anders ist es bei statischen und niederfrequenten Magnetfeldern, bei denen kaum eine Abschwächung festzustellen ist und die daher den Körper gut durchdringen können.

Beim Ultraschall liegen die Verhältnisse ähnlich wie bei hochfrequenten Radiowellen, die Frequenzen müssen umso niedriger gewählt werden, je tiefer die zu untersuchenden Organe liegen.

Das Durchdringungsvermögen spielt aus naheliegenden Gründen eine wichtige Rolle bei allen diagnostischen Anwendungen, man benutzt die Strahlen, um „in den Körper hineinzusehen". Aber auch bei der Betrachtung erwünschter (z. B. in der Therapie) oder befürchteter Effekte sind diese Kenntnisse wichtig, wie schon eingangs erwähnt.

3.2
Wechselwirkungsprozesse

Die Art und Weise, wie die verschiedenen Strahlen mit Molekülen und Atomen wechselwirken, was die weiteren Prozesse bestimmt und auch für das Durchdringungsvermögen entscheidend ist, sind äußerst unterschiedlich und daher getrennt zu betrachten. In diesem Kapitel werden die Vorgänge nur recht summarisch und ziemlich oberflächlich abgehandelt, mehr Einzelheiten findet man in Kapitel 11.

3.2.1
Ionisierende Strahlen

Bei *ionisierenden Strahlen* steht der namensgebende Vorgang im Mittelpunkt, also die Ionisation. Darunter versteht man, wie schon vorher definiert, die Ablösung eines Elektrons aus einem Atom. Diese Bestandteile der Atomhülle bilden daher die primären Angriffspunkte. Für Photonenstrahlen, also Röntgen- und Gammastrahlen, kann man sich grob vereinfacht die Ionisation als einen Stoßprozess zwischen den eintreffenden Quanten und den Elektronen vorstellen. Im Allgemeinen besitzen die freigesetzten Elektronen eine so hohe Energie, dass sie im Medium sich über einige Entfernung von ihrem Entstehungsort fort bewegen und auf ihrem Weg weitere Ionisationen bewirken können. Deren Zahl ist somit größer als die der primären Ionisationen durch die Photonenstöße, so dass man die anschließenden Wirkungen weitgehend auf sie zurückführen kann. Die Wahrscheinlichkeit der Photonenstöße hängt davon ab, wie viele Elektronen auf dem Weg der Quanten durch die Materie liegen, sie steigt bei gegebenem Material natürlich mit der Dicke. Sie ist aber auch größer, wenn man die Materie komprimiert und damit die Dichte erhöht. Auch bei dem Vergleich verschiedener Materialien in Bezug auf die Absorptionsvermögen ist die Elektronendichte die entscheidende Größe. Sie steigt mit der Kernladung der Atome, welche durch die Ordnungszahl angegeben wird und der im neutralen Atom die Zahl der Hüllenelektronen entspricht. Je höher also die Ordnungszahl, desto größer das Absorptionsvermögen gegenüber Röntgen- und Gammastrahlen. Zusammenfassend kann man also feststellen:

> Die Schwächung von ionisierender Photonenstrahlung steigt mit *Dicke*, *Dichte* und *Ordnungszahl*.

Dies wurde übrigens schon von Röntgen selbst in der ersten Mitteilung über seine Entdeckung beschrieben. Eine analoge Abhängigkeit gilt auch für alle geladenen Teilchen, also Elektronen, Protonen, Alphateilchen und schwerere Kerne, sie alle reagieren vor allem mit den Elektronen der Atomhülle.

Eine Ausnahme machen die Neutronen: Als ungeladene Partikel können sie nur durch einfache mechanische Stöße wechselwirken – eine Art atomphysikalisches Billardspiel. Das funktioniert am besten zwischen Partnern identischer Masse, bei großen Unterschieden prallt der auftreffende Körper entweder ab (wenn er zu klein ist) oder aber er kann kaum etwas von seiner Energie übertragen (wenn er zu groß ist). In der Materie sind daher Wasserstoffkerne, Protonen, die wichtigsten Wechselwirkungspartner von Neutronen, wasserstoffreiche Materialien schwächen sie besonders stark ab, z. B. Wasser, aber auch viele Kunststoffe. Bei Besichtigungen kerntechnischer Anlagen fallen einem oft recht große Kunststoffblöcke ins Auge – sie dienen der Neutronenabschirmung.

Wasser ist der Hauptbestandteil aller Zellen, mögliche Strahlenwechselwirkungen sollten also besonderes Interesse beanspruchen. Hierbei entstehen u. a. sehr reaktionsfreudige Radikale (s. Box 3.1). Sie können andere Biomoleküle schädigen und werden daher mit vielen Krankheiten in Verbindung gebracht, auch in der Krebsdiskussion sind sie ein heißes Thema. Sie entstehen aber keineswegs nur durch Strahlungseinfluss, im Gegenteil sind sie an vielen lebenswichtigen Prozessen beteiligt, so an vielen Enzymreaktionen oder an der mitochondrialen Produktion energiereicher Metabolite. In vielen Fällen ist Sauerstoff ein Bestandteil, viele Radikale haben oxidierende Eigenschaften, deshalb werden sie in der internationalen Literatur auch häufig als *reactive oxygen species* bezeichnet und mit ROS abgekürzt. Sie haben sich in letzter Zeit zur argumentativen Vielzweckwaffe entwickelt, auch wenn in den meisten Fällen die Evidenzbasis recht dünn ist. Man sollte also – wie in der Politik – mit Radikalen vorsichtig umgehen. Weitere Einzelheiten findet man auch auf der recht instruktiven (englischsprachigen) Wikipedia-Seite [8], die regelmäßig aktualisiert wird: http://en.wikipedia.org/wiki/Reactive_oxygen_species.

> **Box 3.1: Strahlenchemie des Wassers**
>
> Durch eine Exposition mit ionisierenden Strahlen wird aus dem Wassermolekül ein Elektron freigesetzt, zurück bleibt ein positiv geladenes Wasserion H_2O^+. Das Elektron zieht auf Grund seiner Ladung die Wasserdipole an, es umgibt sich gewissermaßen mit einem Wassermantel. So wird seine Reaktionsfähigkeit reduziert und seine Lebensdauer erhöht. Man sagt, es sei „hydratisiert" und kürzt dies mit e_{aq} ab.
>
> Neben der Ionisation kommt es aber auch zu einer Spaltung des Moleküls in seine Bestandteile H° und OH°, was nicht mit der aus der Chemie bekannten Dissoziation verwechselt werden darf, denn dabei entstehen die Ionen H^+ und OH^-. H° und OH° dagegen sind neutral. Sie haben Radikaleigenschaften (symbolisiert durch das hochgestellte „°") und zeichnen sich durch eine große Reaktionsfreude aus. Sie können mit Molekülen in ihrer Umgebung wechselwirken, allerdings auch miteinander, wobei es zur Bildung sekundärer molekularer Produkte kommt, nämlich von molekularem Wasserstoff H_2 und dem stark oxidierenden Wasserstoffperoxid H_2O_2.
>
>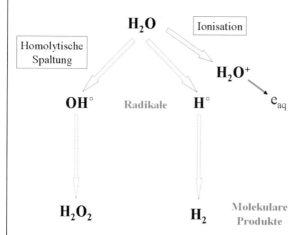
>
> Wasserradikale und in geringerem Masse auch H_2 und H_2O_2 können zu Schäden an Biomolekülen führen, auch wenn sie selbst gar nicht von der Strahlung getroffen wurden („indirekter Strahleneffekt").

3.2.2
Optische Strahlung

Unter diesem Begriff fasst man alle Strahlen zusammen, die optischen Gesetzen gehorchen und mit herkömmlichen Instrumenten, wie Prismen, Spiegeln und Linsen, zerlegt oder gebündelt werden können, also Ultraviolett, (sichtbares) Licht und Infrarot und somit das Wellenlängengebiet von 100 nm bis ca. 1 mm. Die Photonenenergie reicht hier für direkte Ionisationen nicht aus (gewisse Überschneidungen gibt es im sehr kurzwelligen UV), und die Absorption beruht in der Regel auf Resonanzeffekten. Wie der Name sagt (*resonare* heißt „widerhallen") handelt es sich um eine Übereinstimmung der Frequenzen zwischen auftreffender Welle und den Eigenschaften der aufnehmenden Struktur. Man kennt diese Erscheinung aus der Musik: Singt man mit möglichst reinem Ton in ein Klavier, so „antwortet" nur die Saite, welche der Tonhöhe, der „Eigenfrequenz" der Saite, entspricht. Auch Atome und Moleküle besitzen Eigenfrequenzen, welche auf Übergängen in der Elektronenhülle, aber auch auf Schwingungen und Rotationen ganzer Moleküle oder deren Teilen beruhen. Durch die Strahlenabsorption werden die Moleküle in einen angeregten Zustand versetzt, sie speichern gewissermaßen die aufgenommene Energie. Sie sind dann in der Lage, Reaktionen durchzuführen, die sie normalerweise, d. h. im „Grundzustand", nicht eingehen würden. Damit beschäftigt sich der Wissenschaftszweig der Photochemie, der auch große Bedeutung für Biologie und Medizin hat. Angeregte Zustände können auch wandern, die Energie wird dann vom ursprünglich aufnehmenden Molekül auf andere übertragen, man spricht dann von „photosensibilisierten Reaktionen". Über all dem schwebt aber als beherrschendes Prinzip der Satz von der Erhaltung der Energie („von nichts kommt nichts"), d. h. durch niedrige absorbierte Energiebeträge können höhere Energiebarrieren nicht überwunden werden. Anders ausgedrückt, das Vorliegen einer passenden Resonanzfrequenz stellt zwar die notwendige Voraussetzung für photochemische Umsetzungen dar, aber diese Tatsache ist keineswegs hinreichend. Das bedeutet, dass photochemische Umsetzungen im Wesentlichen auf die Spektralbereiche des Ultravioletten und des sichtbaren Licht beschränkt sind.

Angeregte Zustände leben normalerweise nicht lange, da die Atome oder Moleküle bestrebt sind, möglichst schnell den günstigeren Grundzustand wieder einzunehmen. Die zuvor aufgenommene Energie muss wieder abgegeben werden. Häufig geschieht das durch Strahlungsemission (*Fluoreszenz*), in vielen Fällen wird sie durch Stöße mit anderen Partnern abgebaut, was zu einer (im Einzelfall sehr kleinen) Erwärmung der Umgebung führt – die Anregungsenergie wird also im wahrste Sinne des Wortes „verheizt".

3.2.3
Terahertzstrahlung

Terahertzstrahlung liegt energetisch zwischen dem Infrarot- und dem Hochfrequenzbereich. Es gibt typische Absorptionsbanden, vor allem durch die Rotationen von Makromolekülen, aber auch eine unspezifische starke Abschwächung von Wasser. Aus diesem Grunde ist die Eindringtiefe in Gewebe äußerst gering.

3.2.4
Hochfrequenz- und Mikrowellen

Spezifische Resonanzabsorber sind in diesen Bereichen außerordentlich selten, da die Eigenfrequenzen durchweg bei höheren Energien liegen. Eine Wechselwirkung findet vor allem mit den Dipolen des Wassers statt, in geringerem Maße auch mit anderen Komponenten, die ebenfalls Dipoleigenschaften aufweisen. Die Felder richten sie entsprechend dem Coulombschen Gesetz aus, sie versuchen ihnen zu folgen, wobei die von dem umgebenden Medium gebremst werden. So entsteht Reibung und letztlich Wärme. Wie man aus der Küchenerfahrung weiß, können Mikrowellen Materialien sehr effektiv erhitzen, die auftretenden Temperaturerhöhungen hängen von der Strahlungsleistung ab, d. h. der pro Zeiteinheit eingebrachten Energie. Trotz intensiver Suche konnten andere plausible Wechselwirkungsmechanismen bisher nicht identifizier werden.

3.2.5
Elektromagnetische Wellen niedriger Frequenz (ELF)

Von besonderem Interesse sind hier Wechselströme der Energieversorgung mit den Frequenzen 50 (Europa) bzw. 60 Hertz (USA) sowie 16 2/3 Hertz (elektrisch betriebene Züge). In diesem Fall sind die elektrischen und magnetischen Komponenten entkoppelt, von Bedeutung sind nur die Magnetfelder, da die elektrischen Felder kaum in den Körper einzudringen vermögen. Wenn sich elektrische Leiter in einem Magnetfeld bewegen, werden Ströme induziert, die zum Beispiel Nervenprozesse beeinflussen können. Moleküle mit Dipoleigenschaften richten sich im Magnetfeld aus, diese Orientierung wird jedoch in der Regel durch die Molekularbewegung sehr schnell aufgehoben. Weitere molekulare Wechselwirkungen, vor allem schädigende Einflüsse auf die DNA, sind nicht bekannt. Starke Magnetfelder können die Lebensdauern von Radikalen beeinflussen.

3.2.6
Ultraschall

Bei dieser Art von „Strahlung" kommen nur mechanische Wechselwirkungen in Frage. Die Schwingungen werden auf die Materie übertragen, es kommt zur Absorption, Reflexion oder Streuung, ganz ähnlich wie bei optischer Strahlung. Bei den in der Diagnose verwendeten Intensitäten kann davon ausgegangen werden, dass keine schädigenden Einwirkungen im Gewebe auftreten.

Hohe Schallfeldstärken führen zur Bildung von *Kavitationen*, das sind kleine gasgefüllte Blasen, in denen sehr hohe Drücke herrschen, welche ein Zerreißen des Gewebes oder sogar das Zerbrechen molekularer Strukturen bewirken können. Durch die intensiven Schwingungen treten lokal sehr hohe Temperaturen auf: durch Ultraschall kann somit eine gezielte Erwärmung tieferer Körperregionen erreicht werden (*Ultraschalldiathermie*). In den Kavitäten können Radikale erzeugt werden, auch kommt es häufig zum Auftreten von kurzen Lichtblitzen (*Sonolumineszenz*), deren Genese noch nicht vollständig verstanden ist.

3.3
Expositionsmaße und ihre Einheiten

Strahlung besitzt neben manch anderem den Vorteil, dass man sie als physikalisches Agens recht genau und auch empfindlich messen kann. Einige Einzelheiten dazu sind im Kapitel 13 dargestellt, hier wird nur eine kurze Übersicht über die meist verwendeten Messgrößen gegeben. Es hat sich (leider) eingebürgert, bei allen Strahlungsarten von „Dosis" zu sprechen, obwohl diese Bezeichnung eigentlich nur bei ionisierenden Strahlen zutrifft und sogar hier eine gewisse Vorsicht angebracht ist. Es ist also korrekter, neutrale Bezeichnungen, wie z. B. „Expositionsmaße", zu gebrauchen. Trotz dieser notwendigen Einschränkung lässt sich der Begriff „Dosimetrie" für die Messverfahren wohl nicht ausrotten.

Wie schon mehrfach angesprochen, bedeutet Strahlung Transport von Energie, das Ausmaß ihrer Absorption bestimmt letztlich die Wirkung. Alle Expositionsmaße sind daher in irgendeiner Weise mit der Energieübertragung verbunden, allerdings in durchaus unterschiedlicher Weise.

3.3.1
Ionisierende Strahlen

3.3.1.1 Dosisbegriffe und Messgrößen

Hier hat der Begriff „Dosis" noch am ehesten seine Berechtigung. In Anlehnung an die Pharmazie, wo man sie als „Substanzmenge pro Körpermasse" (typischerweise mg/kg) definiert, versteht man darunter bei der Strahlenwechselwirkung „absorbierte Energie pro Masse" mit der Einheit J/kg. Da diese Einheitenkombination auch in anderen Zusammenhängen auftaucht (man denke z. B. an den Energieinhalt von Lebensmitteln, für die sich ernährungsbewusste Konsumenten interessieren), hat man einen speziellen Namen für die Strahlendosis eingeführt, nämlich das „Gray" (abgekürzt Gy), benannt nach dem englischen Physiker und Strahlenbiologen Louis Harold Gray (1905–1965), der entscheidende Beiträge zum gesamten Gebiet der Strahlenbiologe geleistet hat. Es gilt also:

$$1 \text{ Gy} = 1 \text{ J/kg}$$

Dies stellt eine saubere und eindeutige Definition dar, was jedoch nicht dazu verleiten sollte anzunehmen, dass die Messung einfach sei, ganz im Gegenteil, wie in Kapitel 13 noch zu erläutern sein wird.

Wie zuvor erklärt, sind hauptsächlich die durch die primären Prozesse freigesetzten Elektronen für die Energieabsorption im Gewebe verantwortlich. Das resultiert darin, dass zwischen der Flussdichte der eingestrahlten Photonen oder Teilchen und der Dosis keine einfache Beziehung besteht. Diese kann in der Tiefe durchaus größer sein als an der Oberfläche, obwohl die Strahlenintensität dort außen den relativ höchsten Wert hat.

Es gibt eine ganze Reihe von Kenngrößen bei der Wechselwirkung von Strahlung und Materie, die meisten sind nur für Spezialisten von Bedeutung, zwei müssen jedoch auch hier schon erwähnt werden, weil man sie so häufig in der Literatur findet. Es sind *Äquivalenzdosis* und *effektive Dosis*. Beide verdanken ihre Existenz dem Strahlenschutz und bleiben dem Physikpuristen ein Gräuel. Wie in Kapitel 12 näher erläutert, haben verschiedene Arten ionisierender Strahlung eine unterschiedliche biologische Effektivität. Dem trägt man im Strahlenschutz dadurch Rechnung, dass man die physikalische Dosis (in Gray) mit einem Wichtungsfaktor multipliziert. So landet man bei der Äquivalenzdosis, die auch eine eigene Einheit zugewiesen bekommt, nämlich „Sievert" (abgekürzt „Sv"), benannt nach Rolf Sievert (1896–1966), einem Pionier des Strahlenschutzes. Trotz seines deutschen Namens war er Schwede, allerdings war sein Großvater aus Deutschland eingewandert.

Außer der Äquivalenzdosis gibt es noch die effektive Dosis. Eigentlich ist sie nur bei der Abschätzung der Risiken stochastischer Schäden (Mutationen in der Keimbahn, Krebs) anzuwenden, was im Alltagsgeschäft aber meist großzügig übersehen wird. Die effektive Dosis berücksichtigt die unterschiedliche Empfindlichkeit der Organe in Bezug auf die genannten Schäden, in dem jedem Gewebe eine „relative Empfindlichkeit" zugeordnet wird. Unglücklicherweise wird für die effektive Dosis dieselbe Einheit verwendet wie für die Äquivalenzdosis, nämlich das Sievert. Worum es sich im Einzelfall handelt, muss man dann dem Zusammenhang entnehmen. Falls es keine näheren Angaben gibt, kann man fast immer davon ausgehen, dass die effektive Dosis gemeint ist. Im Strahlenschutz repräsentiert sie die zentrale Größe, obwohl sie durchaus nicht immer eindeutig ist. Ausführlicheres dazu gibt es im Kapitel 15.

3.3.1.2 Radioaktivität

Ursprünglich griff man zur Definition einer Einheit der Radioaktivität auf *das radioaktive Element par excellence* zurück, nämlich Radium-226 („das Strahlende"), welches 1898 von dem Ehepaar Curie aus dem Uranerz Pechblende isoliert worden war. Als Bezugsgröße führte man 1 g Ra-226 mit dem Namen „Curie" (Ci) ein, was insofern unpraktisch war, als dass jede verfeinerte Messung den Standard veränderte. Deshalb legte man später den Wert auf $3,7 \times 10^{10}$ Zerfälle pro Sekunde fest. Dieses ist eine erstaunliche Zahl. Radium ist ein sehr schweres Element, ein Gramm gehen leicht auf eine Daumenspitze. Hieraus entweichen in einer Sekunde 37 Milliarden Alphateilchen! Schwer vorstellbar, aber real.

Diese noch lange (bis 1985) gebräuchliche Einheit passt nicht in das internationale SI-System, deshalb gilt heute das „Becquerel" (Bq) mit 1 Bq als ein Zerfall pro Sekunde. Es gilt also 1 Ci = $3,7 \times 10^{10}$ Bq. In der Praxis sind beide Einheiten nicht besonders handlich, aus diesem Grunde werden meist abgeleitete Werte wie mCi oder MBq benutzt.

Zu erwähnen ist noch die *spezifische Aktivität*, die Aktivität pro Masse, Einheit Bq/kg, in der Praxis meist Bq/g. Die spezifische Aktivität von Ra-226 beträgt also (annähernd) $3{,}7 \times 10^{10}$ Bq/g.

3.3.2
Optische Strahlung

Auch in diesem Gebiet spielt die absorbierte Energie für die Beurteilung der Wirkung die wichtigste Rolle, ihre Bestimmung hat jedoch Schwierigkeiten, da optische Strahlen (Ultraviolett, Sichtbares, Infrarot) selektiv entsprechend den spektralen Eigenschaften des Gewebes absorbiert werden, so dass von einer homogenen Energieverteilung nicht gesprochen werden kann. Es macht also wenig Sinn, die Dosis wie bei ionisierenden Strahlen zu definieren, stattdessen gibt man die auftreffende Energie pro Fläche, technisch korrekt die *Energiefluenz*, an mit der Einheit W/m^2. Obwohl sie also keineswegs eine Dosis darstellt, wird sie meist mit diesem Namen belegt, selbst im wissenschaftlichen Schrifttum. Einen besonderen Einheitennamen hat man bisher nicht eingeführt.

Für das Ultraviolette gibt es noch eine Besonderheit, nämlich wieder eine Wichtung. Wie im Kapitel 6 und in Kapitel 12 detaillierter beschrieben, haben verschiedene Spektralbereiche sehr unterschiedliche biologische Wirksamkeiten, die sich sogar um mehrere Zehnerpotenzen unterscheiden. Um dem bei der Beurteilung einer Strahlenquelle Rechnung zu tragen, gibt man allen Wellenlängen ein entsprechendes Gewicht. In der Regel bezieht man sich dabei auf das Erythem, also die Hautrötung, aber manchmal sind auch andere Effekte gebräuchlich. Da es dummerweise für die gewichteten Größen keine speziellen Einheiten gibt (Messung also in W/m^2), muss man manchmal sehr genau hinschauen, was in einer Darstellung gemeint ist. Leider findet man auch noch recht häufig die schlechte Angewohnheit, statt J/m^2 andere Kombinationen wie mJ/cm^2 oder $\mu J/mm^2$ zu benutzen, was zwar nicht kategorisch verboten ist, aber das Leben nicht gerade erleichtert, weil bei der Umrechnung der Zehnerpotenzen sich leicht Fehler einschleichen können.

3.3.3
Terahertzstrahlung

Eine gesonderte Besprechung ist hier nicht nötig, da wie bei der optischen Strahlung die Energiefluenz als Messgröße benutzt wird.

3.3.4
Hochfrequenz- und Mikrowellen

In diesem Bereich liegen die Verhältnisse anders als bei den bisher betrachteten. Da nach heutiger Kenntnis nur akute Wirkungen eine Rolle spielen und es keinen hinreichenden Anhaltspunkt dafür gibt, dass sich Einzeleffekt bei längerer Einwirkung summieren, gibt es eigentlich keine Grundlage für einen Dosisbegriff, vielmehr spielt die pro Zeiteinheit absorbierte Energie die entscheidende Rolle, also die absorbierte Leistung. Die eingeführte Messgröße heißt „SAR", was für *Specific Absorption Rate* steht, gemessen in W/kg. Da vor allem die Erwärmung im Gewebe als wichtigste Wirkung identifiziert ist, die von der zugeführten Leistung abhängt, macht diese Beziehung Sinn, dumm ist nur, dass der SAR-Wert nicht direkt gemessen werden kann, sondern auf nicht ganz einfache Weise aus den Feldparametern ermittelt werden muss. Aus diesem Grund werden auch noch weitere Messgrößen benötigt, in erster Linie die Energieflussdichte (in W/m^2) oder aber auch die elektrische (V/m) oder die magnetische Feldstärke (A/m). Es soll nur darauf hingewiesen werden, dass Feldstärken und Energieflussdichte nicht unabhängig voneinander sind.

3.3.5
Elektromagnetische Wellen niedriger Frequenz (ELF)

Hier sind die Feldstärken die entscheidenden Größen. Da im Falle der Niederfrequenz elektrische und magnetische Felder entkoppelt sind, also gewissermaßen auf eigene Rechnung agieren, müssen beide angegeben werden, also wie vorher elektrische Feldstärke in V/m und Magnetfeldstärke in A/m. Bei Magnetfeldern wird anstelle der Feldstärke (übliches Formelzeichen *H*) meist die magnetische Flussdichte *B* benutzt, die in der Einheit „Tesla" (T) (nach dem amerikanischen Physiker und Elektroingenieur Nikola Tesla, lebte 1856–1943) gemessen wird. Eine ältere, nicht mehr gebräuchliche Einheit ist das „Gauß" (G) (nach Carl Friedrich Gauß, deutscher Mathematiker und Physiker, 1777–1855), es gilt $1\ T = 10^4\ G$.

3.3.6
Ultraschall

Auch bei dem Ultraschall ist die entscheidende Größe die pro Flächen- und Zeiteinheit auftreffende Energie, die hier meist auch als Ultraschallintensität bezeichnet wird. Die Einheit ist wieder W/m^2.

3.3.7
Übersicht über Messgrößen

Zur schnelleren Orientierung sind die besprochenen Expositionsmaße mit ihren Einheiten in Tabelle 3.1 zusammengestellt. Weitere Einzelheiten findet man in den Kapiteln 11, 13 und 15.

Tabelle 3.1 Expositionsmaße und ihre Einheiten

Größe	physikalische Dimension	Einheitenname	Bemerkung
Ionisierende Strahlen			
Dosis	J/kg	Gy (Gray)	
Äquivalenzdosis	J/kg	Sv (Sievert)	strahlenartgewichte Dosis
effektive Dosis	J/kg	Sv	gewebegewichtete Äquivalenzdosis
Aktivität	s^{-1}	Bq (Becquerel)	
Optische Strahlung, Terahertzstrahlung			
Energiefluenz	J/m^2		
gewichtete Energiefluenz	J/m^2		nur bei UV
Hochfrequenz, Mikrowellen			
Spezifische Absorptionsrate	W/kg		
Energieflussdichte	W/m^2		
elektrische Feldstärke	V/m		
magnetische Feldstärke	A/m		
magnetische Flussdichte	$kg/(As^2)$ = $N/(Am)$	T (Tesla)	
niederfrequente Wellen			
Energieflussdichte	W/m^2		
elektrische Feldstärke	V/m		
magnetische Feldstärke	A/m		
magnetische Flussdichte	$kg/(As^2)$	T	
Ultraschall			
Energieflussdichte	W/m^2		

4
Der Blick in das Innere: Strahlendiagnostik

4.1
Einleitende Vorbemerkungen

Das Thema „Strahlung und Gesundheit" ist in weiten Kreisen der öffentlichen Wahrnehmung unglücklicher- und ungerechterweise hauptsächlich mit möglichen Gefährdungen besetzt. Sie existieren ohne Zweifel und bedürfen der sachlichen Erörterung (was nicht zuletzt auch Ziel dieser Darstellung ist), aber die großen Möglichkeiten der Diagnose und Therapie von Krankheiten sollten darüber nicht vergessen oder gar vernachlässigt werden. Die oft vorhandenen latenten und meist nicht sachlich begründbaren Ängste führen nicht selten dazu, dass Patienten nutzbringende oder gar lebensrettende Maßnahmen ablehnen. In der Geschichte der Strahlenanwendung war das nicht immer so, im Gegenteil, in den ersten Jahrzehnten des zwanzigsten Jahrhunderts erhoffte man sich wahre Wunderdinge, was bis zur Propagierung thoriumhaltiger, also radioaktiver Zahnpasta führte (Abb. 4.1) – wahrlich skurril aus heutiger Sicht! Die Geschichte der Strahlenanwendung kennt noch viele ähnliche Beispiele.

Abb. 4.1 Tube thoriumhaltiger Zahnpasta der Auergesellschaft AG, Berlin (um 1940)[1] (Copyright Oak Ridge Associated Universities)

---

1) Im Beipackzettel heißt es: „Steigerung der Blutzirkulation in den Geweben des Zahnfleisches und der Zähne, dadurch bessere Ernährung der natürlichen Abwehrkräfte gegen schädliche Einflüsse, Vernichtung angreifender Krankheitskeime, Erhöhung der gesamten Lebenskräfte in den Geweben des Mundbereiches."

Strahlen und Gesundheit: Nutzen und Risiken, 1. Auflage. Jürgen Kiefer
© 2012 Wiley-VCH Verlag GmbH & Co. KGaA. Published 2012 by Wiley-VCH Verlag GmbH & Co. KGaA.

Heute ist die damalige Euphorie einer verbreiteten Skepsis gewichen. Dabei wird häufig nicht realisiert, welche beeindruckenden Möglichkeiten die Medizin der Strahlung verdankt. In diesem Kapitel wird auf die diagnostischen Verfahren eingegangen. Als erstes denkt man an die *Röntgendiagnostik* und ihre Weiterentwicklung, die *Computertomographie*. Beide erlauben, anatomische Strukturen und ihre pathologischen Veränderungen zu erkennen (Thomas Mann prägte dafür in seinem „Zauberberg" den schönen Ausdruck „Lichtanatomie"). Mit Hilfe der *Nuklearmedizin* vermag man aber auch, die Funktionen von Organen und ihre Störungen zu erkennen. Eine gegenwärtige Kulmination erleben diese Verfahren in der *Positronen-Emissions-Tomographie* (PET), die besonders in der Krebsdiagnose, aber nicht nur dort, bisher nicht vorhandene Möglichkeiten eröffnet.

Es soll dabei nicht vergessen werden, dass das Spektrum diagnostischer Verfahren durch Methoden ergänzt und erweitert wird, bei denen keine ionisierende Strahlen benutzt werden, nämlich *Ultraschall* und *Magnetresonanztomographie* (MRT). Obwohl sie außerhalb der eigentlichen Thematik dieses Buches liegen, verlangt es die Vollständigkeit, zumindest kurz auf sie einzugehen.

4.2
Röntgendiagnostik

4.2.1
„Klassische" Röntgendiagnostik

Es gibt wohl kaum einen Mitbürger, der nicht schon einmal geröntgt worden ist und sei es beim Zahnarzt. Im Jahr 2006 wurden in Deutschland 132 Millionen Röntgenuntersuchungen durchgeführt, rein statistisch waren das also 1,6 pro Person. Für den Löwenanteil, nämlich mehr als ein Drittel, sorgen die Besuche in der Zahnarztpraxis. Im weltweiten Vergleich liegen wir durchaus im Spitzenfeld, nur in Japan und den USA werden bezogen auf die Bevölkerungszahl noch höhere Werte erreicht. Es mag dahin gestellt bleiben, ob die Röntgenfrequenz als Gütesiegel für ein Gesundheitssystem anzusehen ist, jedenfalls zeigen die Zahlen die große Bedeutung der medizinischen Röntgenanwendung. Es ist auch aufschlussreich, sich die Verteilung auf die verschiedenen Körperregionen anzusehen, die in Abb. 4.2 gezeigt wird.

Untersuchungen von Zähnen und Kiefer stellen der Zahl nach den höchsten Anteil. Ihre Wirkung ist sicher segensreich, zu wissen, wo man bohren muss, erleichtert nicht nur dem Arzt die Arbeit, sondern kann auch die uns allen unangenehmen Eingriffe erträglicher machen, weil das Bohren auf das unbedingt notwendige Maß beschränkt wird. Die Computertomographie, der unten ein besonderer Abschnitt gewidmet ist, macht zurzeit rein mengenmäßig nur einen vergleichsweise geringen Anteil aus, aber ihre Zahl steigt deutlich an. Man darf aus den angegebenen Zahlen auf keinen Fall schließen, dass sie auch die Strahlenbelastung repräsentieren. Sie hängt in entscheidender Weise von den bei den

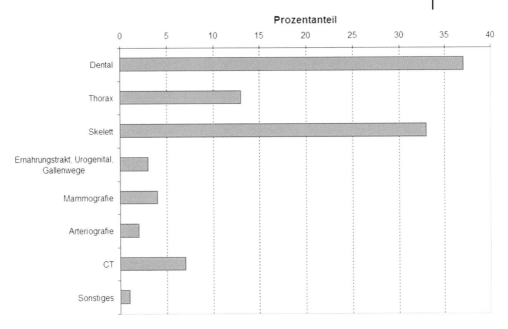

Abb. 4.2 Zahlenmäßige Verteilung der Röntgenuntersuchungen auf Körperregionen in Deutschland (2006) (Quelle: Bundesamt für Strahlenschutz).

verschiedenen Maßnahmen auftretenden Dosen ab, worauf im Zusammenhang mit anderen Expositionen zusammenhängend im Kapitel 10 eingegangen wird.

Die hohe Durchdringungsfähigkeit der Röntgenstrahlung stellt eine ihrer bemerkenswertesten Eigenschaften dar. Das wurde schon von W. C. Röntgen unmittelbar bei seiner Entdeckung im November 1895 erkannt, ebenso wie die großen Möglichkeiten der medizinischen Anwendung. Als Probe auf das Exempel „durchleuchtete" er die Hand seiner Frau (Abb. 4.3). Es handelt sich bei der Abbildung um einen Abzug der Originalfotoplatte, die stark absorbierenden Teile erscheinen im Bild dunkel. Man erkennt schon hier die typischen Strukturen der Knochen und Gelenke, allerdings war der zeitliche Aufwand bei der Erstellung beträchtlich – wahrscheinlich auch die Strahlendosis – denn die damals verwendeten Aufnahmematerialien waren recht unempfindlich.

Röntgen selbst nannte die „neue Art von Strahlen" (so der Titel seiner ersten Mitteilung [9]) „X-Strahlen", eine Bezeichnung, die außerhalb des deutschen Sprachraums durchgängig üblich ist. Die Gefühle Berta Röntgens bei der Sicht auf die inneren Strukturen ihrer Hand sind nicht überliefert. Uns heutigen Menschen erscheint das Verfahren fast alltäglich. Thomas Mann vermittelt in seinem monumentalen „Zauberberg" (1924) einen Eindruck, den in den Anfangszeiten die Technik auf die Menschen gemacht haben muss. „Ich sehe!" ruft sein Held Hans Castorp aus, als er das Herz seines Freundes Joachim vor dem Bildschirm beobachtet, und bei der Ansicht der Aufnahme seiner eigenen Hand glaubt er, einen Blick in sein eigenes Grab ertragen zu müssen.

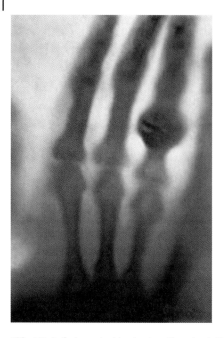

Abb. 4.3 Aufnahme der Hand seiner Frau durch Röntgen im November 1895 (Quelle: Deutsches Röntgenmuseum).

Fotografische Schichten werden auch heute noch in der „konventionellen" (d. h. nicht digitalen) Radiographie verwendet. Allerdings sind auch moderne Emulsionen immer noch relativ unempfindlich gegenüber Röntgenstrahlen, sie sprechen deutlich besser auf sichtbares Licht an. Zur Erhöhung der Sensibilität, wodurch kürzere Expositionszeiten und geringere Dosen ermöglicht werden, verwendet man Verstärkerfolien, die in unmittelbarem Kontakt zu den Filmen in die Kassetten eingelegt werden. Sie bestehen aus Materialien, welche Röntgenstrahlen in sichtbare Strahlung umwandeln, heute meist auf der Basis von seltenen Erden. Damit ist allerdings ein Verlust an Detailerkennbarkeit („Auflösungsvermögen") verbunden, und zwar umso mehr, je stärker die Empfindlichkeit angehoben wird. Der Radiologe muss also immer einen der jeweiligen Aufgabenstellung angepassten Kompromiss finden, wozu die Leitlinien der ärztlichen Fachgesellschaften aber nützliche Hilfen bieten.

Eine kontinuierliche Beobachtung erlaubt die Durchleuchtungstechnik. Früher bestand sie in der Beobachtung auf einem fluoreszierenden Schirm, der zwischen Röhre und Arzt stand (daher auch noch der heute gebräuchliche Name „Fluoroskopie" für Durchleuchtungen). Manche Leser mögen sich noch an die „Schirmbilduntersuchungen" erinnern, die auch in mobilen Stationen durchgeführt wurden, um mögliche Tuberkuloseerkrankungen auszuschließen. Aus der Sicht des Strahlenschutzes ist eine solche Anordnung recht abenteuerlich, der untersuchende Arzt stand für längere Zeit im direkten Strahlenfeld, und wegen der relativ geringen Empfindlichkeit des Schirms bekam auch der Patient seinen Teil ab. Heute sind solche Einrichtungen obsolet, auch verboten, und bestenfalls im Museum zu finden. Die Aufnahme geschieht nun mit Hilfe elektronischer Bildverstärker, wodurch die Strahlendosen erheblich reduziert werden. Dennoch sind sie bei längeren Untersuchungszeiten, wie sie vor allem in der Intensivmedizin anzutreffen sind, auf keinen Fall zu vernachlässigen, selbst akute Strahlenschäden sind nicht auszuschließen. Eine Möglichkeit, die Exposition zu reduzieren, besteht darin, dass nicht kontinuierlich beobachtet wird, sondern dass die Bilder zwischenzeitlich „eingefroren", d. h. gespeichert, werden und erst bei wichtigen Veränderungen eine neue Aufnahme angefertigt wird.

Mehr und mehr setzt sich die *digitale Radiographie* durch. Sie ist zwar mit höherem finanziellem Aufwand verbunden, bietet aber auch eine Reihe grundsätzlicher und praktischer Vorteile: Zunächst entfällt die chemische Entwicklung mit allen damit verbundenen Unannehmlichkeiten, aber auch die Speicherung und Weitergabe der Daten ist erheblich einfacher. Besonders in Krankenhäusern und Kliniken hat man den nicht zu unterschätzenden Vorteil, dass auf Röntgenbilder unmittelbar am jeweiligen Arbeitsplatz zugegriffen werden kann. Mit der häufig propagierten Versicherung, mit digitalem Röntgen sei auch eine geringere Strahlendosis verbunden, sollte man allerdings vorsichtig sein, eine solche Reduktion ist zwar bei Ausnutzung aller technischen Möglichkeiten durchaus erzielbar, in der Realität des Tagesgeschäftes dürfte der Gewinn jedoch gering sein.

Es gibt zwei gängige Verfahren des digitalen Röntgens. Die erste besteht in der Verwendung von *Speicherfolien*. Das Bild wird in diesem Fall von einem besonderen laserbasierten Gerät ausgelesen und kann auf verschiedene Weise in digitaler Form gespeichert und weiter verarbeitet, auch mit Hilfe von CDs weitergegeben werden. Der praktische Vorteil liegt darin, dass die Speicherfolien wie Filme in die vorhandenen Kassetten eingelegt werden können und somit an der vorhandenen Anlage keine Modifikationen durchgeführt werden müssen, allerdings kommen die Kosten für Folien, Auslesegerät und Befundungsmonitor hinzu.

Eine zweite Variante stellt die Benutzung von Festkörperdetektoren dar. Sie sind in der Regel in festem Aufbau mit der Röntgenröhre verbunden, z. B. in dem in der interventionellen Radiologie häufig eingesetzten C-Bogen, der seinen Namen von der typischen Form hat (Abb. 4.4). Die Detektoren haben in Bezug auf Empfindlichkeit und Auflösungsvermögen einen beachtlichen Entwicklungsstand erreicht, der es – zusammen mit der oben erwähnten „Speicherbildtechnik" – auch bei längeren interventionellen Maßnahmen erlaubt, die Strahlendosis in vertretbaren Grenzen zu halten. Man muss in diesem Zusammenhang auch bedenken, dass es sich in den meisten Fällen um lebensbedrohende Notsituationen handelt.

Die Absorption von Röntgenstrahlen ist bestimmt durch Dicke, Dichte und Ordnungszahl des durchstrahlten Objekts, wobei der letzte Parameter den stärksten Einfluss hat. Knochenstrukturen sind besonders gut zu differenzieren, was auf deren Kalziumgehalt (Ordnungszahl 20) zurückgeht. Ein Verlust an Kalzium äußert sich in einer reduzierten Röntgenstrahlenschwächung, was man zur Diagnose der Osteoporose ausnutzen kann. Dafür werden verschiedene spezielle Röntgengeräte, manchmal auch solche mit radioaktiven Quellen, verwendet (*Os-

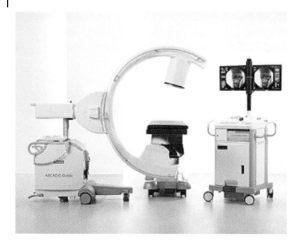

Abb. 4.4 C-Bogen-Anlage mit unter dem Tisch installiertem Festkörperdetektor. Die Röhre befindet sich im oberen Teil des Bogens, das Bild wird auf dem Monitor (rechts) verfolgt. (Foto: Siemens AG)

teodensitometer, die Bezeichnung "Knochendichtemessung" ist leicht irreführend, da nicht die Dichte, sondern der Kalziumgehalt die interessierende Größe ist).

Innere Organe lassen sich auf Grund von Dicke und Dichte unterscheiden, aber bei Blutgefäßen sowie im Magen-Darm- und Nieren-Harn-Trakt versagt die Methode. Um in diesen Fällen die Darstellbarkeit zu verbessern, führt man in die Hohlräume „Kontrastmittel" ein. Sie bestehen aus Substanzen höherer Ordnungszahl, bei Blutgefäßen und im Harntrakt üblicherweise auf Jodbasis, im Magen-Darm-Bereich bildet Bariumsulfat die Grundlage. Diese Verbindung ist unlöslich und kann daher nicht im Verdauungstrakt resorbiert werden. Die genannten Stoffe sind „Positiv-Kontrastmittel", sie zeichnen sich durch verstärkte Absorption ab. Es gibt jedoch auch die Möglichkeit des „Negativ-Kontrasts", d. h. die Markierung einer Region durch höhere Durchlässigkeit, was vor allem bei Darmuntersuchungen eingesetzt wird. Den „Negativ-Kontrast" erreicht man durch Zuführen von Gas, Kohlendioxid oder manchmal auch Luft. Besonders gute Ergebnisse können auch durch „Doppelkontrast-Untersuchungen" erzielt werden. Hier wird zunächst ein Positivkontrastmittel eingesetzt, das dann entfernt wird, in Randbezirken jedoch als dünner Film verbleibt. Anschließend wird Kohlendioxid oder Luft als Negativkontrastmittel eingeführt, so dass sich besonders Randregionen sehr gut abzeichnen. Bei der Verwendung von Jodpräparaten muss darauf geachtet werden, ob bei den Patienten eine Jodunverträglichkeit besteht, die gar nicht selten ist und die zu allergischen Reaktionen führen kann.

Die Interpretation von Röntgenbildern setzt nicht nur profunde anatomische Kenntnisse, sondern auch erhebliche Erfahrung voraus. Eine besondere Schwierigkeit liegt darin, dass es sich bei dem Röntgenbild um die zweidimensionale Projektion eines dreidimensionalen Körpers handelt, ähnlich wie bei einem Schattenbild, das bekanntlich meist eine Vielzahl von Interpretationsmöglichkeiten in sich birgt. Auch werden oft Strukturen überlagert, so dass wichtige Veränderungen nicht gesehen werden können. Einen Ausweg bieten mehrere Aufnahmen aus verschiedenen Richtungen. Der Liebhaber von Arztserien kennt die wiederkehrende Anweisung: "Schwester, röntgen, zwei Ebenen!". In einfach gelagerten Fällen kann so das Problem gelöst werden. Aber von einer echten Dreidimensionalität ist man aber immer noch weit entfernt. Eine Lösung bietet die Computertomographie (CT).

4.2.2
Röntgen-Computertomographie

Bei der Computertomographie (CT) wird der Körper in einzelnen aufeinander folgenden dünnen Schichten aus verschiedenen Richtungen durchleuchtet, alle Daten werden im Computer gespeichert, der sie zu einem Gesamtbild zusammensetzt. Die mathematischen Probleme dieser Rekonstruktion sind nicht trivial, es ist daher symptomatisch für diese Technik, dass sie aus der Zusammenarbeit des Ingenieurs Godfrey Hounsfield und des Physikers (und Mathematikers) Allan M. Cormack entstand. Beide erhielten für ihre Entwicklung 1979 den Nobelpreis, die erste kommerzielle Anlage wurde schon 1972 in einem Londoner Hospital installiert (Fa. EMI).

In weniger als vierzig Jahren haben die Computertomographen eine sensationelle Entwicklung durchlaufen, ihr Haupteinsatzgebiet ist nach wie vor die Medizin, aber auch die Technik und andere Wissenschaftszweige machen sich dieses Verfahren zunutze. Die Untersuchungsfrequenzen nehmen ständig zu: Während im Jahr 1996 nur 6 von 100 Einwohnern Deutschlands in den Genuss dieses Verfahrens kamen, stieg diese Zahl bis zum Jahre 2008 auf das Doppelte an, der Anteil konventioneller Röntgenaufnahmen fiel im selben Zeitraum von 1,8 pro Einwohner auf 1,6 [10].

Das Prinzip der Computertomographie ist in Abb. 4.5 skizziert: Die Röntgenröhre erzeugt eine dünne Strahlenschicht, die den Körper durchdringt, ein gegenüberliegender Detektor registriert die resultierende Strahlung. In jeder Ebene rotiert die Quelle-Empfänger-Anordnung um die Körperachse, so dass jeder Punkt mehrmals aus verschiedenen Richtungen passiert wird. Das gesamte interessierende Gebiet wird durch Verschiebung des Patienten so scheibchenweise abgefahren. Daraus erklärt sich auch der Name: *tome* (τομή) heißt im Griechischen „Scheibe, Schicht" und graphein (γραπηειν) „schreiben". Die technische Realisierung benutzt heute das *Spiralverfahren*: der Patient wird kontinuierlich durch den Aufnahmeapparat bewegt, während sich die Quelle-Detektor-Anordnung mit konstanter Geschwindigkeit um ihn dreht. Eine weitere Verbesserung ergibt sich durch die Verwendung von mehreren, gleichzeitig exponierten parallelen Schichten in den sogenannten *Mehrzeilern*, deren Zahl bis zu 640 betragen kann, üblich sind vor allem 16- und 64-Zeiler. Dadurch verringert sich die Untersuchungszeit sehr erheblich. Im Gegensatz zu früher dauern nun die Vorbereitungen häufig wesentlich länger als die eigentliche Aufnahme.

Der Detaillierungsgrad der Aufnahmen hängt von der Dünne der aufgenommenen Schichten und vor allem von deren Zahl ab. Allerdings steigt mit der

4 Der Blick in das Innere: Strahlendiagnostik

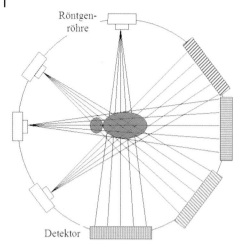

Abb. 4.5 Prinzip der Computertomographie: Eine dünne Schicht wird aus verschiedenen Richtungen exponiert und die Absorption vom gegenüberliegenden Detektor registriert.

größeren Auflösung auch die Exposition des Patienten (s. Kapitel 10). Obwohl in der allgemeinen Wahrnehmung vor allem die dreidimensionale Darstellung als besondere Stärke des CT gilt, ist ein anderer Punkt noch wichtiger: Durch die Messung aus verschiedenen Richtungen ergibt sich im Prinzip die Möglichkeit, die Absorption eines jeden kleinen Körperelements genau zu bestimmen und somit auch kleine Unterschiede zu erfassen, was wegen der Überlagerung verschiedener Strukturen im klassischen Röntgen nicht möglich ist.

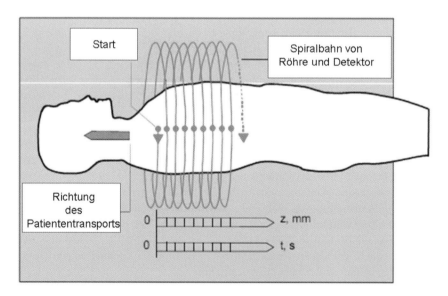

Abb. 4.6 Prinzip des Spiral-CT (modifiziert nach W. Kalender [11]).

4.3
Nuklearmedizin

4.3.1
Funktionelle Untersuchungen, Szintigraphie

Während die Röntgendiagnose ihr Hauptaugenmerk auf die Aufdeckung pathologischer anatomischer Veränderungen legt, liegt die Domäne der Nuklearmedizin in der Verfolgung von Funktionsstörungen. Dazu werden geeignete Pharmaka mit radioaktiven, in der Regel gammastrahlenemittierenden, Substanzen markiert und durch Injektion in den Körper gebracht. Mit Hilfe besonderer Detektorsysteme lässt sich so die Verteilung im Körper ermitteln und auch der zeitliche Verlauf von Stoffwechselprozessen verfolgen.

Die Zahl nuklearmedizinischer Untersuchungen ist deutlich geringer als die der Röntgendiagnostik. Im Zeitraum 1996 bis 2006 betrug sie in der Bundesrepublik ca. 4,2 Millionen pro Jahr, also durchschnittlich 50 pro 1000 Einwohner, verteilt auf verschiedene Organe oder Organsysteme (Abb. 4.7).

Die klassische Anwendung nuklearmedizinischer Verfahren ist die Schilddrüsenfunktionsdiagnostik, die auch heute noch den größten Anteil ausmacht. Wichtig sind aber auch Untersuchungen am Herzen, welche Aussagen über die Durchblutung des Herzmuskels bei koronaren Herzerkrankungen erlauben. Eine große, ständig wachsende Bedeutung haben Untersuchungen bei Tumoren erlangt, ins-

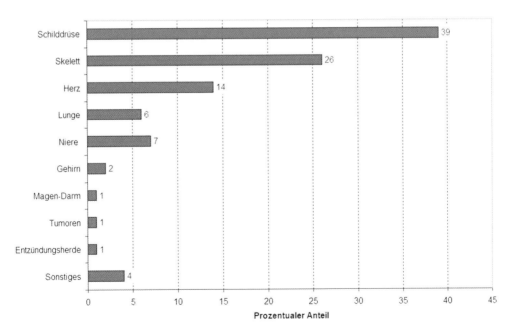

Abb. 4.7 Häufigkeitsanteile verschiedener nuklearmedizinischer Untersuchungen in Deutschland 1996 bis 2006 (Quelle: BfS).

besondere durch die Anwendung der Positronen-Emissions-Tomographie (PET), der unten ein eigener Abschnitt gewidmet ist.

Um die Exposition von Patienten und Umgebung möglichst gering zu halten, werden Nuklide mit kurzer Halbwertszeit eingesetzt, von denen Technetium-99m (Tc-99m) mit Abstand das wichtigste ist. Das Suffix „m" gibt an, dass es sich um einen sogenannten metastabilen Zustand handelt. Tc-99m entsteht aus Molybdän-99 (Mo-99, Halbwertszeit 66 Stunden) und ist ein reiner Gammastrahler (mittlere Energie ca. 140 keV). In der Praxis wird es in Generatoren aus einer Molybdän-99-Lösung extrahiert. Die kurze Halbwertszeit stellt einerseits hohe Anforderungen an die Präparations- und Untersuchungstechnik, sichert aber auf der anderen Seite auch, dass die Exposition der Patienten und von Personen in ihrer Umgebung nicht allzu lange anhält. Je nach Diagnoseziel wird das Radionuklid an bestimmte Pharmaka gekoppelt, welche im Körper spezifisch in den Zielorganen angereichert werden. Die nach außen dringenden Gammastrahlen werden detektiert, ihre Intensität gibt ein Maß für die eingebaute Radioaktivität. Es lassen sich so auch zeitliche Verläufe erfassen, die Rückschlüsse über Funktionsstörungen erlauben.

Das früher viel verwendete Jod-131 (Halbwertszeit 8 Tage) spielt in der nuklearmedizinischen Diagnostik heute keine Rolle mehr (wohl aber noch in der Therapie); ein anderes, vor allem in der Myokard(Herzmuskel)szintigraphie eingesetztes Radionuklid ist Thallium-201 (Tl-201) mit einer Halbwertszeit von 73 Stunden, es emittiert Photonen im Energiebereich von 70 bis 170 keV.

Zur Messung der Gammastrahlen verwendet man *Szintillationszähler*, das sind Geräte, bei denen durch die Gammaquanten in geeigneten Materialien Lichtblitze (*Szintillationen*) ausgelöst werden, die man sehr empfindlich messen kann (s. auch Kapitel 13). Die Verteilung der Radionuklide wird in einem *Szintigramm* aufgezeichnet, weshalb das Verfahren auch als *Szintigraphie* bezeichnet wird. Wäh-

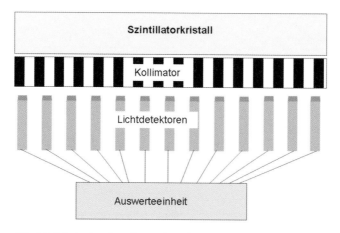

Abb. 4.8 Prinzip der „Angerkamera". In dem Szintillatorkristall werden durch die auftreffenden Gammaquanten Lichtblitze ausgelöst, deren räumliche Anordnung die Verteilung der inkorporierten Radioaktivität widerspiegelt. Die Kollimatoren lenken das Licht auf die dahinter liegenden Lichtdetektoren.

rend es früher notwendig war, den Patienten mit der Messsonde mäanderförmig abzutasten („scannen"), erlaubt die heutige Technologie Aufnahmen mit Hilfe einer *Anger-Kamera* in kürzerer Zeit durchzuführen. Sie besteht aus einem großen Detektorkristall und vielen Bleikollimatoren und darauf ausgerichteten Lichtdetektoren, so dass die räumliche Verteilung durch eine einzige Messung erfasst werden kann (Abb. 4.8). Die Einrichtung ist nach dem amerikanischen Physiker Hal O. Anger (1920–2005) benannt, der sie im Jahre 1957 einführte, wodurch nuklearmedizinische Untersuchungen entscheidend erleichtert wurden.

Die besondere Stärke der Nuklearmedizin liegt darin, dass Stoffwechselveränderungen und die Fehlfunktionen von Organen im Körper aufgespürt und quantitativ erfasst werden können.

4.3.2
Positronen-Emissions-Tomographie (PET)

Eine der modernsten Entwicklungen der Nuklearmedizin stellt die *Positronen-Emissions-Tomographie* dar, üblicherweise mit „PET" abgekürzt. Das Prinzip ist in Box 4.1 erläutert. Mit ihrer Hilfe ist es möglich, die Anreicherung von Radiopharmaka im Körper sehr genau zu lokalisieren. Anfangs wurden auf diese Weise Durchblutungsstörungen, z. B. durch einen Infarkt, festgestellt. Man koppelte einen Positronenemitter, üblicherweise Fluor-18, an ein Glukoseanalogon, 2-Desoxy-d-Glukose, das sich wie Glukose verhält, jedoch nicht im Stoffwechsel abgebaut wird, so dass die Konzentration nicht auf dem Weg durch den Körper abnimmt. Auf diese Weise lässt sich feststellen, an welcher Stelle eine Blockade auftritt.

Das Hauptanwendungsgebiet heute ist jedoch die Onkologie, also die Krebserkennung und die Therapieverfolgung. Mit Hilfe von PET lassen sich Tochtergeschwülste, Metastasen, aufspüren und auch prüfen, inwieweit sie auf eine Behandlung ansprechen.

PET ist ein technisch anspruchsvolles und daher auch teures Verfahren, besitzt jedoch große Potenziale, die wahrscheinlich noch gar nicht ausgeschöpft sind. Die Bereitstellung der Positronenemitter stellt ein logistisches Problem dar, da sie nur kurze Halbwertzeiten haben. Das meist verwendete Isotop Fluor-18 zerfällt schon in 110 Minuten auf die Hälfte des Ausgangswertes. In dieser Zeit müssen Transport, Präparation und Injektion bewerkstelligt werden, was erhöhte Anforderungen an das Personal stellt.

Die Positronen-Emissions-Tomographie ist hervorragend geeignet, funktionelle Veränderungen im Körper aufzuspüren, nicht aber in der Lage, anatomische Feinheiten abzubilden. Gerade in der Tumordiagnostik, z. B. bei Vorliegen von Metastasen, ist die genaue Lokalisation aber von großer Bedeutung. Um auch dieses Ziel zu erreichen, kombiniert man das PET-Verfahren mit einem Computertomographen, meist mit einem Röntgen-CT, mehr und mehr aber auch mit Magnetresonanztomographen (MRT). Eine sehr hohe Auflösung ist in diesem Fall nicht notwendig, so dass die zusätzliche Strahlenexposition in Grenzen gehalten werden kann. Die Kombination PET-CT repräsentiert die derzeit am weitesten fortgeschrittene Entwicklung moderner strahlendiagnostischer Verfahren.

Box 4.1: Positronen-Emissions-Tomographie

Treffen Positronen mit Elektronen zusammen, so entsteht *Vernichtungsstrahlung* (s. Kapitel 1.3.1). Es werden zwei Photonen mit jeweils 511 keV Energie erzeugt, die sich in genau entgegengesetzten Richtungen (180°) ausbreiten. Sie durchdringen auch dickere Gewebeschichten ohne nennenswerte Abschwächung. Liegt ihr Entstehungsort im Körperinneren, so können sie leicht außerhalb gemessen werden. Dies macht man sich bei der relativ neuen Technik der Positronen-Emissions-Tomographie zunutze.

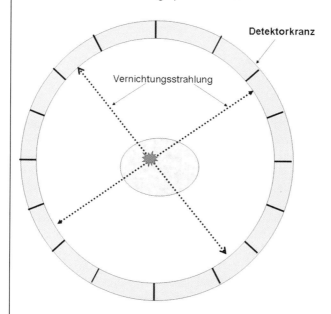

Positronenemittierende Radionuklide werden an geeignete Pharmaka angekoppelt und in die Blutbahn injiziert, sie zerfallen in den jeweiligen Zielorganen. Um den Patienten wird ein Detektorkranz angeordnet, in welchem die Quanten detektiert werden. Wichtig ist festzustellen, wo zwei Ereignisse gleichzeitig auftreten, was mit Hilfe einer sogenannten Koinzidenzapparatur gelingt. Auf der Verbindungslinie liegt der Zerfallsort, bei mehreren Messungen ergibt er sich als der Schnittpunkt der verschiedenen Verbindungslinien zwischen den jeweils gleichzeitig ansprechenden Detektoren. Die Messung wird hintereinander in dünnen Schichten durchgeführt, was die Präzision erhöht und der Technik den Namen gegeben hat.

4.4
Magnetresonanztomographie (MRT)

Ein bildgebendes Verfahren, das gänzlich ohne ionisierende Strahlen auskommt, stellt die Magnetresonanztomographie (MRT) dar. Sie hat in den letzten Jahren eine geradezu atemberaubende Entwicklung durchgemacht, die vor wenigen Jahrzehnten auch Optimisten kaum vorhergesehen haben dürften. Die heute erreichbaren Bilder faszinieren in Struktur und Detailgenauigkeit und lassen anatomische Zeichnungen, wie man sie aus anatomischen Lehrbüchern kennt, im wahrsten Wortsinn „alt" aussehen. Kein Wunder daher, dass sich die Medizin mehr und mehr diese Technik zunutze macht. Allerdings bedeutet dies nicht, dass die Röntgendiagnostik damit obsolet wäre. MRT ergänzt die herkömmlichen Verfahren, sie ersetzt sie nicht, wenn auch einige Überschneidungen festzustellen sind. MRT ist darüber hinaus auch zu einem wichtigen Werkzeug der medizinischen Forschung geworden, z. B. von der Neurologie bis zur Psychologie.

Auch hier zeigt sich einmal wieder, dass solide Kenntnisse der Physik wesentliche Anstöße für die praktische Medizin geben können. In diesem Fall sind es Atom- und Kernphysik, von denen man annehmen könnte, dass sie kaum Beziehungen zu biologisch-medizinischen Fragestellungen haben (was sich dann im Curriculum der Studiengänge und dem Interesse der Studenten niederschlägt). Viele Atomkerne besitzen einen *Spin*, d. h. sie drehen sich um sich selbst. Da sie außerdem eine Ladung besitzen, stellen sie kleine Magnete dar – bewegte Ladungen erzeugen bekanntlich ein Magnetfeld. Normalerweise sind sie im Medium statistisch verteilt, so dass sich ihre Magnetfelder gegenseitig aufheben. Bringt man sie jedoch in ein äußeres Magnetfeld, so richten sie sich entsprechend ihrer Polarität aus – das Material wird magnetisch. Durch ein von außen einwirkendes hochfrequentes elektromagnetisches Feld kann man sie gewissermaßen „anstoßen", sie beginnen wie Kreisel im Takt um ihre Hauptausrichtungsrichtung zu taumeln (der Physiker nennt so etwas *Präzession*) (s. Box 4.2). Schaltet man das Hochfrequenzfeld ab, so richten sich die Kreisel wieder auf. Wie schnell das geschieht, hängt von den Eigenschaften der Umgebung ab, in dem sich die Kernspins befinden. Auf diese Weise kann man Gewebeeigenschaften ermitteln und Veränderungen gegenüber dem Normalzustand feststellen.

Box 4.2: Magnetresonanztomographie (MRT)

Viele Atomkerne besitzen einen Spin, d. h. sie drehen sich. Wegen ihrer Ladung stellen sie somit kleine Magnete dar. In einem äußeren Magnetfeld richten sie sich entsprechend ihrer Polarität aus. Wird senkrecht dazu ein elektromagnetisches Wechselfeld mit der passenden (Hoch-)Frequenz eingespeist, so führen die „Kernmagnete" Präzessionsbewegungen um die Hauptfeldrichtung aus, sie torkeln wie Kreisel. In den Empfängerspulen werden dadurch Ströme induziert, die am stärksten sind, wenn alle Spins sich synchron, „im Takt", bewegen. Wird das Hochfrequenzfeld abgeschaltet, so richten sich die taumelnden Kerne wieder auf, was sich in einer Änderung des gemessenen Signals niederschlägt. Die Geschwindigkeit der Reorientierung (*Relaxation*) hängt von den Eigenschaften des Gewebes ab, die auf diese Weise charakterisiert werden können.

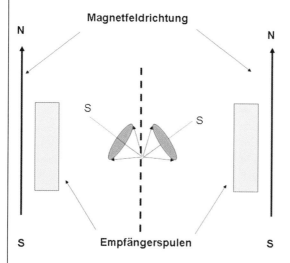

Die Kreiselbewegungen werden nur angestoßen, wenn das passende Hochfrequenzfeld angelegt wird. Wie der irische Physiker Joseph Larmor (1857–1942) herausfand, ist die Frequenz (*Larmor-Frequenz*) der Stärke des externen Magnetfeldes proportional. Diese Tatsache ermöglicht auf einfache Weise, verschiedene Schichten des Körpers nacheinander zu untersuchen. Dem äußeren Magnetfeld wird ein weiteres überlagert, das mit der Zeit ansteigt (*Gradientenfeld*), so dass zu verschiedenen Zeitpunkten die Resonanzbedingung erfüllt wird und nur dann eine Anregung stattfindet. Der Patient wird also bei der Aufnahme nicht bewegt, das Abtasten wird durch das Gradientenfeld bewirkt. Die Auflösung der anderen Ortskoordinaten wird durch relativ komplizierte Verfahren erreicht, die hier nicht im Einzelnen erklärt werden können.

Die Technik des Verfahrens (grobe Übersicht in Box 4.2) ist nicht ganz einfach, weshalb die Entwicklung auch eine relativ lange Zeit beanspruchte. Die ersten Anfänge gehen auf die 1960–70er Jahre zurück. Entscheidende Impulse wurden von dem amerikanischen Chemiker Paul C. Lauterbur (1929–2007) und dem englischen Physiker Sir Peter Mansfield (*1933) geliefert, die letztlich die industrielle Fertigung und den Routineeinsatz in der Medizin ermöglichten. Für ihre Leistungen erhielten sie im Jahr 2003 den Nobelpreis.

Das Auflösungsvermögen, also die Detailerkennbarkeit, steigt mit der Stärke des verwendeten Magnetfeldes, weshalb man bemüht ist, immer stärkere Magnete einzusetzen: Um die durch die hohen Ströme auftretenden Verlust zu begrenzen, verwendet man heute oft Spulen aus supraleitenden Materialien, die allerdings sehr tiefe Temperaturen benötigen, die man durch Kühlung mit flüssigem Helium bewerkstelligt.

Die Aufnahme erfordert eine genaue Abstimmung zwischen dem Magnetfeld und der Frequenz des elektromagnetischen Wellenfeldes (Larmorfrequenz, s. Box 4.2). Dies nutzt man aus, um bestimmte Körperregionen nacheinander zu untersuchen, ohne den Patienten zu bewegen. Dem hohen statischen Magnetfeld wird ein zeitlich ansteigendes Gradientenfeld überlagert, so dass zu jedem Zeitpunkt nur in einer schmalen Schicht die Resonanzbedingung erfüllt wird (Abb. 4.9).

MRT ersetzt nicht etwa die Röntgen-Computertomographie, sondern ergänzt sie, wenn sich auch überlappende Anwendungsbereiche ergeben. Da die Spins der Wasserstoffkerne eine entscheidende Rolle spielen, liegt die Stärke der MRT in der Untersuchung von Weichgeweben, bei denen die Röntgendiagnostik Schwächen hat. Die Untersuchung dauert in der Regel länger, auch muss man von höheren Kosten ausgehen. Der Patient wird zur Erstellung des Tomogramms in das Magnetfeld gebracht, das ihn relativ eng umschließt. Im Volksmund heißt es dann, „man kommt in die Röhre". Bei empfindlichen Patienten kann es zur Klaustrophobie („Platzangst") kommen, weshalb auch offene Geräte entwickelt worden sind, welche jedoch nicht ganz dieselben Leistungen errei-

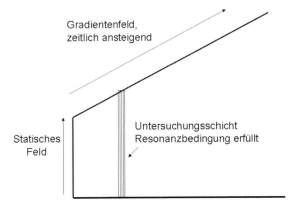

Abb. 4.9 Das Prinzip der Schichtenauswahl durch Überlagerung von statischem und Gradientenfeld.

chen wie geschlossene Apparaturen. Störend werden auch die relativ lauten Schaltgeräusche empfunden. Da keine ionisierenden Strahlen zur Anwendung kommen, besteht kein Strahlenrisiko, was aber nicht bedeutet, dass nicht Vorsichtsmaßnahmen zu beachten sind. Metallische Implantate jeder Art (z. B. Herzschrittmacher, aber selbst bestimmte Tätowierungen oder Piercings) bedürfen einer genauen vorherigen Abklärung. Es wird außerdem empfohlen, Schwangere im frühen Schwangerschaftsstadium nicht zu untersuchen. Die sehr hohen Magnetfelder und die benutzten Hochfrequenzfelder stellen für das Personal bei richtigem Verhalten nach heutiger Kenntnis keine Gefährdung dar, aber es muss sorgfältig darauf geachtet werden, dass sich keine beweglichen magnetisierbaren Gegenstände, z. B .aus Eisen oder Stahl, in der Nähe befinden, da sie in das Magnetfeld hereingezogen werden und sich so zu lebensbedrohenden Geschossen entwickeln können.

Das Anwendungsspektrum der MRT ist sehr breit. Es umfasst die Wirbelsäulen- und Gelenksdiagnostik, aber auch die Abklärung von möglichen Tumorerkrankungen. Es ergänzt auch die Brustkrebsdiagnostik der röntgenologischen Mammographie und bietet deutliche Vorteile vor allem bei jüngeren Patientinnen.

4.5
Ultraschalldiagnostik (Sonographie)

Obwohl, wie schon gesagt, der Ultraschall eigentlich nicht zur Strahlung im strengen Sinn gehört, soll hier dennoch die Sonographie angesprochen werden, weil sie wie die anderen beschriebenen Verfahren heute zum Handwerkszeug des Radiologen gehört.

Unter Ultraschall versteht man Schallwellen, deren Frequenzen oberhalb des menschlichen Hörvermögens, also jenseits von ca. 20.000 Hz, liegen. Schallwellen benötigen zu ihrer Ausbreitung grundsätzlich ein übertragendes Medium, in dem sie sich je nach dessen Eigenschaften mit unterschiedlicher Geschwindigkeit fortpflanzen und in dem sie auf ihrem Weg mehr oder weniger stark geschwächt werden. Anders als bei der Röntgendiagnostik ist diese Absorption aber für die Bildgebung nicht bestimmend, vielmehr handelt es sich bei der Sonographie um ein auf der Reflexion basierendes Verfahren, vergleichbar der aus der Meeresforschung bekannten Echoortung. Wie bei vielen technischen Innovationen gehen die Anfänge auf militärische Anwendungen zurück. Im Ersten Weltkrieg wurden Schallwellen eingesetzt, um deutsche Unterseeboot aufzuspüren. Medizinische Entwicklungen begannen erst in den 1940er Jahren, die moderne Sonographie, vor allem die Verwendung des *Dopplereffekts*, begann eigentlich erst mit der Verfügbarkeit leistungsfähiger Rechnersysteme, also ca. seit 1980. Heute ist sie aus der medizinischen Diagnostik nicht mehr wegzudenken.

Je nach Anwendungsgebiet liegen die verwendeten Frequenzen zwischen 1 und 40 MHz. Erzeugung und Messung basieren auf dem *piezoelektrischen Effekt*, der 1880 von Jacques und Pierre Curie (dem Ehemann von Marie Curie) entdeckt wurde. In bestimmten kristallinen Materialien kann man durch mechanische

Verformung eine elektrische Spannung erzeugen, aber auch umgekehrt durch ein elektrisches Feld ihre Abmessungen verändern. Handelt es sich dabei um eine Wechselspannung, so schwingt der Kristall im Takt der angelegten Frequenz und sendet somit Schallwellen aus. Man kann ihn also sowohl als Sender als auch als Empfänger einsetzen. Die zentrale Komponente eines Ultraschallgerätes ist der Schallkopf (s. Box 4.3), von dem es je nach Einsatzgebiet die verschiedensten Ausführungsformen gibt. Im Gegensatz zur Röntgendiagnostik, wo die Absorption entscheidend ist, basiert die Sonographie auf der Reflexion an den Organstrukturen. Das Prinzip ist einfach: Ein kurzer Schallpuls wird ausgesendet, der in unterschiedlicher Tiefe reflektiert und zum Schallkopf zurückgeworfen wird. Aus der Zeit zwischen dem Startimpuls und der Detektion der reflektierten Welle lässt sich die Tiefe der getroffenen Struktur bestimmen. Mit dieser Information und unter Berücksichtigung der Intensität des gemessenen Signals lässt sich dann ein Bild rekonstruieren. Es kommen verschiedene Verfahren zum Einsatz, auf deren Einzelheiten hier nicht eingegangen werden soll. Entscheidend für die Qualität ist die gute Ankopplung der Schallquelle an den zu untersuchenden Körper, da hiervon die Weiterleitung abhängt. Als Übertragungsmedium dient eine gelartige Substanz, die auf die Körperoberfläche aufgetragen wird. Da Haare die Übertragung stören, muss in der Regel vor der Untersuchung eine sorgfältige Rasur vorgenommen werden. Auch der Anpressdruck spielt eine wichtige Rolle, so dass die Bildqualität im wahrsten Sinne des Wortes in der Hand des Untersuchers liegt. Anders als bei den meisten zuvor besprochenen Verfahren kann die Durchführung der Untersuchung nicht auf technisches Personal übertragen werden. Die Zuverlässigkeit sonographischer Diagnosen hängt entscheidend von der Erfahrung des Untersuchers ab, und zwar sowohl im Hinblick auf die Durchführung als auch auf die Interpretation der erzielten Bilder.

Eine wichtige Erweiterung der diagnostischen Möglichkeiten bildet die *Dopplersonographie*. Sie beruht auf der Ausnutzung des Dopplereffekts, der nach seinem Entdecker, dem österreichischen Physiker Christian Doppler (1803–1853), benannt ist. Er beschreibt eine aus dem Alltagsleben bekannte Erscheinung, dass sich nämlich die Tonhöhe einer Schallquelle verändert, wenn sie bewegt wird, was wohl jedem aus der Erfahrung mit heranrasenden Polizeiwagen mit eingeschaltetem Martinshorn bekannt ist. Aus Art und Höhe der Veränderungen kann man sowohl die Geschwindigkeit als auch die Richtung ermitteln.

Dieses Prinzip macht man sich auch in der Sonographie zunutze. Trifft die Ultraschallwelle auf bewegte Teile, so verändert sich ihre Frequenz, was man messen und zur Bestimmung der Bewegungsgeschwindigkeit verwenden kann. Auf diese Weise lässt sich z. B. der Blutfluss in Gefäßen ermitteln.

Der Vorteil sonographischer Verfahren liegt darin, dass sie nicht-invasiv verlaufen und dass der apparative Aufwand sich in Grenzen hält. Besonders herausgestellt wird auch im Vergleich zur Röntgendiagnostik, dass keine ionisierenden Strahlen verwendet werden, was in seiner Bedeutung aber nicht übertrieben werden sollte. Wichtig ist dieser Unterschied jedoch bei Untersuchungen während der Schwangerschaft, deren Verlaufskontrolle heute ohne Ultraschall undenkbar ist. Noch in den 1950er Jahren waren hierbei Röntgenaufnahmen die Regel, zumindest wenn Komplikationen zu befürchten waren.

Es liegt in der Natur der (Reflex-)Methode, dass Organe nicht erfasst werden können, wenn sie durch stark reflektierende Strukturen, z. B. Knochen, abgeschirmt werden. So sind Untersuchungen im Gehirn nicht möglich. Die besondere Stärke der Ultraschalldiagnostik liegt, neben der Pränataldiagnostik, in der Beurteilung von Organen im Bauchraum (Galle, Blase, Prostata) sowie von Gefäßveränderungen.

Box 4.3: Prinzip der Ultraschaldiagnostik

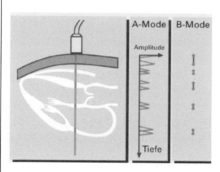

(Quelle: Siemens: Prinzipien der Sonographie)

Bei der Sonographie handelt es sich um ein Reflexionsverfahren. Vom Schallkopf wird ein Signal ausgesendet, das von den Strukturen in verschiedener Tiefe (im Bild angedeutet das Herz) zum Empfänger zurückgeworfen wird: Da der Schallkopf sowohl als Sender als auch als Empfänger fungiert, geschieht die Aufnahme im Pulsbetrieb, so dass in der Sendepause die Reflexionssignale registriert werden können. Im A-Mode werden mit Hilfe der Signallaufzeit nur die Tiefen bestimmt (z. B. zur Dickenmessung) ohne bildliche Darstellung. Bei dem heute meist eingesetzten B(*Brightness*)-Mode wird durch Abfahren des Objekts unter Computereinsatz ein zweidimensionales Bild erzeugt, wobei die Stärke der Signale durch Helligkeitsstufen dargestellt wird, woraus sich auch der Name erklärt.

5
Strahlenrisiken

5.1
Vorbemerkungen

In den Zeiten der Energiewende scheint es allgemeines Wissensgut zu sein, dass Strahlung gefährlich, ja lebensbedrohend ist, um so erstaunlicher, wie gering der Kenntnisstand über die grundlegenden Mechanismen zu sein scheint, wie manche, gar nicht so seltenen Veröffentlichungen auch der sogenannten „seriösen" Presse demonstrieren. Es gibt keinen Zweifel, dass die Exposition mit ionisierenden Strahlen schwere Gesundheitsschäden hervorrufen kann, aber es bleibt zu beachten, dass wie immer im Leben die Dosis eine entscheidende Rolle spielt. Auch wird in diesem Zusammenhang oft nicht zur Kenntnis genommen, dass in Umwelt und Technik noch andere potenzielle Gefährdungen existieren, die möglicherweise übersehen werden, weil sie gerade nicht im Fokus der öffentlichen Aufmerksamkeit stehen. Niemand ist gegen Fehleinschätzungen gefeit, aber man kann sich schützen durch Kenntnisse. Es ist daher das Ziel des folgenden Kapitels, die Grundlagen gesundheitlicher Wirkungen ionisierender Strahlen zu erläutern und das auf diesem Gebiet über Jahrzehnte erarbeitete Wissen zumindest ansatzweise darzustellen, sonstige Strahlenarten (Ultraviolett, Mikrowellen) werden an anderer Stelle behandelt.

Die Strahlenbiologie, zu der diese Thematik gehört, ist eine faszinierende, aber auch umfangreich gewordene Wissenschaft. So reizvoll es für einen Autor wäre, der mehr als vier Jahrzehnte sich mit diesen Fragen beschäftigt (und bis heute die Freude daran nicht verloren) hat, das Füllhorn geballter Erfahrung auszuschütten, muss er darauf verzichten, der Platz reicht nicht, die Zeit ist zu kurz, und Leser oder Leserin würden wahrscheinlich ob der vielen Einzelheiten bald das Buch schließen. Es soll daher auch hier ein Kompromiss gewählt werden: die wichtigsten relevanten Fakten werden hier dargestellt, wobei weitgehend auf zellphysiologische und molekularbiologische Einzelheiten verzichtet wird. Sie findet man in Kapitel 12.

Strahlen und Gesundheit: Nutzen und Risiken, 1. Auflage. Jürgen Kiefer
© 2012 Wiley-VCH Verlag GmbH & Co. KGaA. Published 2012 by Wiley-VCH Verlag GmbH & Co. KGaA.

5.2
Übersicht

So komplex wie die Vorgänge im menschlichen Körper sind, so vielfältig sind auch die Möglichkeiten, sie durch Strahleneinwirkung zu beeinflussen. Strahlenschäden nehmen ihren Ausgang von der zellulären Ebene, die Strahlenpathologie stellt ein besonders eindrucksvolles Beispiel der – meist mit dem Namen Virchow verknüpften – Zellularpathologie dar. Es sind vor allem drei zelluläre Strahlenfolgen, die hier wichtig sind (Abb. 5.1): Verlust der Teilungsfähigkeit, Veränderung der genetischen Information (Mutationen) sowie die Entartung (Induktion einer Krebszelle).

Am Anfang steht die Ionisation, durch welche Bindungen in essentiellen Molekülen der Zelle zerstört werden. Obwohl sie in allen Bestandteilen vorkommt, sind die Schäden im genetischen Material, der Desoxyribonukleinsäure (DNA), von ganz besonderer Bedeutung, da dieses Molekül nur einmal in der Zelle vorkommt (korrekterweise eigentlich zweimal, da sowohl mütterliche als auch väterliche Information vorhanden ist) und alle zellulären Vorgänge durch die DNA gesteuert werden. Durch diese Schäden kann das Teilungsvermögen der Zelle unterbunden werden, was zu akuten Strahlenschäden führt. Mutationen sind Veränderungen der genetischen Information, die bei jeder Teilung von Zelle zu Zelle weitergegeben werden. Geschehen sie in den Keimzellen, so finden sie sich auch in den Nachkommen und können sich in Erbkrankheiten niederschlagen („genetisches Risiko"). Modifikationen der Erbinformation können aber auch dazu führen, dass die Zelle sich der Gewebsregulation entzieht und sich ohne Rücksicht auf die Erfordernisse des Gesamtorganismus teilt, also zu einer Krebszelle entartet.

Die angesprochenen Schadenstypen unterscheiden sich sowohl in Bezug auf ihre zeitliche Ausprägung als auch im Hinblick auf die Art der Dosisabhängigkeit. Wie die Bezeichnung andeutet, kommen akute Schäden relativ früh (je nach Dosis zwischen Stunden und Monaten) nach der Exposition und sind in vielen Fällen reversibel. In der Regel treten sie auf, wenn eine größere Zahl von Zellen inaktiviert wird. Dazu ist eine gewisse Dosis notwendig, so dass akute Strahlenschäden in der Regel ein Schwellenverhalten zeigen, d. h. sie sind erst dann festzustellen,

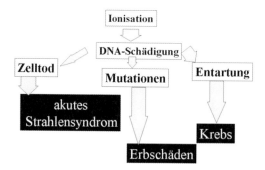

Abb. 5.1 Schematische Entwicklung von Strahlenschäden.

wenn eine bestimmte, für den jeweiligen Effekt typische, *Schwellendosis* überschritten wird. Bei Spätschäden liegt eine andere Situation vor. Sie nehmen ihren Ausgang von Mutationen oder Transformationen in Zellen, die im Prinzip schon von einer einzigen Ionisation hervorgerufen werden können. Es gibt also keine Dosisgrenze nach unten, auch sehr geringe Dosen können zu Spätschäden führen. Allerdings sinkt dann auch die Wahrscheinlichkeit für den Eintritt dieses Ereignisses. Das „Niedrigdosisproblem" spielt eine große Rolle in der Strahlenschutzdebatte, wird aber in Bezug auf die praktische Relevanz wohl meist überschätzt.

Akute Strahlenwirkungen treten, genügend hohe Dosen vorausgesetzt, bei den betroffenen Personen in vorhersagbarer Weise auf, wobei individuelle Empfindlichkeitsunterschiede zu berücksichtigen sind, man sagt daher, sie seien *deterministisch*. Ein typisches Beispiel ist die Hautrötung (bei UV-Strahlen als „Sonnenbrand" wohl jedermann aus eigener Erfahrung bekannt), die auch nach ionisierender Strahlung als unerwünschte Folge auftritt. Wenn die Exposition hoch genug ist, kommt sie so „sicher wie die Steuer", also vorhersagbar. Bei Spätschäden liegt eine andere Situation vor: ob es zu einer Mutation in einer bestimmten Zelle kommt, unterliegt, besonders bei niedrigen Dosen, dem Zufallsprinzip. Aussagen sind nur auf Grund statistischer Überlegungen für eine Vielzahl von Zellen, nicht aber für einzelne, möglich, der Prozess ist also „zufallsgesteuert" oder im Fachjargon *stochastisch*. Zusammenfassend lässt sich also feststellen:

> Akute Strahlenschäden weisen Schwellendosen auf und sind in der Regel auch im Einzelfall vorhersagbar, *deterministisch*.
> Spätschäden weisen keine Schwellendosen auf und sind zufallsgesteuert, *stochastisch*.

Mögliche Strahlenwirkungen auf das Ungeborene umfassen beide Typen, deshalb gibt es einen eigenen Abschnitt zu diesem Thema. Trübungen der Augenlinse (*Katarakte*) werden bei den akuten Schäden abgehandelt, wo sie traditionsgemäß firmieren, allerdings haben sich auf diesem Gebiet in der letzten Zeit Entwicklungen ergeben, die eine solche Klassifizierung in neuem Licht erscheinen lassen.

5.3
Frühschäden

5.3.1
Veränderungen der Organfunktion

In Kapitel 2 war schon darauf hingewiesen worden, dass unser Körper sich gewissermaßen permanent erneuern muss. Zellen sterben ab, Stammzellen teilen sich und ersetzen über die Differenzierung die Verluste. Strahlung unterbindet das Teilungsvermögen der Zellen, greift also massiv in die lebensnotwendigen

Restitutionsvorgänge ein. Besonders betroffen sind diejenigen Organe, die durch große Zellumschlagsraten gekennzeichnet sind und in denen also ein hoher Erneuerungsbedarf besteht. Dazu gehören alle Oberflächen, äußere wie die Haut oder auch innere wie der gesamte Magen-Darm-Trakt. Mechanische Beanspruchungen führen zu Abriebvorgängen und kleinen Verletzungen, die ausgeheilt werden müssen Auch das blutbildende System muss sich erheblichen Anforderungen stellen, die verschiedenen Bestandteile des Blutes werden bei dem Transport durch den Körper schon rein mechanisch stark beansprucht, es ist daher zu verstehen, dass ihre Lebensdauer nicht allzu lang sein kann.

Haut, Magen-Darm-Trakt und blutbildendes System stellen typische Vertreter von „Erneuerungsorganen" dar, manche nennen sie auch „Mausergewebe". In ihnen zeigen sich Strahlenwirkungen besonders früh. Der zeitliche Verlauf wird dabei vor allem durch die Lebensdauer der funktionalen Zellen bestimmt, die selbst in der Regel recht strahlenresistent sind. Die Bestrahlung unterbindet die Nachlieferung, weil sie die Teilung der Stammzellen verhindert. Eine Ausnahme bilden die Lymphozyten (weiße Blutkörperchen), die schon durch relativ niedrige Dosen zum Absterben gebracht werden. So ist ein früher Abfall der Lymphozytenzahlen im Blutbild häufig ein gutes Indiz für eine Strahlenexposition, das sogar zur ungefähren Abschätzung der Dosis benutzt werden kann.

Die Haut bildet das Einfallstor für jede Art von Strahlung, Schäden können also sowohl von Röntgen- und Gammastrahlen als auch von den weniger durchdringenden Alpha- und Betateilchen hervorgerufen werden. Die erste Reaktion ist eine mehr oder weniger starke Rötung, die der Mediziner als *Erythem* bezeichnet. Sie klingt meist in relativ kurzer Zeit ab, so dass der trügerische Eindruck vermittelt wird, es sei eigentlich kaum etwas passiert. Dies ist ein Irrtum mit möglicherweise schlimmen Folgen. Später, oft erst nach Monaten, zeigt sich, dass auch tiefer liegende Gewebe in Mitleidenschaft gezogen wurden, was sich in Ulzerationen (tiefer gehende Geschwüren) mit Narbenbildung äußern kann. Manchmal helfen dann nur noch chirurgische Eingriffe. Ein Strahlenerythem gehört daher in die Hand eines auf Strahlenschädigung spezialisierten Arztes. Sind größere Areale betroffen, z. B. nach einer Ganzkörperexposition, so können Schädigungen der Haut sogar lebensbedrohlich sein.

Wirkungen zeigen sich nicht nur in den oberen Schichten der Haut. Auch die Haarbildung ist betroffen. Sie wachsen aus im unteren Bereich der Lederhaut, im Übergang zur Unterhaut befindlichen „Haarwurzeln" heraus, welche die für die Nachlieferung verantwortlichen Stammzellen enthalten. Stoppt hier die Teilung, so kommt es zum Haarverlust, der *Epilation*.

Besonders kritisch für die weitere Prognose sind strahleninduzierte Veränderungen der Blutbildung. Die Stammzellen, aus denen die verschiedenen Blutbestandteile hervorgehen, befinden sich im Knochenmark. Wird es exponiert, so kommt es zum Teilungsstopp, und die Nachlieferung stagniert. Dies zeigt sich zuerst bei den kurzlebigen Blutkörperchen, den Lymphozyten, den Granulozyten sowie den Blutplättchen, den Thrombozyten. Sehr viel später fallen auch die roten Blutkörperchen, die Erythrozyten, ab, was darauf zurückzuführen ist, dass ihre mittlere Lebensdauer ca. 110 Tage beträgt, während sie bei den anderen erwähnten

Komponenten nur bei ca. 10 Tagen liegt. Die Verarmung an Blutbestandteilen führt zu gravierenden Folgen: die weißen Bestandteile, die *Leukozyten* mit ihren Untergruppen der Lymphozyten, der Granulozyten und der Monozyten, bilden essentielle Komponenten unseres Immunsystems, das für die Abwehr von Infektionen verantwortlich ist. Eine Bestrahlung resultiert also in einer Immunsuppression und kann Tor und Tür für von außen eindringende Keime öffnen. Eine weitere Komplikation stellt der gleichzeitige Abfall der Blutplättchen, der Thrombozyten, dar. Sie vermitteln die Blutgerinnung, Wunden und Verletzungen heilen also schlechter wenn sie fehlen, was eine „ideale" Eingangspforte für Bakterien und andere Keime schafft. Das so beschriebene *hämatopoetische Syndrom* stellt somit eine ernste Bedrohung dar. Die gute Nachricht ist, dass es nur nach Überschreiten einer Dosisschwelle auftritt, die bei ca. 1 Gy anzusetzen ist, einem durchaus nicht niedrigen Wert, der nur unter besonderen Situationen, z. B. bei Unfällen, auftritt.

Die Immunsuppression kann aber auch gezielt eingesetzt werden, nämlich immer dann, wenn Abstoßungsreaktionen vermieden werden sollen. Eine Ganzkörperbestrahlung ist deshalb häufig Teil der Leukämiebehandlung mit Hilfe der Knochenmarks- oder Stammzellentransplantation. Dies ist durchaus kritisch, da auf diese Weise das Immunsystem komplett ausgeschaltet wird. Die Patienten sind einer drastisch erhöhten Infektionsgefahr ausgesetzt, wogegen Gegenmaßnahmen, z. B. Isolierung und Gabe hoher Antibiotikadosen, ergriffen werden müssen.

Auch der Verdauungstrakt ist ein typisches Erneuerungssystem. Die Oberflächenzellen haben nur eine recht kurze Lebensdauer. Besonders ausgeprägt gilt das für den Dünndarm, wo in ca. vier Tagen die Hälfte der Zottenzellen zu ersetzen ist. Nicht verwunderlich, dass nach einer Bestrahlung schon nach kurzer Zeit erhebliche Verdauungsprobleme auftreten, vor allem massiver Durchfall. Allerdings liegen hier die Schwellendosen höher als bei der Schädigung der Blutbildung.

Bei sehr Dosen kann auch das zentrale Nervensystem (ZNS) betroffen sein, wobei allerdings andere Mechanismen vorliegen. Da im ZNS die Zellteilung nur eine untergeordnete Rolle spielt, ist ihre Inhibierung nicht als Auslöser anzunehmen, vielmehr muss man davon ausgehen, dass die nervösen Vorgänge direkt betroffen werden. Die Schwellendosen sind mit mehr als 20 Gy anzusetzen, einer bei Ganzkörperbestrahlung mit Sicherheit tödlichen Dosis.

5.3.2
Akutes Strahlensyndrom

Bisher sind die Phänomene isoliert betrachtet worden. Dies entspricht jedoch im Allgemeinen nicht der Realität, vor allem nach einer Ganzkörperexposition, vielmehr kommen alle beschriebenen Schädigungsmuster zusammen. Eine solche komplexe klinische Situation mit der Überlagerung verschiedener Symptome bezeichnet man als *Syndrom*. Form und Verlauf des akuten Strahlensyndroms (engl. *acute radiation syndrome*, ARS) hängen entscheidend von der Dosis ab, je nach ihrer Höhe findet man verschiedene Krankheitsverläufe, die man wie folgt schematisch klassifizieren kann (BfS [12]):

- Im Dosisbereich von einem bis sechs Gray (Gy) zeigen sich charakteristische Veränderungen im Blutbild (hämatopoetische Form der Strahlenkrankheit).
- Im Dosisbereich von fünf bis 20 Gy entwickelt sich die gastrointestinale Form, welche auf Straheneffekten an der Magen-Darm-Schleimhaut beruht.
- Bei Strahlenexpositionen ab 20 Gy tritt die zerebrovaskuläre Form der Strahlenkrankheit auf, die durch Versagen der zentralnervösen Regulationsmechanismen entsteht.

Das Strahlensyndrom entwickelt sich in aufeinander folgenden Phasen. Die anfänglichen Symptome (Prodomalphase) klingen mehr oder weniger schnell ab, und es folgt eine relativ symptomfreie Periode (Latenzzeit), deren Länge von der erhaltenen Dosis abhängt (je höher desto kürzer) und gewisse Prognosen über den weiteren Verlauf erlaubt. Erst danach kommt es zum vollen Ausbruch der Strahlenkrankheit. Die Dosis ist auch ausschlaggebend dafür, welche Organfunktion letztlich für den Ausgang bestimmend ist. So unterscheidet man traditionsgemäß zwischen hämatopoetischer, gastrointestinaler und kardiozerebraler Form, was etwas irreführend ist, da diese Nomenklatur nur beschreiben soll, dass der Ausfall dieses Organs für den Tod verantwortlich ist. Neuere Erkenntnisse zeigen aber, dass dieses ein mechanistisch vereinfachtes Bild darstellt, auch weil es Behandlungsstrategien suggeriert, z. B. Knochenmarktransplantationen zur Abwendung der hämatopoetischen Schäden. Leider zeigen die Erfahrungen aus Unfällen der jüngeren Zeit, dass dieser Weg häufig nicht zum Erfolg führt, weil es zum Versagen mehrerer Organe kommt, also ein „Multiorganversagen" vorliegt. Tabelle 5.1 gibt weitere Einzelheiten über Formen und Verlauf des akuten Strahlensyndroms, einen Eindruck von der zeitlichen Abfolge kann man aus Abb. 5.2 gewinnen.

Die ersten Anzeichen sind offenbar ziemlich untypisch: Unwohlsein, Erbrechen, Appetitlosigkeit und Müdigkeit. So etwas kennt man auch aus anderen Situationen, eine durchzechte Nacht kann dieselben Folgen nach sich ziehen. Früher sprach man deshalb manchmal auch verniedlichend vom „Strahlenkater". Dass das alles nicht so harmlos ist, sieht man, wenn man ansieht, was sich später anschließt. Aus diesem Grunde müssen gezieltere Untersuchungen ansetzen, wenn Verdacht auf eine Überexposition besteht. Einen ersten Aufschluss gibt das Blutbild, das über eine gewisse Zeit verfolgt werden muss. Das erste Anzeichen ist der frühe Absturz der Lymphozytenzahl, später nehmen auch die Granulozyten und Thrombozyten ab. Ergänzt werden sollte dann die Diagnose auch noch durch Chromosomenuntersuchungen (s. Kapitel 12 und Abschnitt 13.6)

Ein möglicher Ausgang des Strahlensyndroms ist also leider auch der akute Strahlentod. Zur quantitativen Charakterisierung hat sich der Begriff der *mittleren letalen Dosis* etabliert. Man versteht darunter diejenige Dosis, bei der im statistischen Durchschnitt die Hälfte der Betroffenen verstirbt. Abgekürzt wird sie üblicherweise durch „LD_{50}". Ihr Wert lässt sich nicht allzu genau festlegen. Einmal fehlen (Gottlob!) genügend statistische Daten, zum anderen hängt er von Alter,

Tabelle 5.1 Formen und Verlauf des akuten Strahlensyndroms nach akuter Röntgen- oder Gammaganzkörperbestrahlung. Quelle: BfS [12] (modifiziert).

	Form des Strahlensyndroms		
	hämatopoetisch	gastrointestinal	zerebrovaskulär
Leitorgan	Rotes Knochenmark	Magen-Darm-Schleimhaut	Zentrales Nervensystem Herz
Dosisbereich	1–6 Gy	5–20 Gy	> 20 Gy
Prodromalphase Zeit des Auftretens	dreißig Minuten bis sechs Stunden nach der Exposition	fünfzehn Minuten bis zwei Stunden nach der Exposition	nicht erkennbar
Dauer	24 bis 48 Stunden	bis 72 Stunden	
Symptome	Erhöhter Speichelfluss (Salivation), Übelkeit, Erbrechen	Salivation, Übelkeit, Erbrechen, Kopfschmerz, Bewusstseinstrübung	
Latenzzeit	zwei bis vier Wochen	drei bis fünf Tage	nicht erkennbar
Manifeste Erkrankung	Fieber, Schwäche, Infektionen, Blutungsneigung, ab drei Gray Haarausfall, Radiodermatitis und Schleimhautulzera	Massiver, eventuell blutiger Durchfall, Schock, Infektionen, Blutungen	Krämpfe, Bewusstseinsverlust mit kardio-zirkulatorischem Schock
Erholungsphase	Je nach Schwere des Krankheitsbildes von unterschiedlicher Dauer	Erholung nur im unteren Dosisbereich, sonst letal	Exitus innerhalb von zwei Tagen

Geschlecht, Gesundheitszustand und medizinischer Nachsorge ab. Als Richtwert kann man von 4,5–5 Gy bei Ganzkörperbestrahlung ausgehen, bei 10 Gy ist der Tod leider unausweichlich. Diese Zahlen beziehen sich auf locker ionisierende Strahlen wie Röntgen- und Gammastrahlen.

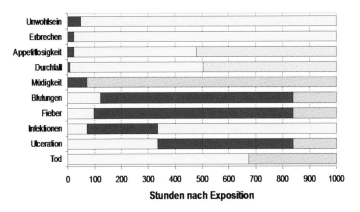

Abb. 5.2 Zeitlicher Ablauf des akuten Strahlensyndroms nach einer Ganzkörperexposition mit 2,5 Gy. Die dunklen Balken bezeichnen eine Wahrscheinlichkeit des Auftretens von mehr als 50%, die grauen eine solche von 5–50%.

5.3.3
Fertilitätsstörungen

Auch die Keimzellen verfügen nur über eine begrenzte Lebensdauer. Bei dem Mann werden sie aus Stammzellen permanent nachproduziert. Verständlich, dass eine Bestrahlung auch hier zu gravierenden Folgen führt: die Spermienzahlen nehmen ab und es kommt zu Fertilitätsstörungen. Ist die Dosis nicht zu hoch, so normalisiert sich die Lage wieder nach einiger Zeit, zumindest was die Zahl betrifft. Man kann aber nicht ausschließen, dass Mutationen induziert wurden, die genetische Information also verändert worden ist, was im schlimmsten Fall bei den Nachkommen zu Erbkrankheiten führen kann.

Bei der Frau liegen andere Verhältnisse vor. Die Vorstufen der Keimzellen sind im Körper schon seit der Geburt in den Eierstöcken vorhanden, sie durchlaufen während des monatlichen Zyklus nur noch einige wenige Reifeteilungen, die natürlich auch durch Strahleneinwirkung gestört werden können. Die Zahl der unreifen Eizellen bleibt jedoch unverändert, durch höhere Dosen kann allerdings ihre Fähigkeit zur Reifung beeinflusst werden, so dass auch in späterer Zeit es noch zu Fertilitätsstörungen kommen kann.

Die gute Nachricht ist, dass es auch hier – wie bei allen akuten Effekten – ein Schwellenverhalten gibt. Bei dem Mann sind die Schwellendosen allerdings relativ niedrig (vgl. Abschnitt 5.3.5).

5.3.4
Augenkatarakte

Dass das Auge ein lichtempfindliches Organ ist, weiß jedermann, dass es aber auch sehr sensibel auf ionisierende Strahlen reagiert, scheint selbst vielen Ärzten, sogar Radiologen, unbekannt zu sein. Wie wäre es sonst zu erklären, dass eine ganze Reihe von ihnen an einer Strahlenkatarakt leidet.

Unter einer Katarakt (ja, es heißt *die* Katarakt, jedenfalls, wenn es sich um das Auge handelt, *der* Katarakt ist eine Stromschnelle im Fluss) versteht man eine Trübung der Augenlinse, allgemein auch als "Grauer Star" bekannt. Bis vor einiger Zeit ging man davon aus, dass es sich bei der Strahlenkatarakt um einen typischen akuten Schaden handelt, der durch eine Schwellendosis von ca. 1 Gy charakterisiert werden kann. Diese Auffassung ist in den letzten Jahren ins Wanken geraten, vor allem durch Studien an den Arbeitern, die bei dem Unfall von Tschernobyl beschäftigt waren. Das Problem liegt darin, dass der Graue Star eine Volkskrankheit ist, die in hohem Alter nahezu jeden ereilt. In frühen Stadien, aber auch nur dann, kann man durchaus zwischen Alters- und Strahlenkatarakt unterscheiden. Meist ist es bei der Diagnose aber hierfür zu spät. Natürlich ist ein Grauer Star nicht lebensbedrohend und heutzutage durch eine Operation leicht zu korrigieren, aber was zu vermeiden ist, sollte man nicht provozieren. Es ist mittlerweile gar nicht mehr klar, ob es sich bei der Strahlenkatarakt um ein deterministisches Phänomen handelt oder ob sie nicht vielmehr den stochastischen Folgen zuzuordnen ist. Übrigens sind hier auch die Strahlenschutzbestimmungen etwas ins

Schwimmen geraten, die bisher gültigen Grenzwerte für die Augenlinse werden revidiert. Die Internationale Strahlenschutzkommission ICRP hat 2012 vorgeschlagen, den Grenzwert auf 20 Sv zu reduzieren, allerdings ist der deutsche Gesetzgeber dem nicht gefolgt, sondern belässt es einstweilen mit der Anweisung, bei Beschäftigten, welche der Gefahr einer erhöhten Exposition des Auges ausgesetzt sind, regelmäßig Kontrolluntersuchungen durchzuführen.

5.3.5
Schwellendosen

An verschiedenen Stellen wurde immer wieder darauf hingewiesen, dass akute Strahlenfolgen sich dadurch auszeichnen, dass sie erst nach Überschreiten einer Dosisschwelle auftreten, wobei zum Teil auch Werte angegeben waren. Hier sollen einige typische Beispiele zusammengefasst werden, allerdings sei betont, dass es sich hierbei nicht um „in Erz gegossene" Zahlen handeln kann, da individuelle Unterschiede nicht berücksichtigt sind, die Größenordnung ist aber auf jeden Fall richtig. Man sollte aus den Werten auch nicht ableiten, dass bei Überschreitung mit schwerwiegenden Folgen zu rechnen ist, vielmehr beziehen sie sich auf die niedrigste nachweisbare Veränderung an dem betreffenden Organ. Unter diesen Kautelen ist die Zusammenstellung in der folgenden Tabelle 5.2 zu sehen.

Tabelle 5.2 Geschätzte Schwellendosen für verschiedene akute Strahlenfolgen.

Organ bzw. Effekt	Schwellendosis (locker ionisierende Strahlen)
Haut	2 Gy (Organdosis)
Augenkatarakt	< 0,5 Gy (Organdosis)
Fertilität (Mann)	0,05 Gy (Organdosis)
Strahlensyndrom	2 Gy (Ganzkörper)
Mittlere Letaldosis	5 Gy (Ganzkörper)

5.4
Spätwirkungen

5.4.1
Das genetische Risiko

Als junger Student stöberte ich einmal wieder in dem Bücherschrank meines Großvaters und dabei fiel mir ein schmales Bändchen in die Hände mit dem schönen Titel „Weh dir, dass du ein Enkel bist". Es handelte sich um eine Übersetzung aus dem Englischen (dort trug das Werk die weniger poetische Überschrift „*Genetics in the atomic age*") und stammte von der Genetikerin Charlotte Auerbach

(1899–1994), einer deutschen Wissenschaftlerin, die als Jüdin schon 1933 nach Edinburgh emigriert war, wo sie bis zu ihrem Tod als international anerkannte Expertin wirkte: Sie war übrigens eine der ersten, die auf die mutagene Wirkung von Chemikalien hinwies. Im Jahre 1956, als das Buch erschien, war die ganze Welt fasziniert von den sich eröffnenden Möglichkeiten einer Anwendung der Kernenergie und es gab nur wenige, die auch auf damit verbundene Gefahren hinwiesen. Das Büchlein faszinierte mich – es hat noch heute einen Ehrenplatz in meinem Schrank – und weckte mein Interesse an einem Forschungsgebiet, das mich später über mein wissenschaftliches Leben begleitet hat und mich bis heute beschäftigt.

Charlotte Auerbach arbeitete über längere Zeit mit Hermann Joseph Muller (1890–1967) zusammen, einem amerikanischen Biologen deutscher Abstammung, der im Jahre 1926 die mutationsauslösende Wirkung von Röntgenstrahlen entdeckte, wofür er im Jahre 1946 den Nobelpreis erhielt. Beiden, Auerbach und Muller, war klar, dass diese Entdeckung auch Konsequenzen für den Menschen hat und dass diese mit der Einführung der neuen Technologie bedacht werden müssen. Nach Hiroshima und Nagasaki und mit der Weiterentwicklung atomarer Waffen wandte man sich verstärkt auch diesen Fragen zu und versuchte, sie zunächst mit Hilfe von großangelegten Tierversuchen zu klären. Millionen von Mäusen wurden bestrahlt und ihre Nachkommen auf Erbschäden untersucht. Die Ergebnisse dieser „Megamausexperimente" waren eindeutig: die Bestrahlung der Eltern konnte in Kindern und Kindeskindern erblich bedingte Veränderungen hervorrufen. Um diese Folgen aufzuspüren, bedarf es jedoch einer raffinierten Versuchsdurchführung. Mäuse haben in ihren Zellen wie wir Menschen einen doppelten Chromosomensatz, d. h. für jede genetisch bedingte Eigenschaft gibt es zwei Genorte. Wird nur einer von ihnen durch eine Mutation verändert, so wirkt sie sich nur dann aus, wenn die neu erworbene Eigenschaft die andere noch vorhandene überlagert. Man sagt sie sei *dominant*. Das gilt aber nur für wenige Mutationen, die meisten bleiben verborgen, sie sind *rezessiv*. Durch geschickte Rückkreuzungen, z. B. zwischen Eltern und Kindern, kann man sie aufspüren, allerdings dürfte das in menschlichen Gesellschaften wohl selten passieren.

Natürlich hat man sich nachhaltig bemüht, herauszufinden, ob bei den Nachkommen von Menschen, die einer Strahlenexposition ausgesetzt waren, vermehrt erbliche bedingte Krankheiten auftreten. Die wichtigste Gruppe sind die Überlebenden der Atombombenexplosionen in Japan, auf die später noch ausführlicher eingegangen wird (s. nächster Abschnitt 5.4.2). Trotz akribischer Suche, wobei auch modernste Methoden aus Genetik und Molekularbiologie eingesetzt wurden, ist der Nachweis bisher nicht gelungen. Auch andere Versuche blieben erfolglos. Es muss festgestellt werden, dass bis heute in keinem Fall eindeutig eine strahlenbedingte Steigerung von Erbschäden gefunden wurde. Das gilt auch für die Gebiete um Tschernobyl, obwohl die Medien häufig ein anderes Bild vermitteln. Es gibt nur einige wenige Arbeiten, welche sehr spezielle Modifikationen in bestimmten Bereichen des menschlichen Genoms zeigten, sie haben aber keine direkte genetische Konsequenz und sind außerdem umstritten.

Das heißt nun nicht, dass kein genetisches Risiko besteht, nur ist es auf jeden Fall geringer, als man ursprünglich befürchtet hatte. Man kann es derzeit nicht quantifizieren, weil menschliche Daten fehlen, aber es lässt sich eingrenzen. Bezogen auf Röntgen- und Gammastrahlen kann man sagen, dass bei einer Dosis von 1 Gy die Wahrscheinlichkeit für schwerwiegende Erbschäden höchstens 1% beträgt. Diese Abschätzung beruht u. a. auf einer sehr eingehenden Analyse, die von einer Kommission der Vereinten Nationen (*United Nations Commission on the Effects of Atomic Radiation*, UNSCEAR) durchgeführt und ausführlich dokumentiert wurde [13]. Da ich selbst bei den sich über mehrere Jahre hinziehenden Beratungen dabei war, weiß ich, dass man sich die Sache alles andere als leicht gemacht hat.

Ein Grund für die Schwierigkeiten liegt in der Tatsache begründet, dass erblich bedingte Veränderungen auch ohne Strahleneinwirkung gar nicht selten sind. Ihre Häufigkeit liegt zwischen 5 und 10%, wovon die meisten allerdings relativ harmlos sind. Die Humangenetiker verfügen über lange Listen, in denen sie aufgeführt sind. Die Experten schätzen ab, dass diese „natürliche" Rate durch eine Dosis von 1 Gy verdoppelt wird, wobei sie sich vor allem auf die erwähnten Tierexperimente stützen – in Ermangelung menschlicher Daten. Es ist einzusehen, dass es schwierig ist, leichte Erhöhungen statistisch abzusichern, wenn der natürliche Untergrund schon recht hoch ist. Dieses Dilemma ist kaum zu lösen.

Zusammenfassend muss man also feststellen, dass ein ohne Zweifel prinzipiell vorhandenes genetisches Risiko beim Menschen bisher nicht manifest geworden ist. Dies sollte jedoch nicht dazu führen, dass es nicht ernst genommen wird, allerdings besteht kein Grund für Dramatisierungen, wie sie viele unserer Medien publikumswirksam unter das Volk zu bringen versuchen.

5.4.2
Krebs durch Strahlen oder das wissenschaftliche Erbe von Hiroshima

Die Furcht vor Krebs bewegt die meisten Menschen, und Strahlen werden gerade deshalb als Bedrohung wahrgenommen. Dies ist durchaus nicht unbegründet, denn ionisierende Strahlen können ohne Zweifel Krebs auslösen. Im Gegensatz zu der Situation bei vielen anderen karzinogenen Umwelteinflüssen lässt sich aber hier das Risiko recht genau quantitativ eingrenzen. Die Grundlage hierfür bilden nicht nur ungezählte Tierversuche, sondern vor allem epidemiologische Studien an Menschen, die einer Bestrahlung ausgesetzt waren. Ihre Zahl ist nicht gering, die Kommission der Vereinten Nationen (UNSCEAR) hat im Jahre 2006 eine umfangreiche Liste zusammengestellt [14], die allein für locker ionisierende Strahlen 110 Positionen umfasst. Die verschiedenen Untersuchungen sind von unterschiedlicher Bedeutung und manchmal auch zu klein, um zuverlässige Aussagen zu erlauben. Das bei weitem wichtigste Vorhaben und eine der größten Unternehmungen auf diesem Gebiet stellt die Erhebung und Dokumentation der gesundheitlichen Folgen bei den Überlebenden der Atombombenexplosionen in Hiroshima und Nagasaki dar.

Der 6. August 1945 veränderte die Welt. Um 8:16 Uhr explodierte in 580 m Höhe über dem Zentrum der japanischen Metropole Hiroshima die erste Atombombe und tauchte die Stadt in ein infernalisches Feuermeer, in dem 70.000 bis 80.000 Menschen umkamen, eine bis dahin unbekannte Zerstörungsgewalt. Tausende, die nicht unmittelbar betroffen waren, erlitten Strahlenschäden, an denen die Überlebenden noch bis heute leiden. Wenige Tage später, am 9. August 1945 um 11:02 Uhr, ereilte Nagasaki ein ähnliches Schicksal mit dem Abwurf der zweiten Atombombe. Der Explosionspilz hob sich in eine Höhe von 13 km und verteilte Radioaktivität über eine weite Fläche, dennoch blieb die Kontamination relativ gering, denn die Hiroshimabombe war im Vergleich zu späteren Entwicklungen recht klein. Ihre Sprengkraft betrug 15 kt TNT (*Trinitrotuluol*, ein traditionelles Maß für die Sprengkraft), neuere amerikanische und französische, auf Kernspaltung basierende, Waffen erreichen 350 bis 800 kt TNT, Wasserstoffbomben noch beträchtlich mehr. Die radioaktive Verseuchung blieb daher in Hiroshima (und auch in Nagasaki) vergleichsweise gering. Heute liegt der Strahlenpegel in beiden Städten auf Normalniveau.

Schon kurz nach Ende des Krieges machte man sich Gedanken über die möglichen Folgen der aufgetretenen Strahlung, und zwar sowohl auf japanischer als auch auf amerikanischer Seite. Im März 1947 wurde die gemeinsame *Atomic Bomb Casualty Commission* (ABCC) gegründet, 1950 begannen die ersten systematischen Studien, welche zum Ziel hatten, den Gesundheitsstatus der Überlebenden möglichst lückenlos zu erfassen. Die Kohorte umfasste ca. 100.000 Personen, die bis heute untersucht werden, auch ihre Nachkommen werden mit einbezogen. 1975 wurde die Kommission umbenannt in *Radiation Effects Reserach Foundation* (RERF) mit Hauptsitz in Hiroshima. Diese Forschungseinrichtung ist auch heute noch sehr aktiv, worüber man sich auf der Website informieren kann [15], hier findet man auch eine Darstellung ihrer Geschichte [16].

Das Ziel war eine möglichst umfassende Lebenszeitstudie (*Life Span Study*, LSS, unter dieser Abkürzung firmiert sie üblicherweise in der wissenschaftlichen Literatur). Bis heute ist eine große Zahl von umfassenden Darstellungen erschienen, die vor allem die Krebsmortalität dokumentieren, auf einige Ergebnisse wird unten eingegangen.

Zunächst stellte sich aber ein anderes Problem: Wenn man quantitative Aussagen gewinnen will über das strahlenbedingte Risiko, so benötigt man als Eingangsgröße die Höhe der empfangenen Strahlendosis und zwar für alle in der Studie betrachteten Personen. Messungen lagen aus nachvollziehbaren Gründen nicht vor, so dass man sich gezwungen sah, auf Abschätzungen zurückzugreifen. Im Prinzip scheint das Problem einfach zu lösen zu sein: Man gehe aus von der bei der Explosion freigesetzten Strahlung (der Physiker nennt diese Größe den „Quellterm"), berücksichtige die Entfernung zur exponierten Person und die auf dem Weg vorhandenen absorbierenden Gegenstände und berechne nach den bekannten physikalischen Regeln die erhaltene Dosis. Leider waren die Verhältnisse nicht so einfach. Die Hiroshimabombe, die Uran-235 als Kern enthielt, war gewissermaßen ein „Unikat", sie wurde nur ein einziges Mal verwendet. Infolgedessen waren die technischen Daten nur relativ ungenau bekannt, darüber hinaus fielen sie unter das Kriegsgeheimnis. Trotz dieser Widrigkeiten begab man sich an die äußerst anspruchsvolle Aufgabe. Von allen über 90.000 Beteiligten wurde der Aufenthaltsort zum Zeitpunkt der Explosion erfragt (das ist recht zuverlässig, das vergisst man nicht ein Leben lang) und dann wie gerade beschrieben die persönliche Dosis abgeschätzt. Bei der Explosion wurden nur Gamma- und Neutronenstrahlen freigesetzt, die in größerer Entfernung (nur dort gab es Überlebende) deponierte Radioaktivität spielte bei der relativen Kleinheit der Bombe keine wesentliche Rolle. Die Neutronen sind eine kritische Komponente. Sie werden stark von wasserhaltigen Materialien abgebremst, z. B. auch von Wasserdampf in der Luft, so dass Fehler bei Abschätzungen der Luftfeuchtigkeit das Berechnungsergebnis stark beeinflussen können. All dies trifft vor allem für Hiroshima zu, da in Nagasaki eine Plutoniumbombe verwendet wurde, deren Daten man durch spätere Tests sehr viel besser kannte, auch war der Neutronenanteil geringer.

Die rein rechnerische Herausforderung sollte nicht unterschätzt werden. Es gab noch keine, auch nicht die einfachsten, Computer, so dass die Angelegenheit sich notgedrungen lange hinzog. Eine erste wichtige Bilanz konnte 1965 mit der Vorlage eines Dosenkatalogs gezogen werden. Allerdings scheinen die Autoren gegenüber ihrem eigenen Werk etwas zurückhaltend gewesen zu sein, man gab ihm den Namen *„Tentative Doses* 1965" („Vorläufige Dosen 1965"), üblicherweise abgekürzt mit „T65D". Auf diesen „vorläufigen" Daten beruhten übrigens – wenigstens zum Teil – die deutschen Strahlenschutzbestimmungen bis zum Jahre 2001. Später wurden ausführliche Revisionen vorgenommen (vor allem 1986, dann noch einmal 2002), welche keine drastischen Konsequenzen für die Risikoabschätzung hatten, auch wenn sie für die Experten wichtige Erkenntnisse brachten. In Abb. 5.3 ist aufgezeichnet, wie sich die Dosen in der untersuchten Gruppe verteilten.

Man schätzt, dass die Studiengruppe ca. die Hälfte der betroffenen Bevölkerung umfasst, es kann also wohl davon ausgegangen werden, dass ein repräsentatives Bild vermittelt wird. Der größte Anteil hat Dosen von weniger als 0,005 Sv erhalten, was der Größenordnung des natürlichen Hintergrundes entspricht, man kann also von einer nicht nennenswerten zusätzlichen Belastung durch die Bomben ausgehen. Dadurch hat man für die weitere Analyse eine Vergleichsgruppe, was wichtig ist, da man sich für die zusätzlichen Erkrankungen interessiert. Wie schon in Kapitel 2 dargestellt, ist Krebs leider keine seltene Erkrankung, man muss also die „spontan", d. h. ohne Strahlenexposition, auftretenden Fälle berücksichtigen.

Die Ergebnisse der laufenden Untersuchungen sind regelmäßig veröffentlicht worden. Man kann so den zeitlichen Verlauf des Auftretens strahlenbedingter Krebstodesfälle verfolgen. Bis zum Jahre 1997 sind von den fast 87.000 erfassten Personen rund 45.000 verstorben, also ca. 52%, (für das Jahr 2003 beträgt die entsprechende Zahl 51.000, also 58%) [18], wobei etwas mehr als 10.000 (ca. 22%) auf Tumoren unterschiedlicher Art zurückzuführen sind (2003: 11.000, entsprechend ebenfalls 22%). Nach der sorgfältigen Analyse sind allerdings nur bei 440 soliden Tumoren und bei 103 Leukämien die Strahleneinwirkungen dafür verantwortlich zu machen (Stand 1997). Es ergibt sich damit eine Gesamtzahl für den

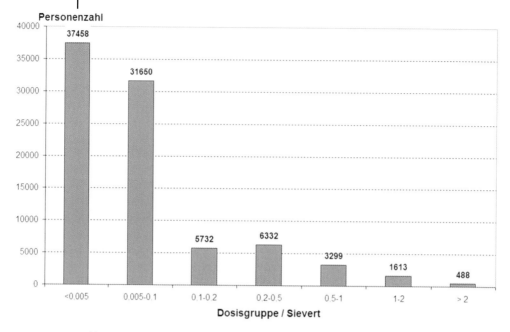

Abb. 5.3 Verteilung der Studiengruppe (Gesamtzahl 86.572) auf die verschiedenen Dosiskategorien (Daten von Preston u. Mitarbeitern [17]).

Zeitraum von 1950 bis 1997 von 543 in der untersuchten Studienkohorte. Bedenkt man, dass damit ca. die Hälfte der überlebenden Bevölkerung erfasst ist, so ergibt sich, dass im letzten Jahrhundert an strahleninduzierten Tumoren größenordnungsmäßig nicht mehr als 3000 Menschen verstorben sind. Um nicht falsch verstanden zu werden, jeder Fall ist einer zu viel, aber die angegebenen Zahlen kontrastieren doch erheblich mit den oft in Medien kolportierten Figuren, wo von Zehntausenden und mehr gesprochen wird. Mit solchen Übertreibungen leistet man für die sachliche Information einen Bärendienst und schürt nur noch weiter ohnehin vorhandene Ängste.

Da selbst in der „aufgeklärten Öffentlichkeit" immer wieder Zweifel an diesen Angaben geäußert werden, wobei auch nicht selten bewusste Täuschungen unterstellt werden, sei eine kurze Plausibilitätsbetrachtung nachgeschoben: Die Bevölkerung der beiden Städte umfasste 1945 rund 600.000 Einwohner. An akuten Strahlenfolgen verstarben (in beiden Städten) zwischen 150.000 und 250.000 Menschen [19], viele waren zu ihrem Glück auch zu weit vom Explosionsort entfernt, um unmittelbar verletzt zu werden. Eine Erhebung der japanischen Regierung aus dem Jahre 1950 erfasste 280.000 Personen, die nach eigenen Angaben exponiert worden waren. Man sieht daraus, dass die Kohorte der *Life Span Study* 31% der in Frage kommenden möglichen Opfer einschließt. Rechnet man die oben gemachten Angaben proportional hoch, so gelangt man zu dem Schluss, dass bis 2003 ca. 160.000 Personen verstorben sind, wobei 22% auf Krebs zurückzuführen sind, das wäre eine Gesamtzahl von 35.000. Dis ist eine obere Grenze. Bedenkt man aber, dass

Krebs auch ohne Strahleneinwirkung relativ häufig ist, so wird klar, dass die oben angegeben Zahlen nicht unplausibel sind und dass die häufig gehörten „Zehntausende an zusätzlichen Opfern" nur dann der Realität nahe kämen, wenn unterstellt würde, dass *alle* Krebstodesfälle auf die Bombeneinwirkung zurückgeführt werden könnten.

Sehr aufschlussreich ist es auch, sich den zeitlichen Verlauf der Krebstodesfälle anzusehen. Wegen unterschiedlicher Dokumentationen muss das für „solide" Tumoren und Leukämien getrennt geschehen (Abb. 5.4 a und b).

Es wird hier zwischen „soliden" Tumoren und Leukämien unterschieden. Zu der ersten Gruppe gehören Tumoren in verschiedenen Organen (z. B. Lunge, Leber), die sich lokalisieren und – wenn es gut geht – operativ entfernen lassen. Im Gegensatz dazu äußern sich Leukämien (der Plural ist richtig, es gibt verschiedene Arten) durch abnorme Verschiebungen von Bestandteilen des Blutes. Besonders Abb. 5.4(a) mag manche Leser verwundern: die Zahl an Neuerkrankungen nimmt stetig zu und zeigt den höchsten Wert in der letzten Untersuchungsperiode, nämlich 1988–1997, also mehr als vierzig Jahre nach der Exposition. Die Zeit zwischen einer Bestrahlung und dem Ausbruch der Tumorerkrankung kann also sehr lang sein, der Fachmann bezeichnet diese Spanne als *Latenzzeit*. Sie hängt vom Tumortyp und dem Lebensalter bei der Exposition ab, es handelt sich also im wahrsten Sinne des Wortes um „Spätschäden".

Bei den Leukämien liegen die Verhältnisse etwas anders (Abb. 5.4(b)): die meisten Todesfälle traten in der ersten erfassten Periode (1950–1960) auf, die Zahlen nehmen dann kontinuierlich ab, aber selbst im letzten Jahrzehnt des 20. Jahrhunderts sind noch Opfer zu beklagen. Die Botschaft ist allerdings klar: die Latenzzeiten sind bei den Leukämien deutlich kürzer als bei soliden Tumoren. Für die Zeit vor 1950 liegen keine zuverlässigen Daten vor, es muss befürchtet werden, dass in dieser Periode viele Menschen, vor allem Kinder, auf Grund von strahlenverursachten Leukämien verstorben sind.

Die alle interessierende Frage ist nun, wie hoch ist das tatsächliche Risiko? Sie ist trotz der großen Datenmenge gar nicht einfach zu beantworten, wofür es eine Reihe von Gründen gibt. Die Dosisabschätzung ist trotz vieler Verbesserungen in der Methodik immer noch unsicher. Es kommt hinzu, dass viele Faktoren eine Rolle spielen: das Lebensalter, das Geschlecht, auch die persönlichen Lebensumstände und die genetische Konstitution. Man kommt also nicht umhin, vereinfachende Verallgemeinerungen hinzunehmen. Um einen ersten Anhaltspunkt zu gewinnen, betrachtet man eine *standardisierte Normalbevölkerung*, d. h. man mittelt über alle Altersstufen und beide Geschlechter. Selbst dann gibt es noch reichlich Stoff für Diskussion, vor allem, in welcher Form die Ergebnisse dargestellt werden. Die Epidemiologen haben hierzu viele Ansätze, die hier nicht dargestellt werden sollen, um einer möglichen Verwirrung zu entgehen (einiges dazu gibt es im Kapitel 14). Wir wählen hier eine Form, die sich in den letzten Jahren eine gewisse Beliebtheit erworben hat. Krebs ist leider eine Krankheit, der viele nicht entgehen können, auch ohne Strahleneinwirkung. Bis heute ist es nicht gelungen, einem Tumor anzusehen, ob er auf eine Strahleneinwirkung zurückgeht. Man kann aber abschätzen, wie hoch die statistische Wahrscheinlichkeit ist, dass aufgetretene

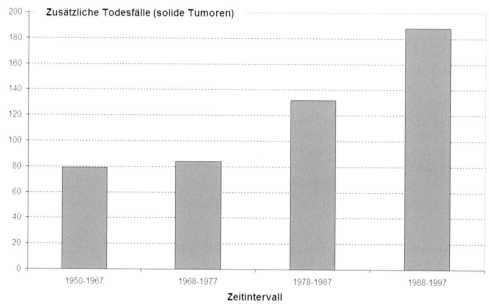

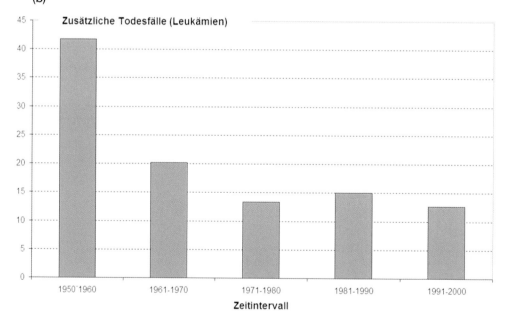

Abb. 5.4 (a) Der zeitliche Verlauf der Todesfälle auf Grund strahlenbedingter solider Tumoren. Man beachte, dass das erste Intervall 18 Jahre umfasst, alle anderen beziehen sich auf zehn Jahre. [18] (b) Der zeitliche Verlauf der Todesfälle auf Grund von strahlenbedingten Leukämieerkrankungen. Der Ordinatenmaßstab ist gegenüber (a) verändert. [20]

Erkrankungen einer Strahlenexposition zuzuschreiben sind. Man bezeichnet diese Größe als das *attributable* oder zuzuordnende Risiko (Abb. 5.5) (s. auch Kapitel 14). Es hängt natürlich vor allem von der Dosis ab, aber auch von der Struktur der betrachteten Bevölkerung und der Verteilung der spontanen Krebsraten. Die Zahlen spiegeln also die Verhältnisse in Japan während des Untersuchungszeitraums wider, sie geben wichtige Informationen, wie weit sie jedoch auf andere Länder übertragbar sind und wie ein solcher Transfer aussehe sollte, ist immer noch eine unter Wissenschaftlern heiß diskutierte Frage.

Die Zahlen in der Abbildung zeigen, dass – wie zu erwarten – der Anteil der auf die Strahlenexposition zurückzuführenden Todesfälle mit der Dosis ansteigt. Er liegt besonders hoch bei den Leukämien, wo er insgesamt fast die Hälfte beträgt. Man muss allerdings bedenken, dass die Gesamtzahl (spontane plus strahleninduzierte) deutlich niedriger ist als bei den soliden Tumoren (310 zu 9335, Stand 1997). Es ist aber klar, dass die Zellen des blutbildenden Systems äußerst empfindlich sind in Bezug auf eine mögliche Krebsinduktion.

Eine entscheidende Größe ist auch das Alter bei der Exposition, generell kann man sagen, dass jüngere Menschen gefährdeter sind als ältere. Vor allem Kinder und Jugendliche haben eine hohe Empfindlichkeit.

Bisher wurde nur die Mortalität betrachtet, was sicher wichtig ist, aber es besteht natürlich vor allem Interesse an der Beantwortung der Frage, wie hoch das Risiko ist, an Krebs zu *erkranken*. Im Fachjargon unterscheidet man zwischen *Mortalität*

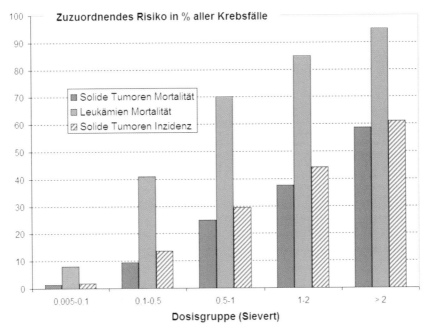

Abb. 5.5 Zuzuordnendes Risiko bei soliden Tumoren und Leukämien in der Kohorte der *Life Span Study*. Daten von Preston u. a. [21] und Richardson u. a. [22] sowie Preston u. a. [23]

und *Morbidität*. Im zweiten Fall erfasst man auch sogenannte „gutartige" (benigne) Tumoren, die eine geringe Mortalität aufweisen. Die etwas verniedlichende Wortwahl verschleiert, dass es sich immer um eine schwerwiegende Erkrankung mit meist gravierenden Beeinträchtigungen handelt. Bis vor kurzem gehörte es zur medizinischen Standardauffassung, dass gutartige Tumoren nicht durch Strahlung induziert würden. Diese Meinung lässt sich heute nicht mehr aufrechterhalten. Im Jahre 2003 erschien eine umfangreiche Studie, wie zuvor basierend auf Erhebungen an den Überlebenden in Hiroshima und Nagasaki, die sich spezifisch mit der Erkrankungswahrscheinlichkeit beschäftigte [23]. Die Ergebnisse ähneln denen der Mortalitätsstudie, z. B. in Bezug auf das zuzuordnende Risiko, wie man aus Abb. 5.5 sieht, wo die entsprechenden Werte zum Vergleich mit eingetragen sind.

Welche Organe sind nun besonders betroffen? Hier heißt es zunächst mit einer verbreiteten falschen Vorstellung aufzuräumen, die selbst manchmal in der medizinischen Zunft anzutreffen ist, nämlich, dass besonders teilungsaktive Gewebe gefährdet seien, nach einer Bestrahlung zu entarten. In einem Fall stimmt das, nämlich für das blutbildende System. Leukämien stellen ohne Zweifel eine Gruppe von Krankheiten dar, die in besonderem Maße durch ionisierende Strahlen ausgelöst werden können. In Bezug auf die Empfindlichkeit folgen – wie aus Abb. 5.6 hervorgeht – dann aber andere Organe, die sich nicht durch hohe Zellproliferationsraten auszeichnen. An der Spitze liegt die Harnblase, gefolgt von Lunge und weiblicher Brust. Überraschend war in der neuen Analyse, dass auch das Gehirn besonders gefährdet ist, das bisher meist als relativ resistent eingestuft wurde. Ein Grund hierfür liegt darin, dass bei diesem Organ ein großer Anteil benigner Tumore auftritt, die in den Mortalitätsstudien nicht erfasst sind. Die Bezeichnung „gutartig" sollte hier nicht missverstanden werden, er deutet lediglich darauf hin, dass eine sehr geringe Neigung zur Metastasenstreuung besteht, ansonsten handelt es sich um durchaus schwere Krankheiten mit sehr erheblichen Behinderungen der betroffenen Menschen

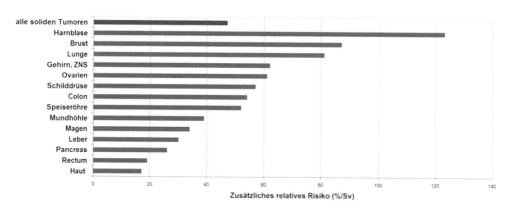

Abb. 5.6 Das durch eine Strahlenexposition bewirkte zusätzliche prozentuale Risiko, an einem Tumor der angegebenen Organe zu erkranken [23], bezogen auf eine Dosis von einem Sievert. Hier sind nur solide Tumoren angegeben, der Vergleichswert für Leukämie liegt bei 390%/Sv.

Hinzuweisen ist auch auf die Schilddrüse, die vor allem im Kindesalter sehr empfindlich reagiert. Die gute Nachricht: die Heilungschancen sind in diesem Falle recht gut.

Wir haben hier der Besprechung der Studien an den japanischen Atombombenopfern einen verhältnismäßig breiten Raum gegeben. Dafür gibt es mehrere Gründe: Es sollte klar werden, dass die Ermittlung quantitativer Daten über Strahlenwirkungen am Menschen keine leichte Aufgabe darstellt, sondern der Kooperation vieler Menschen und eines langen Atems bedarf, nicht zuletzt auch des Einsatzes erheblicher materieller Mittel. Frustrierend, dass dennoch die Ergebnisse nicht ohne Unsicherheiten sind. Das liegt vor allem an dem Problem der Dosiserfassung, die allerdings in den letzten Jahren deutlich verbessert werden konnte. Man mag es kaum glauben: Aber selbst mehr als fünfzig Jahre nach dem Ereignis lassen sich noch in gewissem Maße Dosen rekonstruieren. Das gelingt z. B. mit Mitteln der Biodosimetrie. Auch relativ geringe Dosen (unter 1 Gy) führen im Körper zu detektierbaren Veränderungen. An dieser Stelle sind zuerst die Chromosomen zu nennen, deren Struktur verändert wird, was sich im mikroskopischen Bild erkennen lässt. Die meisten dieser Aberrationen sind allerdings relativ kurzlebig, da sie zum Absterben der betroffenen Zellen führen. In den letzten Jahren wurde jedoch eine Technik entwickelt, die es ermöglicht, auch langlebige Chromosomenveränderungen (*Translokationen*) sichtbar zu machen, so dass entsprechende Untersuchungen auch in größeren Studienkollektiven durchgeführt werden können. Nähere Einzelheiten über die angesprochenen Methoden können in Kapitel 13 nachgelesen werden.

Ein anderes Verfahren beruht auf der Tatsache, dass ionisierende Strahlen freie Radikale erzeugen (s. Kapitel 3). Auf Grund ihrer großen Reaktionsfreude verfügen sie normalerweise nur über eine sehr kurze Lebensdauer, es sei denn, sie entstehen in einer festen Matrix, welche ihre Bewegungsfähigkeit einschränkt. Dann können sie sogar Jahrzehnte überdauern. Das geschieht z. B. in den Zähnen bestrahlter Menschen. Da im Zuge der Zeit bei nicht wenigen der älter werdenden Überlebenden Zahnentfernungen nötig wurden, stand den Forschern genügend Untersuchungsmaterial zur Verfügung, das sie mit Hilfe recht raffinierter Techniken auswerten konnten. Auf ihre Beschreibung muss hier verzichtet werden, es möge die Nennung des imponierenden Namens genügen: *Elektronenspinresonanzmessung*. Natürlich kann man so nicht Zehntausende in der Studienkohorte untersuchen, aber man kann andere Ermittlungen auf diese Weise absichern. Über die Jahre hat sich eine Art „Strahlenkriminalistik" entwickelt, die zu immer besseren Eingrenzungen der damals aufgetretenen Strahlenfelder geführt hat. Man macht sich auch zunutze, dass durch eine Neutronenbestrahlung Kernumwandlungen bewirkt werden und so neue, nicht nur radioaktive, sondern auch stabile Isotope entstehen, es verändert sich also die Isotopenzusammensetzung in bestrahlten Materialien. Diese Verschiebungen kann man noch heute mit sehr empfindlichen Verfahren erfassen. Voraussetzung, man kann sich sicher sein, dass die untersuchte Probe sich tatsächlich im August 1945 an der Stelle befand, wo man sie später gefunden hat.

Durch die Kombination der verschiedenen Methoden (und noch einiger mehr) ist es gelungen, die Dosisverteilung recht gut einzugrenzen. Aber auch die Epidemiologie hat ihre Probleme: trotz der beträchtlichen Zahl von Menschen in der Studienkohorte reicht sie nicht aus, Aussagen mit hoher statistischer Sicherheit vorzunehmen. Es gibt nämlich sehr viele Untergruppen: Männer und Frauen, von sehr jung bis sehr alt, von sehr niedrigen bis zu sehr hohen Dosen. Je feiner man die Unterteilung durchführt, desto ungenauer werden die Aussagen über die jeweilige Gruppe. Fazit: Ohne Unsicherheiten geht es nicht – aber: es gibt keine andere Noxe in unserer Umwelt, für die mit solcher Präzision (falls dieses Wort im Lichte des gerade Gesagten noch gebraucht werden darf) Aussagen über Risiken möglich sind wie bei ionisierender Strahlung. Diese an sich erfreuliche Situation birgt allerdings auch den Nachteil, dass mögliche Strahleneinwirkungen immer im Zentrum des Interesses stehen, während andere Gefährdungen übersehen werden – in Anlehnung an das alte Wort „Was ich nicht weiß, macht mich nicht heiß."

Die *Life Span Study* gilt nach wie vor als vorbildlich in der Strahlenepidemiologie, im Laborjargon nennt man so etwas „Goldstandard". In den letzten Jahren hat man sich auch mit gesundheitlichen Folgen bei beruflich Strahlenexponierten beschäftigt, also Arbeitern in Nuklearanlagen, Radiologen oder anderen. Der große Vorteil bei diesen Personengruppen liegt darin, dass sie in der Regel während ihrer Tätigkeit Dosimeter tragen, so dass die Dosisermittlung leichter und wohl auch zuverlässiger ist. Aus den Erhebungen in verschiedenen Ländern ist eine große internationale Gesamtstudie erstellt worden [24]. Aus ihr geht hervor, dass die mittlere Dosis um eine Größenordnung geringer war als in Hiroshima und Nagasaki, was an und für sich eine gute Botschaft ist. Als Nachteil, aus der Sicht der Epidemiologen, keinesfalls jedoch für die Betroffenen, zeigte sich, dass logischerweise auch die Zahl der Erkrankten sehr viel geringer war, was die statistische Auswertung erschwert und die Fehlerbreiten ansteigen lässt. Innerhalb dieser Margen stimmen die Ergebnisse jedoch mit denen in Japan überein.

Alles, was bisher besprochen wurde, bezog sich auf Strahleneinwirkungen von außen, also im wesentlichen Gammastrahlen und Neutronen, über die Wirkung vom Körper aufgenommener radioaktiver Substanzen gibt es entschieden weniger Material, mit einer wichtigen Ausnahme, die Inhalation von Radon. Auf diese Problematik wird später ausführlicher eingegangen, nämlich im Zusammenhang mit natürlichen Strahlenquellen in Kapitel 10.

Am Ende dieses Abschnitts bleibt eine letzte, für die meisten Leser wohl entscheidende Frage: Wie groß ist das Risiko nach einer bestimmten Dosis an Krebs zu erkranken? Im Stil üblicher Expertenrunden ist darauf zu antworten: „Das ist eine gute Frage!", was andeutet, dass es keine einfache Antwort gibt. Die schon häufig angesprochene Kommission der Vereinten Nationen schätzte im Jahre 2000 auf der Basis der japanischen Daten, dass das Lebenszeitrisiko bei einer Ganzkörperdosis von ein Sievert für Männer 9% und für Frauen 13% beträgt [25]. Aber Vorsicht: dies ist ein sehr summarischer Wert, der die Größenordnung angibt, er darf auf keinen Fall benutzt werden, sich selbst sein persönliches Risiko auszurechnen. Diese hängt von vielen Faktoren ab, neben dem Geschlecht vom Alter, der Strahlenart und dem zeitlichen Bestrahlungsmuster. Von diesen Schwierigkeiten wissen alle diejenigen ein Lied zu singen, die entscheiden müssen, ob möglicherweise strahlenbedingte Krebserkrankungen als Berufskrankheit anerkannt werden können Dies hat schon viele Arbeitsgerichte und manche Expertenrunden beschäftigt. Derzeit (im Jahre 2012) bemüht man sich auf internationaler Ebene, ein Berechnungsschema zu entwickeln, mit Hilfe dessen man einer Beantwortung der gestellten Frage näher zu kommen hofft. Es wird noch eine Weile dauern. Fazit: Die Größenordnung ist bekannt, der vielzitierte Teufel hängt noch im Detail ...

5.4.3
Herz-Kreislauf-Erkrankungen

Das ursprüngliche Interesse an Strahlenspätwirkungen konzentrierte sich vor allem auf Krebs. Im Laufe der Zeit stellte sich heraus, dass auch andere Erkrankungen einen Zusammenhang mit einer Strahleneinwirkung haben können. Die Mechanismen sind, anders als bei Krebs, jedoch weitgehend unverstanden. Dennoch sind die Befunde nicht zu übersehen und müssen daher ernst genommen werden. UNSCEAR hat eine umfangreiche Sichtung der verfügbaren Literatur vorgenommen [26]. Auf Grund einer ganzen Reihe von Studien, von denen die der japanischen Atombombenüberlebenden wieder die wichtigste Quelle darstellt, zeichnet sich klar ab, dass Herz-Kreislauf-Erkrankungen bei höheren Dosen (mehr als 1 Gy) mit einer Strahlenexposition assoziiert sind. Wie es bei niedrigeren Dosen aussieht und ob es eine klare Schwelle gibt, kann derzeit noch nicht gesagt werden.

5.5
Strahlen und das Ungeborene

Immer wenn ein Kind erwartet wird, bauen sich Befürchtungen um mögliche Strahlengefahren auf, und das im Prinzip durchaus zu Recht. Der wachsende Organismus des sich entwickelnden Embryos repräsentiert das strahlenempfindlichste Gewebe überhaupt, aber es besteht dennoch kein Grund für übertriebene Ängste, die auch leicht durch Darstellungen in den Medien angefacht werden. Auch bei dieser sensiblen Thematik ist Vernunft angesagt, die man am besten auf der Basis von Kenntnissen praktizieren kann.

Es ist hilfreich, zunächst die wesentlichen Stadien der Embryonalentwicklung zu rekapitulieren (Abb. 5.7). Die durchschnittliche Schwangerschaft dauert von der Befruchtung der Eizelle bis zur Geburt rund 270 Tage. Schon in den ersten Stunden beginnt die Zellteilung, aber erst später nistet sich der wachsende Embryo in der Gebärmutter, dem Uterus, ein. Dieser Vorgang, die Nidation, beginnt etwa am sechsten Tage, die Implantation ist nach zwei Wochen abgeschlossen. Nun setzt die eigentliche Embryogenese ein, in welcher zunächst die wichtigsten Organe angelegt werden. Diese Vorgänge sind nach acht bis zwölf Wochen abge-

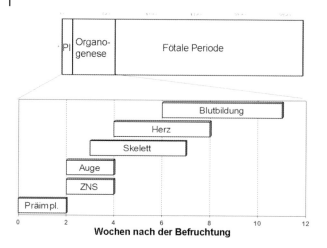

Abb. 5.7 Schematische Darstellung der Embryonalentwicklung beim Menschen (PI: Präimplantationsperiode).

schlossen. Die verbleibende Zeit, die fötale Periode, ist dem Wachstum und der Ausdifferenzierung der Organe gewidmet.

Die frühe Embryogenese kennzeichnet die höchste Aktivität in der Entwicklung und ist für das spätere Schicksal von entscheidender Bedeutung. Das gilt auch für eine mögliche Strahleneinwirkung. Man macht sich nicht immer klar, dass in einem Zeitraum von knapp neun Monaten nicht nur aus einer Zelle mehr als hundert Milliarden entstehen, sondern, dass auch die speziellen Fähigkeiten der Organe sich ausbilden müssen. Es ist schon aus logischen Gründen klar, dass eine Beeinflussung der Zellteilung, wie sie jede Bestrahlung darstellt, gravierende Konsequenzen haben muss. Dies gilt vor allem für die zweite bis zur achten Woche. Der Embryo besteht dann noch aus relativ wenigen Zellen und ist daher hochsensibel. Eine Exposition während dieser Zeit kann schwerwiegende Störungen in der Entwicklung der betroffenen Organe mit morphologisch-anatomischen Fehlbildungen nach sich ziehen, unter Umständen auch zum Tode führen. Die Erfahrungen in Hiroshima und Nagasaki belegen die Richtigkeit dieser Überlegungen auf erschütternde Weise. Auf Eines muss allerdings hingewiesen werden: Die Organbildung geht nicht von einer einzigen, sondern immer von mehreren, wenn auch wenigen Zellen aus. Das bedeutet, dass eine Schädigung nicht durch beliebig niedrige Dosen herbeigeführt werden kann, auch die strahlenbedingte Fehlentwicklung zeigt ein Schwellenverhalten. Die Schwellendosen sind allerdings sehr niedrig. Sie liegen bei Uterusdosen von 50–100 mGy und stellen damit im Vergleich der akuten Effekte die tiefsten Werte dar. Besonders betroffen sind diejenigen Organe, welche sehr frühzeitig angelegt werden, wenn die Zellzahl noch gering ist, nämlich ZNS, Auge und Skelett, wie Abb. 5.7 zeigt.

Früher war es üblich, die späteren Entwicklungsstadien als relativ strahlenunempfindlich zu betrachten. Allgemein gesprochen ist das auch nicht falsch, aber es gibt doch noch ein sensibles Zeitfenster, nämlich von der achten bis zur

16. Woche. Eine Bestrahlung während dieser Zeit kann ebenfalls Schäden im Gehirn auslösen, diesmal aber in funktioneller Weise. Man stellte nämlich fest, dass manche Kinder, die bei der Bombenexplosion sich noch im Mutterleib befanden, später unter geistigen Entwicklungsstörungen litten. Diesem Phänomen ist man gezielt nachgegangen, auch mit Hilfe speziell konzipierter Tierversuche, und konnte es klar bestätigen. Es gibt also offenbar in der Entwicklung des Gehirns eine strahlensensible Spanne – wahrscheinlich, wenn die Neuronen verschaltet werden. Auch dieser Effekt zeigt ein ausgeprägtes Schwellenverhalten. Die Schwellendosen liegen deutlich höher als bei den vorher beschriebenen Fehlentwicklungen, nämlich bei ca. 300 mGy.

Über die Zeit zwischen Befruchtung und Implantation gibt es nur recht ungenaue Informationen. Sicher ist, dass es durch höhere Dosen zu einem Abbruch der Schwangerschaft kommen kann, einem „Strahlenabort", aber es fehlen hierzu gesicherte Daten, die eine genauere Risikoabschätzung erlauben würden.

Betrachtet man die Embryonalentwicklung als Ganzes, so fällt auf, dass die Strahlenempfindlichkeit durch zeitlich genau umschriebene Phasen charakterisiert wird (Abb. 5.8): die Präimplantationsphase bis zum Abschluss der zweiten Woche (Strahlenabort), die frühe Organogenese (2. Bis 6. Woche) (morphologisch-anatomische Fehlbildungen) sowie die 8. bis 15. Woche (funktionelle Hirnstörungen).

Über die beschriebenen Wirkungen hinaus muss noch auf eine weitere mögliche Gefährdung hingewiesen werden, nämlich die nicht auszuschließende Krebsinduktion. Tumoren können schon während der Schwangerschaft induziert werden, manifest werden sie allerdings erst im frühen Kindesalter. Diese Frage war über viele Jahre sehr umstritten, weil bei den Kindern, die in Japan im Mutterleib exponiert wurden, keine erhöhte Zahl von Krebserkrankungen festgestellt worden waren, obwohl man sie eigentlich erwartet hatte. Allerdings liegen für die ersten fünf Jahre bis 1950 keine zuverlässigen Daten vor. Erkenntnisse gab es aber aus einer anderen groß angelegten Studie, dem *Oxford Survey of Childhood*

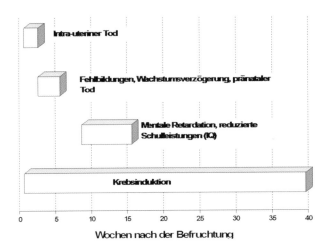

Abb. 5.8 Die Phasen der Strahlenwirkung auf das Ungeborene.

Cancer (OSCC). In den fünfziger Jahren des letzten Jahrhunderts war es durchaus üblich, bei Komplikationen während der Schwangerschaft Röntgenuntersuchungen durchzuführen. Die englische Epidemiologin und Strahlenbiologin Alice Stewart (1906–2002) interessierte sich für eventuelle Folgen und startete umfangreiche Untersuchungen, die später unter dem oben angeführten Namen bekannt wurden. Die Schwierigkeiten, mit denen sie konfrontiert wurde, waren nicht gering. Ähnlich wie in Hiroshima und Nagasaki gab es keine zuverlässigen Dosisabschätzungen, sie mussten aus den Aufzeichnungen der Kliniken rekonstruiert werden, was nur mit großen Unsicherheiten möglich war. Trotz allem kam sie zu dem Schluss, dass Röntgenuntersuchungen während der Schwangerschaft zu einer Erhöhung des Krebsrisikos in der Kindheit führten, was sie mit ausführlichen statistischen Berechnungen untermauerte. Ihre Schlussfolgerungen wurden weitgehend als nicht hinreichend begründet abgelehnt, wohl auch, weil sie sich als glühende Kernenergiegegnerin engagierte. Erst in den späten 1990er Jahren fand eine unabhängige Reanalyse ihrer und ihrer Mitarbeiter Daten statt. Der Doyen der englischen Epidemiologie Sir Richard Doll, ideologischer Voreingenommenheit unverdächtig, kam 1997 zusammen mit seinem Mitarbeiter R. Wakeford zu dem Schluss, dass Dosen von mehr als 10 mGy während der Schwangerschaft, auch in späteren Stadien, zu einem signifikanten Anstieg des Krebsrisikos im frühen Kindesalter führen können [27]. Dies ist ohne Zweifel sehr ernst zu nehmen und unterstreicht die Notwendigkeit erhöhter Vorsicht bei Strahlenexpositionen von Schwangeren.

Eine besondere Gefährdung in Bezug auf Fehlbildungen besteht nach dem Gesagten vor allem in sehr frühen Stadien der Schwangerschaft, zu Zeiten, wo viele Frauen noch gar nicht wissen, ob sie schwanger sind. Die obligate Frage, die jeder Arzt vor einer radiologischen Maßnahme stellen muss, „Sind Sie schwanger?", müsste eigentlich geändert werden in: „Können Sie ausschließen, dass Sie schwanger sind?"

6
Die gar nicht immer liebe Sonne ...

> Gelobt seist du, mein Herr,
> mit allen deinen Geschöpfen,
> zumal dem Herrn Bruder Sonne;
> er ist der Tag, und du spendest uns das Licht durch ihn.
> Und schön ist er und strahlend in großem Glanz,
> dein Sinnbild, o Höchster.
> *Aus dem „Sonnengesang" des heiligen Franziskus von Assisi*

6.1
Vorbemerkungen

Kein Zweifel, die Sonne ist die Quelle allen Lebens auf der Erde. Sie wärmt, über die Photosynthese schafft sie Nahrung für Mensch und Tier und wirkt auf vielfache Weise auf physiologische Prozesse ein. Schlecht vorstellbar, dass sie auch Schäden verursacht, aber auch hier gilt das alte, von Paracelsus geprägte, Wort „Die Dosis macht das Gift". Wie so oft im Umgang mit an sich positiven Dingen, zu viel des Guten ist nicht gut.

Im ersten Kapitel (Abb. 1.4) wurde schon auf das Spektrum der Sonnenstrahlung eingegangen, das sich von kurzwelligem Ultraviolett (UV) bis zum langwelligen Infrarot (IR) erstreckt, von dem allerdings nicht alles die Erdoberfläche erreicht. Energiereiches UV-C (Wellenlängenbereich 200–280 nm) wird von der Atmosphäre vollständig absorbiert, da es aber gewisse technische Anwendungen hat, wird auch auf seine Wirkungen kurz eingegangen. In mancherlei Hinsicht bedeutsamer ist das UV-B (280–315 nm), das im terrestrischen Sonnenspektrum nur teilweise vertreten ist. Der Grund hierfür liegt an der stratosphärischen Ozonschicht, die genau diesen Anteil herausfiltert. Ihr Absorptionsspektrum entspricht ziemlich genau dem der DNA, der Trägerin der genetischen Information. Man fragt sich, ob dies nur ein Zufall der Evolution sein kann. Etwas mehr zu den molekularen Grundlagen gibt es im Kapitel 12.

Im Hinblick auf mögliche gesundheitliche Wirkungen muss zwar vor allem über die UV-Strahlung gesprochen werden, jedoch sind weder das Infrarote noch selbst das sichtbare Licht in dieser Hinsicht zu vernachlässigen. Für die unmittelbare

Strahlen und Gesundheit: Nutzen und Risiken, 1. Auflage. Jürgen Kiefer
© 2012 Wiley-VCH Verlag GmbH & Co. KGaA. Published 2012 by Wiley-VCH Verlag GmbH & Co. KGaA.

Wechselwirkung spielt nur die Körperoberfläche eine Rolle, da die Eindringtiefen aller Arten optischer Strahlung zwar unterschiedlich, generell aber sehr gering sind. Betroffene Organe sind daher Haut und Auge.

Die Haut ist mit einer Oberfläche von ca. zwei Quadratmetern bei Erwachsenen unser größtes Organ, sie erfüllt über ihre Rolle als „Verpackungsmaterial" hinaus vielfältigste Aufgaben: Stoffe treten über sie ein und aus, sie regelt über die Schweißdrüsen die Körpertemperatur und sie stellt eine wichtige Immunbarriere dar. Es liegt also in unserem lebenswichtigen Interesse, die Haut zu schützen. Während sich jeder scheut, Abschürfungen zu erleiden oder sich zu schneiden, sind viele Menschen bemerkenswert sorglos, wenn es um die Wirkungen der Sonne oder ihrer technischen Substitute wie Solarien und Sonnenbänke geht. Im Gegenteil, sie sind fest überzeugt, ausgiebige Sonnenbäder wären gut für ihre Gesundheit, eine braune Haut zeuge von Vitalität und Sexappeal. Besonders den jungen Damen sei ins Stammbuch geschrieben: *„Braun in der Jugend – faltig im Alter"*, wobei dies noch die harmlosesten Folgen sein dürften. Vernunft ist also angesagt, denn unser Körper braucht das Sonnenlicht, aber er leidet unter der Übertreibung.

Nicht zu vernachlässigen sind auch mögliche Einwirkungen auf die Augen, an die man häufig nicht denkt. Elektroschweißer können ein leidvolles Lied davon singen, was passiert, wenn man sich nicht schützt. Über ähnliche Erfahrungen verfügen aber auch experimentell arbeitende Photobiologen, die im Labor manchmal ihre eigenen Erkenntnisse vergessen (der Autor gehört übrigens auch dazu, wie er verschämt gestehen muss).

6.2
Ultraviolette Strahlen

6.2.1
Akute Wirkungen

6.2.1.1 Haut

UV-Strahlen bilden den Anteil der Sonnenstrahlen auf der Erde mit der höchsten Energie, auch sie sind lebenswichtig, können heilen, aber auch Schaden anrichten. Sie sind ein gutes Beispiel für die Janusköpfigkeit elektromagnetischer Strahlen, auch deshalb, weil jedermann mit ihnen zu tun hat, anders als bei ionisierenden Strahlen, bei denen die tägliche Konfrontierung im Allgemeinen fehlt.

Die verschieden Anteile (UV-A, UV-B und UV-C) dringen verschieden tief in die Haut ein, wie in Abb. 6.1 illustriert.

Der wichtigste Vorgang, der lichtgesteuert in der Haut abläuft, ist die Synthese von Vitamin D. Unser Körper kann es nicht selbst produzieren, sondern stellt nur eine Vorstufe bereit, die in einer photochemischen Reaktion in die endgültige Form umgewandelt wird. Vitamin D ist an vielen vitalen Prozessen beteiligt, wobei man nicht alles, was man in der Presse (und auch in einigen Wissenschaftsjournalen) liest, zum Nennwert nehmen sollte. Unstritig spielt es eine entschei-

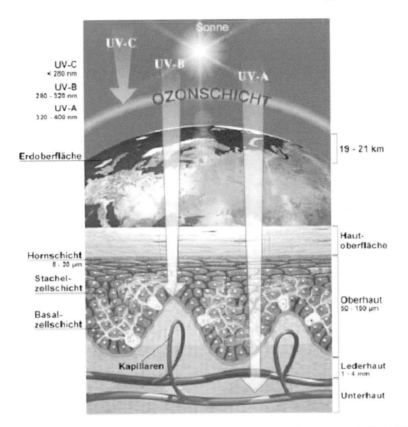

Abb. 6.1 Die Anteile der solaren UV-Strahlung, welche die Erdoberfläche erreichen und ihre Eindringtiefen in die menschliche Haut (Quelle: Strahlenschutzkommission (SSK), 1997 [28]). (s. auch Farbtafel S. XIX.)

dende Rolle bei dem Knochenaufbau, fehlt es, so kommt es zu der gefürchteten *Rachitis*, die früher ein Schreckgespenst für alle jungen Eltern war. Um alles gut und richtig zu machen, wurden die Kinderwagen den ganzen Tag auf den Balkon oder in den Garten gestellt, bei dem Seeurlaub wurde weitgehend nackend gebadet. Man muss klar sagen: Das ist nicht gut, kann sogar sehr gefährlich werden! Sonnenbrände in früher Jugend können schlimme Folgen nach sich ziehen, wie weiter unten erklärt wird.

Der für die Vitamin-D-Synthese wirksame Spektralanteil liegt im UV-B (die höchste Wirksamkeit findet man bei 297 nm) und damit leider in demselben Bereich, der auch sowohl für akute als auch Langzeiteffekte verantwortlich ist. Es kommt also auf eine sorgsame Abwägung an. Eine genaue Angabe, wie lange man sich der Sonne aussetzen soll, damit genügend Vitamin D synthetisiert wird, ist gar nicht einfach, weil es keine hinreichenden Untersuchungen gibt. Als Faustregel kann man sagen, dass im Sommer ungefähr eine Viertelstunde pro Tag bei unbedecktem Gesicht und bloßen Armen ausreichen dürfte, im Winter darf es auch deutlich länger sein. Das ist erstaunlich wenig, es gibt also wegen eines befürchteten Vitaminmangels keinen Grund für ausgiebige Sonnenbäder oder Besuche im Sonnenstudio. Natürlich gilt das nur für normale Verhältnisse, bei Krankheiten oder langem Sonnenentzug sieht das anders aus. Vitamin D kann auch medikamentös oder teilweise durch entsprechende Nahrung zugeführt werden. Viele der Älteren werden sich noch an den in der Kindheit unvermeidlichen Lebertran erinnern, der dieses zum Ziel hatte, denn fetter Fisch ist eine gute Quelle, Schnitzel und Braten, selbst Gemüse sind es nicht. Etwas (im Vergleich zum Fisch ungefähr ein Zehntel) findet man auch in Milch, Käse und Pilzen. Besser ist in jedem Fall aber die natürliche Nachlieferung durch den täglichen Spaziergang.

Vielen reicht das jedoch nicht, sie sind der festen Überzeugung, dass mehr Sonne auch mehr Gesundheit bringe. Dieser Glaube entbehrt leider der wissenschaftlichen Grundlage, im Gegenteil, es ist klar erwiesen, dass Überexpositionen die Haut und ihre lebenswichtigen Funktionen nachhaltig schädigen. Allerdings gibt es auch hier wie immer im Leben individuelle Unterschiede. Sie hängen vor allem vom Hauttyp ab. International hat man zu seiner Charakterisierung ein Sechsklassen-Schema eingeführt, das sehr kurz in Tabelle 6.1 dargestellt ist. In unseren Breiten spielen vor allem die ersten vier Typen eine Rolle. Der geübte Beobachter kann sie relativ leicht erkennen. Das gilt vor allem für den *keltischen* Typ, gekennzeichnet durch hellen Teint, blonde oder rote Haare, blaue Augen und zahlreiche Sommersprossen. Diesen Menschen bekommt die Sonne gar nicht, sie werden rot und die oft erstrebte Bräune will sich nicht einstellen. Am anderen Ende der Skala, jedenfalls bezogen auf die Bevölkerungsmehrheit, rangiert der *mediterrane* Typ, der schon von Natur aus eine dunklere Hautfarbe mitbringt und auch die Sonne besser verkraftet. Aber auch für ihn gilt, dass Vernunft angesagt ist. Dies gilt sogar für Afrikaner. Ihre intensive Pigmentierung bietet zwar einen

Tabelle 6.1 Hauttypen und einige ihrer Charakteristika

Typ	Bezeichnung	Eigenschaften	Anteil in deutscher Bevölkerung
I	keltisch	Sehr hell, oft blonde oder rote Haare, *sehr* sonnenbrand- und hautkrebsgefährdet	2%
II	nordisch	Hell, hellbraune oder brünette Haare, sonnenbrand- und hautkrebsgefährdet	12%
III	Mischtyp	Mittlere Hautfarbe, dunkleres Haar, mäßig gefährdet	78%
IV	mediterran	Bräunliche Haut, dunkles Haar	8%
V	dunkel	Braune Haut, dunkle Haare	0% (arabische Länder, Karibik)
VI	schwarz	Schwarze Haut	0% (Afrika, Australien)

gewissen Schutz, aber vor Hautschäden sind auch sie nicht gefeit, deshalb bedecken sie auch Kopf und Arme, wenn sie sich im Freien bewegen. Die bei uns so beliebte weitgehende Hüllenlosigkeit ruft bei ihnen nur ein Lächeln hervor.

Akute Sonnenschäden sind wohl jedem aus eigener schmerzvoller Erfahrung bekannt: Es beginnt mit einer Rötung der Haut, die, abhängig von Intensität und Dauer der Einstrahlung, im Laufe weniger Stunden zunimmt und außerdem mit unangenehmen Schmerzen verbunden ist. Dies ist eine Kurzbeschreibung des „Sonnenbrandes", den der Mediziner als *Erythem* bezeichnet. Schmerzen und Rötung gehen nach einiger Zeit zurück, es sei denn, die Dosis war so hoch, dass sich Entzündungen entwickeln. Häufige Sonnenbrände hinterlassen dennoch auch nachwirkende Spuren, die Hautstruktur wird geschädigt, die Elastizität nimmt ab. Auf den Zusammenhang mit Hautkrebs sei schon hier hingewiesen, unten gibt es dazu mehr. Es gilt also der bei Dermatologen gängige Spruch: „Die Haut vergisst nichts."

Die Bräunung folgt erst später, und auch nicht immer. Sie bleibt weitgehend aus, wenn die Hautschädigung zu einem Abpellen der oberen Schichten geführt hat. Sonnenbrände sollten also nicht nur wegen der Schmerzen, sondern auch aus kosmetischen Gründen vermieden werden. Das heißt: langsam und nicht zu heftig sich der Sonne aussetzen, was man vor allem beherzigen sollte, wenn man aus dem trüben Büro in die gleißende Sonne südlicher Länder entflieht.

Die Hautbräunung stellt eine Schutzreaktion dar. Sie wird vermittelt durch die für die Hautfarbe zuständigen *Melanozyten*, welche den Farbstoff *Melanin* produzieren und an andere, höher liegende, Zellen abgeben. Ultraviolettes Licht stimuliert diesen Prozess. So wird verhindert, dass tiefer liegende Areale geschädigt werden. Bei kontinuierlicher leichter Exposition baut sich eine gewisse Grundbräunung auf, die dann auch längere Bestrahlungen ohne akute Schäden ermöglicht. Aber: Menschen des Hauttyps I und kleine Kinder müssen auf jeden Fall darauf verzichten, bei ihnen reicht dieser Schutzmechanismus nicht aus. Die erwünschte länger andauernde Bräunung wird vor allem durch UV-B bewirkt.

Der Sonnenbrand, das Erythem, zeigt ein ausgesprochenes Schwellenverhalten, nicht jede kleine Bestrahlung kann ihn hervorrufen. Die Schwellendosis wird als *minimale Erythemdosis* (MED) bezeichnet. Um den Zusammenhang zu verstehen, muss man etwas ausholen. Wie schon gesagt, hängt die Wirkung stark von der Wellenlängenverteilung ab. Für den Menschen hat man ein typisches Wirkungsspektrum ermittelt, auf dessen Basis man eine Art „Bewertungskurve" definiert hat, die in Abb. 6.2 dargestellt ist. Es kann der Einordnung verschiedener Strahlenquellen in Bezug auf ihre biologische Wirksamkeit dienen.

Als MED wird diejenige gemäß Abb. 6.2 gewichtete UV-Dosis bezeichnet, welche nach acht Stunden zu einer sichtbaren Hautrötung führt. Sie variiert recht stark in Abhängigkeit vom Hauttyp, bei Hauttyp II beträgt sie ca. 250 J/m². In einem guten Sommer in Deutschland liegt in der Ebene die erythemwirksame Bestrahlungsstärke bei ca. 0,15 W/m², d. h. einen leichten Sonnenbrand erwirbt man sich nach einer halben Stunde, im Winter dauert es mindestens dreimal so lange, in der Mittagssonne am Äquator allerdings reicht die Hälfte schon aus. Auf Solarien kommen wir weiter unten zu sprechen.

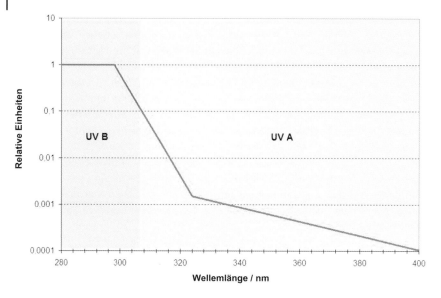

Abb. 6.2 Schematisiertes Erythemwirkungsspektrum der Commission Internationale de l´Eclairage (CIE) [29].

Eine nützliche Orientierung stellt der UV-Index dar, der die erythemwirksame Bestrahlungsstärke in acht Stufen unterteilt. Eine Indexzahl 1 entspricht 0,025 W/m², bei Index 2 sind es 0,05 W/m² usw. Die höchste Stufe 8 wird also mit 0,2 W/m² erreicht. Die SSK hat kurzgefasste Verhaltensregeln zusammengefasst (Tabelle 6.2), an denen man sich orientieren kann.

Das Bundesamt für Strahlenschutz (BfS) bestimmt regelmäßig den UV-Index für repräsentative Orte, man kann ihn von der Website (http://www.bfs.de/de/uv/uv2/uv_messnetz/uvi/messnetz.html) abrufen und so sein Verhalten einrichten.

Schützen kann man sich auf verschiedenste Art und Weise: Die erste Regel ist ein vernünftiger Umgang mit der Sonne. Wer sich im gleißenden Mittagslicht weitgehend unbedeckt auf den Liegestuhl legt, darf sich über die Folgen nicht wundern. Empfindliche Körperteile (dazu gehört auch der Kopf, besonders wenn die Haarpracht Lücken aufweist) sollten durch entsprechende Kleidung geschützt werden. Nicht jeder Stoff hält die UV-Strahlung ab, dünne Baumwoll-T-Shirts sind

Tabelle 6.2 Verhaltensregeln bei verschiedenen Werten des UV-Index (BfS).

UV-Index	Belastung	Sonnenbrand möglich	Schutzmaßnahmen
8 und höher	sehr hoch	in weniger als 20 min	unbedingt erforderlich
5 bis 7	hoch	ab 20 min	erforderlich
2 bis 4	mittel	ab 30 min	empfehlenswert
0 bis 1	niedrig	unwahrscheinlich	nicht erforderlich

z. B. recht durchlässig. Die Hohenstein Institute befassen sich seit langem mit dieser Problematik und stellten kürzlich u. a. fest [30]:

> „Chemiefasern wie Polyamid und Polyester verfügen durch Beimischungen z. B. aus Titandioxid, wie man es auch aus kosmetischen Sonnenschutzmitteln kennt, über einen „eingebauten" Sonnenschutz. Naturfasern wie Baumwolle oder Leinen und die daraus hergestellten Garne und Gewebe haben diesen „eingebauten" UV-Schutz nicht und halten auch aufgrund ihrer ungleichmäßigen Struktur i. d. R. weniger UV-Strahlung zurück. Besonders bei Naturfasern wird der UPF (Ultra Violet Protection Factor) durch Feuchtigkeit herabgesetzt, da sich diese im Kontakt mit Wasser farblich und strukturell stark verändern. Hochwertige UV-Schutztextilien bestehen aus Chemiefasern, die besonders dicht konstruiert und teilweise in dreidimensionalen Strukturen aufgebaut sind. Gleichzeitig sind sie aber besonders atmungsaktiv und trocknen im Bedarfsfall schnell."

Man soll also überlegen, was man anzieht, bevor man auf eine Sommerwanderung geht, vor allem gilt das für kleine Kinder.

Und dann gibt es auch noch Sonnenschutzmittel, welche uns die Werbung so sehr empfiehlt. Auch hier gilt, dass sie intelligent anzuwenden sind. Das bedeutet, dass sie in hinreichender Dicke aufgetragen werden müssen. Nach jedem Baden müssen sie erneuert werden. Als Charakterisierung der Wirksamkeit wird in der Regel der *Lichtschutzfaktor* (LSF) angegeben, der sich von 6 bis 50+ erstreckt, womit man zunächst nicht viel anfangen kann. Einen gewissen Anhalt gibt folgende Tabelle 6.3:

Tabelle 6.3 Verwendung von Sonnenschutzmitteln mit verschiedenen Lichtschutzfaktoren (LSF).

Basisschutz	LSF 6 bis 10
Mittelstarker Schutz	LSF 15 bis 25
Hoher Schutz	LSF 30 bis 50
Sehr hoher Schutz	LSF 50+

Die Lichtschutzfaktoren beziehen sich allerdings nur auf das UV-B, man sollte also darauf achten, dass auch UV-A abgeschirmt wird. Der Beipackzettel sollte darüber Auskunft geben.

Ein Wort ist noch angebracht zur Verwendung von Kosmetika. Viele von ihnen sind photochemisch aktiv, d. h. sie können unter Sonnenlicht verändert werden, wodurch u. U. schädliche Substanzen entstehen. Ein sehr klassisches Beispiel ist das *Bergamotteöl*, das als Duftstoff auch heute noch in vielen Parfüms zu finden ist, z. B. auch in „Kölnisch Wasser". Es enthält *Psolaren*, eine phototoxische Substanz, die zu den Furocumarinen gehört (vgl. auch „PUVA-Therapie", Kapitel 8). Es reagiert mit UV-A und wirkt auch als Bräunungsbeschleuniger, was schon den Damen im antiken Ägypten bekannt war, die sich Extrakte der Bergamottebirne auf die Haut schmierten. Davon kann nur dringend abgeraten werden, da hierdurch die Entstehung von Hautkrebs begünstigt wird. Die Lehre aus der Geschichte ist, dass man auf duftende Kosmetika beim Sonnenbaden unbedingt verzichten sollte. Die SSK hat eine umfängliche Liste gefahrenträchtiger Substanzen zusammengestellt [28], deren Lektüre sich lohnt. Auch eine ganze Reihe von Medikamenten kann die Sonnenwirkung verstärken (s. die zitierte Liste), man sollte also vor dem Urlaub auf den Malediven auf jeden Fall den Arzt konsultieren.

Es gibt eine Reihe von Hautkrankheiten, die durch UV- und sichtbare Strahlung ausgelöst werden können. Man fasst sie unter dem Sammelbegriff *Lichtdermatosen* zusammen. Sie umfassen ein weites Spektrum, sind aber auf in dieser Hinsicht besonders empfindliche Menschen beschränkt, weshalb sie hier nicht en Detail erörtert werden sollen. [31]

Abschließend muss noch auf eine andere Wirkung der UV-Strahlen hingewiesen werden, die zunächst unglaublich erscheint, aber bewiesen ist: übermäßige Exposition schwächt das Immunsystem. Man weiß das nicht nur aus Tierversuchen, sondern auch von Menschen, deren Abwehrkräfte wegen bestimmter notwendiger Medikamente schon abgeschwächt sind. Für manche Menschen gehört das fast zur Alltagserfahrung, nämlich bei denen, welche unter den unangenehmen „Lippenbläschen" (hervorgerufen durch das Herpes-simplex-Virus) leiden. Sie treten besonders nach intensiver Sonneneinstrahlung auf, weil das geschwächte Immunsystem keine Barriere mehr darstellt.

6.2.1.2 Auge

Die Tatsache, dass die Augen lichtempfindlich sind, braucht nicht betont werden, schließlich ist es ihre Aufgabe, optische Reize wahrzunehmen und weiterzuleiten. Oft wird nicht bedacht, dass sie durch intensive Bestrahlung geschädigt werden können. Besonders gefährlich ist kurzwelliges UV (UV-C und UV-B), aber auch UV-A birgt seine Risiken. UV-C kommt natürlich auf der Erde nicht vor, aber es wird an manchen Stellen eingesetzt, auch entsteht es bei dem Elektroschweißen. In Labors oder in manchen Abteilungen von Krankenhäusern sieht man manchmal fahl-blau leuchtende Röhren, die nur schwach zu strahlen scheinen. Es handelt sich dabei um *Sterilisationslampen*. Die emittierte Strahlung tötet Mikroorganismen sehr effektiv ab. Man soll sich durch das blasse Licht nicht täuschen lassen, wenige Sekunden eines direkten Blicks reichen aus, um eine Bindehautentzündung auszulösen. Die Folgen spürt man nach wenigen Stunden: es ist als ob eine Ladung feinen Sandes einen getroffen hätte (der Autor weiß aus eigener leidvoller Erfahrung, wovon er spricht). Ähnliches kann einem passieren, wenn man bei einem Gletscherausflug in schönster Sonne nicht eine geeignete Schutzbrille benutzt, die Folge kann man als „Schneeblindheit" spüren. Auch stark reflektierende Wasserflächen beim Strandurlaub sollte man nicht unterschätzen. Ebenso ergeht es Schweißern, die glauben, auf die vorgeschriebenen Schutzmaßnahmen verzichten zu können. Meist ist auch die Hornhaut des Auges mit betroffen, man spricht dann von *Keratoconjuntctivitis*, einer Art Sonnenbrand des Auges. Sie heilt nach einigen Stunden in der Regel wieder ab. Die starken

Schmerzen bleiben allerdings im Gedächtnis und sollten bei der nächsten Gelegenheit zu mehr Vorsicht führen.

Die häufig als „ungefährlich" eingestufte UV-A-Strahlung hat es auch in sich. Intensive Bestrahlung kann eine Veränderung der Netzhaut auslösen (*Retinopathie*). Die Ursache sind photochemische Reaktionen in der Retina.

Obwohl es sich eigentlich um eine Spätwirkung handelt, soll der Vollständigkeit halber schon hier auf Augenkatarakte hingewiesen werden, die im Volksmund als „Grauer Star" bekannt sind (es wurde schon darauf hingewiesen, es heißt übrigens *die* Katarakt, im Gegensatz zu *dem* Katarakt, der Stromschnelle. „*Die* Katarakt liegt im Auge, *der* Katarakt im Nil."). Augenkatarakte sind weltweit weit verbreitet. Sie sind die häufigste Ursache frühzeitiger Erblindung, die Weltgesundheitsorganisation WHO geht davon aus, dass ca. drei Millionen Fälle pro Jahr auf UV-Expositionen zurückgehen. Das sind gute überzeugende Gründe, unser empfindliches Organ gut und hinreichend zu schützen. Bei der Wahl einer Sonnenbrille spielt die modische Erscheinung die geringste Rolle, wichtiger ist, dass sie UV-Strahlen über das gesamte Spektrum (also auch UV-A!) hinreichend abschirmt, wobei es gleichgültig ist, ob Glas oder Kunststoff verwendet wird. Sie sollten jedoch nicht zu stark getönt sein, denn wenn dies der Fall ist, öffnen sich die Pupillen weit und mehr Licht gelangt in das Auge – ein ausgesprochen kontraproduktiver Effekt!

6.2.2
Spätwirkungen, Hautkrebs

Der Hautkrebs stellt mit 170 neuen Fällen pro Jahr auf 100.000 Einwohner eine der häufigsten Tumorarten in unseren Breiten dar, im Jahr 2006 erkrankten in Deutschland ungefähr 100.000 Menschen daran. Das Gute an dieser schlechten Nachricht ist, dass es verschiedene Erscheinungsformen gibt, die sich in Bezug auf Heilbarkeit und Prognose deutlich unterscheiden. Die häufigste Form ist das *Basalzellenkarzinom* (*Basaliom*), gefolgt von dem *Plattenepithelkarzinom*. Beide gehören zu den epithelialen Hauttumoren und werden auch häufig unter dem Begriff „weißer Hautkrebs" zusammengefasst (zur Abgrenzung vom „schwarzen Hautkrebs", dem Melanom, s. u.). Sie stellen den größten Anteil. Ihre Häufigkeit hat in den letzten Jahrzehnten rasant zugenommen (Abb. 6.3).

Es besteht kein Zweifel, dass die UV-Strahlung dabei einen entscheidenden Anteil hat. Nicht das „Ozonloch" ist hierfür verantwortlich zu machen, es spielte in den siebziger Jahren des letzten Jahrhunderts kaum eine Rolle, besonders, wenn man bedenkt, dass es viele Jahre dauert, bis ein Hautkrebs zum Ausbruch kommt, sondern es ist das veränderte Freizeitverhalten, das sich hier widerspiegelt. Hier zeigen sich die Folgen des in den Nachkriegsjahren ungebändigten Dranges, südliche Gestade zu erobern und sich ungehemmt (und weitgehend leicht bekleidet) der Sonne auszusetzen.

Glücklicherweise ist die Mortalität von weißem Hautkrebs vergleichsweise niedrig, allerdings gilt das nur bei frühzeitiger Diagnose und Therapie. Besonders ältere Menschen sollten ihre Haut sorgfältig beobachten und sich nicht scheuen,

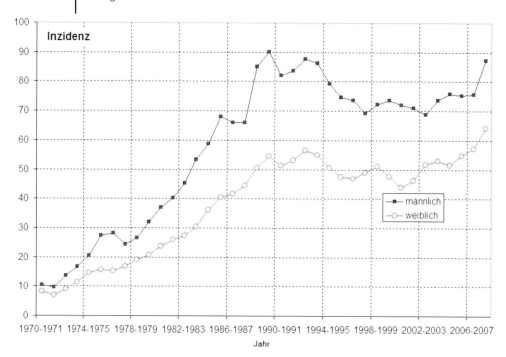

Abb. 6.3 Altersstandardisierte Inzidenzen (Fälle pro 100.000 Personen) von weißem Hautkrebs in Deutschland (Quelle: Krebsregister des Saarlandes [32]).

den Hautarzt regelmäßig aufzusuchen. Die Ursachen für eine Erkrankung liegen allerdings meist Jahrzehnte zurück, junge Sonnenanbeter denken im Allgemeinen nicht daran, was sie im Alter erwarten könnte, wenn sie krebsrot vom Strand heimkehren.

Einen gewissen Beleg für die Bedeutung solarer UV-Strahlen liefern Vergleiche, die man schon vor vielen Jahren in Kanada und den USA zwischen nördlichen und südlichen Bundesstaaten anstellte. Einen Ausschnitt aus diesen Erhebungen zeigt Abb. 6.4.

Die Daten sind zwar schon recht alt, aber das muss in diesem Fall kein Nachteil sein. Damals war die Mobilität der Bevölkerung noch deutlich geringer, so dass tatsächlich so etwas wie eine Momentaufnahme der Krankheitsverteilung in den angegebenen Regionen erhalten werden konnte. Man erkennt einen deutlichen Nord-Süd-Trend, und zwar sowohl für das bösartige Melanom als auch für die epithelialen „weißen" Formen. Interessant ist auch der Unterschied zwischen Männern und Frauen, der auch in späteren Analysen immer wieder bestätigt wird.

Natürlich bildet die gezeigte Statistik keinesfalls einen Beweis für die kausale Verknüpfung, aber sie gibt Stoff zum Nachdenken (und Anlass für weitere Untersuchungen, die auch gemacht worden sind). In der Zwischenzeit hat man viel gelernt, wobei vor allem moderne molekularbiologische Verfahren erheblich zum Verständnis beigetragen haben. Einen kleinen Einblick dazu gibt es im Kapitel 12,

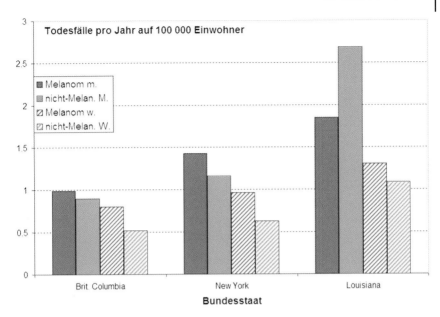

Abb. 6.4 Todesfälle auf Grund von Hautkrebs (1960–1967) in verschiedenen Bundesstaaten der USA bzw. von Kanada [33].

hier nur eine besonders eindrucksvolle Facette: UV-Strahlen erzeugen in exponierten Zellen charakteristische Mutationen, die man sonst nicht findet. Untersucht man Gewebe, das man Hauttumoren entnommen hat, so stößt man auf exakt dieselben Veränderungen, ein Befund, den man ohne Übertreibung als sensationell einordnen kann. Dies ist das einzige Beispiel, in dem der Ursprung einer Krebsart auf eine Bestrahlung zurückgeführt werden kann [34].

Die Beziehung zwischen UV-Bestrahlung und Hautkrebs zeigt sich am überzeugendsten für das Plattenepithel-Karzinom. Man findet betroffene Stellen vor allem in Körperregionen, wo die Sonneneinstrahlung üblicherweise hoch ist. Etwas weniger klar liegen die Verhältnisse bei dem Basaliom, das z. B. auch hinter dem Ohr oder am Gesäß auftritt, also an Körperteilen, die normalerweise abgeschirmt sind. Dennoch gibt es eine Abhängigkeit von der Gesamtbestrahlung. Möglicherweise spielt die oben erwähnte Schwächung des Immunsystems eine Rolle.

Die größte Gefahr geht von dem malignen (bösartigen) Melanom aus, also dem schwarzen Hautkrebs. Während die anderen Arten nur selten Metastasen (Tochtergeschwülste) ausbilden, gilt das leider ganz und gar nicht für das Melanom. Hier kommt es auf frühzeitige Diagnose und Therapie an. Eigentlich solle das nicht allzu schwierig sein: Melanome entstehen in der Haut, man kann Vorstufen schon erkennen und entsprechende Schritte unternehmen. Ausgangspunkte sind Mutter- oder Pigmentmale (von Fachleuten als *Naevi* bezeichnet). Jeder Mensch hat sie, manche mehr, andere weniger. Sie sollten beobachtet werden. Wenn sie an Größe zunehmen, sich blutig entzünden, ist Eile geboten. Im Frühstadium kann

Abb. 6.5 Malignes Melanom (Quelle: SSK[1]). (S. auch Farbtafel S. XIX.)

man etwas unternehmen, aber bald kann es zu spät sein. Nur der erfahrene Hautarzt kann entscheiden, was zu tun ist.

Es gibt eine Reihe von Anzeichen möglicherweise erhöhter Gefährdung, auf welche die Strahlenschutzkommission hinweist und die hier wiederholt werden sollen:

Tabelle 6.4 Allgemeine Risikofaktoren für das maligne Melanom [28, 35].

Risikofaktoren	Erhöhung des relativen Risikos
Multiple Pigmentmale	5–15fach
Atypische Pigmentmale	5–15fach
Angeborene (*congenitale*) große Pigmentmale	Über die gesamte Lebenszeit um 5–6% erhöht
Maligne Melanome in der engeren Verwandtschaft („familiäres malignes Melanom")	2–3fach
Lichtempfindliche Haut	3–4fach
Sonnenbrände in Kindheit und Jugend	2–3fach

Die Häufigkeit des malignen Melanoms hat in den letzten Jahren kontinuierlich zugenommen, was zum Teil wohl auch auf die erhöhte Aufmerksamkeit und bessere Diagnoseverfahren zurückgeführt werden kann. Der gute Teil dieser an sich schlechten Botschaft ist, dass erfreulicherweise die Todesraten kaum gestiegen sind (Abb. 6.6), möglicherweise auch, weil die Krankheit früher erkannt wurde. Die Aufklärungskampagnen scheinen also Früchte zu tragen.

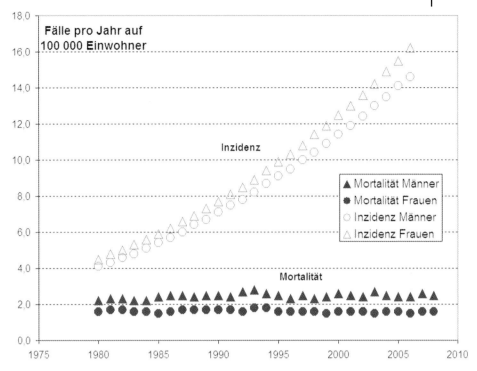

Abb. 6.6 Zeitlicher Verlauf von Inzidenz und Mortalität des malignen Melanoms in Deutschland. (Quelle: Robert-Koch-Institut [36]).

6.2.3
Solarien und Sonnenstudios – einige Anmerkungen

Deutschland wird nicht gerade von der Sonne verwöhnt. Was läge näher als diese Situation mit technischen Mitteln zu ändern, gewissermaßen sich eine künstliche Sonne zu schaffen. Das ist die Idee, die hinter den Sonnenstudios steht. Nach Angaben des Bundesfachverbandes für Besonnung [37] gab es 2005 in Deutschland mindestens 6000 Sonnenstudios, wobei Anlagen in Hotels, Schwimmbädern und münzbetriebene Einrichtungen wahrscheinlich nicht mitgerechnet sind. Es besteht also offenbar ein Bedürfnis, dem auch nachgekommen wird. Derselben Quelle ist zu entnehmen, dass neun Millionen Erwachsene darauf warten, qualitätszertifizierte Solarien besuchen zu können. Die Zertfizierungsoffensive hat leider nicht zu dem erwünschten Erfolg geführt, aus Gründen, die hier nicht erörtert werden können, sie zeigt jedoch, dass offensichtlich Regelungsbedarf bestand. Zum Teil sind die Fragen in einem neuen Gesetz aus dem Jahre 2009 („Gesetz zum Schutz vor nicht ionisierender Strahlung bei der Anwendung am Menschen", NiSG) aufgegriffen worden, auf das später noch etwas eingegangen wird.

Der unbeteiligte Sonnenhungrige stellt sich die Frage, was denn so schlimm an diesen Besonnungsstudios ist, dass sich mit ihnen sogar ein Bundesgesetz beschäftigen muss. In der Tat lauern in ihnen für den unaufgeklärten Benutzer einige Gefahren, über die man Bescheid wissen muss, wobei ein veritabler Sonnenbrand noch ein geringeres Übel darstellt. Verantwortungsvolle Betreiber sind sich dessen bewusst und klären ihre Kunden auf. Sie prüfen den Hauttyp und empfehlen das richtige Verhalten, stellen geeignete Sonnenbrillen bereit und raten von zu langen Bestrahlungen ab. Sie lassen ihre Einrichtungen regelmäßig überprüfen und stellen sicher, dass im UV-B-Bereich vorgegebene Bestrahlungsstärken nicht überschritten werden. Mit anderen Worten: der Betreiber muss fachlich geschult und sich seiner Pflichten bewusst sein. Leider gibt es auch in dieser Branche, wie überall im Leben, schwarze Schafe, so dass gesetzliche Regelungen unumgänglich schienen. Einzelheiten sind in der „Verordnung zum Schutz vor schädlichen Wirkungen künstlicher ultravioletter Strahlung" (UV-Schutz-Verordnung – UVSV) geregelt, die in ihren wesentlichen Teilen am 01.01.2012 in Kraft getreten ist [38]. Zu den wichtigsten Punkten gehört, dass die Bestrahlungsstärke begrenzt wird und Jugendliche (d. h. unter 18 Jahren) Solarien nicht benutzen dürfen. Damit liegt Deutschland auf einer Linie mit der EU und auch den Empfehlungen der Weltgesundheitsorganisation WHO, die UV-Strahlung als *krebserregend* einstuft und somit auf dieselbe Ebene wie Zigaretten stellt.

Über die allgemeinen Gefahren braucht hier nach der Diskussion der vorigen Abschnitte nichts Weiteres gesagt zu werden, aber es gibt noch ein paar Zusatzpunkte: Es ist so leicht, sich durch regelmäßige Sonnenstudiobesuche ein „Urlaubsfeeling" und entsprechendes Aussehen zu verschaffen. Die Gefahr ist groß, dass dabei übertrieben wird – mit all den beschriebenen Folgen. Wie oben erwähnt, steigt das Hautkrebsrisiko beträchtlich, wenn in jungen Jahren Überexpositionen stattgefunden haben. Jugendliche wissen das entweder nicht oder es ist ihnen gleichgültig, was auf sie nach Jahrzehnten wartet.

Das Spektrum der Lampen in den Sonnenbänken entspricht nicht dem der Sonne, sondern ist bewusst zu langwelligem UV-A verschoben, was eigentlich gut ist, da die karzinogene Wirkung von UV-A deutlich geringer ist als die von UV-B. Sie ist aber dennoch nicht zu vernachlässigen – ein „krebssicheres Solarium" gibt es nicht. Die Verschiebung des Spektrums hat leider noch einen anderen Haken: Die von vielen erhoffte und häufig propagierte Auffüllung des Vitamin-D-Spiegels findet nur sehr unzureichend statt, da gerade das hierfür notwendige UV-B gedrosselt ist.

Eine ganze Reihe von Untersuchungen haben gezeigt, dass es eine Beziehung zwischen Hautkrebs (vor alle auch dem Melanom) und häufigen Solarienbesuchen gibt [39], vor allem wenn sie in jugendlichem Alter stattfanden. Alle diese Informationen sollten nicht als „Spaßbremse" interpretiert werden, aber man sollte wissen, worauf man sich einlässt. Eines sollte man jedoch nicht tun: sich in Schwimmbädern, Hotels etc. unkontrolliert zu bräunen. Zwar muss auch hier fachkundiges Personal anwesend sein, die Erfahrung zeigt aber, dass noch deutlicher Nachholbedarf besteht.

6.3
Sichtbare Strahlung

Die Bedeutung des Lichtes für unser tägliches Leben braucht nicht betont zu werden, das Auge stellt wahrscheinlich unser wichtigstes Sinnesorgan dar, seine Empfindlichkeit erstreckt sich über den Bereich 380–800 nm und entspricht damit gerade dem Maximum des Sonnenspektrums. Die Bedeutung der sichtbaren Strahlung geht aber über das Sehen hinaus, es beeinflusst auch in anderer Weise unser tägliches Leben. Es steuert als „Taktgeber" den Rhythmus von Tag und Nacht, von Schlafen und Wachen. In unseren Augen befindet sich ein spezielles Eiweiß, *Melanopsin*, das Signale an den *Nucleus suprachiasmaticus* in unserem Gehirn sendet. Er steuert den Tag-Nacht-Rhythmus und steht außerdem in Verbindung mit der Zirbeldrüse, die den Stoff *Melatonin* produziert, welches auch als „Schlafhormon" bekannt geworden ist und dem wahre Wunderwirkungen nachgesagt wurden. So soll es helfen, den „Jetlag" zu überwinden, darüber hinaus wirke es als „Radikalfänger" und soll so dem „oxidativen Stress" Paroli bieten. In den USA kann es in Supermärkten frei gekauft werden, in Deutschland ist es allerdings als Arzneimittel klassifiziert. Seine Produktion steigt in der Nacht und unter Lichtentzug kräftig an, am Tage sinkt der Spiegel ab.

Hypothetisch wird ein Mangel an Melatonin mit einem erhöhten Brustkrebsrisiko bei Schichtarbeiterinnen und Flugzeugstewardessen in Verbindung gebracht [40], diese Theorie ist allerdings umstritten. Nicht zu bestreiten ist jedoch, dass Lichtmangel psychische Probleme bis hin zu Depressionen und Selbstmordgefährdung bewirken kann. Hier können u. U. gezielte Lichttherapien helfen (s. Kapitel 8).

Ein besonderes Risiko für das Auge muss noch erwähnt werden, das international unter dem Schlagwort „*blue light hazard* (Blaulichtgefährdung)" bekannt ist. Genauer handelt es sich dabei um eine lichtinduzierte Netzhautschädigung (Photoretinitis), die durch photochemische Prozesse in der Netzhaut hervorgerufen wird. Das Maximum der Wirksamkeit liegt bei einer Wellenlänge von 440 nm, also im Blauen, was die Namensgebung erklärt. Intensive oder auch schwächere, dann aber längere, Bestrahlung kann Teile der Retina zerstören, was zunächst meist unbemerkt bleibt, wenn der Schaden nicht gerade in der Umgebung des „Gelben Flecks", dem Bereich des schärfsten Sehens, gesetzt wurde. Es dauert bis zu 48 Stunden bis eine Veränderung erkennbar oder auch bemerkbar wird. Die Schäden sind irreversibel und können bei andauernder Exposition zur Erblindung führen. Im Alltagsleben spielen die beschriebenen Effekte kaum eine Rolle, wohl aber in Arbeitsstätten, wo intensives blaues Licht auftritt, z. B. bei dem Elektroschweißen. In der Materialprüfung werden UV-Strahler vermehrt durch Blaulicht emittierende LEDs (*light emitting diodes*) ersetzt, was im Arbeitsschutz zu berücksichtigen ist.

Aber auch im Hinblick auf unsere tägliche Umgebung wird in letzter Zeit über den *blue light hazard* diskutiert. Das hängt zusammen mit dem verordneten Aussterben der Glühlampen und ihren Ersatz durch Fluoreszenzstrahler und immer mehr auch LEDs. Man geht wohl nicht fehl in der Prognose, dass sie die Lichtquellen der Zukunft sein werden [41]. Ihre Eigenschaften sind bestechend: sie sind hell, verbrauchen wenig Energie und werden nicht heiß. Einzelne LEDs emittieren monochromatische Strahlung, d. h. nur Licht einer bestimmten Wellenlänge. Eine tageslichtähnliche Beleuchtung wird durch Kombination verschiedener Einzelstrahler erreicht, dabei gibt es einen relativ hohen Blaulichtanteil, was zu gewissen Befürchtungen geführt hat. Sie dürften nach heutigen Erkenntnissen jedoch unbegründet sein, wenn man nicht längere Zeit direkt in die Lichtquelle schaut.

6.4
Infrarot, Terahertzwellen

Im infraroten Spektralbereich dominiert ohne Zweifel die Wärmewirkung. Da man im Allgemeinen merkt, wenn es einem zu heiß wird, sollten die Gefahren erkennbar und damit auch vermeidbar sein. Ganz so einfach liegen die Dinge aber nicht. Bei manchen beruflichen Tätigkeiten, z. B. an Schmelzöfen oder an Glasschmelzen, sind Arbeiter über lange Zeit erhöhter Infrarot(IR)-Einwirkung ausgesetzt. Die gefährdeten Organe sind wieder die Haut und das Auge. Vorzeitige Hautalterung, aber auch Wärmeerytheme (*Erythema ab igne*) treten als Folge auf, allerdings gibt es keine nachprüfbaren Hinweise auf das Entstehen von Hautkrebs. Hitzeschäden am Auge können sich in Veränderungen der Hornhaut oder der Linse äußern. Nach langjähriger Tätigkeit an Glasschmelzen sind auch Hitzekatarakte (Linsentrübungen) gefunden worden.

Das Gebiet des Infraroten hat in den letzten Jahren durch zwei Entwicklungen neues Interesse gefunden, einmal durch Wärmekabinen, die gewissermaßen als „Sauna des kleinen Mannes" zu Gesundheit, Entspannung und Wohlempfinden beitragen sollen, zum anderen durch die geplante Anwendung von Terahertzwellen bei der Sicherheitsüberwachung in Flughäfen.

In den „Infrarot-Saunen" wird die Erwärmung durch spezielle Strahler hervorgerufen, welche hauptsächlich im langwelligen IR-C-Bereich emittieren. Die Eindringtiefe ist recht gering, nur die obersten Hautschichten (Hornhaut und äußere Epidermis) werden erreicht, nicht jedoch z. B. oberflächennahe Nerven. Durch die Absorption wird also eigentlich ausschließlich die Körperoberfläche erhitzt, tiefer liegende Bereiche werden nur durch Wärmetransport (Konvektion) erreicht. Man muss sich klar machen, dass diese Verhältnisse sich von denen in einer klassischen Sauna nicht unerheblich unterscheiden, z. B. ist die Entfernung zwischen Strahler und Körperoberfläche in der Regel relativ gering. Die physiologischen Wirkungen sind also nicht ganz dieselben. Eine Strahlengefährdung durch IR-C in den verwendeten Intensitäten dürfte weitgehend ausgeschlossen sein, es sind jedenfalls keine relevanten entsprechenden Untersuchungen bekannt.

Terahertzwellen waren bis vor kurzem nur besonderen Spezialisten bekannt, was auch daran liegt, dass sowohl Erzeugung als auch Messung mit einigen technischen Schwierigkeiten verbunden sind. In den letzten Jahren hat sich da Einiges getan, so dass auch an allgemeine Anwendungen gedacht werden konnte. Für die chemische Analytik und die medizinische Diagnostik verbinden sich mit ihnen einige Hoffnungen, die allerdings noch der Erfüllung harren. In die Medien geraten sind sie durch ihren möglichen Einsatz bei der Sicherheitsüberwachung, Stichwort „Nacktscanner". Terahertzwellen haben im Körper nur eine sehr geringe Eindringtiefe, gehen aber durch die Kleidung nahezu unabgeschwächt hindurch. Von der Körperoberfläche werden sie reflektiert, durch die Messung der zurückgeworfenen Strahlen kann man feststellen, ob sich auf ihrem Weg irgendwelche verborgenen Gegenstände befinden. Allerdings zeichnen sich auch die Konturen des Körpers ab, was diesen Geräten zu ihrem populären Namen verhalf. Soweit die Theorie, in der Praxis gibt es allerdings Probleme: die stärkste Absorption wird durch Wasser hervorgerufen, und man kann sich vorstellen, dass eilige Flughafenpassagiere und ihre Kleidung nicht pulvertrocken sind, was zu einer beträchtlichen Zahl von Fehlalarmen führt. Wegen dieser hohen Fehlerquote wurde die versuchsweise Erprobung am Hamburger Flughafen im Jahr 2011 auch wieder abgebrochen. Ob die Probleme sich noch lösen lassen, muss abgewartet werden. Wie schon gesagt, gibt es bisher keine Hinweise auf gesundheitliche Wirkungen, so dass im Hinblick auf diese Frage zumindest derzeit Entwarnung gegeben werden kann.

Die gilt allerdings nicht für eine andere Scannertechnologie, bei der niedrigenergetische Röntgenstrahlung verwendet wird. Hier sind Schäden, vor allem eine karzinogene Wirkung, nicht ausgeschlossen, weshalb dieses Verfahren in Deutschland auch nicht eingesetzt wird.

6.5
Laser

Es war schon an verschiedener Stelle darauf hingewiesen worden, dass es kein „Laserstrahlung" gibt, diese Geräte emittieren je nach Bauart ultraviolette, infrarote oder sichtbare Strahlen, zeichnen sich aber durch einige Besonderheiten aus: Zunächst unterscheiden sie sich von „normalen" Strahlungsquellen dadurch, dass bei ihnen alle Wellen „im gleichen Takt" schwingen, die Strahlung ist *kohärent*. Der Spektralbereich ist in der Regel sehr eng, man hat es also mit monochromatischen Quellen zu tun. Wegen der Kohärenz ist es möglich, die Strahlen sehr stark zu fokussieren und auch sehr hohe Intensitäten zu erreichen. Wegen dieser Eigenschaften ergeben sich eine Reihe besonderer Anwendungen, als „Laserpointer", als „Mikroschweißgeräte", aber auch in der photochemischen und photobiologischen Analytik. In der Hand von Nichtfachleuten können sich Laser durchaus als Bedrohung mit waffenähnlichem Charakter entwickeln, aus diesem Grund gibt es strenge Regulationen für Erwerb und Gebrauch. Eine besondere Gefahr besteht vor allem für die Augen, Blendung im einfachen Fall, Netzhautzerstörungen als schwerwiegendste Komplikation. Aber selbst Blendungen können, wenn sie Fahrzeugführer oder Flugzeugpiloten treffen, zu schweren Unfällen und sogar zum Verlust von Menschenleben führen. Es ist also mehr als berechtigt, bei dem Umgang mit Lasern sehr strenge Sicherheitsvorkehrungen zu beachten.

7
Handys, Mikrowellenherde und Strommasten

7.1
Einleitung und Übersicht

Mancher Leser mag sich fragen, was das Gemeinsame an den im Titel dieses Kapitels genannten Geräten oder Installationen ist. Die Antwort: Bei ihnen spielen elektromagnetische Wellen eine entscheidende Rolle und zumindest bei zweien von ihnen (Handys und Strommasten) gibt es nicht unerhebliche öffentliche Diskussionen über mögliche gesundheitliche Schäden, sie werden als Quellen des als gefährlich eingeschätzten „Elektrosmogs" ausgemacht. Eigentlich ist es aber nicht ganz korrekt, Strommasten und die anderen Geräte in einem Atemzug zu nennen, denn es gibt einen wichtigen Unterschied. Mikrowellenherde und Mobiltelefone werden mit hochfrequenten elektromagnetischen Wellen betrieben, während bei der Stromversorgung nur 50 Hz (im allgemeinen Netz, in den USA und einigen Ländern Süd- und Mittelamerikas werden 60 Hz verwendet [42]) oder 16 2/3 Hz (bei der Bahn) auftreten. In Bezug auf die Quantenenergien liegen dazwischen Welten, und auch die Wechselwirkungsprozesse verlaufen sehr unterschiedlich. Aus diesem Grunde werden die Anwendungsfelder im Folgenden auch getrennt behandelt, es wird also unterschieden zwischen „Hochfrequenz" und „Niederfrequenz".

7.2
Hochfrequenzfelder

Hierzu gehören folgende Anwendungen: Radio- und Fernsehsender, Radaranlagen, Mikrowellenherde und das gesamte Gebiet der Mobilkommunikation. Zum letzten ist auch die drahtlose Datenübertragung zu rechnen, also WLAN, WiFi etc. Die verwendeten Frequenzen sind recht unterschiedlich, zum Teil sind sie auch auf Grund internationaler Abmachungen und nationaler Regelungen streng zugeteilt. Eine orientierende Übersicht gibt Tabelle 7.1.

Die verschiedenen Bereiche unterscheiden sich in ihrer Eindringtiefe. Verallgemeinernd kann man sagen, dass sie umso geringer ist je größer die Frequenz. Es gibt noch einen anderen Punkt, der zu beachten ist, er hängt mit der Wellen-

Tabelle 7.1 Frequenzen verschiedener Hochfrequenzanwendungen.

Frequenz	Wellenlänge	Abkürzung (deutsch)	Abkürzung (englisch)	Verwendung
30–300 kHz	1–10 km	LW	LF	Langwellenrundfunk
0,3–3 MHz	0,1–1 km	MW	MF	Mittelwellenrundfunk
3–30 MHz	10–100 m	KW	HF	Kurzwellenrundfunk
30–300 MHz	1–10 m	UKW	VHF	UKW-Rundfunk, Fernsehen, Radar
0,3–3 GHz	0,1–1·m	μW	UHF	Fernsehen, Mobilfunk, Radar, WLAN, Bluetooth, Mikrowellenherde
3–30 GHz	0,01–0,1 m		SHF	Satellitenfernsehen, Radar, WLAN

länge zusammen: Ist die lineare Ausdehnung eines Objekts (z. B. eines Menschen) mit ihr vergleichbar, so können Resonanzen auftreten, das Objekt wirkt dann wie eine angepasste Empfangsantenne. Bei Menschen spielt das nur im Bereich der Ultrakurzwellen eine Rolle, gängige Versuchstiere wie Ratten und Mäuse zeigen dieses Phänomen aber bei Mikrowellen, was bei der Interpretation von Versuchsergebnissen, vor allem im Hinblick auf die Übertragbarkeit auf den Menschen, zu beachten ist.

7.2.1
Gefahren durch Radar?

Die Wirkung hochfrequenter Felder ist ein schon recht altes Forschungsobjekt, für das sich aber fast nur Spezialisten interessierten. Für eine breitere Öffentlichkeit wurde es plötzlich interessant, als schockierende Nachrichten über eine erhöhte Krebssterblichkeit bei Soldaten, die in Radaranlagen arbeiteten oder gearbeitet hatten, die Runde machten. Die Schlagzeile „Tod durch die Mikrowelle" [43] rüttelte selbst die Politiker auf, der Bundestag berief eine hochkarätig besetzte Expertenkommission, welche die Sachlage aufklären und sich besonders mit möglichen Gesundheitsgefahren durch Radaranlagen beschäftigen sollte.

Um die Problematik besser verständlich zu machen, ist ein kurzer Exkurs über Aufbau und Funktion von Radaranlagen hilfreich: Die Wirkungsweise beruht auf dem Prinzip der *Echoortung*, das schon in Kapitel 4 im Zusammenhang mit der Ultraschalldiagnostik angesprochen wurde. Hier werden jedoch elektromagnetische Wellen hoher Frequenz benutzt, üblicherweise im Gigahertzbereich ($1–10 \times 10^9$ Hz), die also den Mikrowellen zuzuordnen sind, was die zitierte Schlagzeile erklärt. Je nach Einsatzort variieren die Intensitäten, bei militärischer Anwendung können sie recht beträchtlich sein. Zur Erzeugung der Felder werden spezielle physikalische Apparaturen benutzt, wie Klystrons oder Magnetrons, zum Schalten der starken Hochfrequenzströme werden Thyratrons verwendet. Auf die Einzelheiten dieser Bauelemente braucht hier nicht näher eingegangen zu werden, gemeinsam ist jedoch allen, dass in ihnen Elektronen auf relativ hohe Energien, nämlich von einigen wenigen bis zu ca. 100 keV, beschleunigt werden.

Es ist ganz aufschlussreich, sich zumindest kurz mit den Ergebnissen zu beschäftigen, zu denen die angesprochen Kommission gekommen ist. In einer Vielzahl von Sitzungen unter der Leitung des Präsidenten des Bundesamts für Strahlenschutz (BfS) wurde versucht, die Tatbestände aufzuklären. Das war gar nicht so einfach, wie es zunächst schien. Die in den Medien verbreiteten Berichte stützten sich im Wesentlichen auf Einzelfälle, die Daten erlaubten es nicht, festzustellen, ob generell bei „Radarsoldaten" Krebserkrankungen häufiger auftraten als bei vergleichbaren Altersgruppen in der allgemeinen Bevölkerung. Insbesondere ließ sich daraus nicht ableiten, dass die beim Radar verwendeten hochfrequenten Felder karzinogen sind. Allerdings stellt sich ein bisher nicht hinreichend beachtetes Risiko heraus: Wie gesagt, werden bei der Erzeugung von Hochleistungsradarfeldern Geräte eingesetzt, in denen Elektronen auf relativ hohe Geschwindigkeiten beschleunigt werden, die hierfür benutzten Spannungen können bis zu 100 kV betragen. Treffen diese Elektronen auf metallische Bauteile, so entstehen Röntgenstrahlen, die sich physikalisch nicht sehr von den in der Diagnose benutzten unterscheiden. Normalerweise treten sie nur in geringer Intensität nach außen, weil geeignete Abschirmungen vorgesehen sind. Bei Wartungsarbeiten müssen diese jedoch abgenommen werden, so dass bei laufendem Betrieb nicht unerhebliche Dosen auftreten können. Besonders in der heißen Phase des Kalten Krieges hat man dieser Situation nicht in genügendem Maße Rechnung getragen. Als Folge wurden einige Wartungstechniker nicht unerheblich exponiert, was leider auch zu Krebserkrankungen führen konnte. Der Zusammenhang lässt sich bekanntlich nicht eindeutig feststellen, aber man kann bei bekannter Dosis zumindest eine Wahrscheinlichkeitsaussage machen, die den Verfahren zur Anerkennung als „Wehrdienstbeschädigung" zu Grunde gelegt wird. In der überwiegenden Zahl der Fälle lag jedoch keine Dosimetrie vor, eine entsprechende Überwachung war nicht vorgenommen worden, was dem Dienstherren anzulasten war. Aus diesem Grunde empfahl die Kommission eine „großzügige" Schadensregelung. Der gesamte, recht umfangreiche Bericht ist veröffentlicht und kann im Internet eingesehen werden [44].

Im Zusammenhang dieses Kapitels muss darauf hingewiesen werden, dass keine in irgendeiner Weise schlüssigen Anhaltspunkte für eine Krebsinduktion durch hochfrequente Felder gefunden werden konnten. Allerdings kann es bei großen Intensitäten, die im militärischen Bereich durchaus nicht selten sind, zu starken Erwärmungen, sogar zu Verbrennungen, kommen. Das Auge ist dabei ein besonders gefährdetes Organ. Eine Überwärmung der Linse kann eine Katarakt nach sich ziehen („Hitzestar"), worauf schon im vorigen Kapitel bei der infraroten Strahlung hingewiesen wurde. Es handelt sich also keineswegs um eine spezifische Wirkung hochfrequenter Felder.

7.2.2
Leukämie im Umkreis von Radio- und Fernsehsendern?

Um das Jahr 2000 berichteten italienische Zeitungen, dass im Umkreis der Sender von Radio Vatikan ein erhöhtes Leukämierisiko bestehe, was verständlicherweise zu einer erheblichen Beunruhigung in der Bevölkerung führte. Ein mit der Untersuchung beauftragtes Expertengremium unter der Federführung des Istituto Superiore di Sanitá kam allerdings schon damals zu dem Schluss, dass die vorliegenden Daten nicht ausreichten, um einen Zusammenhang zwischen den Erkrankungen und dem Sendebetrieb herzustellen [45]. Dennoch kam die Diskussion nicht zur Ruhe. Einige Jahre später wurde in Deutschland eine umfangreiche Fall-Kontroll-Studie zu dieser Thematik durchgeführt [46]. In ihr wurde die Umgebung von 24 Radio- und Fernsehsendern untersucht und mit Daten des deutschen Kinderkrebsregisters über den Zeitraum von 1984 bis 2003 in Bezug auf möglicherweise erhöhte Erkrankungsraten analysiert. Der Studienumfang war recht groß, nahezu 2000 „Fälle" und fast 6000 „Kontrollen" (zum Studienaufbau siehe Kapitel 14 „Epidemiologie"). Die ziemlich aufwändige (und teure) Arbeit hat sich gelohnt, das Ergebnis war eindeutig: in keinem Fall konnte ein Zusammenhang zwischen Leukämieerkrankungen bei Kindern und dem Wohnort in der Nähe von Sendeanlagen hergestellt werden. Hiermit dürften die entsprechenden Befürchtungen nach heutiger Kenntnislage gegenstandslos geworden sein.

7.2.3
Mobilfunkkommunikation

7.2.3.1 Vorbemerkung
Es gibt heute kaum jemanden, der nicht ein Handy besitzt, manche dürften sogar mehrere ihr eigen nennen. Das ARD-Magazin „W wie Wissen" berichtete am 7. März 2010, dass in Deutschland 103 Millionen Handyverträge abgeschlossen wurden [47] – bei 82 Millionen Einwohnern, Babys und Säuglinge eingeschlossen! Lassen wir die wirtschaftliche Bedeutung beiseite, so zeigen die Zahlen auf jeden Fall, dass die Mobilfunkkommunikation sich praktisch flächendeckend etabliert hat. Kein Wunder, dass hier auch Ängste über mögliche Gefahren aufkommen. Unter anderem liegt das sicher auch daran, dass Handys mit elektromagnetischen Feldern betrieben werden, die meist unter dem Begriff „Strahlen" subsummiert werden. So kommt es leicht zu einem verständlichen, aber falschen Analogieschluss: „Handys arbeiten mit Strahlen, Strahlen können Krebs induzieren, also machen Handys Krebs ..." In der Hitze der Auseinandersetzung fallen dann die Unterschiede zwischen verschiedenen Strahlenarten, die Abgrenzung von ionisierenden und nicht ionisierenden Strahlen leicht unter den Tisch. Deshalb sei noch einmal betont: die karzinogene Wirkung von Röntgen- oder Gammastrahlung hängt ursächlich mit ihrem Ionisationsvermögen zusammen. Die in der Mobilkommunikation eingesetzten Felder verfügen über Quantenenergien, die um viele Größenordnungen unter der Ionisationsgrenze liegen. Damit könnte die Erörterung eigentlich abgeschlossen werden, was offensichtlich aber an den Realitäten

vorbeigeht, wie die regelmäßigen Bürgerproteste bei der Errichtung von Mobilfunkmasten zeigen. Sicher spielt auch eine Rolle, dass die Mobilkommunikation ein Riesengeschäft darstellt und dass daher manche Kritiker befürchten, dass die Gesundheit der Nutzer auf dem Altar von Industrieinteressen geopfert wird. Aus den verschiedenen angeführten Gründen soll hier deshalb auf mögliche Gefahren des Mobilfunks ausführlicher eingegangen werden. Als Erstes wenden wir uns den Krebsängsten zu, später werden noch andere Befürchtungen angesprochen.

Zunächst müssen aber die technischen Grundlagen betrachtet werden, wobei die Vielzahl verwendeter Begriffe und Abkürzungen verwirrt und somit die Unsicherheit vergrößert wird. Eigentlich ist das Prinzip recht einfach und dem bei Radio und Fernsehen sehr ähnlich: Die Ausbreitung im Raum geschieht durch eine Trägerwelle, auf der in unterschiedlicher Weise die zu übertragende Information codiert ist. Heute verwendet man im Wesentlichen drei Systeme, nämlich GSM-900 (D-Netze), GSM-1800 (E-Netze) und UMTS. Auf Einzelheiten der Abkürzungsbedeutungen und der Art der Codierung soll hier nicht eingegangen werden, etwas mehr findet man im Glossar. GSM-900 benutzt eine Trägerfrequenz von 900 MHz, GSM-1800 eine von 1800 MHz, UMTS stützt sich auf ca. 2000 MHz. In letzter Zeit ist noch ein anderer Standard hinzugekommen, nämlich LTE (*long term evolution*). Seine Einführung hängt damit zusammen, dass durch die Umstellung des Fernsehens auf rein digitale Datenübermittlung bisher benutzte Frequenzbänder frei geworden sind, die im Rahmen einer Versteigerungsaktion von der Bundesnetzagentur an Mobilfunkanbieter vergeben wurden. Da man sich neue geschäftliche Möglichkeiten verspricht, bürgerte sich als populäres Schlagwort die Bezeichnung „digitale Dividende" ein. Die Zukunft wird erweisen, ob die Erwartungen erfüllt werden. LTE ähnelt UMTS, zurzeit stehen das 800 MHz- sowie das 2500 MHz-Band zur Verfügung.

Die Befürchtungen wegen gesundheitlicher Folgen beziehen sich sowohl auf die Funkmasten (Basisstationen) als auch die Endgeräte. Die resultierenden Expositionen unterscheiden sich sehr beträchtlich zwischen beiden Situationen. Die von den Basisstationen verursachten Immissionen liegen um Größenordnungen niedriger als die, welche bei der Benutzung eines Handys auftreten. Allerdings ist im ersten Fall der ganze Körper, beim Telefonieren nur der Kopf betroffen. Die ihn erreichende Leistung hängt nicht nur von dem verwendeten Handy, sondern auch von der Empfangssituation ab. Ist diese schlecht, so regelt das Mobilfunkgerät die Leistung hoch, um eine vertretbare Übertragungsqualität zu gewährleisten. Das führt zu der paradoxen Situation, dass bei einer geringen Dichte an Basisstationen die Exposition des Benutzers ansteigt. Die Forderung, die Zahl der Funkmasten zu verringern, ist also – zumindest für die aktiven Nutzer – kontraproduktiv.

7.2.3.2 **Die Frage des Krebsrisikos**
Da bisher kein grundlegender Mechanismus bekannt ist, durch welchen eine krebsauslösende Wirkung von Mobilfunkfeldern nahegelegt würde (anders als bei ionisierenden Strahlen und UV), was natürlich nicht ausschließt, dass er trotzdem existieren könnte und nur noch nicht identifiziert werden konnte, besteht ein besonderes Interesse an epidemiologischen Studien, die allerdings ihre besondere

Problematik haben (s. Kapitel 14). Auf Grund der Erfahrungen mit ionisierenden Strahlen weiß man, dass es u. U. sehr lange –bis zu Jahrzehnten – dauern kann, bis sich nach Einwirkung eines karzinogenen Agens tatsächlich ein Tumor entwickelt. Alle heute vorliegenden Erkenntnisse müssen daher ehrlicherweise als vorläufig betrachtet werden.

Da der Kopf besonders exponiert ist, konzentriert man sich vor allem auf Hirntumoren. Ein Ansatz, ein möglicherweise vorhandenes Risiko zu erkennen, besteht darin, den zeitlichen Verlauf dieser Krankheiten in der Bevölkerung seit Einführung der Mobiltelefonie zu verfolgen. Solche Untersuchungen sind sowohl für England [48] als auch für Dänemark [49] durchgeführt worden. Die dänische Erhebung ist besonders interessant. In diesem Land gibt es (übrigens anders als in Deutschland) ein seit Jahren gut funktionierendes Krebsregister, auf das die Autoren zugreifen konnten. Außerdem ließen sich in Zusammenarbeit mit den Betreibern feststellen, wer über einen Mobilfunkanschluss verfügt und auch seit wann. Alle Einwohner, die 1990 älter als 30 Jahre waren und mit Geburtstagen nach 1925, wurden erfasst, das ergab eine Gesamtzahl von 2,3 Millionen Personen, davon verfügten rund 360.000 über einen Mobilfunkvertrag. Obwohl alle Tumorarten betrachtet wurden, konzentrieren wir uns hier nur auf die im Kopf und dem Zentralnervensystem. Im Erhebungszeitraum 1990 bis 2007 gab es insgesamt knapp 11.000 Fälle. Vergleicht man die relative Häufigkeit zwischen Nutzern und Nichtnutzern, so findet man keinen Unterschied. Interessant ist auch, das Tumorrisiko in Abhängigkeit von der Zeitdauer zu betrachten, über die ein Mobilfunkanschluss bestand. Einschränkend muss natürlich zugegeben werden, dass eine solche Angabe nichts über die tatsächliche Nutzung aussagt, aber deutliche Tendenzen müsste man doch sehen können. Die Ergebnisse sind in Abb. 7.1 schematisch zusammengefasst.

Abbildung 7.1 demonstriert, dass bei Mobilfunkbesitzern in keinem Fall eine erhöhte Krebsinzidenz im Vergleich zum Bevölkerungsdurchschnitt festgestellt werden kann, auch lässt sich keine Abhängigkeit von der Vertragsdauer erkennen. Die angegebene englische Abhandlung kam zu ähnlichen Ergebnissen.

Das erscheint recht beruhigend, aber man darf nicht unterschlagen, dass solche Untersuchungen einige Schwächen haben: Auf die langen Latenzzeiten ist schon hingewiesen worden. Man weiß auch nicht, wie oft das Mobiltelefon tatsächlich benutzt wurde, Messungen der persönlichen Exposition gibt es nicht, die Vertragsdauern stellen nur ein schwaches Surrogat dar. Außerdem handelt es sich bei ZNS-Tumoren um (Gottlob) recht seltene Erkrankungen, die jährliche Neuerkrankungsrate in der gesamten Bevölkerung liegt bei gerade 0,8%. Alle Analysen basieren somit auf relativ wenigen Fällen, so dass Veränderungen unter Umständen in den statistischen Schwankungen untergehen. Das kann man also nicht ausschließen, aber das Fehlen auch jeder Andeutung einer systematischen Abhängigkeit sowohl über den betrachteten Zeitraum als auch von der Subskriptionsdauer erlaubt ein gewisses Vertrauen in die Zuverlässigkeit der getroffenen Schlussfolgerungen. Es gibt aber leider noch eine weitere Schwäche der angeführten Erhebung: Sie erstreckte sich nur auf private, nicht aber geschäftliche Nutzer, „Diensthandys" waren also nicht eingeschlossen, weil deren Nutzungsfrequenz nicht zuverlässig abgeschätzt werden kann. Da davon ausgegangen werden kann, dass sie wahrscheinlich

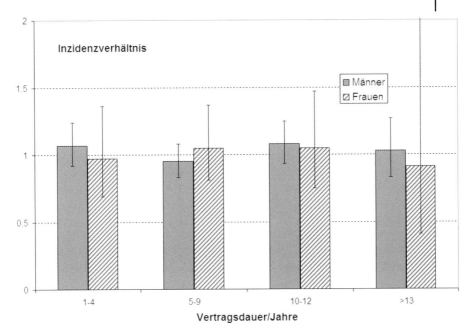

Abb. 7.1 Das Verhältnis der Inzidenzen von Tumoren des Zentralnervensystems bei Mobilfunknutzern im Vergleich zu Nichtnutzern in der dänischen Bevölkerung im Zeitraum 1990–2007[8]. Die Fehlerbalken geben die 95%-Vertrauensbereiche an.

recht hoch ist, fehlt eine wichtige Komponente. Es ist aber fraglich, ob dadurch das gegebene Bild entscheidend verzerrt worden ist.

Obwohl groß angelegte Kohortenstudien gemeinhin quasi als epidemiologischer „Goldstandard" angesehen werden, bleibt häufig – wie auch hier – der schwerwiegende Mangel, dass bei der Anonymität der Datenerhebung individuelle Expositionen nicht ermittelt werden können. Ein anderer Weg besteht darin, dass man Erkrankte („Fälle") befragt und ihre Daten mit denen von Gesunden („Kontrollen") vergleicht, in der Hoffnung, so wichtige Einflussfaktoren identifizieren zu können. Solche „Fall-Kontroll-Studien" besitzen ihre eigenen Probleme, auf die im Kapitel 14 eingegangen wird. Ein internationales Konsortium unter der Federführung der *International Agency for the Research on Cancer* (IARC), einer Abteilung der Weltgesundheitsorganisation WHO, erhob Daten in 13 Ländern und führte sie zu der „INTERPHONE Study" zusammen, deren Ergebnisse 2010 veröffentlicht wurden [50], nachdem zuvor schon einige nationale Teile publiziert worden waren, was teilweise einige Verwirrung auslöste. Es wurden 2708 Fälle von Gliomen (bösartige Hirntumoren) und 2409 Meningiome („gutartige", d. h. nicht metastasierende Hirntumoren) mit einer mindestens gleich großen Zahl von Kontrollen erfasst. Dies ist die größte bisher für den Mobilfunk durchgeführte Studie. Leider sind die Resultate nicht ganz eindeutig und geben natürlich Anlass zu einer Unmenge kritischer Kommentare, von denen auch immer noch neue in der wissenschaftlichen

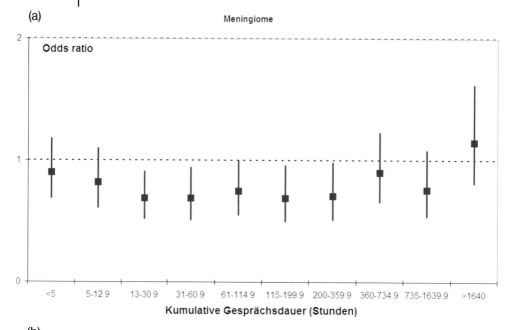

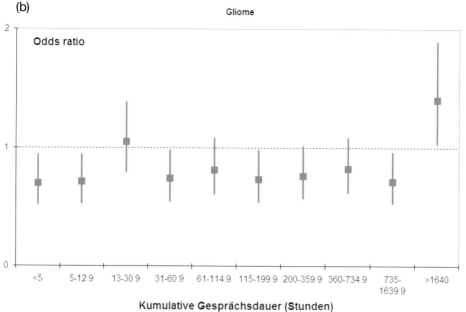

Abb. 7.2 Ergebnisse der INTERPHONE-Studie für Meningiome (a) und Gliome (b). Odds ratio stellt einen Indikator für das zusätzliche relative Risiko dar, Fehlerbalken geben die 95%-Vertrauensgrenzen an.

Literatur auftauchen. Abbildung 7.2 fasst die wesentlichen Resultate zusammen. Aufgetragen sind die *Odds ratios*, ein Parameter aus der Epidemiologie (s. Kapitel 14), welche zwar nicht exakt mit den relativen Risiken übereinstimmen, sie jedoch recht gut annähern. In der Arbeit wurden verschiedene Wege beschritten, um die Exposition der Studienteilnehmer abzuschätzen, Messungen lagen in keinem Fall vor. Die Basis bildete immer eine persönliche Befragung, die allerdings nicht immer möglich war, nämlich dann, wenn die fragliche Person schon verstorben oder wegen der Erkrankung zu einem Interview nicht in der Lage war. Es wurden dann Auskünfte von nahen Verwandten eingeholt („Proxy-Befragung"). Bei den Gliom-Fällen lag der Anteil mit 13% relativ hoch (Meningiome 2%, Kontrollen 1%), was auf Grund der Schwere der Krankheit nachzuvollziehen ist. Verschiedene Abschätzungen für die möglichen Expositionen wurden so gewonnen, z. B. Zahl der Telefonate oder die kumulative Gesprächsdauer. In der Abbildung sind die Resultate subsumiert, welche für das größte Aufsehen sorgten. Betrachtet man die Daten zunächst unvoreingenommen, so fällt auf, dass in vielen Fällen signifikant *verringerte* Risiken gefunden wurden, und zwar für beide Tumorarten. In der Diskussion wird das als eigentlich unmöglich eingestuft, da es dafür keinen plausiblen Mechanismus gebe. Es müsse also auf methodische Probleme der Studie zurückgeführt werden. Nur in einem Fall zeigt sich ein signifikant erhöhtes Risiko, nämlich bei Gliomen und Gesprächsdauern von mehr als 1640 Stunden, die von 210 „Fällen" angegeben wurden (Gesamtzahl 1666).

Isoliert betrachtet erweckt dieses Resultat Befürchtungen, aber es sind Einschränkungen zu machen: Interessanterweise findet man nämlich in der nächst niedrigeren Expositionsgruppe (735 bis 1639,9 Stunden) ein signifikant erniedrigtes Risiko. Würde man die beiden höchsten Gruppen zusammenfassen, ergäbe sich keine Risikoerhöhung mehr. Man sollte sich auch hüten, epidemiologische Daten mit Vorurteilen zu interpretieren. Es wurde schon gesagt, für ein durch Mobilfunknutzung verringertes Tumorrisiko gibt es keinen plausiblen Mechanismus, dasselbe gilt bis dato aber auch für eine karzinogene Wirkung. Beides müsste also gleichberechtigt *sine ira et studio* diskutiert werden, was aber nicht der Fall ist. Lässt hier Christian Morgenstern grüßen: „Und so schließt er messerscharf, dass nicht sein kann, was nicht sein darf ..." [51]. Damit kein Missverständnis aufkommt, das gefundene erhöhte Risiko muss durchaus ernst genommen werden, aber es ist ein Einzelergebnis und bedarf weiterer Bestätigung. Für sich allein genommen, kann man es nicht als klaren Beleg für eine karzinogene Wirkung von Mobilfunkfeldern werten. Es gibt noch eine Vielzahl weiterer epidemiologischer Erhebungen, die hier nicht referiert werden können – in der Gesamtschau kann man auch aus ihnen keinen Beweis für einen Zusammenhang zwischen Mobilfunknutzung und Hirntumoren ableiten [52].

Sieht man sich in der allgemeinen Toxikologie mit einer solchen Situation konfrontiert, so versucht man mit Hilfe von Tier- und Zellkulturversuchen einer Klärung näherzukommen. In diesen Fällen kann man auch höhere Dosen anwenden, was sich natürlich bei Untersuchungen mit Menschen verbietet. Dieser Weg ist im Falle von Mobilfunkfeldern leider versperrt, denn bei höheren Expositionen überwiegt die thermische Wirkung, die keine Tumoren induzieren kann, während die Karzinogenität auf – bisher hypothetische – „athermische" Effekte zurückgeführt wird. Es gibt noch eine andere, oft nicht genügend gewürdigte, Schwierigkeit: Es ist gar nicht so einfach, in experimentellen Aufbauten eine gleichmäßige Exposition des Versuchsgutes sicherzustellen. Das gilt sowohl für Zellsysteme als auch in besonderem Maße für Tiere. In älteren Arbeiten wurde dem oft nicht genügend Rechnung getragen, die heutigen Apparaturen sind in der Regel besser (aber auch recht aufwändig und teuer).

Betrachtet man die Gesamtzahl der vorliegenden tierexperimentellen Studien, so erhält man – wie zu erwarten – kein eindeutiges Bild, allerdings neigt sich bei kritischer Wertung die Waagschale in Richtung des Fehlens einer karzinogenen Wirkung.

Bleiben also noch zelluläre Systeme. Hier konzentriert man sich auf *genotoxische* Wirkungen, d. h. den Nachweis von Veränderungen der DNA, welche zur Krebsinduktion führen könnten. Am wichtigsten sind in dieser Hinsicht Mutationen. Interessanterweise gibt es zu diesem Endpunkt nur wenige Arbeiten, die nur negative Ergebnisse zeigen, jedenfalls bei Expositionen, wie sie für die Telefonie typisch sind. Ansonsten zeigt sich ein Bild der Zerrissenheit. Nimmt man nur die Aussagen der Autoren ohne nähere Prüfung als Einordnungskriterium, so halten sich negative und positive Resultate in etwa die Waage mit einem leichten Übergewicht für die Arbeiten, welche keinen genotoxischen Effekt finden. Es ist allerdings nur schwer möglich, zu einer vorurteilsfreien Einschätzung zu kommen. Man kann das sehr schön sehen, wenn man zwei neuere Übersichtsartikel vergleicht, nämlich den von Verschaeve u. a. [53] und den von Rüdiger [54]. Obwohl sich beide größtenteils auf dieselben Publikationen beziehen, kommen sie zu entgegengesetzten Schlussfolgerungen. Die Autoren der ersten Arbeit sehen keine hinreichenden Belege für eine genotoxische Wirkung, Rüdiger glaubt sie jedoch weitgehend bestätigt. Der Autor dieses Buches (kürzer „ich", aber das sagt man nicht gern in wissenschaftlichen Abhandlungen) hat sich ausführlich mit diesen Fragen auseinander gesetzt [55]. Nach meiner Einschätzung haben die „positiven" Arbeiten eine große Zahl von Schwachstellen, z. B. inadäquate Dosimetrie und das Fehlen von unabhängigen Reproduktionen der Ergebnisse. Im Lichte der Tatsache, dass bisher kein Wirkungsmechanismus zur Erklärung einer genotoxischen Wirkung gefunden worden ist, und wegen der Angreifbarkeit der experimentellen Resultate kann man auch die Zellstudien nicht zur Klärung der Frage heranziehen, ob Mobilfunkfelder karzinogen sind.

Obwohl die Hinweise auf eine krebsfördernde Wirkung bestenfalls als vage einzuschätzen sind, hat die International Agency for the Research on Cancer (IARC) im Jahre 2011 Mobilfunkfelder als „möglicherweise krebserregend" (*possibly carcinogenic*) eingestuft. Die bisher vorliegende offizielle Begründung [56] ist nicht ganz leicht nachzuvollziehen. IARC bereitet eine ausführliche Monographie vor, deren Erscheinen für 2012 erwartet wird, aus der mehr Einzelheiten zu entnehmen sein werden. Die Klassifikation ist sicher auch als Vorsichtsmaßnahme zu verstehen, da Aussagen über Langzeitauswirkungen heute noch nicht möglich sind. Im Zentrum des Interesses stehen aus verständlichen Gründen vor allem Kinder und Heranwachsende, da sie über längere Zeit exponiert sein werden als die heute lebende ältere Population. Es wird oft davon ausgegangen, dass der sich entwickelnde Organismus grundsätzlich empfindlicher reagiert, was aber mehr auf Gefühlen als auf wissenschaftlichen Fakten beruht. Versuche mit jungen Versuchstieren belegen jedenfalls diese These nicht. Es kann aber u. U. zu einer etwas höheren Exposition des kindlichen Kopfes beim Telefonieren kommen. Dem könnte man durch Modifikationen bei der Bestimmung der SAR-Werte Rechnung tragen. Allerdings stellt sich die Frage, ob bei der steigenden Beliebtheit von i-Phones etc. dies noch notwendig sein wird, da bei ihnen in der Regel das Gerät nicht direkt am Ohr gehalten wird.

Es ist auch ganz hilfreich, die möglichen Risiken einmal realistisch zu betrachten. Es war schon gesagt worden, dass Hirntumoren zu den seltenen Krebsarten gehören. Nach Angaben der Deutschen Krebsgesellschaft [57] machen sie nur ca. 2% aller Krebserkrankungen aus, die Wahrscheinlichkeit einer Erkrankung pro Jahr beträgt in Deutschland ca. 8 auf 100.000 Einwohner, das Lebenszeitrisiko liegt bei 0,6–0,7%. Nimmt man die Daten der INTERPHONE-Studie für die am höchsten exponierte Gruppe zum Nennwert, nämlich 1,4faches relatives Risiko, so erhöht sich für „Dauertelefonierer" das Lebenszeitrisiko auf 0,84–1%. Diese Abschätzungen sollte man auf dem Hintergrund der Tatsache werten, dass in Deutschland ungefähr 40% der Bevölkerung im Laufe ihres Lebens an Krebs erkranken und dass die Wahrscheinlichkeit, an Krebs zu sterben, für Männer mit 26%, für Frauen mit 20% anzusetzen ist [58].

Auch wenn die Gefahr ungewiss ist, bleibt vernünftiges Verhalten immer eine probate Richtschnur, z. B. die Verwendung von Headsets oder das Versenden von SMS statt stundenlanger Telefonate. Bei unseren Jugendlichen scheint diese Botschaft schon angekommen zu sein, die Versendung von „Messages" erreicht in bestimmten Altersgruppen fast seuchenähnliche Ausmaße. Wenn übrigens bei längerem Telefonieren die Ohren heiß werden, so liegt das kaum an der absorbierten Hochfrequenzenergie, sondern an der Beanspruchung der Batterie, die darauf mit Temperaturerhöhung reagiert.

Zum Abschluss dieses Teils soll auf die (oft leidige) Grenzwertdiskussion eingegangen werden. Auf Vorschlag der ICNIRP (International Commission on Non Ionising Radiation Protection) wurden als SAR-Werte 2 W/kg für den Kopf und 0,08 W/g für Ganzkörperexposition festgelegt. Damit soll sichergestellt werden, dass keine Erwärmungen auftreten, welche über die körpereigene Regulation nicht aufgefangen werden können. Basisstationen, also Funkmasten, bleiben weit unter den festgelegten Werten, Handys, auf der anderen Seite, können, vor allem bei ungünstigen Empfangsbedingungen, durchaus an die Grenze herankommen. Die oft gehörte Forderung, aus „Vorsorgegründen" die Emissionen der Basisstationen abzusenken und ihre Dichte zu verringern, hilft also nur denjenigen, welche ihr Handy nicht nutzen, den Telefonierern schadet sie, weil ihre Belastung erhöht wird.

7.2.3.3 Andere gesundheitliche Einflüsse

Krebs ist nicht die einzige Gefährdung, die dem Mobilfunk zugeschrieben wird. Es gibt eine lange Klageliste, und auch Umweltschäden findet man auf der Agenda.

Nicht auf alles kann hier eingegangen werden, aber ein Phänomen verdient eine ausführlichere Besprechung, nämlich die „Elektro(hyper)sensibilität". Man versteht darunter, dass betroffene Menschen unter dem Einfluss hochfrequenter elektromagnetischer Wellen schwere körperliche und/oder psychische Symptome entwickeln. Dazu gehören u. a. Unwohlsein, Blutdruckschwankungen, Konzentrationsstörungen sowie Schlafstörungen. Man muss betonen, dass es sich in der Regel hierbei nicht um vorgeschobene Einbildungen handelt, die Betroffenen sind objektiv krank, was sich auch klinisch erfassen lässt. Sie sehen den einzigen Ausweg darin, sich an Orten aufzuhalten, die von Feldern frei sind, viele haben aus diesem Grunde ihren Wohnort gewechselt.

Anders als bei Krebs, bei dem es sich um eine Langzeitgefährdung handelt, kann man diese akut auftretenden Effekte experimentell gut angehen. Es gibt eine große Zahl so genannter „Provokationsstudien", in welchen die besondere Empfindlichkeit der sich als hypersensibel bezeichnenden Personen getestet wurde. In ihnen werden Felder nach einem Zufallsverfahren an- und abgestellt, und die Probanden werden gebeten, die verschiedenen Testperioden zu identifizieren. Entscheidend für den Erfolg solcher Versuche ist das „Doppelblindverfahren", d. h. auch die Versuchsleiter dürfen nicht wissen, ob und wann die HF-Quellen eingeschaltet sind. Nur so lässt sich vermeiden, dass auch unbeabsichtigte Hinweise gegeben werden, welche das Ergebnis verfälschen könnten. Nahezu alle auf diese Weise durchgeführten Untersuchungen brachten negative Ergebnisse, d. h. die Teilnehmer waren nicht in der Lage, Ein- und Ausschaltzeiten mit Sicherheit anzugeben. Es wird in diesem Zusammenhang oft darauf hingewiesen, dass die Laboratmosphäre die Probanden zu stark ablenkt und verunsichert. Da ist sicher etwas dran. Um diese Einwände gegenstandslos zu machen, wurde in den Jahren 2006/2007 ein Experiment durchgeführt, das sich so wohl nicht wiederholen lässt: Es beschäftigte sich mit der Frage, ob durch Felder des Mobilfunks Schlafstörungen hervorgerufen werden. Immerhin geben 11% der deutschen Bevölkerung an, dass sie davon überzeugt sind. Um der Sache auf den Grund zu gehen, wurden Gebiete gesucht, in denen keine Mobilfunkverbindung möglich war (das gab es damals noch), was durch Messungen bestätigt wurde. In Absprache mit Mobilfunkbetreibern wurden nun Masten aufgestellt, die nach einem Zufallsmuster an- und abgeschaltet werden konnten: Die Bewohner (insgesamt 397 im Alter von 18 bis 81 Jahre, zur Hälfte Frauen) blieben in ihrer gewohnten häuslichen Umgebung. Auf verschiedene Weise wurde mit Hilfe anerkannter Methoden die Schlafqualität ermittelt und zu den Anschaltphasen in Beziehung gesetzt, selbstverständlich verlief alles „doppelt verblindet". Das Ergebnis war eindeutig, eine Korrelation zwischen Schlafstörungen und Feldeinwirkung war nicht zu erkennen [59]. Es sieht also so aus, dass damit zumindest dieser Teilaspekt als erledigt angesehen werden kann.

Um es noch einmal zu betonen, das Krankheitsbild ist ernst zu nehmen, die Betroffenen bedürfen professioneller Hilfe. In diesem Zusammenhang muss nachdrücklich an die Ärzteschaft appelliert werden, nicht leichtfertig die Diagnose *Elektrosensibilität* zu stellen und evtl. sogar fragwürdige Gegenmaßnahmen wie z. B. Abschirmeinrichtungen oder baubiologische „Entstrahlung" zu empfehlen.

In der Formulierung von Professor Dr. Heyo Eckel (Präsident der Ärztekammer Niedersachsen und Vorsitzender des Ausschusses Gesundheit und Umwelt der Bundesärztekammer): „Selbstverständlich müssen die geschilderten Befindlichkeitsstörungen auch auf andere mögliche organische und/oder psychosomatische Ursachen hin untersucht werden. Die Diagnose eines eigenständigen Krankheitsbildes Elektrosensibilität ist allerdings, da wissenschaftlich nicht gesichert, zu unterlassen." [60]

Es gibt noch eine ganze Reihe von Befindlichkeitsstörungen oder auch Krankheiten, die mit HF-Feldern in Verbindung gebracht werden. Der Platz reicht nicht, um sie alle aufzuzählen, deshalb wird darauf verzichtet, zumal auch in diesen Fällen handfeste Beweise fehlen. Es gibt eine Ausnahme: Von einigen Forschergruppen sind Änderungen im Elektro-Enzephalogramm (EEG), in welchem die Hirnströme aufgezeichnet werden, festgestellt worden, die allerdings kaum gesundheitliche Bedeutung haben [61]. Trotzdem ist der Befund interessant, er ist auch physikalisch plausibel. Die technischen Anforderungen an die Experimente dürfen jedoch nicht unterschätzt werden, z. B. sind Rückwirkungen der HF-Felder auf die sehr empfindliche Messapparatur unbedingt auszuschließen.

Wie in vielen anderen Ländern gibt es auch in Deutschland ein großes öffentliches Interesse, offene Fragen im Hinblick auf mögliche gesundheitliche Gefahren des Mobilfunks aufzuklären. Die Bundesregierung hat dazu ein groß angelegtes Mobilfunkforschungsprogramm unter Federführung des Bundesamtes für Strahlenschutz (BfS) und mit kritischer Begleitung durch die Strahlenschutzkommission gefördert. Es widmete sich einer breiten Palette von Fragestellungen (technisch, biologisch, medizinisch, soziologisch) und wurde 2010 abgeschlossen. Eine Themenübersicht sowie die Abschlussberichte der Einzelvorhaben sind im Netz verfügbar [62].

7.2.3.4 Abschlussbemerkung

Die Debatte um mögliche Gesundheitsbeeinträchtigungen durch Mobilfunk verläuft oft hoch emotional, wie der Autor aus eigenen Erfahrungen bei Bürgerforen weiß. Wenn auch zuzugestehen ist, dass einige Fragen wissenschaftlich noch nicht abschließend geklärt sind, so muss man aufpassen, dass die Diskussion nicht hysterische Züge annimmt. Unter dem Schlagwort „Elektrosensibilität" verzeichnet Google 153.000 Treffer (am 26.01.2011), darunter nicht wenige höchst zweifelhafte Angebote zu Diagnose und „Therapie", wozu z. B vielfältige Methoden zur Abschirmung und „Entstrahlung" gehören. Physikalisch ist das durchaus möglich, allerdings muss man dann gewillt sein, auf Fenster oder andere Öffnungen zu verzichten. Matten, Decken oder Ähnliches sind in keiner Weise das Geld wert, das für sie verlangt wird. Ein Doktortitel im Firmennamen bürgt keineswegs für Seriosität. Es darf nicht sein, dass mit – in der Regel unbegründeten – Ängsten unlautere Geschäfte gemacht werden. Ganz allgemein gilt, nicht nur hier: Strahlenschutz ist eine ernsthafte Sache, man darf ihn nicht Scharlatanen anvertrauen.

7.2.4
Mikrowellenherde

Es ist beruhigend, dass es auch Anwendungen gibt, die weit weniger umstritten sind als der Mobilfunk. Dazu gehören Mikrowellenherde, die heutzutage wohl in fast jedem Haushalt anzutreffen sind. Inwieweit sie die kulinarische Qualität der in ihnen zubereiteten Speisen beeinflussen, liegt außerhalb unserer Diskussion, nicht aber, ob die verwendeten Hochfrequenzfelder nachteilige Wirkungen hervorrufen. Es herrschen hier manchmal abenteuerliche Vorstellungen, z. B. in den Gerichten würde Radioaktivität induziert. Das ist natürlich Unsinn und hängt mit dem unbedachten Gebrauch des Begriffs „Strahlung" zusammen. Wie der Name sagt, Mikrowellenherde werden mit Mikrowellen betrieben, ihre Quantenenergie liegt um viele Größenordnungen unter der von Röntgen- oder Gammastrahlen. Die Frequenz beträgt normalerweise 2,45 GHz (entsprechend einer Wellenlänge von 12 cm) und liegt damit interessanterweise recht nahe bei der Trägerfrequenz von UMTS oder WLAN. Die Felder werden vor allem von Wasser, deutlich weniger von Fett, absorbiert und in Wärme umgewandelt. Die haushaltsübliche Leistung liegt bei 800 bis 1000 W, was zu einer illustrierenden Vergleichsrechnung herausfordert: Bei einer Gargutmenge von 250 g (das wird üblicherweise empfohlen) und unter der Annahme, dass von ihm die gesamte abgegebene Leistung aufgenommen wird (tatsächlich beträgt der Wirkungsgrad bei guten Geräten ca. 65%), ist die aufgenommene Leistung ca. 3000 bis 4000 W/kg, gewissermaßen also der SAR-Wert für Kartoffelbrei. Vergleicht man dies mit dem Grenzwert für Handys am Kopf (2 W/kg), so sieht man, dass ein Faktor von mindestens 1000 dazwischen liegt.

Die recht hohen Mikrowellenintensitäten erfordern, anders als bei dem Handy, auch besondere Vorsichtsmaßnahmen. In guten Leitern – wie Metallteilen (Gabeln, Löffel, Alufolien) – können durch die Felder Ströme induziert werden, so dass starke Erhitzungen möglich sind, die sogar zum Schmelzen ausreichen. Nach draußen sind die Öfen allerdings gut abgeschirmt, Befürchtungen sind unbegründet, solange Fenster und Türumrandungen unversehrt bleiben. Mikrowellenherde sind also ungefährlich, solange man sie gut behandelt – aber das gilt ja für jedes elektrische Haushaltsgerät.

7.3
Masten und Stromversorgungsleitungen

Wie schon eingangs betont, passen die beiden Gebiete Hochfrequenz und Niederfrequenz (um die handelt es sich in diesem Abschnitt) nicht recht zusammen. Nicht nur wegen der großen Frequenzunterschiede, sondern vor allem auch wegen der grundlegend anderen physikalischen Verhältnisse. Bei den Radio- und Mikrowellen sind elektrische und magnetische Komponenten streng gekoppelt, beide wirken gemeinsam. Bei den 50 (oder 16 2/3) Hz unserer Versorgungsnetze agieren elektrisches und magnetisches Feld autonom getrennt voneinander, so dass die Wirkungen beider separat zu betrachten sind. Elektrische Felder dringen nur sehr wenig in den menschlichen Körper ein, wegen der hohen Leitfähigkeit der Haut werden sie sehr schnell abgeleitet, so dass Probleme eigentlich nur an der Oberfläche auftreten auf Grund lokaler Aufladungen, die allerdings bei üblichen Feldstärken kaum eine Rolle spielen.

Anders liegen die Verhältnisse bei magnetischen Feldern. Sie können in den Körper eindringen und – hinreichende Stärke vorausgesetzt – neuronale Effekte, wie z. B. Nervenstimulationen und Beeinflussungen der Herzfrequenz durch induzierte Ströme hervorrufen. Diese Wirkungen sind gut belegt und auch quantitativ erfasst. Auf Grund dieser Kenntnisse hat die ICNIRP Grenzwerte vorgeschlagen, die auch in deutsches Recht übernommen wurden. Sie betragen für die magnetische Flussdichte 100 Mikrotesla (µT) bei 50 Hz und 300 µT bei 16 2/3 Hz für Bevölkerung und Beschäftigte.

Es gibt allerdings noch ein anderes Problem: Im Jahr 1979 publizierten Wertheimer und Leeper eine Untersuchung [63], aus welcher hervorging, dass in Häusern, in denen auf Grund einer nicht ganz adäquaten Verkabelung höhere Magnetfelder gefunden wurden, die Leukämiehäufigkeit bei Kindern erhöht war. Diese Studie, der man anfangs nicht recht glaubte, stimulierte eine ganze Reihe ähnlicher Erhebungen, wohl auch in der Hoffnung, dass sich die ursprünglichen Befunde als Irrtümer herausstellen würden. Das geschah aber nicht, im Gegenteil, es zeigte sich auch bei verschiedenen Untersuchungsansätzen immer ein ähnliches Ergebnis. Im Jahre 2000 veröffentlichten Ahlbom und Kollegen eine *pooled analysis* aller bis dato erschienenen Arbeiten [64], bei denen sie die verwendeten Methoden als zuverlässig einschätzten. Der Vorteil einer „gepoolten" Zusammenfassung liegt darin, dass auf die Originaldaten zurückgegriffen wird und auf diese Weise eine recht homogene Untersuchung mit höheren Fallzahlen entsteht, die statistisch zuverlässigere Aussagen erlaubt. Das Ergebnis war eindeutig: Bei magnetischen Flussdichten über 0,4 µT war die Leukämierate deutlich erhöht, auch zeigte sich so etwas wie eine „Dosisabhängigkeit", d. h. die Krankheitsraten stiegen mit der Magnetfeldstärke. Die statistische Assoziation war allerdings schwach, aber doch konsistent. Eine neuere Analyse [65] bestätigt im Wesentlichen diese Aussage, obwohl die Erhöhungen schwächer ausfallen und die klare statistische Signifikanz verloren geht (Abb. 7.3). Man muss auch darauf hinweisen, dass in der neuen Analyse eine brasilianische Teilstudie einen großen Einfluss hat, der die Autoren gewisse methodische Schwächen attestieren. Nimmt man sie heraus, so sieht man weitgehende Ähnlichkeit zwischen der älteren und der neueren zusammengefassten Erhebung, allerdings sind die Fehlerbalken größer und die statistische Signifikanz schwächer („Kheifets b" in Abb. 7.3). Dennoch kann man nicht darüber hinwegsehen, dass im Gesamtbild eine Assoziation zwischen den Magnetfeldern und der Häufigkeit der Leukämien bei Kindern nicht abgeleugnet werden kann. Dies hat auch die IARC bewogen, die niederfrequenten Magnetfelder im Jahre 2002 als „möglicherweise karzinogen" (*possibly carcinogenic*, Gruppe 2 B in der IARC-Klassifikation) einzustufen, was in einer über 400 Seiten langen Monographie begründet wird [66].

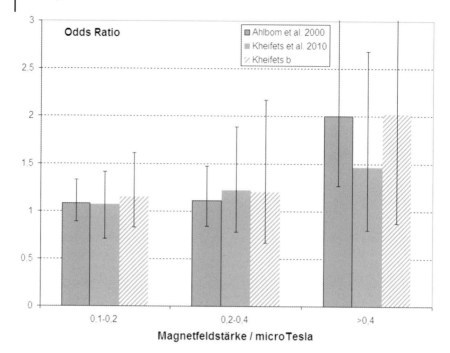

Abb. 7.3 Die epidemiologische Assoziation zwischen Magnetfeldstärken und Leukämien bei Kindern. Die Odds Ratio entspricht in etwa dem relativen Risiko. „Kheifets b" bezieht sich auf die Werte, die sich nach Ausschluss der brasilianischen Teilstudie ergeben.

Die Sache bleibt weiterhin rätselhaft. Weder Tierversuche noch Experimente mit Zellkulturen haben konsistente Hinweise auf eine krebsauslösende oder promovierende Wirkung gefunden. In Bezug auf mögliche Mechanismen gibt es zwar eine Vielzahl interessanter Spekulationen, aber im Hinblick auf das Fehlen solider experimenteller Untermauerung bleiben sie das, was sie sind – Spekulationen.

Die Magnetfeldstärke von 0,4 µT, oberhalb derer die Leukämiefälle gefunden wurden, liegt deutlich unter dem ICNIRP-Grenzwert von 100 µT. Weder dieses Gremium noch deutsche Behörden haben sich bisher veranlasst gesehen, hier im Hinblick auf die beschriebenen Effekte eine Änderung vorzunehmen, was bei kritischen Lesern, je nach Einstellung, Verwunderung oder Unverständnis auslösen mag, aber man sollte auch in diesem Zusammenhang die Verhältnisse realistisch sehen. Nach einer in den 1990er Jahren durchgeführten umfangreichen Erhebung [67], die nicht auf Abschätzungen, sondern auf fast 2000 Messungen beruhte, gibt es nur in 1,4% aller Wohnungen in Deutschland Magnetfeldstärken größer als 0,2 µT. Auch die Exposition durch Überlandleitungen liegt wohl niedriger als vermutet. Nur in 32% aller untersuchten Fälle waren bei Abständen unter 50 m Magnetfeldstärken über 0,2 µT festzustellen. Diese Werte hängen allerdings von der Belastung der Leitungen ab. Im Zuge der als Folge der „Energiewende" abzusehenden Erweiterung des Netzes dürften die damit verbundenen Fragen an Bedeutung gewinnen. Die SSK wird sich schon bald dieser Thematik widmen.

Über Auswirkungen statischer Magnetfelder ist recht wenig bekannt, jedenfalls im Bereich von Stärken wie sie im normalen Umfeld auftreten. Anders ist u. U. bei bestimmten professionellen Anwendungen. Bei der Magnetresonanztomographie (MRT) kommen Magnetfelder von bis zu einigen Tesla zum Einsatz, die zwar außerhalb des Gerätes deutlich niedriger, aber nicht zu vernachlässigen sind. Die größte Gefahr besteht darin, dass eisenhaltige Gegenstände angezogen werden und sich sogar zu tödlichen Geschossen entwickeln können. Unfälle dieser Art kommen trotz Vorsichtsmaßnahmen immer wieder vor, sogar im März 2011 berichtete die Bild-Zeitung von einem solchen Vorkommnis. Bei Bewegungen im Feld werden in elektrischen Leitern Ströme induziert, die beträchtliche Stärken annehmen und sogar Verbrennungen hervorrufen können: Metallhaltige Tätowierungen (Tattoos) bedürfen besonders kritischer Beobachtung. Die Induktionsströme beeinflussen auch die Nerven, was Übelkeit, Schwindelanfälle usw. hervorrufen kann. Implantatträger sind besonders gefährdet. Herzschrittmacher galten bis vor Kurzem als klare Kontraindikation, mittlerweile gibt es moderne Geräte, welche bei nicht zu hohen Feldern eine MRT-Untersuchung erlauben.

8
Heilen mit und durch Strahlen

8.1
Einleitung

Schon weniger als ein Jahr nach Röntgens Entdeckung versuchte der Amerikaner Emile Grubbe (1875–1960), der interessanterweise eine Ausbildung in Homöopathie genossen hatte und im Hahnemann Medical College in Chicago arbeitete, ein Mammakarzinom (Brustkrebs) mit Röntgenstrahlen zu behandeln. Über den Erfolg ist nichts bekannt, wohl aber, dass dieses Gebiet seine weitere Tätigkeit bis zu seinem Tode bestimmte. Bei seinen Experimenten setzte er sich häufig Strahlenexpositionen aus, als deren Folge verschiedene Tumoren auftraten, so dass er sich mehr als 40 Operationen unterziehen musste, wobei ihm auch seine linke Hand amputiert wurde. Er hinterließ eine Stiftung für den „Grubbe Memorial Award", der bis heute in zweijährigen Turnus von der Chicago Radiological Society an verdiente Radiologen verliehen wird.

Seit damals hat die Strahlentherapie einen beachtlichen Aufschwung genommen, vor allem, aber nicht ausschließlich in der Behandlung bösartiger Tumoren. Sie nimmt dabei einen vergleichbaren Rang ein wie die Chirurgie und liegt noch vor der Chemotherapie. Oft werden die verschiedenen Verfahren kombiniert, man schätzt, dass die Strahlentherapie an ca. 50% aller Tumorbehandlungen beteiligt ist. Die Techniken haben sich im Laufe der Entwicklung erheblich verändert und weiterentwickelt. Zu Beginn standen Röntgenstrahlen und Radium im Zentrum des Interesses. Später kamen andere Radionuklide als Strahlenquellen hinzu, vor allem Kobalt-60, die alle heute praktisch keine Bedeutung mehr haben. Der Grund liegt vor allem in der ungünstigen Dosisverteilung (dazu unten mehr), moderne Einrichtungen stützen sich auf Elektronenlinearbeschleuniger und sogar beschleunigte geladene Teilchen wie Protonen oder Kohlenstoffionen.

Außer der Bestrahlung, der Teletherapie, von außen werden auch Verfahren angewandt, bei denen geeignete Radionuklide direkt an den Tumorherd gebracht werden (*Brachytherapie*), in Erprobung sind auch Methoden mit radioaktiv markierten Antikörpern, die gezielt in oder an den Tumor gebracht werden.

Die Strahlentherapie ist nicht auf die Behandlung bösartiger Tumoren beschränkt, mehr und mehr werden auch andere Krankheiten mit ionisierenden Strahlen behandelt, z. B. zur Reduzierung von Schmerzen oder bei Arthrosen.

Der Einsatz nicht ionisierender Strahlen gehört *sensu strictu* nicht zur Strahlentherapie, hat aber auch eine große Bedeutung, weshalb auch darauf in diesem Kapitel eingegangen wird. Zu nennen ist hier vor allem das Ultraviolett und damit unmittelbar zusammenhängend die „photodynamische Therapie". Selbst Felder im Hochfrequenzbereich spielen eine große Rolle, wobei allerdings die Wärmewirkung im Zentrum steht. Ultraschalltherapien werden hier nicht angesprochen, da hierbei nicht eine Strahlenwirkung, sondern mechanische Effekte eine Rolle spielen.

Es handelt sich also um ein weites Feld, das hier nur in Form eines Spaziergangs begangen werden kann. Jedes der angesprochenen Gebiete stellt eine spezielle eigene Disziplin dar, welche ein eigenes Lehrbuch erfordert, von denen es auch eine erkleckliche Anzahl gibt.

8.2
Ionisierende Strahlen

8.2.1
Tumortherapie

8.2.1.1 Teletherapie

Der Name deutet an, dass es sich hier um eine Bestrahlung von außen handelt (*tele* aus dem Griechischen für „fern"). Dafür kommen natürlich nur Strahlenarten mit genügendem Durchdringungsvermögen in Frage, also vor allem Röntgen- und Gammastrahlen. Mit entsprechend ausgelegten Beschleunigern kann man aber auch geladene Teilchen auf so hohe Energien bringen, dass sie weit in Gewebe eindringen können. In den letzten Jahren haben hier vor allem Protonen und Kohlenstoffionen einige Bedeutung erlangt, worauf weiter unten eingegangen wird. Konventionelle Röntgenröhren mit Spannungen bis zu einigen hundert Kilovolt werden nur noch sehr selten eingesetzt und dann auch nur zur Behandlung von Tumoren der Haut oder solchen, die sich nahe der Körperoberfläche befinden. Selbst höherenergetische Gammastrahlen, wie sie z. B. von dem Radionuklid Co-60 emittiert werden, haben nur noch historische Relevanz. Die früher populären „Gammatrons" findet man heute bestenfalls noch im Museum. Der Grund für diese neueren Entwicklungen liegt in der Physik der Energiedeposition. Wie später ausführlicher erklärt, verschiebt sich das Maximum der Dosis bei Photonenstrahlung umso weiter in das Körperinnere, je größer ihre Energie ist. Entgegen einer intuitiven Annahme findet man in diesem Fall die höchste Dosis nicht an der Eintrittstelle, sondern einige Zentimeter tiefer. Auf diese Weise kann man die Haut, welche bei jeder Teletherapie in Mitleidenschaft gezogen wird, wenigstens etwas schonen. Die heute gängigste Methode besteht in dem Einsatz hochenergetischer Röntgenstrahlen, die mit Hilfe von Elektronenlinearbeschleunigern (häufig neudeutsch abgekürzt als „Linacs", vom englischen *linear accelerator*) erzeugt werden. Die physikalischen Prinzipien sind die gleichen wie in der Röntgenröhre: Die sehr schnellen Elektronen (gängige Energien liegen in der

Größenordnung bis ca. 20 MeV) treffen auf geeignete Metalltargets (meist aus Wolfram), in denen wie in der Anode einer Röhre Röntgenstrahlen entstehen. Beschleunigungsapparaturen sind notwendig, weil sich so hohe Spannungen aus technischen Gründen in Röhren nicht realisieren lassen. Linearbeschleuniger wurden 1952 von dem bedeutenden amerikanischen Radiologen Henry Seymour Kaplan (1918–1984) am Stanford Medical Center (Kalifornien) in die Klinik eingeführt. Der erste auf diese Weise behandelte Patient, der an einem Retinoblastom (bösartiger Tumor des Auges) litt, konnte dank der neuartigen Strahlentherapie vollständig geheilt werden.

Ionisierende Strahlen unterbinden bekanntlich die Teilungsfähigkeit der Zellen und stellen somit eigentlich ein ideales Instrument zur Krebsbehandlung dar. Einen Tumor mit ihrer Hilfe zu zerstören, stellt kein Problem dar, es gelingt immer, wenn die Dosis hoch genug gewählt wird. Die Herausforderung liegt darin, das gesunde Gewebe so weit zu schonen, dass vitale Funktionen nicht oder nur in akzeptablem Maße beeinflusst werden. Entgegen der häufig geäußerten Auffassung (selbst manchmal in medizinischen Abhandlungen) sind Krebszellen *nicht* generell strahlenempfindlicher als nicht entartete, in manchen Fällen, z. B. in schlecht durchbluteten Tumoren, können sie sogar auf Grund des „Sauerstoffeffekts" (s. Kapitel 12) resistenter sein.

Die Strahlentherapie genügt heute einem hohen technischen Standard. Am Anfang steht eine detaillierte Diagnose, zu der alle verfügbaren Methoden wie Computertomographie, Magnetresonanztomographie oder Positronen-Emissions-Tomographie (PET) eingesetzt werden, die auch den Zweck haben, den Tumor möglichst genau zu lokalisieren. In Zusammenarbeit von Radiologen und Medizinphysikern wird das zu bestrahlende Volumen festgelegt. Auf der Basis der erhobenen Daten wird der Bestrahlungsplan errechnet, der anschließend im Therapiesimulator verifiziert wird. Die dabei festgelegten Positionen werden sehr genau auf den Patienten übertragen, exakt markiert und durch Röntgen- oder CT-Aufnahmen überprüft, manchmal sogar durch einen in die Bestrahlungseinrichtung integrierten Computertomographen, so dass bei der Exposition eine Kontrolle möglich ist (*image guided radiotherapy*, IGRT).

Das heute meist angewandte Verfahren stellt die *konformale* Strahlentherapie dar, wobei angestrebt wird, das Tumorvolumen möglichst genau zu exponieren und umgebendes Gewebe auszusparen. Aus verschiedenen Richtungen wird so eingestrahlt, dass sie sich im Zentrum des Tumors treffen (dem *Isozentrum*). Das Strahlenfeld wird der meist irregulären Form des Tumors dadurch angepasst, dass bestimmte Teile gezielt durch Absorption ausgeblendet werden. Früher mussten dafür patientenspezifische Bleikörper gegossen werden, heute gelingt das eleganter und schneller durch so genannte „Multileaf-Kollimatoren". Diese bestehen aus einer großen Zahl absorbierender Lamellen, die nach einem vorgegebenen, für die spezielle Situation angepassten Programm in den Strahlengang gebracht werden. Auf diese Weise lassen sich selbst komplizierte Konturen recht gut nachbilden. Einen Schritt weiter geht man bei der *intensitätsmodulierten Strahlentherapie* (IMRT), wo verschiedene Bereiche des Tumors mit unterschiedlichen Dosen bestrahlt werden, um Empfindlichkeitsunterschieden Rechnung zu tragen. Auch dies gelingt mit Hilfe einer Erweiterung der Multileaf-Technik.

Bei kleineren Tumoren, vor allem im Kopfbereich, wird auch oft eine *stereotaktische Technik* mit Hilfe eines so genannten „Gamma Knife" eingesetzt. Der Name deutet darauf hin, dass es sich gewissermaßen um eine Operation mit Strahlen handelt. Man benutzt hierfür sehr enge scharfe Photonenstrahlenbündel, die man sehr genau führen kann, wobei der Patient allerdings exakt fixiert werden muss. Bei diesem Verfahren wird nur mit einer Einzeldosis bestrahlt. Das „Gamma Knife" wird auch außerhalb der Tumortherapie benutzt, z. B. für die Behandlung von arteriovenösen Malformationen (AVM).

Die lokal applizierten Herddosen bei der Tumorbehandlung sind recht hoch, üblicherweise 50–80 Gy, allerdings werden sie nicht auf einmal, sondern in einer Reihe von Einzelfraktionen von 1,8–2 Gy gegeben. Dieses Verfahren wurde in den 1930er Jahren zuerst in Paris von Claude Regaud (1870–1940) und Henri Coutard (1876–1950) eingeführt. Sie stellten fest, dass die Behandlung auf diese Weise besser toleriert wurde und Nebenwirkungen geringer waren. Diese ursprünglich rein empirischen Befunde wurden erst später durch die Ergebnisse strahlenbiologischer Forschung untermauert. Es zeigte sich, dass Normalzellen über ein etwas besseres Erholungsvermögen verfügen (s. Kapitel 12), das bei Einzelbestrahlungen kaum zum Tragen kommt, bei der Fraktionierung sich jedoch gewissermaßen „aufschaukelt". Ein anderer Aspekt ist der „Sauerstoffeffekt". In schlecht gefäßversorgtem Tumorgewebe kann es zu Sauerstoffunterversorgung in gefäßfernen Bereichen kommen, wodurch dort die Strahlenresistenz steigt. Bei einer Bestrahlung mit aufeinander folgenden Teildosen werden zunächst die wegen der guten Sauerstoffversorgung empfindlicheren Zellen abgetötet, wodurch es möglich wird, dass auch die gefäßferneren Bezirke vom Blut besser erreicht werden. Man kann also von einer „Reoxygenierung" ausgehen, welche die Heilungschancen verbessert. Dies ist ein schönes Beispiel der erfolgreichen Verbindung von Grundlagenforschung und medizinischem Erfolg.

Eine relativ neue Entwicklung in der Tumorbehandlung stellt die Therapie mit schweren geladenen Teilchen, also Ionen, dar. Von Photonen wie Röntgen- und Gammastrahlen unterscheiden sie sich dadurch, dass bei ihnen das Maximum der Energiedeposition nicht nur im Inneren des Körpers liegt, sondern es auch deutlich ausgeprägter in Bezug auf seine Höhe als auch seine Schärfe ist. Man kann durch entsprechende Wahl der Ionenenergie auf wenige Millimeter begrenzte Dosismaxima bis zu 20 cm tief im Gewebe erzeugen (vgl. auch Kapitel 11). Eigentlich eine für die Tumortherapie ideale Konstellation! Schon 1946 schlug der amerikanische Physiker Robert R. Wilson (1914–2000), der auch an dem „Manhattan Projekt", der Entwicklung der ersten Atombombe, beteiligt war, vor, Protonen zur Krebsbehandlung einzusetzen [68]. In dieser Zeit wurden die ersten größeren Teilchenbeschleuniger für die kernphysikalische Forschung gebaut, und medizinische Anwendungen lagen außerhalb des Planungshorizontes. Biologisch interessierte Physiker erkannten jedoch ihr Potenzial und konnten ihre Kollegen überzeugen, dass auch auf diesem Gebiet zukunftsträchtige Arbeiten durchgeführt werden konnten. So entstanden vor allem in den USA (Boston und Berkeley) multidisziplinäre Teams, die es nicht immer leicht hatten, sich gegenüber dem Primat der Kernphysik durchzusetzen.

Eine der ersten Anwendungen war die Therapie uvealer Melanome, aggressiver Tumore im Auge. Die klassische Behandlung bestand in der Entfernung des Auges, mit der Folge eines teilweisen Verlustes des Sehvermögens. Protonen mit angepasster Energie können so genau positioniert werden, dass der Tumor unter weitgehender Erhaltung des Auges zerstört werden kann. Bis Ende 2010 sind fast 30.000 Patienten in aller Welt auf diese Weise mit meist gutem Erfolg behandelt worden [69] – eine mit Recht einmalig zu nennende Erfolgsgeschichte!

Schwerere Ionen verfügen über eine ganz ähnliche Tiefendosiskurve wie Protonen, haben aber den zusätzlichen Vorteil einer größeren relativen biologischen Wirksamkeit, außerdem zeigen sie keinen Sauerstoffeffekt. Es lag also nahe, auch sie für die Strahlentherapie zu nutzen. Allerdings erfordert es einen noch höheren technischen Aufwand als bei Protonen, sie auf die notwendigen hohen Energien zu beschleunigen. Ursprünglich gab es nur eine Einrichtung, die dazu in der Lage war, nämlich der „Bevalac" des Lawrence Berkeley Laboratory im kalifornischen Berkeley. Wie fast immer war dieser Beschleuniger für kernphysikalische Forschungen entwickelt worden, die auch äußerst erfolgreich verliefen, die Liste neu entdeckter Elemente jenseits des Urans und die lange Liste von Nobelpreisträgern legen beredtes Zeugnis ab. Aber es gab auch eine sehr aktive Biophysikgruppe unter dem geborenen Ungarn Cornelius Tobias (1919–2000), der, obwohl als Kernphysiker ausgebildet, schon früh das Potenzial der „neuen" Strahlen erkannte. Erste Versuche zur klinischen Nutzung verliefen leider nicht erfolgreich, und der Schwerpunkt der Schwerionentherapie verlagerte sich nach Japan. In Chiba, unweit von Tokio, wurde eine spezielle Klinik errichtet, welche ausschließlich diesem Zwecke dient. Sie nahm ihre Arbeit im Jahre 1994 auf, bis August 2010 wurden dort 4500 Patienten behandelt.

In den 1970er Jahren begann man, auch in Deutschland ein Schwerionenforschungszentrum aufzubauen, das heutige „GSI Helmholtzzentrum für Schwerionenforschung" in der Nähe von Darmstadt. Der wissenschaftlichen Weitsicht des ersten Direktors, Christoph Schmelzer (1908–2001), auch er Kernphysiker, ist es zu verdanken, dass auch dort schon früh strahlenbiologische Grundlagenforschung betrieben werden konnte. Als auch höhere Energien zur Verfügung standen, reifte das Projekt der Krebsbehandlung mit schweren Ionen, das von Gerhard Kraft, dem damaligen Leiter der Biophysikgruppe, gegen mancherlei Schwierigkeiten zum Erfolg gebracht werden konnte. Fußend auf diesen Vorarbeiten wurde in Heidelberg das Ionenstrahl-Therapiezentrum (HIT) institutionalisiert, das im November 2009 seinen Betrieb aufnahm. Innerhalb der ersten zwei Jahre wurden dort schon 600 Patienten behandelt.

Die Stärken der Ionentherapie liegen vor allem bei Erkrankungen von Organen, die nah an sensible Strukturen angrenzen, z. B. im Kopf-Hals-Bereich, weil die exakte Dosispositionierung hier von besonderer Bedeutung ist. Es werden aber auch viele andere Tumoren behandelt, z. B. in der Prostata, in der Lunge sowie Knochen- und Weichteiltumoren.

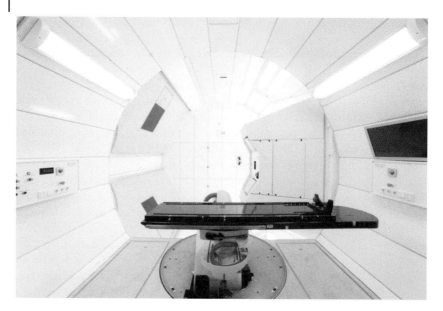

Abb. 8.1 Bestrahlungsraum im Heidelberger Ionenstrahl-Therapiezentrum (HIT). Durch eine aufwändige Konstruktion ist es möglich, den Ionenstrahl um den Patienten herum zu führen und so Expositionen aus verschiedenen Richtungen zu ermöglichen. (Quelle: Universitätsklinikum Heidelberg).

Ende 2010 gab es weltweit knapp 30 Protonentherapiezentren, das größte im kalifornischen Loma-Linda, einem Vorort von Los Angeles. In Deutschland können solche Behandlungen bisher in Heidelberg am HIT sowie in einer privaten Einrichtung in München durchgeführt werden, für andere Standorte existieren Planungen, die zum Teil schon weit gediehen sind. Schwerionentherapieanlagen gibt es außer den erwähnten in Chiba und Heidelberg noch an anderen Orten in Japan und China (weltweit derzeit insgesamt vier), wo durchweg Kohlenstoffionen verwendet werden. Auch für dieses Einsatzgebiet gibt es in Deutschland Erweiterungspläne, deren Zukunft in Bezug auf die klinische Nutzung jedoch ungewiss ist.

8.2.1.2 Brachytherapie

Neben der beschriebenen Bestrahlung von außen (Teletherapie) kann man auch in besonderen Fällen die Bestrahlungsquellen dicht an den Tumorherd heranbringen und so eine Exposition aus nächster Nähe durchführen. Dies hat den Vorteil, dass umgebendes Gewebe besser geschont werden kann, allerdings funktioniert das nur bei relativ kleinen lokal begrenzten Geschwülsten. Man bezeichnet dieses Verfahren als *Brachytherapie* (griechisch *brachys*, kurz). Haupteinsatzgebiete sind Tumoren des Gebärmutterhalses, der Prostata, der Brust, der Haut und im Auge.

Als Strahlenquellen werden verkapselte geeignete Radionuklide benutzt und zwar sowohl Gamma- als auch Betastrahler. Wegen des starken Abfalls der Dosis mit der Entfernung erreicht man selbst bei Photonen eine hohe lokale Wirkung, wenn man den Strahler sehr nah an den Tumorherd heranbringt. Wenn nicht entsprechende Vorkehrungen getroffen werden, kann das Personal bei der Durchführung sehr hohen Expositionen ausgesetzt sein. Um dies zu vermeiden, benutzt man die so genannte „After loading Technik". Die Radionuklide bringt man in „Applikatoren" an den Bestrahlungsort heran. Dies sind Röhren, die in Köperöffnungen zu dem Tumor geführt werden können, wenn er nicht an der Oberfläche liegt. Ihre genau Positionierung ist eine essentielle Voraussetzung für den Erfolg, weshalb der eigentlichen Behandlung eine genaue Vorplanung vorausgehen muss: Sind die Applikatoren korrekt positioniert, so können die Quellen ferngesteuert eingebracht werden, so dass die Gefährdung des Personals gering gehalten werden kann. Nach Erreichen der geplanten Dosis können die Strahler auf analoge Weise auch wieder entfernt werden.

Eine andere Art der Brachytherapie besteht darin, dass verkapselt Radionuklide (*seeds*) direkt in den Tumor eingebracht werden und dort längere Zeit verbleiben. Dieses Verfahren findet Anwendung u. a. bei Prostata- und Brustkrebs.

Abschließend sei darauf hingewiesen, dass radioaktive Strahler auch benutzt werden können, um das Zuwachsen von Blutgefäßen nach dem Einsatz von Gefäßstützen (*stents*) zu vermeiden.

8.2.1.3 Radionuklidtherapie

Während in der Brachytherapie umschlossene radioaktive Präparate benutzt werden, verwendet man in der Radionuklidtherapie radioaktiv markierte Verbindungen, die in den Körper eingebracht werden. Die Ähnlichkeiten mit der Methodik der nuklearmedizinischen Diagnostik liegen auf der Hand, Unterschiede bestehen in den verwendeten Aktivitäten und z. T. auch den benutzten Nukliden. Man verfolgt auch einen anderen Ansatz: Während man bei der Diagnostik bemüht ist, das Ziel mit möglichst geringen Dosen und kurzer Verweildauer des Radionuklids im Körper zu erreichen, kommt es bei der Therapie vor allem darauf an, am Ort des Tumors lokal begrenzt hohe Dosen zu applizieren, wobei auch längere Expositionszeiten in Kauf genommen werden. Am Beispiel der Schilddrüse: Zur diagnostischen Untersuchung wird ausschließlich das kurzlebige Technetium-99m verwendet, das auf Grund seiner kurzen physikalischen Halbwertszeit von sechs Stunden recht schnell abklingt. Zur Therapie benutzt man Jod-131 mit der wesentlich längeren Halbwertszeit von acht Tagen, Die primär erwünschte Wirkung beruht auf der Betastrahlung, der gleichzeitig emittierte Gammaanteil kann parallel zur szintigraphischen Kontrolle benutzt werden (vgl. Kapitel 4). Wegen der relativ hohen im Körper verbleibenden Aktivität ist in jedem Fall eine stationäre Aufnahme in der Klinik notwendig, wie sie auch von der Strahlenschutzverordnung zwingend vorgeschrieben ist.

Die Behandlung von Schilddrüsenerkrankungen stellt ein nach wie vor wichtiges Einsatzgebiet der Radionuklidtherapie dar. Sie beschränkt sich allerdings nicht nur auf die primären Tumoren, sondern kann auch auf Metastasen ausgedehnt werden, sofern diese Jod selektiv anreichern, was nicht immer der Fall ist. Auch gutartige Veränderungen können mit radioaktivem Jod erfolgreich behandelt werden.

Andere Anwendungen ergeben sich bei der Schmerztherapie von Knochenmetastasen, die also nicht auf den Tumor an sich abzielt, sondern auf die von ihm ausgehenden Tochtergeschwülste. Relativ neu sind auch Versuche, Antikörper gegen bestimmte, nur in Krebszellen vorkommende Strukturen radioaktiv zu markieren, um so eine gezielte Zerstörung zu bewirken (Radioimmuntherapie). Gewisse Erfolge erzielt man mit diesem Verfahren z. B. bei einer bestimmten Art des Non-Hodgkin-Lymphoms, einer bösartigen Erkrankung des lymphatischen Systems.

Die Radionuklidtherapie spielt auch generell eine Rolle bei der Behandlung von Nicht-Tumor-Erkrankungen, Näheres dazu im übernächsten Abschnitt.

8.2.1.4 Schlussbemerkung: Angst vor der Strahlentherapie?

Krebs stellt eine schwerwiegende, oft lebensbedrohende Krankheit dar, bei der die Medizin oft an die Grenzen ihrer Möglichkeiten stößt. Umso mehr sollten alle modernen Entwicklungen ausgenutzt werden, um die Situation zu verbessern. Die Strahlentherapie in ihren verschiedenen, oben beschriebenen Spielarten hat ihren wichtigen Platz in diesem Feld. Sie hat in den letzten Jahrzehnten enorme Fortschritte aufzuweisen und auch Heilungschancen eröffnet, die früher undenkbar waren. Häufig erlaubt ihre Anwendung sogar den Verzicht auf Operationen, z. B. bei bestimmten Formen des Brustkrebses. Dennoch stößt sie leider allzu oft auf Vorbehalte, nicht selten genährt durch irrationale Ängste. Es kann und soll nicht unterdrückt werden, dass die Strahlentherapie nicht frei sein kann von Nebenwirkungen, aber dies teilt sie mit anderen Behandlungsformen. Sicher spielt es eine große Rolle, dass Strahlen mit nuklearen Katastrophen in Verbindung gebracht werden, mit deren Folgen die Medien sich in manchmal morbidem Aktionismus beschäftigen. Es besteht kein Zweifel, dass durch Strahlen Krebs induziert werden kann, wie in diesem Buch auch verschiedentlich erklärt worden ist. Um es ganz hart zu sagen: Es ist widersinnig, aus Angst vor Krebs eine Behandlung eben dieser Krankheit abzulehnen, welche realistische Heilungschancen bietet. Bei Kindern und Jugendlichen muss die Möglichkeit von Sekundärtumoren ernsthaft in Betracht gezogen und in die Überlegungen einbezogen werden, ältere Menschen sollten jedoch bedenken, dass viele Jahre, oft Jahrzehnte zwischen einer Strahlenexposition und der Manifestierung eines Tumors liegen.

Planung, technische Durchführung und die Kontrolle der Bestrahlung haben einen Stand erreicht, der sehr hohen Ansprüchen genügt. Das kann Heilung nicht garantieren, keine Behandlung ist dazu in der Lage, aber die Zuversicht vermitteln, dass in enger Abstimmung zwischen Onkologen und Physikern alles getan wird, um Leiden zu lindern und vielleicht die Krankheit zu besiegen. Man kann es nicht anders als dramatisch und tragisch nennen, dass leider eine nicht geringe Zahl von Patienten aus Angst vor Strahlen und der „Gerätemedizin" sich Scharlatanen anvertrauen, die vorspiegeln, in der Lage zu sein, Krebs mit „natürlichen" Methoden zu besiegen. Die Deutsche Krebshilfe hat in Nr. 53 ihrer Reihe der „blauen Ratgeber" unter dem Titel „Strahlentherapie – Antworten, Hilfen, Perspektiven" eine ausführliche Diskussion vorgelegt, in der auf alle Fragen eingegangen wird [70].

8.2.2
Nicht-Krebs-Erkrankungen

Der übliche Terminus, der hier meist gewählt wird, ist „Strahlentherapie benigner oder gurtartiger Erkrankungen". In der medizinischen Terminologie ist das sicher korrekt, um eine Abgrenzung zur Krebsbehandlung zu markieren, für den Laien verschleiert die Formulierung die Tatsache, dass in vielen Fällen sehr schwerwiegende Gesundheitsstörungen vorliegen. Das gilt besonders für „gutartige Tumoren", die dadurch charakterisiert sind, dass sie keine Metastasen, Tochtergeschwülste bilden. Treten sie z. B. im Gehirn auf, so führen sie zu schlimmen Ausfallerscheinungen, Schmerzen und erheblicher Beeinträchtigung der Lebensqualität.

Die Behandlung von Nicht-Krebs-Erkrankungen hat eine lange Geschichte. Sie beginnt in den Anfangsjahren des 20. Jahrhunderts als den neu entdeckten Strahlen wundersame Wirkungen zugeschrieben wurden. Aber auch noch später stößt man auf Beispiele recht sorgloser Anwendungen, diejenige mit den wahrscheinlich verheerendsten Folgen war die Unterdrückung von *Tinea capitis* bei Tausenden von Kindern. Es handelt sich hierbei um eine Pilzinfektion der Kopfhaut, die auch als „Ringelflechte" bezeichnet wird. Sie trat vermehrt in jüdischen Kindern auf, die dadurch stigmatisiert wurden und auch gravierende Benachteiligungen zu erwarten hatten, z. B. bei der Einreise nach Israel. Ionisierende Strahlen unterdrücken das Wachstum der verantwortlichen Erreger, eine Exposition mit entsprechend hohen Dosen führt zu einer vollständigen Heilung. Zwischen 1910 und 1959 wurden ungefähr 200.000 Kinder einer solchen Behandlung unterzogen. Erst Jahre später zeigten sich disaströse Folgen: Viele der Patienten entwickelten sowohl bös- als auch gutartige Tumoren, z. B. Meningiome der Hirnhaut. Dabei war die eigentliche Behandlung strahlenbiologisch gut begründet und zunächst auch sehr erfolgreich, die entstellenden Veränderungen bildeten sich zurück, leider wurden die möglichen Konsequenzen nicht bedacht.

Ein anderes historisches Beispiel stellt die Behandlung von Haemangiomen (auch „Blutschwämmchen" genannt) dar. Dabei handelt es sich um normalerweise gutartige Tumoren embryonalen Ursprungs. Sie können in verschiedenen Organen auftreten und schwere funktionale Schäden verursachen, manchmal sogar lebensbedrohend sein. Eine Strahlentherapie galt lange Zeit als das Mittel der Wahl, wird sogar auch noch heute mancherseits empfohlen, besonders bei dem Befall kritischer Organe [71]. Die Behandlung muss kritisch gesehen werden, denn es handelt sich um sehr junge Patienten, bei denen mit Spätfolgen zu rechnen ist. Die Richtigkeit dieser Vermutung wird gestützt durch Langzeitstudien, in denen ein signifikant erhöhtes Krebsrisiko gezeigt wurde [72]. Leider gilt das auch für eine Reihe anderer gutartiger Erkrankungen, die mit ionisierenden Strahlen behandelt wurden [73]. Ein Beispiel ist der „Morbus Bechterew" (*Spondylitis ankylosans*), eine sehr schmerzhafte, chronisch verlaufende entzündlich-rheumatische Erkrankung, vor allem an der Wirbelsäule, mit schwerer Beeinträchtigung der Bewegungsfähigkeit. Früher nicht seltene Bestrahlungen führten leider zu ausgeprägten Spätfolgen, so dass diese Praxis heute nicht mehr verfolgt wird (s. aber unten „Radon").

Heute wird Strahlung vor allem für die Schmerzbehandlung sowie eine Reihe verschiedener degenerativer oder funktioneller Erkrankungen eingesetzt. Die früher häufiger anzutreffende Entzündungsbestrahlung hat in ihrer Bedeutung deutlich abgenommen. Generell scheint die Akzeptanz der Strahlentherapie von Nicht-Krebs-Erkrankungen zuzunehmen [74], obwohl sie nur selten von den Krankenkassen übernommen wird. Der Schwerpunkt liegt bei älteren Patienten. Schmerzreduzierung wird häufig berichtet, allerdings auch, dass die Wirkung nicht sehr lange anhält. Eine Linderung der Beschwerde, wenn sie auch nur kurz ist, stellt für die Betroffenen eine deutliche Verbesserung der Lebensqualität dar. Die zugrunde liegenden Mechanismen sind nach wie vor unklar, natürlich gibt es eine Reihe von Hypothesen, vor allem im Hinblick auf die Mitwirkung des Immunsystems, endgültige Beweise stehen jedoch aus.

Auf die Behandlung von arteriovenösen Fehlbildungen (AVM) unter Einsatz eng begrenzter Gamma- oder Röntgenstrahlung wurde schon im vorigen Abschnitt hingewiesen („Gamma knife"). Durch die hohe lokale Dosis wird ein Gefäßverschluss erreicht, allerdings darf die Ausdehnung der Fehlbildung nicht zu groß sein.

Eine besondere Art der Strahlenbehandlung ist die „Radiosynoviorthese", die bei Arthritis oder aktivierter Arthrose in Gelenken (Knie, Schulter, Ellbogen, Finger) durchgeführt wird. Es ist eine nuklearmedizinische Methode. Betastrahler, je nach Größe des Gelenks Yttrium-90 (Betaenergie 2,26 MeV, maximale Reichweite 11 mm), Rhenium-186 (0,98 MeV, 3,7 mm) oder Erbium-169 (0,34 MeV, 1,0 mm) werden in den Entzündungsherd gespritzt. Eine Schmerzlinderung wird in 40–100% der Fälle berichtet. Da die verwendeten Aktivitäten vergleichsweise gering und die Halbwertszeiten der Nuklide kurz sind (zwischen 3 und 10 Tagen), kann die Behandlung ambulant durchgeführt werden. Die Deutsche Gesellschaft für Nuklearmedizin hat detaillierte Leitlinien für die Radiosynoviorthese erlassen [75].

Zum Abschluss soll noch auf eine andere, oft lebhaft diskutierte Behandlung eingegangen werden, nämlich die „Radontherapie". Radon, genauer Radon-222, ist ein radioaktives Gas, das natürlich in der Nähe von Uranlagerstätten vorkommt und in höheren Aktivitätskonzentrationen nachgewiesenermaßen Lungenkrebs hervorruft (mehr dazu in Kapitel 10). Es findet sich auch in Heilwässern einiger Badeorte (Schlema, Kreuznach, Sybillenbad in Deutschland, Gastein in Österreich). Schon lange wird über die heilsame Wirkung von Radonkuren berichtet, was naturgemäß zu wissenschaftlichen Kontroversen führte, auch weil zum „Beweis" nicht selten homöopathische Prinzipien herangezogen wurden („Ähnliches soll durch Ähnliches geheilt werden"). Erst in letzter Zeit wurden kontrollierte Studien durchgeführt [76], die positive Wirkungen bestätigten, allerdings nicht unmittelbar nach Ende der Behandlung, sondern erst nach längerer Beobachtungszeit. Auf Grund der geringen Probandenzahl (zwei Gruppen a 30 Personen) und nicht auszuschließender anderer Einflussfaktoren („Confounder", „Bias", s. Kapitel 14) muss die Aussagekraft jedoch als eingeschränkt beurteilt werden. Die Frage ist also noch nicht abgeschlossen.

8.3
Ultraviolette und sichtbare Strahlung

Ultraviolette Strahlen können eine Reihe von Hautkrankheiten günstig beeinflussen, dazu gehören Neurodermitis, Vitiligo („Weißfleckenkrankheit") und die Schuppenflechte (*Psoriasis*, dazu unten mehr), auch wenn eine komplette Heilung in der Regel nicht möglich ist. Medikamentöse Behandlungen können jedoch häufig reduziert werden. Bei Akne ist die Wirkung umstritten, generell wird eher abgeraten.

Die verwendeten Wellenlängen liegen meist im UV-B-Bereich, wobei häufig schmalbandige Quellen bei 311 nm eingesetzt werden. Neuerdings finden auch Exzimer-Laser bei 308 nm Verwendung. Sie haben einige praktische Vorteile: Die Bestrahlungsareale lassen sich sehr genau eingrenzen und es können auch schlecht zugängliche Stellen wie Falten etc. erreicht werden. Wegen der höheren Intensität können die Bestrahlungszeiten kurz gehalten werden, allerdings besteht die Gefahr der Überexposition. Bei Neurodermitis benutzt man auch häufig UV-A, manchmal in Kombination mit UV-B.

Generell muss bedacht werden, dass bei gleichzeitiger medikamentöser Behandlung Wechselwirkungen auftreten können, da viele Pharmaka die UV-Empfindlichkeit steigern können. Auch, aber nicht nur, aus diesem Grunde gehören Phototherapien in jedem Fall in die Hand des Arztes. „Selbst verschriebene" Solarienbesuche können schwere Schäden verursachen und zu einer Verschlimmerung des Leidens führen, von der erhöhten Hautkrebsgefahr ganz abgesehen.

Die zugrunde liegenden Mechanismen sind weitgehend ungeklärt. Es wird diskutiert, ob die bekannte Reduzierung von Immunreaktionen durch UV eine Rolle spielt (vgl. Kapitel 6).

Eine besondere Variante der Phototherapie firmiert unter dem Kürzel „PUVA". Dies steht für „**P**soralen plus **UV-A**". Psoralen ist ein Naturstoff der in verschiedenen Pflanzen und einigen ätherischen Ölen vorkommt. Es gehört zur chemischen Gruppe der Cumarine und ist verwandt mit Bergapten, einem wichtigen Ingredienz vieler Parfüme, z. B auch von „Kölnisch Wasser". Es kommt in der Bergamotte vor, einer mediterranen Zitrusfrucht. Schon im Altertum galt Bergamotteöl als wirksames Bräunungsmittel, was auf die photosensibilisierende Wirkung hindeutet. Psoralen lagert sich zwischen die beiden Stränge in der Doppelhelix der DNA ein, ohne eine feste chemische Bindung einzugehen (*Interkalation*). Es besitzt eine typische Absorption im UV-A, also einem Bereich, in dem die DNA selbst kaum absorbiert. Nach einer Exposition mit UV-A läuft eine photochemische Reaktion ab, durch die eine kovalente Bindung zwischen den Einzelsträngen aufgebaut wird. Damit wird die Replikation verhindert und die weitere Zellteilung unterbunden. Auf die beschriebene Weise kann man Hautkrankheiten mit UV-Licht behandeln, ohne sie der UV-B-Strahlung aussetzen zu müssen.

In der Praxis wird nicht Psoralen selbst, sondern das Derivat 8-Methoxypsoralen (8-MOP) verwendet. Es lässt sich als Bestandteil von Salben oder Cremes auf befallene Stellen auftragen, so dass diese selektiv reagieren und nicht größere Hautpartien in Mitleidenschaft gezogen werden.

Photosensibilisatoren gewinnen mehr und mehr an Bedeutung. Eine wichtige Variante stellt die „photodynamische Therapie" (PDT) dar. Obwohl dem Konzept nach ähnlich wie PUVA unterscheidet sie sich davon vor allem durch die verwandten Substanzen und Frequenzbereiche, den Wirkungsmechanismus und die Breite des Anwendungsspektrums. Als wirksames Agens hat sich zunächst Hämatophyrinderivat bewährt, ein Abbauprodukt des Blutfarbstoffs Hämoglobin. Heute gibt es verschiedene neu entwickelte Substanzen, welche aber alle auf dem gleichen Wirkungsprinzip beruhen. Das eingestrahlte Licht (im roten sichtbaren Spektralbereich) wird von dem Porphyrinring absorbiert, wodurch das Molekül in einen angeregten Zustand gehoben wird. Ist Sauerstoff in der Nähe, so kann die Anregungsenergie auf diesen übertragen werden, als Folge entsteht der sehr reaktionsfreudige „Singulett-Sauerstoff", der ähnlich wie ein freies Radikal wirkt und biologische Strukturen zerstören kann. Die wirksamen Substanzen können entweder injiziert (systemische Verabreichung) oder lokal appliziert werden. Manche von ihnen werden in Tumorzellen stärker angereichert als in Normalgewebe, eine gute Ausgangssituation für die Therapie.

PDT besitzt ein weites Anwendungsgebiet. Naheliegend ist die Behandlung von Veränderungen der Haut, die immer noch einen großen Anteil ausmachen. Dazu gehören gutartige, aber sehr unangenehme Krankheiten wie die erwähnten Schuppenflechte und Weißfleckenkrankheit, aber auch Vorstufen von Hautkrebs wie „aktinische Keratosen" und das Basaliom (Basalzellenkrebs der Haut). PDT wird auch benutzt, um die tückische altersabhängige feuchte Makuladegeneration aufzuhalten. Die Bestrahlung kann dabei durch die Augenlinse erfolgen, wobei es von Vorteil ist, dass sichtbare Strahlung, und nicht ultraviolette Strahlen verwendet werden. Ein neues Feld erschließt sich in der Therapie auch mancher innerer Tumoren, die über Lichtleiter erreicht werden können, z. B. in der Blase, der Mundhöhle und in Kehlkopf und Speiseröhre. Als Lichtquellen werden neben Breitbandstrahlern mit vorgeschalteten Filtern vor allem Laser geeigneter Wellenlänge und vermehrt auch LEDs (*light emitting diodes*) benutzt.

Zum Abschluss dieses Abschnitts sei noch auf eine Lichttherapie eingegangen, die etwas aus dem bisher gesteckten Rahmen fällt. Jeder weiß aus eigener Erfahrung, dass die Lichtverhältnisse unsere Stimmung beeinflussen, sie verändern aber auch physiologische Funktionen und nicht zuletzt das Gleichgewicht der Hormone, wobei dem Melatonin eine wichtige Rolle zukommt (s. Kapitel 6). Bekannt ist der Einfluss einer plötzlichen Umstellung des Tag-Nacht-Rhythmus, der sich in dem berüchtigten „Jetlag" äußert, dauerhafte Nachtarbeit verändert ebenfalls die Harmonie der Körperfunktionen. Negative Wirkungen wie Schlafstörungen oder sogar Depressionen können die Folge sein. Gezielte Belichtungen mit sonnenähnlichem Licht, so genannte „Lichtduschen", können hier die Symptome in vielen Fällen zumindest abmildern.

Das weite Feld der Lasermedizin kann hier nur erwähnt, aber nicht besprochen werden. Diese Strahlenquellen zeichnen sich durch drei wichtige Eigenschaften aus: gute Fokussierbarkeit und damit hohe erreichbare Leistungsdichten, sehr schmale spektrale Bandbreiten, gute Ankoppelbarkeit an Lichtleiter. Sie bestimmen die Einsatzgebiete, z. B. in der Augenheilkunde, der Dermatologie, der

Kieferheilkunde, der Urologie und der Gynäkologie. Die hohen Leistungen erlauben die Verwendung zu mikrochirurgischen Zwecken, gewissermaßen wie ein „optisches Skalpell". In der Endoskopie sind Laser in Verbindung mit Lichtleitern nicht mehr wegzudenken.

8.4
Hochfrequente Felder

Hier ist vor allem die „Diathermie" zu nennen. Sie beruht darauf, dass hochfrequente Felder je nach Frequenz mehr oder weniger weit in den Körper eindringen und dort zur Erwärmung führen. Die Strahlenwirkung ist also indirekt, entscheidend für den therapeutischen Erfolg ist allein die Temperaturerhöhung. Als „Kurzwellentherapie" kann die Methode schon auf eine längere Geschichte zurückblicken, in neuerer Zeit wurde es möglich, auch höhere Frequenzen einzusetzen („Mikrowellentherapie"). Klassische Anwendungen liegen im rheumatischen Symptombereich, bei Arthrosen und Muskelverspannungen. Neuerdings ist die „Hyperthermie" in der Onkologie hinzugekommen. Man erhofft, durch lokale Überwärmung auf über 40 °C Tumorgewebe zu zerstören oder auf Grund synergistischer Wechselwirkungen die Effizienz von Chemo- oder Strahlentherapie zu erhöhen. Die Hyperthermie gehört gegenwärtig (noch?) nicht zu den anerkannten Heilverfahren, aber es läuft dazu eine Reihe von klinischen Studien. Der Entwicklung hat es sicher auch geschadet, dass Überwärmungen oft im Rahmen „alternativer" Heilmethoden nicht selten in unreflektierter Weise propagiert wurde. Der ärztliche Gemeinsame Bundesausschuss hat zur Gesamtproblematik im Jahre 2005 eine sehr umfangreiche Stellungnahme vorgelegt [77], die zu dem Schluss kommt, „dass der Nutzen, die medizinische Notwendigkeit und Wirtschaftlichkeit der hier beratenen Hyperthermieverfahren ... nach gegenwärtigem Stand der wissenschaftlichen Erkenntnisse nicht valide belegt sind".

Die Forschung geht intensiv weiter, die zukünftige Entwicklung bleibt abzuwarten.

9
Strahlen und Lebensmittel

9.1
Einleitung

Wenn es um unsere Nahrung geht, verstehen wir in Deutschland wenig Spaß. Ausnahmsweise wird hier nicht über Qualität und Preise gesprochen, dafür haben wir das Fernsehen, sondern über Zusammenhänge von Lebensmitteln und Strahlen. Auch darüber lassen sich die Medien ausführlich bei passenden und manchmal auch unpassenden Gelegenheiten aus, wobei der warnende Unterton in der Regel unüberhörbar ist und solide Informationen meist spärlich sind. Dabei gibt es zu dem Thema durchaus Einiges zu sagen, mehr als die Schlagzeilen vermuten lassen.

Die Radioaktivität steht im Zentrum des Interesses, immer dann vor allem, wenn es irgendwo auf der Welt zu Freisetzungen gekommen ist. Die Haltbarmachung durch Strahlen hat bei uns eine so schlechte Presse, dass über dieses Thema kaum noch gesprochen wird – zu Unrecht. Und nicht zu vergessen, auch die Mikrowellen in der Küche gehören zu den Strahlen. Ein Grund, auch über diese praktische und beliebte Anwendung zumindest einige wenige Worte zu verlieren.

9.2
Radioaktivität in Lebensmitteln

Die schlechte Nachricht zuerst: Es gibt kein Lebensmittel ohne Radioaktivität. Schuld ist nicht die Kernenergie, sondern die Erdgeschichte. Als unser Planet entstand, gab es eine Menge radioaktiver Elemente. Die meisten sind mittlerweile zerfallen, aber einige sind uns geblieben, weil sie eine lange Halbwertszeit besitzen. Man nennt sie „primordial" (s. a. Kapitel 10). Für unser Leben spielt dabei in erster Linie das Isotop Kalium-40 eine Rolle. Es ist ein Gamma- und Betastrahler und verfügt über die beachtliche Halbwertszeit von 1,3 Milliarden Jahren, im natürlichen Kalium findet man es mit einem Anteil von 0,012%. Da Kalium ein unverzichtbarer Bestandteil unserer Lebensmittel ist, auf den wir nicht verzichten können, lässt es sich nicht vermeiden, dass wir täglich Radioaktivität zu uns nehmen. Abbildung 9.1 gibt einige Beispiele. Selbst unser Trinkwasser strahlt,

Strahlen und Gesundheit: Nutzen und Risiken, 1. Auflage. Jürgen Kiefer
© 2012 Wiley-VCH Verlag GmbH & Co. KGaA. Published 2012 by Wiley-VCH Verlag GmbH & Co. KGaA.

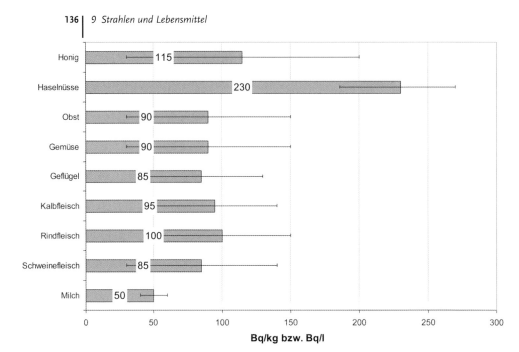

Abb. 9.1 Radioaktivitätskonzentrationen durch Kalium-40 in einigen Lebensmitteln. Die Zahlen geben Mittelwerte an, die Balken die Spanne zwischen Minimal- und Maximalwert. (Quelle: Bayerisches Landesamt für Gesundheit und Lebensmittelsicherheit [78]).

wenn auch sehr wenig, die Aktivitäten liegen sehr deutlich unter 1 Bq/l. Bei einigen Mineralwässern und vor allem sogenannten Heilwässern, die man in Badeorten zum Wohle der Gesundheit zu sich nimmt, kann es deutlich mehr werden. Der Grund ist hier nicht Kalium-40, sondern Radium und Radon.

Nach der Havarie in Tschernobyl erfasste Deutschland eine Welle der Aufregung, was zu einem Verkaufsrekord von Geigerzählern führte und zum Unterpflügen ganzer Felder. Die dem Autor meist gestellte Frage lautete damals: „Wie viel Sievert sind x Becquerel?" und man war enttäuscht, dass die Antwort nicht so ganz einfach ist. Den Weg zu ihr zu beschreiben, soll hier dennoch versucht werden, jedenfalls in Grundzügen. Man muss dazu aber etwas ausholen.

Wenn radioaktive Stoffe entweder über die Nahrung oder auch die Atemluft in den Körper gelangen, so verteilen sie sich zunächst über Blut- und Lymphbahnen (Abb. 9.2). Je nach ihrer chemischen Konstitution werden sie in bestimmten Organen u. U. besonders angereichert („Zielorgane"). Das Paradebeispiel für eine solche Selektivität ist die Schilddrüse mit ihrer besonderen Affinität zu Jod. Es gibt jedoch auch Elemente die praktisch überall im Körper benötigt werden. Dazu gehört das Kalium, welches ein essentieller Bestandteil aller Zellen ist. Im Zuge der Stoffwechselprozesse werden eingebaute Substanzen auch wieder abgebaut. Selbst langlebige Radionuklide verbleiben nicht ewig im Körper, sie werden über Urin oder Stuhl ausgeschieden.

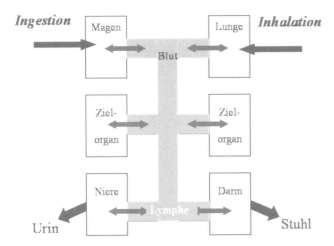

Abb. 9.2 Der Weg radioaktiver Substanzen im menschlichen Körper. Über die Aufnahmeorgane (Magen bei der Ingestion, Lunge bei der Inhalation) gelangen sie über Blut- oder Lymphbahnen zu den Zielorganen, aus denen sie je nach chemischer Zusammensetzung wieder abgegeben und über Urin oder Faeces (Stuhl) wieder ausgeschieden werden.

Analog zur Zerfallshalbwertzeit kann man so eine „biologische Halbwertszeit" definieren, die angibt, wie lange es dauert, bis die Hälfte der eingebrachten Stoffe den Körper wieder verlassen hat. Physikalischer Zerfall und biologische Ausscheidung beeinflussen entscheidend Dauer und Stärke der Exposition. Man kann damit eine „effektive Halbwertszeit" einführen, die beide Faktoren berücksichtigt. Auch wenn es ein wenig Mathematik darstellt, soll die Formel gebracht werden, weil sie klarmacht, dass die effektive Halbwertszeit immer kleiner ist als eine der beiden Komponenten und dass ihr Wert immer von dem kürzeren Beitrag dominiert wird.

Es gilt:

> Der Kehrwert der effektiven Halbwertszeit ist gleich der Summe der Kehrwerte von physikalischer und biologischer Halbwertszeit.

Diesen komplizierten Satz kann man auch einfacher haben, nämlich

$1/T_{\text{eff}} = 1/T_{\text{phys}} + 1/T_{\text{bio}}$

(T_{eff}: effektive Halbwertszeit, T_{phys}: physikalische Halbwertszeit T_{bio}: biologische Halbwertszeit)

Wenn man sich diese Formel etwas näher ansieht, erkennt man, dass die kleineren Werte wichtiger sind als die größeren, weil die Kehrwerte großer Zahlen recht klein werden und damit auf der rechten Seite der Gleichung verschwinden. Das heißt, in jedem Fall bestimmt die kürzere Halbwertszeit die effektive Dauer der Exposition. Aus diesem Grunde benutzt man in der Nuklearmedizin auch immer Isotope mit kurzen physikalischen Halbwertszeiten, weil man sich dann über die Verweildauer im Körper keine besonderen Gedanken machen muss. Es gilt aber auch nach derselben Überlegung, dass eine lange Halbwertszeit nichts aussagt über die Toxizität eines Radionuklids in unserem Körper. Mit dem Verbleib in der Umwelt ist es natürlich etwas anderes.

Aus der Dauer der Einwirkung, der Gesamtzahl der im Körper erfolgten Zerfälle und der pro Zerfall im Zielorgan deponierten Energie kann man die Dosis abschätzen und durch Multiplikation mit dem Gewebewichtungsfaktor (s. Kapitel 15) auch die effektive Dosis berechnen. So gelangt man also (im Prinzip) von den aufgenommenen „Becquerel" letztlich zu den erwünschten „Sievert".

Die tatsächlichen Berechnungen können ziemlich kompliziert werden, aber es gibt Tabellen, in denen man nachsehen kann. Sie sind über die Homepage des Bundesamtes für Strahlenschutz erreichbar [79]. Will man nun abschätzen, was ein vielleicht kontaminiertes Lebensmittel zur Strahlenbelastung beitragen könnte, muss man wissen, welche Menge davon gegessen wird. Dies könnte ein abendfüllendes Thema werden. Um solche Diskussionen zu vermeiden, hat man für Strahlenschutzzwecke die „Referenzperson" erfunden und deren Verzehrgewohnheiten gewissermaßen gesetzlich festgelegt. Sie stehen in der Anlage VII zur Strahlenschutzverordnung und sind in Tabelle 9.1 reproduziert. Es handelt sich um Mittelwerte, die je nach Geschlecht und Region kräftig variieren können. Um dem Rechnung zu tragen (z. B. Fischverzehr in Norddeutschland oder Fleisch in Bayern), sind Korrekturfaktoren zwischen 1,6 und 5 vorgesehen.

Tabelle 9.1 Verzehrgewohnheiten des „Referenzmenschen" [80]. Angaben in kg/Jahr bzw. Liter/Jahr.

Altersgruppe (Jahre)	< 1	1 bis 2	2 bis 7	7 bis 12	12 bis 17	> 17
Trinkwasser (2)[1]	55	100	100	150	200	350
Muttermilch (1,6)	200					
Milch (3)	45	160	160	170	170	130
Fisch (5)	0,5	3	3	4,5	5	7,5
Fleischprodukte, Eier (2)	5	13	50	65	80	90
Getreideprodukte (2)	12	30	80	95	110	110
Obst, Säfte etc. (3)	25	45	65	65	60	35
Wurzelgemüse, Kartoffeln (3)	30	40	45	55	55	55
Blattgemüse (3)	3	6	7	9	11	13
Gemüseprodukte (3)	5	17	30	35	35	40
Atemrate Kubikmeter/Jahr	1100	1900	3200	5640	7300	8100

1 Zahlen in Klammern geben die Korrekturfaktoren an.

Um dem mündigen Bürger zu ersparen, vor jeder Mahlzeit rechnen zu müssen, hat die EU nach Tschernobyl Grenzwerte für verschiedene Radionuklide festgelegt, die nicht überschritten werden dürfen, wenn Nahrungsmittel in den Verkehr gebracht werden (Tabelle 9.2). Im Gefolge vom Fukushima erhoben sich wieder besorgte Stimmen, und es gab ein Aufflammen der alten Diskussion, die dadurch nicht gerade einfacher wurde, dass die alten Grenzwerte abgesenkt wurden, was damit begründet wurde, dass es nur sehr geringe Einfuhren von Nahrungsmitteln aus Japan gibt. Das nützte eigentlich niemandem, aber füllte viele Zeitungsspalten und noch mehr Webblogs. Man hat das später, vor allem auf Initiative Deutschlands, wieder korrigiert. Die Angaben in Tabelle 9.2 entsprechen dem heutigen Stand.

Es ist ganz instruktiv, einmal mit diesen Zahlen etwas rechnend zu spielen. Nehmen wir an, eine erwachsene Person ernähre sich stark von Fleisch, esse also 180 kg pro Jahr (Korrekturfaktor 2 aus Tabelle 9.1) und dieses sei durchgängig mit Caesium-137 an der gerade noch erlaubten Grenze von 500 Bq/kg kontaminiert. Dann nimmt sie im Jahr 90.000 Bq auf. Mit dem Dosiskoeffizienten aus Tabelle 9.2 errechnet man daraus 1,17 mSv, also ein kleinwenig mehr als der Grenzwert für die allgemeine Bevölkerung nach der Strahlenschutzverordnung. Keine Frage, Radioaktivität in Lebensmitteln ist gefährlich, aber es lohnt sich, auch bei diesem brisanten Thema einen kühlen Kopf zu bewahren und ab und an auch nachzurechnen.

Es gibt einen vom Ansatz her einfachen Weg, die Aufnahme von Radioaktivität mit der Nahrung zu reduzieren (nein, nicht die Fastenkur …), nämlich ein Überangebot an nicht radioaktiven Isotopen desselben Elements. Da unser Körper nicht differenziert, wird er das strahlende Radionuklid weitgehend verschmähen. In der Praxis funktioniert das nicht oft, am besten, wenn es sich um ein Spurenelement handelt und eine ausgeprägte Organspezifität vorliegt, also z. B. bei Jod und der Schilddrüse. Man kann so die schlimmen Auswirkungen einer Freisetzung von I-131 bei einem Nuklearunfall durch Gabe von Kaliumjodidtabletten zumindest

Tabelle 9.2 Radioaktivitätsgrenzwerte (Bq/kg bzw. Bq/l) der EU, bis zu denen Nahrungsmittel in den Verkehr gebracht werden dürfen. Quelle: BfS.

Element	Nahrungsmittel für Säuglinge und Kleinkinder	Milch und Milcherzeugnisse	Andere Nahrungsmittel	Flüssige Nahrungsmittel	Dosiskoeffizient[1] Sv/Bq
Strontium[2]	75	125	750	125	$2{,}8 \times 10^{-8}$
Jod[3]	100	300	2000	300	$2{,}2 \times 10^{-8}$
Plutonium[4]	1	1	10	1	$2{,}5 \times 10^{-7}$
Caesium[5]	200	200	500	200	$1{,}3 \times 10^{-8}$

1 aus: [81],
2 Dosiskoeffizient für Sr-90,
3 I-131,
4 Pu-239,
5 Cs-140

abmildern. Warum das in der ehemaligen Sowjetunion nach Tschernobyl nicht geschah, bleibt unerfindlich. Man hätte so den später festgestellten dramatischen Anstieg von Schilddrüsenkrebs bei Kindern wenn nicht vermeiden, so doch stark reduzieren können. Allerdings ist auch hier Vorsicht angesagt: Hohe Jodgaben können problematisch sein, vor allem in höherem Alter, Prophylaxe ist also nur sinnvoll, wenn tatsächlich nachgewiesene Gefahr besteht. Der Run nach Jodtabletten in Deutschland nach Fukushima war daher in vielerlei Hinsicht mehr als töricht.

9.3
Lebensmittelbestrahlung

Eigentlich handelt es sich hier um eine gute Idee, die allerdings – vor allem bei uns – in Misskredit geraten ist. Wer, wie der Autor, einige Zeit in tropischen Ländern gearbeitet hat, sieht die Angelegenheit deutlich entspannter. Da Strahlung die Zellvermehrung hemmt, kann man diese Eigenschaft auch dazu nutzen, unerwünschte Keime wie Bakterien und Pilze zu unterdrücken und damit die Lebensdauer von Nahrungsmitteln zu verlängern und Lagerungsverluste zu vermeiden. Allerdings gibt es einen Pferdefuß: man benötigt sehr hohe Dosen, denn diese Einzeller sind sehr strahlenresistent, unter einigen Kilogray kann man nichts ausrichten. Technisch stellt das kein Problem dar, und auch die Kosten lassen sich beherrschen. Häufig setzt man als Strahlenquellen Gammastrahler ein (besonders C-60 ist sehr beliebt). Ihre Energie muss hoch genug sein, damit das Bestrahlungsgut auch gut durchdrungen wird. Verwendet werden auch Elektronenlinearbeschleuniger, ähnlich wie in der Strahlentherapie, mit denen sich noch höhere Energien erreichen lassen, allerdings mit größeren Kosten. Die Tatsache, dass Radionuklide benutzt werden, hat zu der unsäglichen Formulierung geführt, die Lebensmittel würden „radioaktiv bestrahlt", was viele besorgte Menschen zu der Annahme verführt, die Nahrung selbst werde radioaktiv. Das ist Unsinn, denn so wenig wie wir, wenn wir von einer Röntgendiagnose kommen, zu Strahlenquellen geworden sind, so wenig geschieht das bei Lebensmittelbestrahlung. Es ist einzuräumen, dass durch Gammastrahlen sehr hoher Energie durchaus Radioaktivität induziert werden kann (man nennt das „Kernphotoeffekt"), aber dieses Phänomen ist gut bekannt und kann bei den verwendeten Anlagen aus physikalischen Gründen grundsätzlich nicht auftreten, da die notwendigen Schwellenenergien bei weitem nicht erreicht werden.

Es spräche also eigentlich nichts gegen die Benutzung der Lebensmittelbestrahlung. Aber es gibt einige ernstzunehmende Kautelen. Nicht alle Nahrungsmittel sind für diese Technologie geeignet. Dazu gehören vor allem diejenigen, welche einen hohen Wassergehalt aufweisen. Bei ihnen entstehen freie Radikale in großer Zahl, welche die Struktur zerstören und somit die Qualität, auch optisch, herabsetzen. Einen bestrahlten Salatkopf mag niemand kaufen, geschweige essen. Bei Fleisch und Fisch ist das anders, besonders, wie in den Tropen häufig, wenn sie getrocknet werden. Es wird oft befürchtet, dass die strahleninduzierten Radikale in der Nahrung verbleiben und sie damit gewissermaßen „vergiften". Das ist sicher nicht der Fall, denn ihre Lebensdauer ist extrem kurz. Allerdings muss man einräumen, dass die strahlenchemischen Prozesse auch die trockene Nahrung verändern. Frische Kost bleibt immer die beste, aber auch andere Konservierungsmethoden sind alles andere als spurenlos, wie auf jeder Packung die Liste der zugesetzten Stoffe demonstriert. Es mag jeder für sich entscheiden, ob er (oder sie) Benzoesäure und Verwandte für bekömmlicher hält als Spuren strahlenchemischer Produkte. Unzählige Untersuchungen sind durchgeführt worden, um festzustellen, ob strahlenbehandelte Lebensmittel toxische oder auch mutagene Substanzen enthalten, ein Nachweis wurde bisher nicht gefunden. Die Weltgesundheitsorganisation WHO hat sich des Öfteren mit der Problematik befasst und unter Mitwirkung einer großen Zahl internationaler Experten einen umfangreichen Bericht (mehr als 500 Literaturstellen) herausgebracht [82] und kommt zusammenfassend zu dem Schluss:

> *"On the basis of the extensive scientific evidence reviewed, the report concludes that food irradiated to any dose appropriate to achieve the intended technological objective is both safe to consume and nutritionally adequate. The experts further conclude that no upper dose limit need be imposed, and that irradiated foods are deemed wholesome throughout the technologically useful dose range from below 10 kGy to envisioned doses above 10 kGy."*

> ("Auf der Grundlage der umfangreichen wissenschaftlichen Beweislage kommt der Bericht zu dem Schluss, dass Lebensmittel, die mit Dosen bestrahlt wurden, die geeignet waren, das angestrebte technologische Ziel zu erreichen, sowohl in Bezug auf den Verzehr sicher als auch im Hinblick auf den Nährwert angemessen sind. Die Experten stellen darüber hinaus fest, dass Dosisobergrenzen nicht gefordert werden müssen und dass bestrahlte Nahrungsmittel als bekömmlich angesehen werden können und zwar über einen technologisch nützlichen Bereich von unter 10 kGy bis zu in Betracht gezogenen Dosen über 10 kGy.")

Das Bundesministerium für Ernährung, Landwirtschaft und Verbraucherschutz teilt diese Auffassung [83]. Die rechtliche Lage in der EU ist uneinheitlich, auf jeden Fall besteht Kennzeichnungspflicht. In Deutschland gilt die Lebensmittelbestrahlungsverordnung aus dem Jahre 2000 [84], in der u. a. festgestellt wird, dass die Bestrahlung von Gewürzen und aromatischen Kräutern mit Dosen bis 10 kGy zugelassen ist, außerdem die Behandlung von Trinkwasser, der Oberfläche von Gemüse und Gemüseerzeugnissen sowie der Oberfläche von Hartkäse mit ultravioletten Strahlen. Hier ist auch die Kennzeichnungspflicht festgeschrieben. Eine Übersicht über die internationale Lage kann man aus einer Datenbank der Internationalen Atomenergieagentur IAEA gewinnen [85]. Aus ihr geht hervor, dass die Lebensmittelbestrahlung in vielen Ländern angewandt wird und beileibe nicht nur für Gewürze.

Es sieht demnach so aus, dass Bedenken übertrieben sind, aber es darf nicht unterschlagen werden, dass es durchaus auch ernsthafte Einwände gibt. Sie kommen weder aus der Physik noch der Strahlenchemie, sondern der Biologie. Man muss sich klar darüber sein, dass eine vollständige Sterilisation auch bei deutlich höheren Dosen nicht möglich ist – eine gewisse Keimzahl bleibt immer übrig, die bei Lagerung im Warmen nach und nach aufwachsen. Durch die Bestrahlung wird das mikrobielle Spektrum aber verändert, besonders resistente Bakterien sind dann in der Überzahl und bestimmen das Bild. Das ist durchaus wörtlich zu nehmen, die möglicherweise verdorbenen Speisen sehen anders aus, als es die erfahrene Hausfrau gewohnt ist. So können gefährliche Verunreinigungen übersehen werden. Leider sind es vor allem besonders toxische anaerobe Keime die dann zum Tragen kommen, z. B. *Clostridium botulinum*, welches das Nervengift Botulinumtoxin produziert und das u. U. durch Atemlähmung zum Tode führen kann. Dass es unter dem Namen „Botox" neuerdings auch zur Faltenglättung in der Schönheitspflege eingesetzt wird, sei nur am Rande bemerkt.

Auch Trinkwasser gehört zu den Lebensmitteln, genau genommen ist es sogar das wichtigste. Nach Angaben der Weltgesundheitsorganisation sterben jährlich zwei Millionen Menschen an den Folgen von verunreinigtem Trinkwasser, zum Beispiel durch Infektionen oder an Durchfallerkrankungen [86]. Eine wirksame Desinfektion wäre daher ein Segen. Mit ultraviolettem Licht, genauer UV-C, ist das möglich. Man benutzt dazu Quecksilberstrahler, neuerdings auch *Light Emitting Diodes* (LEDs). Bedenken gegenüber dieser Technologie lassen sich nicht erkennen, vielleicht abgesehen von technischen Problemen des Anlagenbaus. Eine gute kurze Diskussionsgrundlage hat die Bundesvereinigung der Firmen im Gas- und Wasserfach e.V. herausgegeben [87].

Zusammenfassend kann man sagen, dass die Strahlenbehandlung von Lebensmitteln zur Keimreduktion Potenziale besitzt. Auf Grund der Kennzeichnungspflicht bleibt dem Verbraucher die Entscheidung überlassen, wie er damit umgehen will (außer bei Trinkwasser). Dieser Abschnitt sollte dazu Hintergrundinformation liefern.

9.4
Und die Mikrowelle in der Küche?

Auch Mikrowellen gehören als elektromagnetische Felder unter den Oberbegriff „Strahlung". Das erste Mal lernte ich sie kennen, als ich kurz nach meinem Diplomexamen mit Elektronen-Spin-Resonanz-Spektrometern experimentierte (die Technik ist fast so kompliziert wie der Name, aber keine Details hier). Das war1962. Sehr viel später, Anfang der 1980er Jahre, lebte ich anlässlich eines Forschungsaufenthaltes für ein paar Wochen in einem Studentenheim in Berkeley in der Nähe von San Francisco und war beeindruckt, dass in dem dortigen Speisesaal an jeder Ecke Mikrowellenöfen standen, die fleißig benutzt wurden, um die „hot dogs" auf die richtige Temperatur zu bringen. Mittlerweile sind diese nützlichen Geräte in nahezu jeder Küche zu finden. Es ist daher nicht eben verwunderlich, dass sich allerlei wilde Gerüchte um sie ranken. Man braucht nur unter „Essen und Mikrowelle" zu googeln, um sich je nach Gemüts- und Kenntnislage entweder zu vergnügen, zu ärgern oder zu sorgen. Dabei gibt es eigentlich keine Geheimnisse, denn Prinzip und Verfahren sind einfach. Mikrowellen sind elektromagnetische Felder sehr hoher Frequenz, handelsüblich 2,5 GHz, (damit im Bereich des UMTS-Mobilfunks und von WLAN, worauf schon in Abschnitt 7.2.4 hingewiesen wurde). Treffen sie auf wasserhaltige Produkte, so stoßen sie die H_2O-Dipole an, die sich im Takt des Feldes bewegen und durch Reibung mit der Umgebung Wärme erzeugen. Es handelt sich dabei übrigens nicht um ein Resonanzphänomen, das gibt es nur in einem ganz anderen Frequenzbereich, nämlich im Infraroten. In der Sprache der Physik heißt der Vorgang „dielektrische Relaxation", seine Erklärung geht auf den niederländischen Forscher Peter Debye (1884–1966, Nobelpreis für Chemie 1936) zurück. Die Eindringtiefe in das zu erhitzende Gut ist relativ gering, nur wenige Zentimeter, weshalb die Mikrowellenerwärmung sich auch besonders für kleinere Portionen eignet, Kartoffeln kocht man besser nach Großmutterart auf dem Herd. Die Erwärmung verläuft einigermaßen homogen, im Unterschied von Topf oder Pfanne, wo sie von außen nach innen verläuft. Die Energieübertragung beruht in diesem letzteren Fall überwiegend auf Wärmeleitung, im Suppentopf kommt noch Konvektion hinzu. Bei der Mikrowelle sind die elektromagnetischen Felder die Überträger, die Physik ist also schon anders als im traditionellen Herd mit seinen Heizplatten. Heiß wird es durch Mikrowellen vor allem dort, wo sich Wasser befindet. Deshalb bleiben die Gefäße auch kalt, wenn sie sich nicht mit Wasser vollgesogen haben, was bei porösem Steingutgeschirr passieren kann. Recht kühl bleibt auch die Schale eines Hühnereis, sie wird nicht genau so heiß wie das Innere, weshalb es zu einer kleinen Explosion kommen kann. Manchmal ist so etwas Ähnliches aber auch erwünscht. Es heißt, die erste größere Anwendung von Mikrowellenöfen sei die Herstellung von Popcorn gewesen. Der zeitweise im Internet kursierende Witz, in welchem mit drei Handys Popcorn hergestellt wurde, war zwar originell, entbehrt aber jeden Bezuges zur Realität. Die Frequenz stimmt zwar, aber die Leistung ist bei weitem zu gering. Ein origineller Scherz, aber auch nicht mehr, und vor allem kein Anlass, das Handy zu entsorgen!

Aus den beschriebenen Gründen kann man auch keine Bratkartoffeln in der Mikrowelle bereiten. Das häufig angebotene Bräunungszubehör besteht aus Materialien, die sich ebenfalls durch die Mikrowellenabsorption stark erhitzen und so auf die Oberfläche der Nahrungsmittel von der Oberfläche her einwirken. Man hat so eine zusätzliche Herdplattensimulation.

Über die Geräte und mögliche technische Gefahrenquellen wurde schon im Abschnitt 7.2.4 gesprochen, eine Wiederholung erübrigt sich daher. Betont sei aber noch einmal, dass die Feldstärken im Inneren nicht gering sind, in metallischen Gegenständen können durch sie nicht unerhebliche Spannungen induziert werden, die zu Funkenüberschlägen oder auch so starken Strömen führen können, so dass Überhitzungen und sogar Metallschmelzen auftreten. Löffel, Gabeln etc. müssen also unbedingt draußen bleiben.

Mit dem Gesagten ist die Funktionsweise zwar etwas verkürzt, aber einigermaßen vollständig beschrieben (auf weitergehende kulinarische Hinweise muss leider verzichtet werden). Außer der Erwärmung geschieht nichts, es gibt keine spezifischen resonanzähnlichen Absorptionsvorgänge, auch keine „Aufladung" oder etwa induzierte Radioaktivität. Veränderungen von Inhaltsstoffen wie Proteinen oder Vitaminen sind nicht anders als bei anderen Methoden der Erhitzung. Es gibt also keine spezielle Gefährdung durch eine Speisenzubereitung im Mikrowellenofen. Alle anders lautenden Berichte gehören in die Kategorie „Märchenstunde", also einen anderen Teil des Bücherschranks!

10
Strahlen in unserer Umwelt

10.1
Übersicht

Wenn die Rede auf Strahlen und mögliche gesundheitliche Wirkungen kommt, gehen die Gedanken in den meisten Fällen wohl in Richtung Kernenergie, möglicherweise denkt man auch an medizinische Anwendungen. Dass aber auch unsere natürliche Umwelt Strahlenquellen birgt, wird sehr viel seltener wahrgenommen, obwohl ihr Beitrag keineswegs unerheblich ist. Bei der Entstehung unseres Planeten spielten kernphysikalische Prozesse eine große Rolle und führten zur Entstehung von Radionukliden, die zum Teil auch heute noch präsent sind. Es gibt Abschätzungen, dass der größte Teil der Erdwärme auf radioaktiven Zerfall im Erdkern zurückgeht. Aber auch in oberflächennahen Schichten gibt es viel Radioaktivität, deren Ausmaß allerdings je nach geologischer Formation sehr stark schwanken kann. Das gilt auch für Deutschland, mehr aber noch weltweit. Es gibt Gebiete in Indien oder Brasilien, wo die natürliche Radioaktivität zehnmal größer ist als im Weltdurchschnitt. Hinzu kommen Expositionen aus der zivilisatorischen Strahlennutzung. Den Hauptanteil hat hier die Medizin zu vertreten, vor allem durch diagnostische Maßnahmen.

Das Bundesamt für Strahlenschutz (BfS) verfolgt und dokumentiert im Auftrag der Bundesregierung alle Strahlenexpositionen in Deutschland und legt dazu jährlich einen detaillierten Bericht vor, der über seine Internetseite allgemein zugänglich ist [88]. Weltweit wird diese Aufgabe von der United Nations Scientific Commission on the Effects of Atomic Radiation (UNSCEAR) wahrgenommen, auch diese Berichte, die üblicherweise im Abstand von ca. fünf Jahren publiziert werden, sind im Internet verfügbar [89].

Abbildung 10.1 zeigt eine allgemeine Übersicht, deren Inhalt vielleicht manchen überraschen wird. Zunächst erkennt man eine ziemlich klare Zweiteilung auf natürliche und zivilisatorische Quellen, beide tragen 2,1 bzw. 1,9 mSv pro Jahr zu der jährlichen durchschnittlichen Gesamtdosis von 4 mSv bei. Den Löwenanteil an der vom Menschen zu verantwortenden Exposition liefern nicht etwa die Kernenergie und andere technische Anwendungen (mit 0,4% sind sie fast vernachlässigbar), sondern die Medizin, wobei vor allem die Röntgendiagnostik eine herausragende Rolle spielt. Das Bild ist allerdings etwas verzerrt. Da es nur

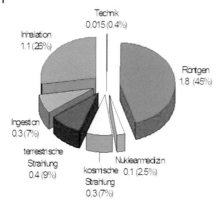

Abb. 10.1 Verteilung der durchschnittlichen Exposition auf verschiedene Quellen in Deutschland pro Einwohner und Jahr in mSv pro Jahr. Quelle: BfS.

Durchschnittswerte angibt, geht unter, dass gerade die medizinischen Untersuchungen nicht auf alle Bevölkerungsgruppen gleich verteilt sind, sondern vor allem ältere Patienten betreffen. Auf dies und einige andere Aspekte wird später noch ausführlicher eingegangen.

Die natürlichen Expositionen sind ebenfalls nicht gleich verteilt, sie variieren je nach geographischer Lage, Höhe und geologischer Formation. Im Weltmaßstab (2,4 mSv/Jahr) liegt Deutschland bei den Umweltquellen im Durchschnitt, nicht aber bei den medizinischen Untersuchungen, hinter den USA und Japan nehmen wir die dritte Stelle ein, deutlich z. B. vor Großbritannien, das nur ungefähr auf die Hälfte des deutschen Wertes kommt.

10.2
Umweltstrahlung und ihre Bedeutung

10.2.1
Natürliche Strahlenquellen

Die Menschheit befindet sich seit ihrer Existenz in einem natürlichen Strahlenfeld, das im Lauf der Erdgeschichte mehr und mehr in seiner Stärke abgenommen hat, da viele der ursprünglich vorhandenen Radionuklide zerfallen sind. Es speist sich aus verschiedenen Quellen:

- primordiale Radionuklide,
- Weltraumstrahlung,
- kosmogene Radionuklide.

Unter **primordialen Radionukliden** versteht man solche, die bei der Bildung unseres Planeten entstanden sind und deren Halbwertzeit so lang ist, dass sie

Tabelle 10.1 Wichtige primordiale Radionuklide

Nuklid	Halbwertszeit	Strahlenarten
Kalium-40	1,3 Milliarden Jahre	Beta, Gamma
Uran-238	4,5 Milliarden Jahre	Alpha, Gamma
Uran 235	700 Millionen Jahre	Alpha, Gamma
Thorium-232	14 Milliarden Jahre	Alpha, Gamma

heute noch in nennenswerten Mengen vorhanden sind, die wichtigsten sind in der folgenden Tabelle 10.1 aufgeführt.

Kalium-40 zerfällt in einem einzigen Schritt zu dem stabilen Calcium-40 (allerdings gibt es noch einen anderen, jedoch relativ unbedeutenden, Prozess).

Die anderen aufgeführten Elemente haben sehr hohe Kernladungs- und Massezahlen. Sie erreichen ein stabiles Endprodukt erst über viele Zwischenschritte, also über Zerfallsreihen, deren Komponenten auch alle radioaktiv sind, aber kürzere Halbwertszeiten haben als das Startisotop. In der Regel findet man daher an einem Fundort nicht nur das Ausgangsnuklid, sondern mit ihm zusammen auch alle seine Folgeprodukte. Die bekannteste und wichtigste Zerfallsreihe ist die „Uran-Radium-Reihe", die von Uran-238 ihren Ausgang nimmt. Als typisches Beispiel sind in Tabelle 10.2 ihre Bestandteile aufgeführt. Es kommen sowohl Alpha- als auch Betastrahler in ungefähr gleicher Verteilung vor, die meisten emittieren darüber hinaus auch Gammastrahlen. Auch die anderen primordialen Nuklide Uran-235 und Thorium-232 erreichen über längere Zerfallsreihen stabile Endprodukte, die in allen Fällen Bleiisotope sind.

Die Halbwertszeit von Uran-238 entspricht zufälligerweise dem abgeschätzten Erdalter von 4,5 Milliarden Jahren. Dies heißt nichts anderes, dass von dem Uran, das bei der Bildung unseres Planeten entstand, heute noch die Hälfte vorhanden ist, die Menge, die zwischenzeitlich verbraucht worden ist, spielt in diesem Zusammenhang nur eine untergeordnete Rolle. Die Uran-Radium-Reihe weist einige interessante Elemente auf. Da ist zunächst Radium-226, dessen Name sich vom lateinischen *radius* (Strahl) ableitet und das gewissermaßen den Prototyp eines Radionuklids darstellt, was wohl mit der Geschichte seiner Entdeckung durch das Ehepaar Marie und Pierre Curie zusammenhängt. Es nimmt aber auch auf andere Weise eine Sonderstellung ein, weil es in ein gasförmiges Produkt zerfällt, nämlich Radon-222, das auch ein Alphastrahler ist und uns noch weiter beschäftigen wird. Von seinem Entdecker Friedrich Ernst Dorn (1848–1916) im Jahr 1900 in Halle wurde es „Emanation" genannt, unter welcher Bezeichnung man es auch in älteren Publikationen findet.

Es gibt übrigens noch andere gasförmige Alphastrahler, alle Folgeprodukte von Radiumisotopen. Von gewisser Bedeutung ist noch Rn-220, das Folgeprodukt von Ra-224, einem Bestandteil der Thorium-Zerfallsreihe, weshalb es auch „Thoron" genannt wird. Es zerfällt sehr schnell mit einer Halbwertszeit von 56 Sekunden und hat keine große praktische Bedeutung.

Tabelle 10.2 Die Komponenten der Uran-Radium-Reihe mit ihren Halbwertszeiten (a: Jahre, d: Tage, min: Minuten, μs: Mikrosekunden). Die Bezeichnungen der Elemente bedeuten: U: Uran, Th: Thorium, Pa: Protactinium; Ra: Radium, Rn: Radon, Po: Polonium, Pb: Blei, Bi: Wismut. Die Tabelle gibt die Abfolge der Zerfallsreihe wieder.

Betastrahler	Alphastrahler
	U-238
	$4{,}5 \times 10^9$ a
Th-234	
24 d	
Pa-234	
1,2 min	
	U-234
	$2{,}5 \times 10^5$ a
	Th-230
	8×10^4 a
	Ra-226
	1600 a
	Rn-222
	3,8 d
	Po-218
	3 min
Pb-214	
27 min	
Bi-214	
20 min	
	Po-214
	164 μs
Pb-210	
22 a	
Bi-210	
5 d	
	Po-210
	138 d
Pb-206	
stabil	

Die Uran-Radium-Reihe weist noch einen anderen interessanten, recht unangenehmen, Vertreter auf, nämlich Polonium-210. Es ist ein Alphastrahler mit einem sehr schwachen Gammaanteil. Das besondere an ihm ist die ungeheuer große spezifische Aktivität, also die Aktivität pro Masse. Sie beträgt $1{,}67 \times 10^{14}$ Bq/g, ein Mikrogramm emittiert also 167 Millionen Alphateilchen pro Sekunde, rund zwanzig Millionen Mal mehr als dieselbe Menge Radium. Das immer wieder als das „gefährlichste Element" apostrophierte Plutonium-239 erscheint dagegen harmlos, ein Mikrogramm sendet pro Sekunde „nur" 2300 Alphateilchen aus. Wird Polonium-210 mit der Nahrung aufgenommen, so führt schon ein Mikrogramm in wenigen Tagen zum akuten Strahlentod. Bekannt wurde dies einer breiten Öffentlichkeit, als im Jahr 2006 der russische Agent Alexander Litwinenko wahrscheinlich von seinen ehemaligen Geheimdienstkollegen auf diese recht ungewöhnliche Weise umgebracht wurde. Polonium-210 findet sich übrigens auch im Zigarettenrauch, es ist abgeschätzt worden, dass die Dosis bei Inhalation zweier Packungen in der Größenordnung von 1 mSv liegt, aber diese Werte sind umstritten.

Der **Weltraum** stellt eine imposante Strahlquelle dar. Anders als auf der Erde sind es vor allem geladene Teilchen, aus denen das Strahlenfeld besteht. Der Menge nach sind es zu 85% Protonen, 14% Alphateilchen und sogar zu 1% schwere Ionen, bis hin zu Kernen des Eisens. Sie kommen von der Sonne und aus den Tiefen der Galaxien, decken ein weites Energiespektrum ab bis zu Werten, wie sie auf der Erde selbst von den leistungsfähigsten Beschleunigern nicht erreicht werden können. Die Stärke des galaktischen Feldes ist recht konstant, zusätzliche Expositionen können durch die Aktivität der Sonne auftreten. Dabei werden in großen Eruptionen Protonen und Alphateilchen ausgeschleudert, die zwar geringere Energien als die galaktischen Partikel besitzen, diese aber in der Flussdichte deutlich übersteigen können. Zeitpunkt und Ausmaß dieser *solar particle events* sind praktisch nicht vorhersagbar. Sie stellen eine ernstzunehmende Bedrohung nicht nur in der bemannten Weltraumfahrt, sondern auch für die empfindliche Elektronik der Satelliten dar. Auch ohne diese irregulären Ereignisse sind Astronauten deutlich höheren Strahlendosen als auf der Erde ausgesetzt. Die Besatzung der Internationalen Raumstation ISS erhält in ca. drei Tagen dieselbe Dosis wie in einem Jahr auf der Erde, wenn man Durchschnittswerte zugrunde legt. Strahlenschutz im Weltraum stellt eine wichtige und wissenschaftlich faszinierende Aufgabe dar.

Unser Problem sind jedoch die Verhältnisse auf der Erde. Auch hier entfaltet die Weltraumstrahlung ihre Wirkungen und zwar in verschiedener Hinsicht. Die primären Teilchenströme erreichen uns jedoch kaum, denn sie werden zu einem großen Teil (aber nicht vollständig) durch das Magnetfeld der Erde abgelenkt und von ihm eingefangen. In einigen hundert Kilometer Höhe und darüber hinaus gibt es so Strahlengürtel aus Protonen und Elektronen (*van Allen belts*, benannt nach dem amerikanischen Astrophysiker James van Allen (1914–2006), der sie im Jahre 1958 auf Grund von Satellitendaten entdeckte), die sich in komplexen Bahnen zwischen den magnetischen Polen der Erde hin und her bewegen. Nur dort kommen sie übrigens auch der Oberfläche näher, die Nordlichter künden davon.

Die nächste Barriere stellt sich ihnen in Form der Atmosphäre entgegen. Die primären Teilchen treffen dort auf die Luftmoleküle und reagieren mit ihnen, wobei eine ganze Reihe von sekundären Partikeln entsteht (Abb. 10.2).

Dies sind Elektronen, Neutronen und die etwas exotische Spezies der „My-Mesonen", üblicherweise auch als „Myonen" bezeichnet. Auf dem Weg zur Erdoberfläche werden sie in unterschiedlicher Weise abgeschwächt, so dass in großen Höhen sich die Zusammensetzung des Strahlungsfeldes erheblich von dem in oberflächennahen Schichten unterscheidet. Die „Höhenstrahlen", die schon 1912 von dem österreichischen Physiker Victor F. Hess (1883–1964, Nobelpreis 1936) mit Hilfe von Ballonexperimenten entdeckt wurden, bestehen u. a. aus Protonen, Neutronen und Myonen. In der modernen Luftfahrt machen sie sich durchaus

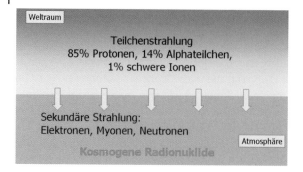

Abb. 10.2 Der Einfluss der Weltraumstrahlung auf das Strahlenfeld der Erde.

bemerkbar, was aber nicht zur Angst vor dem Fliegen führen sollte. Die auftretenden Dosen variieren mit Höhe und geographischer Breite, auch hat die Sonnenaktivität noch einen Einfluss. Abbildung 10.3 zeigt die Durchschnittswerte für Flüge in mittleren Breiten.

Die Werte bewegen sich im Mikrosievertbereich. Für einige populäre Routen sind die Gesamtdosen ermittelt worden, die in Tabelle 10.3 zu finden sind.

Die Schwankungen sind auf unterschiedliche Routen und den Einfluss der Sonnenaktivität zurückzuführen. Die durch die Aufstellung vermittelte Botschaft ist beruhigend. Bei einer maximalen Dosis von 110 µSv gibt es keinen Grund zur Aufregung, auch nicht für Schwangere. Der Schwellenwert für teratogene Veränderungen (50 mSv, s. Kapitel 5) liegt um einen Faktor 500 höher! Wenn also Eltern, die ein Kind erwarten, sich scheuen, eine Flugreise anzutreten, so mag es dafür viele Gründe geben, die mögliche Strahlenbelastung gehört aber sicher nicht dazu.

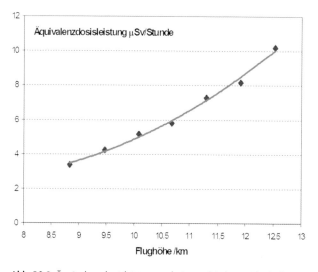

Abb. 10.3 Äquivalenzdosisleistungen bei verschiedenen Flughöhen in mittleren Breiten. Quelle: Regulla und Schraube, 1996 [90].

Tabelle 10.3 Strahlenbelastung bei verschiedenen Flugrouten. Quelle: BfS.

Route	Dosisbereiche in µSv pro Stunde
Frankfurt – Gran Canaria	10–18
Frankfurt – Johannesburg	18–30
Frankfurt – New York	32–75
Frankfurt – Rio de Janeiro	17–28
Frankfurt – Rom	3–6
Frankfurt – San Francisco	45–110
Frankfurt – Singapur	28–50

Etwas anders ist die Situation für Vielflieger und das Personal zu beurteilen. Bei ihnen kommen durchaus nennenswerte Beträge zusammen, aus diesem Grunde wird zumindest das Personal auch überwacht, im Vergleich mit anderen beruflich Exponierten liegt diese Gruppe im vorderen Bereich.

Aber auch auf festem Boden ist der Einfluss der kosmischen Strahlung noch zu spüren. In Deutschland trägt sie durchschnittlich mit 0,3 mSv pro Jahr, das sind 7% des Ganzen, zum Strahlenbudget bei. Begibt man sich allerdings ins Gebirge, so erhält man auch mehr Dosis (über ultraviolette Strahlen wird nicht hier, sondern in Kapitel 6 gesprochen): auf dem Schneefernerhaus der Zugspitze liefert der kosmische Anteil 1 mSv pro Jahr, also mehr als das Dreifache als auf Normalhöhe.

Die kosmische Strahlung liefert aber auch noch einen anderen nennenswerten Beitrag zur Umweltradioaktivität, jedoch mehr indirekt. Durch Kernprozesse in der Stratosphäre entstehen nämlich andauernd sogenannte **kosmogene Radionuklide**. Die wichtigsten sind Tritium H-3 („überschwerer Wasserstoff") und Radiokohlenstoff C-14, die beide Teil unserer Nahrungskette sind. Ihre Halbwertszeiten sind relativ kurz, 12 Jahre für Tritium und 5700 Jahre für Radiokohlenstoff. Die Mengen, die man von ihnen auf der Erde findet, sind nicht allzu beeindruckend: Tritium 3,5 kg (vor allem in den Weltmeeren), C-14 immerhin ungefähr sechs Tonnen. Würden sie nicht kontinuierlich nachgeliefert, wären sie längst verschwunden. Beide sind Betastrahler, übrigens ohne Gammaanteil, und stellen daher keine Gefährdung durch äußere Bestrahlung dar. Mit der Nahrung aufgenommen tragen sie aber zur inneren Exposition bei, wenn auch ihre Bedeutung im Vergleich zu Kalium-40 gering ist. Auf ihre Verwendung in Technik und Wissenschaft sei ohne weitere Kommentare nur hingewiesen, z. B. auch auf die Datierung archäologischer Funde mit Hilfe der C-14-Methode.

10.2.2
Innere Exposition durch Ingestion und Inhalation

Auch Nahrung und Atemluft enthalten natürliche radioaktive Substanzen, die so in unseren Körper gelangen, sich unter Umständen anreichern und damit zur Strahlenbelastung beitragen. Dabei sind nicht nur die Aufnahmeorgane betroffen, sondern der gesamte Körper. Er hat bekanntlich kein Sensorium für ionisierende Strahlen, deshalb werden radioaktive Isotope genau so verwendet wie stabile. Je nach chemischer Zusammensetzung kann es in bestimmten Geweben, den Zielorganen (s. Abb. 9.2), zum bevorzugten Einbau kommen, wovon man bekanntlich in der Nuklearmedizin Gebrauch macht. Das Paradebeispiel ist Jod, dessen radioaktive Isotope in der natürlichen Umgebung nicht vorkommen. Bei Unfällen in Kernreaktoren wird es jedoch unter Umständen in großen Mengen freigesetzt, worauf noch später einzugehen ist.

Die Körperdosen, die sich aus Ingestion (Aufnahme mit der Nahrung) oder Inhalation (Aufnahme mit der Atemluft) ergeben hängen von einer Reihe von Faktoren ab, dem Nuklid, seiner Energie, der chemischen Zusammensetzung der Substanz, in der es eingebaut ist, der physikalischen Halbwertszeit und der Verweildauer im Körper. Die oft gestellte Frage: „Wie viel Sievert resultieren aus wie viel Becquerel?" ist pauschal gar nicht und im Speziellen nur mit einiger Anstrengung zu beantworten. Dazu ist schon einiges in Kapitel 9 gesagt worden.

Die schon angesprochenen kosmogenen Nuklide Tritium und Radiokohlenstoff werden mit der Nahrung aufgenommen, tragen jedoch relativ wenig zur inneren Exposition bei. Ganz anders ist das mit Kalium-40. Kalium ist ein lebenswichtiges Element, von dem wir ca. zwei Gramm täglich aufnehmen Es ist an vielen Prozessen im menschlichen Körper beteiligt und findet sich ziemlich gleichmäßig verteilt in allen Organen. In der Natur, und damit auch in Lebensmitteln, beträgt der Anteil des radioaktiven Isotops K-40 ca. 0,012%, was einer spezifischen Aktivität von über 30.000 Bq pro Kilogramm entspricht. Wir nehmen also täglich 60 Bq Radioaktivität auf, was uns alle zu Strahlenquellen macht, wobei die individuelle Aktivität proportional der Körpermasse ist. Frauen strahlen also im Allgemeinen weniger als Männer. Durch das Wechselspiel von Aufnahme und Abgabe stellt sich ein Gleichgewichtswert bei ca. 60 Bq/kg ein. Das ist übrigens ein Zehntel des bis April 2011 gültigen EU-Grenzwertes für radioaktiv belastete Lebensmittel. Im Durchschnitt emittieren Frauen 3000, Männer 5000 Betateilchen bzw. Gammaquanten pro Sekunde. Diese durchaus beeindruckenden Zahlen sollten jedoch nicht dazu verleiten, Befürchtungen und Ängste zu stimulieren. Wie ganz am Anfang dieses Kapitels beschrieben wurde, trägt die Ingestion (und das ist praktisch nur K-40) nur mit 0,3 mSv pro Jahr zu unserem Strahlenbudget bei, das ist deutlich weniger als ein Durchschnittszigarettenraucher auf Grund der Inhalation von Polonium-210 abbekommt (10–15 mSv/Jahr).

Die Aktivitätsaufnahme mit der Atemluft (Inhalation) ist ungleich kritischer zu bewerten. In erster Linie muss dabei an Radon und seine unmittelbaren Folgeprodukte gedacht werden. Dieses radioaktive Gas ist bekanntlich ein Teil der Uran-Radium-Zerfallsreihe und tritt überall dort auf, wo auch Uran zu finden ist. Dieses Element ist gar nicht so selten, wie man vermuten würde. Es ist zwar nur ein Spurenelement, aber es findet sich in den meisten Böden und Gesteinen. Man hat abgeschätzt, dass bei einer Tiefe von 30 cm auf einen Quadratkilometer etwa eineinhalb Tonnen kommen. Wo Uran ist, gibt es auch alle seine Folgeprodukte, so auch Radium. Man kann es im Untergrund und auch in Baumaterialien nachweisen (ein beliebter und nicht ganz einfacher Versuch im kernphysikalischen

Praktikum), was völlig harmlos ist, da die Intensität der nach außen dringenden Gammastrahlung viel zu niedrig ist, um Schäden anzurichten. Dies gilt jedoch nicht für sein Zerfallsprodukt Radon. Als Gas diffundiert es nach außen und reichert sich in der Raumluft an. Es ist zwar ein reiner Alphastrahler, dessen Reichweite nicht einmal ausreicht, um die äußersten Hautschichten zu durchdringen, gelangt es aber in die Lunge, so wird das empfindliche Epithel aus nächster Nähe exponiert. Es ist aber weniger das Radon, das bedenklich ist, da es als Edelgas keine Verbindungen eingeht und schnell wieder ausgeatmet wird, vielmehr sind die eigentlich kritischen Nuklide die unmittelbaren Folgeprodukte (Abb. 10.4). Radon zerfällt mit einer Halbwertszeit von 3,8 Tagen in Polonium-218 (Halbwertszeit drei Minuten), es folgen Blei-214 und Wismut-214, sodann ein anderes Poloniumisotop (Po-214), die alle sehr kurzlebig sind, bis mit Blei-210 (Halbwertszeit 22,3 Jahre) ein halbwegs stabiles Zwischenprodukt erreicht wird.

In der Luft befinden sich also neben dem Edelgas Radon metallische Zerfallsprodukte, von denen zwei (Po-218 und Po-214) ebenfalls Alphastrahler sind. Sie lagern sich an Schwebstoffe in der Luft an (Aerosole), die nach dem Einatmen in der Lunge deponiert werden, wo sie je nach Größe mehr oder weniger lange verbleiben und so über längere Zeit das Gewebe exponieren können. Alphateilchen sind biologisch äußerst wirksam, schon bei nicht sehr hohen Dosen können sie Mutationen und neoplastische Transformationen hervorrufen. Die Folge ist Lungenkrebs.

Die Geschichte der Aufklärung dieses Zusammenhangs erstreckt sich über Jahrhunderte und entbehrt nicht der Spannung. Sie beginnt im 17. Jahrhundert, als man im deutschen Erzgebirge mit der systematischen Schürfung begann. Die Bergleute, welche unter widrigsten Umständen untertage ihre Arbeit verrichteten, litten unter einer ganzen Reihe von Krankheiten, die vor allem auf Staub und schlechte Witterungsbedingungen zurückzuführen waren. Sie waren überall anzutreffen, im Raum Schneeberg aber gab es ein zunächst schlecht zu charakterisierendes Lungenleiden, das sich von den sonst verbreiteten unterschied und daher den Namen

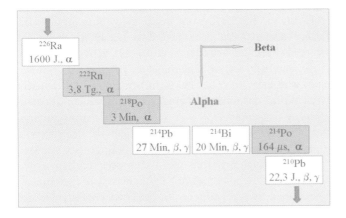

Abb. 10.4 Das Zerfallsschema von Radon und seinen unmittelbaren Folgeprodukten.

„Schneeberger Krankheit" erhielt. Erst im Jahre 1879 gelang es zwei Ärzten der Region, es als Lungenkrebs zu identifizieren. Unklar blieb aber weiterhin, weshalb es vor allem in dieser Gegend des Erzgebirges gehäuft auftrat. Der Anstoß zur Aufklärung kam von unerwarteter Seite. Um 1910 waren in Oberschlema umfangreiche Radonstollen entdeckt worden, denen man hilfreiche medizinische Wirkungen zuschrieb (vgl. Kapitel 8), so dass sich bald ein lebhafter Kurbetrieb entwickelte. Der Biophysiker Boris Rajewsky (1893–1974), Direktor des Kaiser-Wilhelm-Instituts für Biophysik in Frankfurt am Main, der sich als Spezialist für biologische Strahlenwirkungen für die wissenschaftlichen Zusammenhänge interessierte, gründete in den 1930er Jahren in Oberschlema eine Forschungsaußenstelle und widmete sich intensiv der Ergründung der wissenschaftlichen Zusammenhänge. Zusammen mit seinen Mitarbeitern, wozu auch der Doktorvater des Autors, Alfred Schraub (1909–2003), gehörte, gelang es ihm nachzuweisen, dass der Lungenkrebs auf die Wirkung von Radon und seinen Folgeprodukten zurückzuführen war. In der Folge der Kernwaffenentwicklung und zu den Hochzeiten des Kalten Krieges explodierte der Uranbergbau weltweit, so auch im Erzgebirge, wo von der Sowjetunion und der DDR ab 1946 die drittgrößte Uranproduktion unter dem Tarnnamen „SDAG (Sowjetisch-Deutsche Aktiengesellschaft) Wismut" aufgebaut wurde. Natürlich interessierte sich niemand für das unbedeutende Zwischenprodukt Wismut – Uran war das Ziel, und zwar so viel wie möglich. Und so arbeiteten Tausende, zum Teil gezwungen, unter anfangs katastrophalen Bedingungen in einer Atmosphäre erhöhter Radonkonzentration. Tausende erkrankten an Lungenkrebs, aber es wurden genaue Akten geführt. Unter nicht genau geklärten Umständen konnten sie gerettet werden, sie lagern nun bei dem Bundesamt für Strahlenschutz und harren der endgültigen Auswertung, die bereits in vollem Gange ist [91]. Nach erfolgreicher Beendigung wird eine Studie vorliegen, die der von Hiroshima und Nagasaki kaum nachstehen wird. Sie reiht sich ein in eine Vielzahl internationaler Erhebungen [92].

Natürlich stellt man sich die Frage, was das mit dem Leben der Normalbürger zu tun hat, die nicht in oder nahe Uranminen arbeiten. Wie schon betont, findet man Radon überall, wenn auch in sehr unterschiedlichen Konzentrationen. In deutschen Häusern liegt der Mittelwert bei 50 Bq pro Kubikmeter Raumluft, aber es gibt auch (wenige) Fälle bis zu 400 Bq/m^3 und sogar mehr. Aus der bei den „Farbtafeln" (s. XXI) abgebildeten Karte sieht man, dass vor allem, aber nicht ausschließlich Sachsen und Thüringen betroffen sind. Die EU sieht einen Grenzwert von 400 Bq/m^3 vor, oberhalb dessen Sanierungsmaßnahmen zu ergreifen sind, in einigen Ländern wird dies schon bei 200 Bq/m^3 empfohlen. In Deutschland werden derzeit 100 Bq/m^3 diskutiert. Näheres dazu ist in einem Themenpapier der Bundesregierung ausgeführt [93]. Man kann die Radonkonzentration durch häufiges Lüften deutlich reduzieren, was aber leider die Heizleistung erhöht. Hier beißen sich wie nicht selten verschiedene Belange des Umweltschutzes. Oft findet sich Radon auch im Trink- und Badewasser, aus dem es vor allem bei höheren Temperaturen freigesetzt wird. Kaltduschen ist also gesünder!

Welche Auswirkungen Radon in Wohnräumen auf die Lungenkrebsrate in der Bevölkerung hat, ist in größeren nationalen und internationalen Studien untersucht worden [94]. Die Fragestellung wird kompliziert durch den sehr viel stärkeren Einfluss des Rauchens, der schwierig zu eliminieren ist: Die Autoren kommen zu dem Schluss, dass bei Konzentrationen über 150 Bq/m^3 eine signifikante Steigerung festzustellen ist. Danach wären in Deutschland ungefähr 8% aller Lungenkrebsfälle auf den Einfluss von Radon zurückzuführen.

Radon kann in kleineren Mengen auch andere Organe als die Lunge beeinflussen, einmal durch Aufnahme mit dem Trinkwasser, zum anderen durch das Verschlucken ausgehusteter Aerosole. Die gesundheitlichen Konsequenzen hiervon sind unsicher.

10.3
Zivilisatorische Einflüsse

10.3.1
Medizinische Expositionen

Zu Beginn dieses Kapitels wurde festgestellt, dass die Expositionen durch medizinische Maßnahmen im Durchschnitt dieselbe Größenordnung erreichen wie die durch alle natürlichen Quellen. Es ist daher angezeigt, diesen Aspekt näher zu beleuchten. Nun besteht kein Zweifel, dass diese Art der Strahlenanwendung nützlich und segensreich ist, dennoch geben die Zahlen zu denken. Da das Schwergewicht auf der Röntgendiagnostik liegt, wird auf sie zunächst eingegangen.

Die Verteilung der verschiedenen Untersuchungen in Deutschland zeigt Abb. 10.5.

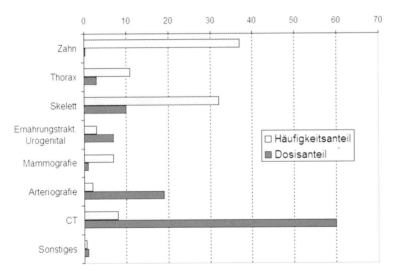

Abb. 10.5 Häufigkeiten verschiedener Röntgenuntersuchungen und ihr Anteil an der Gesamtdosis. Quelle: BfS, 2008.

Die häufigsten Untersuchungen werden beim Zahnarzt vorgenommen, aber die Dosen sind dabei relativ gering, zum Gesamten tragen sie nur weniger als 1% bei. Das andere Extrem sind Computertomographien. Von der Zahl her machen sie nur 8% aus, die dabei verabreichten Dosen schlagen aber mit 60% zu Buche, Tendenz steigend.

Allerdings vermitteln die auf die ganze Bevölkerung bezogenen Durchschnittswerte ein schiefes Bild, weil aus ihnen nicht hervorgeht, dass vor allem ältere Patienten betroffen sind. Auch hierzu hat das Bundesamt für Strahlenschutz eine Statistik erstellt, die allerdings auf Daten aus dem Jahre 2002 beruht (Abb. 10.6).

Man erkennt, dass der Anteil an der Gesamtdosis in den Altersgruppen 60 bis über 80 Jahre ihren Anteil an der Bevölkerung weit übersteigt, genau umgekehrt ist es (Gottlob) bei den Jugendlichen und Heranwachsenden.

Immer wieder gibt es Anläufe, auszurechnen, wie hoch das Krebsrisiko in der Bevölkerung durch die radiologische Diagnostik ansteigt. Eine solche Diskussion, die leider auch ab und an ihren Weg in die allgemeine Presse findet, ist unsinnig. Meist wird mit sehr einfachen Annahmen gearbeitet, z. B. indem man die Durchschnittsdosis pro Bewohner mit dem Schätzwert des dosisabhängigen Risikos (10%/Sv, s. Kapitel 5) multipliziert. Dabei wird die Altersverteilung (Abb. 10.6) schlichtweg unterschlagen, auch wird nicht berücksichtigt, dass über die quantitativen Wirkungen niedriger Dosen (um die handelt es sich in den meisten Fällen) keine belastbaren Daten vorhanden sind. Die Zahlen, die dann herauskommen, machen sich zwar gut als Schlagzeilen, was aber nicht ihre Seriosität beweist. Viel wichtiger jedoch: es wird niemals die Gegenrechnung aufgemacht, wie viele unentdeckte Tumoren zu spät oder gar nicht behandelt wären, hätte man auf Strahlendiagnostik verzichtet.

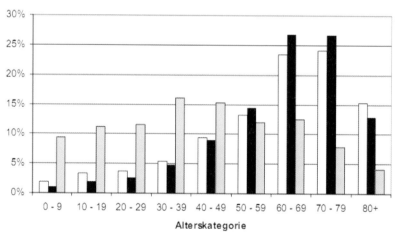

Abb. 10.6 Ein Vergleich von Häufigkeit und Gesamtdosen in verschiedenen Altersgruppen mit der Altersverteilung der deutschen Bevölkerung. Quelle: BfS, 2008. [95]

Richtig bleibt aber auch, dass Strahlen nicht dadurch ungefährlicher werden, weil sie von einem Arzt angewendet werden. Aus diesem Grunde sollte in jedem Einzelfall kritisch geprüft werden, ob eine Röntgenuntersuchung auch tatsächlich notwendig ist – der Arzt ist dazu sogar gesetzlich verpflichtet. Besondere Vorsicht sollte bei Kindern und Jugendlichen walten. Die Leitlinien der Bundesärztekammer verzeichnen auch dazu besonders strenge Vorgaben. Viel lässt sich auch schon, nicht nur bei Kindern, dadurch erreichen, dass Doppelaufnahmen in kürzeren Zeitabständen vermieden werden. Auch dazu gibt es ein einfaches Hilfsmittel, nämlich den „Röntgenpass", in den, ähnlich wie bei dem Impfpass, alle Röntgenaufnahmen eingetragen werden. Leider wird diese simple Maßnahme viel zu wenig genutzt, woran auch die Praxen häufig nicht ganz unschuldig sind. Patienten sollten darauf bestehen, Formulare müssen bei allen Radiologen vorrätig sein.

Die Häufigkeit *nuklearmedizinischer* Untersuchungen ist deutlich geringer als die der klassischen Radiologie. In den Jahren 2007 und 2008 wurden im Mittel 3,1 Millionen solcher Maßnahmen durchgeführt, was 3,7 pro 1000 Einwohner entspricht. Die mittlere Dosis pro Bundesbürger belief sich auf 0,1 mSv pro Jahr. Den größten Anteil haben Schilddrüsenuntersuchungen (44%), gefolgt von denen am Skelett (25%) und am Herzen (12%), sonstige Organe (Lunge, Niere, Gehirn, Tumoren) sind ungefähr gleichmäßig vertreten. In Bezug auf die Strahlenbelastung liegen auf die Bevölkerung bezogen Herzszintigraphien und Skelettuntersuchungen vorn (34 bzw. 33%), gefolgt von Tumoren und Schilddrüse (beide jeweils 11%). Es kann nicht ausgeschlossen werden, dass mit einer weiteren Verbreitung der Positronen-Emissions-Tomographie (PET) sich diese Zahlen verschieben werden.

Es liegt nun die Frage nahe, wie hoch die tatsächlichen Dosen sind, denen Patienten bei bestimmten Untersuchungen ausgesetzt werden. Die Antwort ist nicht ganz einfach, da die örtlich verwendeten Techniken variieren, obwohl hier durch die ärztlichen Leitlinien recht enge Vorgaben gemacht werden. Hinzu kommt, dass die benutzten Maßeinheiten dem Laien nicht unmittelbar verständlich sind. Man gibt nämlich „effektive Dosen" an, die nur mittelbar mit den tatsächlichen Organdosen zusammenhängen. Es handelt sich dabei um rechnerische Ganzkörperdosen, die nach einem speziellen Wichtungsverfahren ermittelt werden, das im Einzelnen in Kapitel 15 beschrieben ist. Trotz dieser Einschränkungen kann man sie zu orientierenden Vergleichen heranziehen. Ausgewählte Werte sind in Abb. 10.7 graphisch dargestellt.

Aufgeführt sind nur relativ dosisaufwändige Untersuchungen. Die am meisten durchgeführte, nämlich an Zähnen, schlägt nur mit weniger als 0,01 mSv zu Buche, auch Brustkorb, Schädel und Extremitäten liegen nur bei maximal 0,1 mSv. Dies sollte jedoch auf keinen Fall zur Großzügigkeit bei der Indikationsstellung verleiten, bei Wiederholungen kommen schneller als man denkt erkleckliche Dosissummen zusammen.

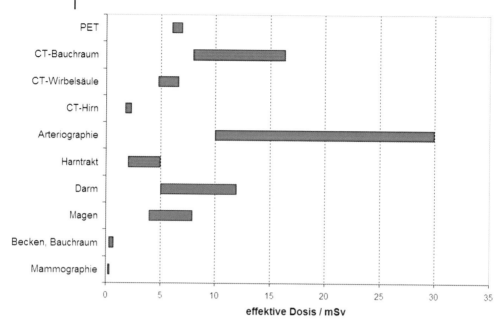

Abb. 10.7 Effektive Patientendosen bei ausgewählten Untersuchungen (PET: Positronen-Emissions-Tomographie, CT: Röntgencomputertomographie). Quelle: BfS, 2008.

10.3.2
Andere zivilisatorische Strahlenquellen

10.3.2.1 Nutzung der Kernenergie

Allgemeines In der öffentlichen Wahrnehmung stellen Kernkraftwerke die größte Strahlengefahr dar. Im Normalbetrieb liegt ihr Beitrag jedoch sehr niedrig, wie schon eingangs dieses Kapitels bemerkt wurde, was nicht darüber hinweg täuschen soll, dass im Falle eines Unfalls ein ungeheures Schadenspotential existiert, worauf später (Kapitel 16) noch eingegangen wird. Nuklearanlagen gehören nicht nur zu den am besten kontrollierten Einrichtungen, auch die Betreiber sind genauestens bedacht, alle Vorschriften einzuhalten, weil sie davon ausgehen können, dass auch kleinere Ungenauigkeiten, so sie bekannt werden, was sich kaum vermeiden lässt, schon am nächsten Tag in den Medien auftauchen. Das Bundesamt für Strahlenschutz dokumentiert akribisch die Ableitungen aller deutschen Kernkraftwerke und sogar die der im grenznahen Ausland liegenden und berechnet die daraus im schlimmsten Fall resultierenden Dosen [96]. Die höchsten Werte wurden an den Standorten Grundremmingen, Isar und Philippsburg festgestellt, sie betrugen für Erwachsene im Jahr (effektive Dosis) 3 µSv, für Kleinkinder 5 µSv und lagen daher nur bei ca. 1% des zulässigen Grenzwertes und bei wenig mehr als einem Tausendstel der natürlichen Umweltstrahlung. Es handelt sich dabei um Werte, die für die unmittelbare Umgebung der Anlagen ermittelt wurden. Nimmt man Ableitungen mit der Abluft sowie den Einfluss von Zwischenlagern und der in letzter Zeit sehr in Verruf geratenen Schachtanlage Asse hinzu, so summiert sich der gesamte Beitrag, der irgendwie mit der Kernenergie zusammenhängt, auf ca. 10 µSv pro Jahr. Fairerweise muss man auch noch die Reste der durch Tschernobyl freigesetzten Radioaktivität hinzurechnen, auch wenn ihr Ursprung außerhalb Deutschlands liegt. Einzelheiten dazu folgen später (Kapitel 15).

Nuklearanlagen und Leukämien bei Kinder Dies ist fast eine unendliche Geschichte, allerdings anders als bei Michael Ende mit recht ernstem Hintergrund. Sie begann im englischen Sellafield, einer Anlage zur Aufarbeitung von Brennelementen. Im Jahr 1983 berichtete die Fernsehanstalt „Yorkshire TV" von einer ungewöhnlichen Häufung von Leukämieerkrankungen bei Kindern in der Umgebung, was zu einer ganzen Reihe von wissenschaftlichen Aktivitäten führte, die hier nicht im Einzelnen verfolgt werden können. Tatsache ist, dass ein solches „Cluster"[1] um Sellafield unzweifelhaft existierte, die Leukämiehäufigkeit bei Kindern lag erheblich über dem Durchschnitt des Landes [97].

Das britische Gesundheitsministerium setzte eine hochrangige Kommission unter der Leitung des einflussreichen Mediziners Douglas Black (1913–2002) ein, der auch eine bedeutende Rolle im *National Health Service* spielte. Sie empfahl weitere eingehende Untersuchungen. Der angesehene Mathematiker Martin Gardner (1940–1993) führte zusammen mit Mitarbeitern eine umfangreiche Fall-Kontroll-Studie durch, welche das überraschende Ergebnis brachte, dass von allen in Betracht gezogenen Risikofaktoren nur eine präkonzeptionelle Strahlenexposition der Väter eine Korrelation zu den Leukämieerkrankungen der Kinder aufwies [98]. Dieser in die Literatur unter dem Namen „Gardner-Hypothese" eingegangene Befund wurde ausführlich und kontrovers diskutiert, sprachen doch die relativ niedrigen Dosen und die Ergebnisse aus Hiroshima und Nagasaki, wo man so etwas nicht gefunden hatte, gegen die Plausibilität. Das britische *Committee on Medical Aspects of Radiation in the Environment* (COMARE) hat in einem sehr umfangreichen Bericht [99] alle Aspekte zusammengetragen und kommt zu dem Schluss, dass Leukämien und, wenn auch weniger ausgeprägt, andere Krebsarten bei Kindern dazu tendieren, in Clustern aufzutreten. Dies ist nicht nur auf die Umgebung nuklearer Anlagen beschränkt, dort aber besonders deutlich. Die früheren Befunde für Sellafield werden noch einmal bestätigt, ein kausaler Zusammenhang mit der Bestrahlung der Väter jedoch für unwahrscheinlich gehalten, zumal in der Zwischenzeit alternative Hypothesen vorgebracht wurden (s. u.).

Es ist nicht überraschend, dass im Gefolge der englischen Befunde auch in Deutschland ähnliche Untersuchungen angestellt wurden. Als günstig erwies sich, dass in den westlichen Bundesländern ein sehr zuverlässiges Kinderkrebsregister geführt wurde, auf das zurückgegriffen werden konnte. Es zeigte sich, dass bei Kindern, welche innerhalb eines 15 km-Radius in der Nähe von Kernkraftwerken lebten, keine erhöhten Leukämieraten festzustellen waren, das galt auch für

---

[1] Unter einem „Cluster" versteht man eine über die übliche Verteilung hinaus gehende räumliche oder zeitliche Häufung von Krankheitsfällen.

Anlagen in der ehemaligen DDR, die mit einbezogen wurden [100]. Bei der Einzelanalyse fiel allerdings das KKW Krümmel in der Nähe von Geesthacht als auffällig heraus. Hier gab es eine bemerkenswerte Zahl von Leukämien bei Kindern und Heranwachsenden, welche weit darüber hinaus ging, was man im Vergleich zu der allgemeinen Bevölkerung erwarten würde. Da sowohl die Länder Schleswig-Holstein als auch Niedersachsen betroffen waren, beriefen beide Landesregierungen separate „Fachkommissionen", die mit Experten unterschiedlicher Ausrichtung besetzt wurden, sich zum Teil auch personell überschnitten. Trotz mehr als zehnjähriger Tätigkeit konnte kein übereinstimmender Abschlussbericht vorgelegt werden, was auch daran lag, dass die Arbeiten nicht frei von politischen Vorgaben waren[2]. Ein Zusammenhang mit Strahlenexpositionen aus dem Kernkraftwerk konnte nicht belegt werden, wie selbst das als nuklearkritisch bekannte Darmstädter Öko-Institut einräumte. Die deutsche Strahlenschutzkommission (SSK) hat sich zu der Problematik ausführlich geäußert [101].

Obwohl die Autoren der erwähnten Kinderkrebsstudie dezidiert feststellen, dass sie weitere Untersuchungen für überflüssig hielten, wurde im Jahr 2003 vom Bundesamt für Strahlenschutz eine neue Studie vergeben, vor allem auch, weil man die Zuordnung zu Regionen um die Kernkraftwerke für zu grob und damit unzulänglich hielt. In einer erneuten Fall-Kontroll-Studie wurde die tatsächliche Entfernung als Parameter benutzt. Die Ergebnisse dieser so genannten „KiKK-Studie" („Epidemiologische Studie zu Kinderkrebs in der Umgebung von Kernkraftwerken"), welche 2008 veröffentlicht wurde [102], stellten sich als gewisse Sensation heraus, zeigten sie doch einen Zusammenhang zwischen der Entfernung zu einer Nuklearanlage und der Wahrscheinlichkeit an Krebs zu erkranken. Dieses Resultat basiert auf der Erhebung des Diagnoseorts, der sehr genau bestimmt werden konnte, stellt also gewissermaßen eine Momentaufnahme dar. In einer ergänzenden Zusatzuntersuchung sollten die Studienteilnehmer befragt werden, um u. a. in Erfahrung zu bringen, wie lange sie sich an ihrem derzeitigen Wohnsitz aufgehalten hatten, damit der Zeitraum einer eventuellen Exposition abgeschätzt werden konnte. Leider konnte dieser zweite Teil nicht realisiert werden, da die Zahl der zu einer Teilnahme an dieser Erhebung Bereiten für eine valide Studie zu klein war. So fehlen mithin auch Daten über mögliches Umzugsverhalten, was im Hinblick auf die Hypothese eines Einflusses der „Bevölkerungsvermischung" (s. nächster Abschnitt) von Bedeutung gewesen wäre.

Die neue deutsche Studie hat verständlicherweise für einiges Aufsehen gesorgt, sie wurde daher auch kritischen Beurteilungen unterworfen. In seinem 14. Report weist COMARE auf eine ganze Reihe von Schwachstellen hin [103], die sich vor allem auf die Auswahl der Kontrollen beziehen. Natürlich hat sich auch die SSK eingehend mit der Angelegenheit beschäftigt und ihre Einschätzung in einer umfangreichen Stellungnahme publiziert. Als Fazit kommt sie zu dem Schluss:

> „Die Studie ist nicht geeignet, einen Zusammenhang mit der Strahlenexposition durch Kernkraftwerke herzustellen. Alle von der SSK geprüften

---

2) Der Autor war über zwölf Jahre Mitglied der schleswig-holsteinischen Kommission.

radioökologischen und risikobezogenen Sachverhalte zeigen, dass durch die Kernkraftwerke bewirkte Expositionen mit ionisierender Strahlung das in der KiKK-Studie beobachtete Ergebnis nicht erklären können. Die durch die Kernkraftwerke verursachte zusätzliche Strahlenexposition ist um deutlich mehr als einen Faktor 1000 geringer als Strahlenexpositionen, die die in der KiKK-Studie berichteten Risiken bewirken könnten." [104]

Die Situation ist alles andere als befriedigend. An nicht wenigen Standorten werden Krankheitshäufungen festgestellt, meist allerdings nur schwach ausgeprägt und nur selten so deutlich wie in Sellafield oder Krümmel, die gemessenen Strahlendosen sind zu gering, um die Effekte zu erklären, auch der „Gardner-Hypothese" fehlt die Plausibilität. Man muss ehrlich zugeben, die Wissenschaft kann derzeit keine rundum befriedigende Erklärung vorweisen. Seit den ersten Befunden sind allerdings einige neue interessante Erkenntnisse hinzugekommen. In einer größeren Übersichtsarbeit untersuchten Cook-Mozzafari und Kollegen die Verteilung der Krebsmortalität in England und Wales mit besonderer Blickrichtung auf Nuklearanlagen [105] und erlebten eine Überraschung: die Sterberaten bei Kindern auf Grund von Leukämien und verwandten Krankheiten waren in Orten, wo eine Nuklearanlage geplant, aber nie gebaut worden war, genau so hoch, wie in der Umgebung real existierender Einrichtungen. Offensichtlich konnte Strahlung hier keine Rolle spielen, andere Erklärungen mussten also gesucht werden. Bei näherer Betrachtung fiel auf, dass in die meist spärlich besiedelten Gebiete viele Menschen aus verschiedensten Gebieten in der Hoffnung auf attraktive Arbeitsplätze zuzogen. Dies brachte Leo Kinlen auf die Idee, dass diese „Bevölkerungsvermischung" (*population mixing*) ein wichtiger Faktor sein könnte. Er postulierte, dass hierdurch (virale) Infektionen gestreut und so Leukämieerkrankungen hervorgerufen werden könnten [106]. Dieser interessante Ansatz („Kinlen-Hypothese") hat – wohl in Ermangelung von Alternativen – viele Anhänger gefunden, obwohl er zugegebenermaßen auf recht schwachen Füßen steht, da ein auslösendes infektiöses Agens bisher nicht dingfest gemacht werden konnte.

Gerade im Hinblick auf epidemiologische Studien bei sehr seltenen Krankheiten (und die Leukämien bei Kindern gehören trotz aller öffentlichen Aufmerksamkeit dazu) müssen viele Kautelen beachtet werden, z. B. auch der soziale Status der Familien. So zeigte sich, dass bei Kindern in so genannten „besser gestellten" Familien eine bestimmte Art von Leukämie, die „akute lymphoblastische Leukämie" (ALL), häufiger auftritt als in ärmeren [107], eine unübliche Variation des Dictums „Weil arm bist, musst du früher sterben". Dieser Befund („Greaves-Hypothese") wird dadurch erklärt, dass eine behütete Kindheit vor frühen Infektionen schützt, wodurch das Immunsystem daran gehindert wird, die notwendige Kompetenz zu „trainieren". Die notorische Gesundheit von Kindern, die auf dem Bauernhof aufwachsen, mag daher weniger auf die gute Luft und die naturverbundene Ernährung, sondern mehr noch auf die allgegenwärtigen Infektionsquellen in Stall und Scheune zurückzuführen sein.

Die Ätiologie der Leukämien bei Kindern bleibt ein Enigma, das die Wissenschaft herausfordert. Die Cluster um Kernkraftwerke sind nur eine Facette in diesem Mosaik, aber sie haben für die Forschung wichtige Anstöße gegeben – ein positiver Aspekt bei dieser oft ideologisch und polemisch geführten Auseinandersetzung.

10.3.2.2 Technische und „alltägliche" Anwendungen

Strahlenquellen spielen auch in technischen Prozessen eine wichtige Rolle, z. B. bei der Prüfung von Schweißnähten. Sie tragen zwar zur Exposition der Bevölkerung, abgesehen von den unmittelbar Beschäftigten, wenig bei, aber ein Blick auf die Statistik der laufenden Geräte ist dennoch aufschlussreich. Der schon mehrfach zitierte Jahresbericht des BfS verzeichnet [96] für das Jahr 2009 knapp 11.000 solcher Röntgeneinrichtungen (andere technische Strahlenquellen sind hier nicht einbezogen), was zwar deutlich weniger ist als die über 40.000 in medizinischen Praxen und Kliniken, aber dennoch beeindruckend als Illustration, wie wichtig die Anwendung ionisierender Strahlen auch in der Technik ist. Die allgemeine Bevölkerung bekommt davon praktisch nichts mit, der Beitrag solcher technischen Strahlenquellen zur generellen Belastung liegt unter 0,01 mSv pro Jahr.

Früher strahlte es auch mehr im Alltag – ein paar historische Reminiszenzen: So sehr lange ist es noch gar nicht her, dass man Röntgengeräte in Schuhgeschäften finden konnte. Eigentlich war die Idee ganz clever, nur alles andere als ungefährlich: Alle Eltern wissen, dass der Schuhkauf für kleine Kinder eine Nervenprobe ist – wie soll man erfahren, ob die „Neuen" wirklich passen. Um diesem Dilemma abzuhelfen, installierte man Röntgengeräte, man nannte sie „Pedoskope". Ich erinnere mich noch gut, mit welcher Faszination wir Paar um Paar ausprobierten, um unsere Zehen durch das Oberleder zu sehen. Heute ist das verboten, genau genommen, „nicht gerechtfertigt", das steht sogar in der Novelle der Röntgenverordnung vom November 2011 (s. Kapitel 15). In technischen Museen kann man die Geräte heute noch bewundern.

Auch Produkte des täglichen Lebens können radioaktiv sein, ohne dass es zunächst bemerkt wird. Bis vor kurzem erfreuten sich viele Hausbesitzer an strahlend roten Kacheln, nicht ahnend, dass sie diese Farben Uranverbindungen verdanken. Auch geheimnisvoll fluoreszierende Medizinfläschchen aus dem Beginn des letzten Jahrhunderts enthalten solche Komponenten. Schon die alten Römer verwandten leuchtende Glasuren aus Uransalzen, wie man in einer Villa aus dem Jahre 79 n. Chr. in der Nähe von Neapel herausfand [108].

Ein anderes Gebrauchsprodukt, das sich lange Zeit als ausgesprochen modisches und auch durchaus praktisches Accessoire großer Beliebtheit erfreute, waren Uhren mit selbstleuchtenden Zifferblättern. Man stellte sie aus einer Mischung von Radiumsalzen und Zinksulfid her. Wie schon an anderer Stelle mehrfach erwähnt, bewirken die Alphateilchen in dieser Mischung Szintillationen, die man in der Dunkelheit gut erkennen kann. Die Zifferblätter wurden in Handarbeit durch Auftragen der Mischung mit Pinseln hergestellt und zwar ausschließlich von – meist jungen – Frauen. Um die feinen Umrisse gut zu treffen, benötigt man spitze Pinsel, die üblicherweise mit den Lippen geformt werden. Auf diese Weise wurden nicht unerhebliche Mengen an Radium inkorporiert, und es kam in der Folge zu einer nicht unbeträchtlichen Zahl von Krebserkrankungen bei den

Arbeiterinnen, vor allem zu Osteosarkomen, also Knochenkrebs [109]. Diesen Untersuchungen verdanken wir wichtige Erkenntnisse über die Wirkung inkorporierter Alphastrahler. Das Schicksal der „Radium Girls" ist auch in die Literatur eingegangen, so z. B. in dem Werk von Ross Mullner *„Deadly Glow, the Radium Dial Worker Tragedy"* aus dem Jahre 1999. Selbst ein erfolgreiches Bühnenstück von D. W. Gregory bedient sich dieses Sujets.

Radioaktive Leuchtfarben wurden selbst noch im späten 20. Jahrhundert eingesetzt (z. B. beim Militär), allerdings nicht mehr auf der Basis von Radium, das wegen seiner Gammakomponente auch zu externen Expositionen führt, sondern meist mit dem niederenergetischen Betastrahler Tritium (H-3). Bei offenem Umgang mit den Substanzen kann es aber auch hier zu Inkorporationen kommen.

10.4
„Esoterische" Strahlenquellen – von Erdstrahlen, Wünschelruten & Co.

Zugegeben, die Überschrift ist polemisch, aber es gibt gute Gründe dafür. Wenn man sich ausführlicher mit dieser Thematik beschäftigt, kommt man notwendigerweise zu dem Schluss, dass es sich nicht um ein physikalisch fassbares Phänomen handelt, da es aber viele Menschen, auch im Zusammenhang mit ihrer Gesundheit, beschäftigt, soll hier dazu etwas gesagt werden.

Die Vermutung, dass Strahlen aus der Erde die menschliche Gesundheit beeinflussen könnten, ist schon recht alt und beflügelt auch heute noch eine Vielzahl (meist selbsternannter) Experten, die ihre Dienste anbieten und dabei häufig nicht schlechte Geschäfte machen. Sie nennen sich „Geopathologen" oder auch „Radiästhesisten". Ihr Hauptarbeitsgerät ist die „Wünschelrute" aus Metall oder auch Holz, durch deren Ausschläge in der Hand erfahrener Rutengänger unterirdische Wasseradern oder auch Verwerfungen im Gestein festgestellt werden sollen.

Ein immer noch zitiertes „Standardwerk" ist ein Buch des Freiherrn von Pohl aus dem Jahr 1932, das auch heute noch in neuer Auflage erscheint [110]. Der Dachauer Adelige, ein passionierter Rutengänger, untersuchte in dem bayrischen Ort Vilsbiburg zunächst den Verlauf von ihm vermuteter Wasseradern und später, wie in welchen Häusern über die letzten Jahre Menschen an Krebs verstorben waren (es waren insgesamt 54). Er bemerkte eine erstaunliche Übereinstimmung: alle Häuser mit Krebserkrankungen lagen über von ihm zuvor kartierten Wasseradern. So postulierte er, dass an diesen Orten gefährliche Strahlen aus dem Untergrund austräten, die er „Erdstrahlen" nannte. Seit diesen „bahnbrechenden Entdeckungen" blüht das Gewerbe – und auch das Geschäft der Baubiologen, die neuerdings auch den „Elektrosmog" für sich entdeckt haben, was der ernsthaften Auseinandersetzung mit den Wirkungen elektromagnetischer Felder nicht gerade förderlich ist. Es gibt eine ganze Reihe, zum Teil recht abenteuerliche Theorien, die gemeinsam haben, dass sie einer kritischen naturwissenschaftlichen Überprüfung nicht standhalten. Die Geschichte würde ein eigenes Buch füllen, als Beispiel sei auf das Werk von Prokop (1921–2009, ein international anerkannter Pathologe und Gerichtsmediziner, Mitglied der Leopoldina-Akademie) und Wimmer verwiesen [111], eine zusammengefasste, allerdings auch polemisch-zugespitzte Darstellung gibt es im Internet von dem Institut für Geophysik der Universität Stuttgart [112].

Auf einige wenige Punkte sei jedoch kurz eingegangen: Unter Geologen besteht Übereinstimmung, dass Wasseradern im Untergrund nur äußerst selten vorkommen, meist findet man eine flächenhafte Verteilung. Man könnte natürlich nachprüfen, ob tatsächlich Wasseradern vorliegen, da dies aber recht aufwändig ist, unterbleibt es in der Regel. Sieht man sich die Messergebnisse des Freiherrn von Pohl genauer an, so erkennt man recht schnell, dass kaum ein Haus in Vilsbiburg nicht betroffen war, kein Wunder also, dass alle „Krebshäuser" über solchen „Störzonen" lagen. Auch von den heutigen Vertretern der Radiästhesie werden die Untersuchungen Pohls nicht mehr als beweiskräftig angesehen, was nicht ausschließt, dass er nach wie vor als Säulenheiliger verehrt wird. Erdstrahlen können weder mit physikalischen Geräten gemessen warden, noch lassen sie sich physikalisch charakterisieren, wie selbst in einem dem ganzen Gebiet positiv gegenüber eingestellten Buch zu entnehmen ist [113]. Alternativ werden angeboten: Ultrakurzwellen, Neutronen, Gammastrahlen, welche durch Wasseradern verstärkt warden, und vieles andere mehr. Allen Messversuchen ist gemeinsam, dass sie niemals von unabhängiger Seite repliziert wurden und dass die technischen Details in der Regel so ungenau beschrieben sind, dass eine Wiederholung auf erhebliche methodische Schwierigkeiten stößt. Als einziges zuverlässiges Messgerät wird die Wünschelrute angesehen, deren Zuverlässigkeit allerdings mit der Erfahrung des Rutengängers steht und fällt. In der Fachsprache der Radiästhesie wird daher üblicherweise nicht von „Messung", sondern von „Mutung" gesprochen.

Damit könnte an dieser Stelle eigentlich geschlossen werden, unser Thema ist die Wirkung klar-definierter physikalischer Felder auf die Gesundheit, nicht aber die Effekte von Einflüssen, die man nur „erfühlen" kann. Es ginge weit über den Rahmen dieses Buches hinaus, sich mit dem Phänomen der Wünschelrute allgemein auseinanderzusetzen. Es sei aber darauf hingewiesen, dass sich ein vom Bund unterstütztes Forschungsvorhaben an der Technischen und der Ludwig-Maximilians-Universität München mit dieser Problematik beschäftigt hat, ein ausführlicher Bericht ist publiziert [114]. Die Autoren, immerhin zwei Physiker, kommen zu dem Schluss, dass bestimmte *wenige* Rutengänger durchaus in der Lage sind, bestimmte örtliche Veränderungen mit gewisser Wahrscheinlichkeit aufzufinden (der Mehrheit ist ganz einfach schlecht), aber betonen auch, dass daraus keinerlei Schlüsse auf biologische und medizinische Wirkungen abgeleitet werden können. Dieser Hinweis ist wichtig, da das zitierte Werk häufig als Beleg für die Existenz von Erdstrahlen und deren pathologische Einflüsse gewertet wird.

Eigentlich sollte es klar sein, dass Angebote über „Entstrahlungsprozeduren" in höchstem Maße unseriös sind. Wie kann man hypothetische Felder reduzieren, wenn es keine objektive Möglichkeit zu ihrer Messung gibt? Hier werden in unverantwortlicher Weise mit Ängsten in der Bevölkerung, die auch noch auf pseudo-wissenschaftliche Weise geschürt werden, Geschäfte gemacht. Man darf sich auch nicht durch Titel oder eindrucksvolle Institutsnamen verführen lassen.

Jeder darf sich „Baubiologe" oder „Radioästhesist" nennen, es gibt keine solchen geschützten Berufsbezeichnungen.

Eines kann man sicher sagen, die Wahrscheinlichkeit, an Krebs zu erkranken, lässt sich weder durch präparierte Korkmatten noch durch das Auslegen von Wunderkristallen beeinflussen. Gewisse Parallelitäten zum Phänomen der „Elektrosensibilität" (Kapitel 7) lassen sich nicht übersehen.

11
Erzeugung und Wechselwirkungen von Strahlung – etwas detaillierter

11.1
Ionisierende Strahlen

11.1.1
Photonenstrahlen

Wenn schnelle Elektronen auf Materie treffen entstehen Röntgenstrahlen, das war schon im ersten Kapitel gesagt worden, aber über die Vorgänge im Einzelnen wurde nicht gesprochen. Das soll hier nachgeholt werden. Genau genommen gibt es nämlich zwei verschiedene Arten von Röntgenstrahlung, die „charakteristische" und die „Bremsstrahlung". Im ersten Fall reagieren die einfallenden Elektronen mit ihren Pendants in der Atomhülle und werfen sie dabei von ihren angestammten Plätzen. Dadurch wird auf einer inneren Schale eine Position frei, die sofort wieder aufgefüllt wird. Das „springende" Elektron gewinnt dabei wegen der Annäherung an den Kern Energie, die in Form von Photonenstrahlung abgegeben wird. Da in einem bestimmten Atom die Elektronenorbitale genau festgelegt sind, gibt es auch nur bestimmte mögliche Energiedifferenzen bei dem Übergang. Sie sind charakteristisch für jedes Element, daher der Name. Man kann diese durch Elektronenstoß bewirkte Röntgenemission auch für analytische Zwecke einsetzen, um z. B. eine zerstörungsfreie Materialprüfung vorzunehmen.

Während bei der charakteristischen Strahlung nur wenige Frequenzen auftreten, wird bei der Bremsstrahlung ein weiter Bereich überstrichen. Das Prinzip (Abb. 11.2) ist auch hier einfach: die negativ geladenen eintreffenden Elektronen werden von dem positiven Atomkern angezogen und, je nach Abstand und Geschwindigkeit, in mehr oder weniger enge Kurven gezwungen. Dabei werden sie abge-

Abb. 11.1 Entstehung charakteristischer Röntgenstrahlen. Das gebildete Röntgenquant ist mit $h\nu$ bezeichnet.

Strahlen und Gesundheit: Nutzen und Risiken, 1. Auflage. Jürgen Kiefer
© 2012 Wiley-VCH Verlag GmbH & Co. KGaA. Published 2012 by Wiley-VCH Verlag GmbH & Co. KGaA.

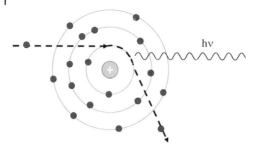

Abb. 11.2 Zur Entstehung der Röntgenbremsstrahlung.

bremst, so wie es auch allen Autofahrern geht, die zu schnell eine Kehre angehen und sie mit quietschenden Reifen verlassen. Dabei entsteht Energie, die sich bei dem Fahrzeug in der Erhitzung der Pneus äußert, im Atom in der Form elektromagnetischer Strahlung. Welche Energie sie hat, hängt von der Geschwindigkeit der Elektronen, dem Abstand ihrer Bahn zum Kern, aber auch der Kernladungszahl ab. Nur eines ist nicht möglich – dass die Photonenenergie größer ist als die des Elektrons. Die obere Grenze ist also durch die Betriebsspannung der Röhre vorgegeben, dafür sorgt der Energieerhaltungssatz.

In der Röntgenröhre laufen beide erwähnten Prozesse parallel ab, in der Intensitätsverteilung der abgegebenen Strahlung, dem Emissionsspektrum, kann man die Beiträge gut erkennen (Abb. 11.3): Die charakteristische Strahlung wird durch die relativ scharfen Linien repräsentiert, die aus dem breiten Untergrund der Bremsstrahlung herausragen. Die Abbildung macht auch klar, dass das Spektrum einer Röntgenröhre immer einen weiten Energiebereich überstreicht. Es fällt auf, dass ein beträchtlicher Anteil bei niedrigen Energien liegt. Diese weichen Strahlen sind bei der Röntgendiagnose sehr unerwünscht, sie tragen zu dem Bild

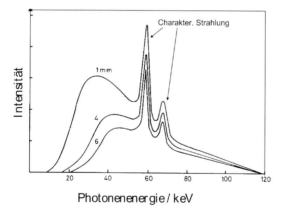

Abb. 11.3 Spektrum der Röntgenstrahlung einer mit 120 kV betriebenen Röhre (Wolframanode) und vorgeschalteten Aluminiumfiltern unterschiedlicher Dicke. Der niederenergetische „weiche" Anteil wird mit steigender Filterdicke immer mehr unterdrückt.

nichts Nützliches bei, da sie den Körper nicht durchdringen, darüber hinaus belasten sie die Patienten unnötigerweise. Ein wenig kann man dagegen tun, indem man Metallfilter vorschaltet. Da weiche Strahlen stärker absorbiert werden als die höherenergetischen, erreicht man dadurch eine „Aufhärtung" des Spektrums, wie man auch aus der Abbildung sehen kann. Allerdings geht damit auch die Intensität zurück, so dass man diese Prozedur nicht zu weit treiben kann.

Es war schon darauf hingewiesen worden, dass der Wirkungsgrad einer Röntgenröhre bedauerlich gering ist (um die 5%), es lohnt sich also, zu überlegen, wie man ihn steigern kann. Ein Weg ergibt sich aus der Analyse des Entstehungsprozesses: Die Häufigkeit der Wechselwirkung mit Hüllenelektronen steigt mit deren Zahl, also der Ordnungszahl. Die in diesem Fall auch höhere Kernladung steigert auch die Bremsstrahlenausbeute. Das Anodenmaterial sollte also aus Schwermetallen bestehen. Allerdings muss es auch hitzebeständig sein, also einen hohen Schmelzpunkt haben, da mit starken Erwärmungen zu rechnen ist. Inspiziert man das periodische System der Elemente, so bleiben nicht viele Möglichkeiten: Blei ist zu weich, Gold auch (außerdem zu teuer), Platin wäre gut, aber zu wertvoll, so dass sich nur Wolfram anbietet. Und so sind in der Regel die Anoden der Röntgenröhren aus diesem Material gefertigt. Eine Ausnahme bilden Mammographieanlagen, da sie mit geringerer Quantenenergie arbeiten (um 30 keV), die recht gut durch die charakteristische Strahlung von Molybdän erreicht werden können, so dass man hier dieses Metall verwendet.

Die Energien, welche man mit normalen Röntgenröhren erzeugen kann, sind aus technischen Gründen auf ca. 400 keV begrenzt, darüber können die Isolationsprobleme kaum mehr beherrscht werden. Für manche Zwecke, vor allem in der Strahlentherapie von Tumoren, benötigt man aber deutliche höhere Energien. Sie werden nach dem gleichen Prinzip erzeugt, die Beschleunigung der Elektronen übernimmt in diesem Falle aber eine spezielle Apparatur, ein Elektronenlinearbeschleuniger (oft auch mit „Linac" abgekürzt, nach dem englischen *linear accelerator*). Durch Beschuss von Wolframtargets entstehen wie in der Röhre Röntgenstrahlen. So kann man Werte bis um die 40 MeV erreichen, für Forschungszwecke auch noch deutlich mehr.

Die Angabe, Photonenstrahlen genügender Quantenenergie verfügten über die Fähigkeit zu ionisieren, ist recht summarisch, interessant ist schon, wie diese Vorgänge ablaufen. Es gibt drei Prozesse, die hier zu beschreiben und in Box 11.1 zusammen dargestellt sind.

> **Box 11.1: Primäre Wechselwirkungen von ionisierender Photonenstrahlung**

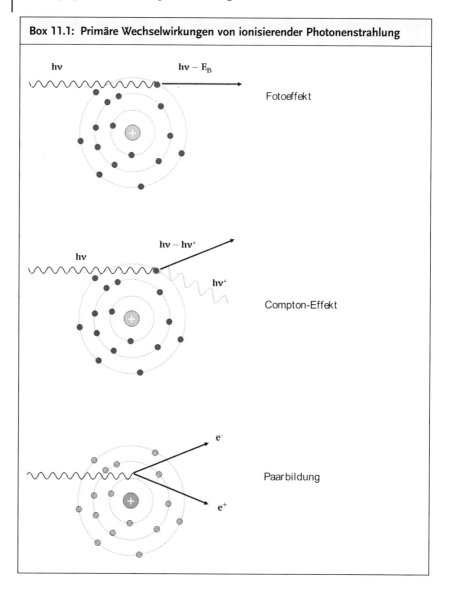

Zumindest zwei von ihnen benutzen das Teilchenbild der Photonen. Der erste, der *Fotoeffekt*, ist der einfachste: Das ankommende Quant der Energie $h\nu$ „stößt" mit einem Elektron zusammen und entfernt es aus seiner Bahn. Dazu muss die Bindungsenergie E_B aufgebracht werden. Das freigesetzte Elektron erhält also eine kinetische Energie von $h\nu - E_B$. Wenn man diesen Vorgang genau (quantenmechanisch) analysiert, dann ist er gar nicht mehr so simpel. Es kommt dabei u. a. heraus, dass der Energiebereich, in welchem er ablaufen kann, relativ begrenzt ist, anders ausgedrückt, hohe Quantenenergien, die sehr viel größer sind als E_B

können nicht mehr vollständig auf das Elektron übertragen werden. Hier kommt dann ein anderer Vorgang zum Zuge, der nach seinem Entdecker, dem amerikanischen Physiker Arthur Holly Compton (1892–1962), als *Compton-Effekt* bezeichnet wird. Das Elektron übernimmt nur einen Teil der Photonenenergie, es bleibt noch ein (gestreutes) Photon mit verminderter Energie übrig. Bei sehr hohen Photonenenergien (mindestens 1 MeV) gibt es noch ein anderes Phänomen, die Umkehrung der Vernichtungsstrahlung. Zu Grunde liegt ihm die berühmte Einstein-Formel $E = mc^2$, also das Prinzip der Äquivalenz von Masse und Energie. Übersteigt die Photonenenergie die Summe der Ruhemassen von Elektron und Positron, so können diese beiden Teilchen entstehen. Allerdings geht das nicht im Vakuum, denn es wird noch ein weiterer Stoßpartner benötigt, um den Gesamtimpuls zu erhalten. Man braucht das Letzte nicht unbedingt zu verstehen, wichtig bleibt es dennoch. Wären die Verhältnisse nicht so, könnten hochenergetische Photonenstrahlen niemals die Erde erreichen, was den Radioastronomen einen großen Teil ihrer Arbeit (und ihres Vergnügens) nehmen würde. Der Stoßpartner ist in der Regel der Atomkern, es geht aber auch mit den Hüllenelektronen. Obwohl die Paarbildung bei Quantenenergien über 1 MeV grundsätzlich möglich ist, findet sie mit nennenswerter Wahrscheinlichkeit erst bei sehr viel höheren Werten statt. Normalerweise spielt sie also kaum eine Rolle. Aus Abb. 11.4 kann man sehen, dass die Wahrscheinlichkeit für den Fotoeffekt mit der Photonenenergie sehr rasch abnimmt, in den meisten Fällen dominiert der Compton-Effekt.

Auf der anderen Seite spricht der Fotoeffekt sehr viel stärker auf die Zusammensetzung des Gewebes an, bietet also die besten Voraussetzungen für die radiologische Differenzierung. Leider reichen die Energien, bei denen er vor allem abläuft, nicht aus, um dickere Körperpartien zu durchdringen.

Eine wichtige Ausnahme stellt wieder die Mammographie dar, die bei einer Röhrenspannung von ca. 30 kV durchgeführt wird. Dies ist hoch genug, um das

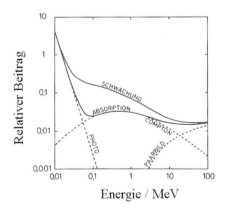

Abb. 11.4 Relative Beiträge der verschiedenen Wechselwirkungsprozesse in Wasser als Funktion der Photonenenergie. Die Gesamtschwächung ergibt sich aus der Summe von Absorption und Streuung.

vergleichsweise kleine Organ zu durchdringen. Der hier vorherrschende Fotoeffekt sorgt somit für eine gute Gewebsdifferenzierung.

Außer der eigentlichen Absorption gibt es noch eine weitere Wechselwirkung, welche den direkten Durchtritt der Strahlung durch den Körper verhindert, nämlich die Streuung. Hier wird keine Energie übertragen, sondern nur die Richtung verändert, so dass die Strahlen den Empfänger verfehlen und damit das Bild in der Diagnostik verfälschen. Streuung stellt ein universales Phänomen dar, sie tritt immer auf, wo Strahlen auf Materie treffen. Das unklare Bild, das sich dem Fahrer präsentiert, wenn bei Regen die Scheibenwischer nicht richtig arbeiten, ist ein Resultat der Streuung. Man kann sie nicht vermeiden oder ausschalten, höchstens durch geeignete Vorkehrungen ihren Einfluss vermindern. Aus dem Vergleich der Kurven „Schwächung" (Absorption plus Streuung) und „Absorption" kann man sehen, dass die Streuung vor allem bei niedrigen Photonenenergien einen großen Anteil hat, ein Grund mehr, diese durch Filterung zu unterdrücken.

Es bleibt festzuhalten, dass bei allen beschriebenen Wechselwirkungsprozessen immer Elektronen freigesetzt werden. Sie lösen ihrerseits auf ihrem Weg durch die Materie weitere Ionisationen aus, deren Zahl im Allgemeinen die der primären Ionisationen weitaus überwiegt. Bei einer Photonenenergie von 1 MeV (entspricht Co-60-Gammastrahlung) werden im Mittel durch die bei der Compton-Wechselwirkung losgelösten Elektronen ca. 13 weitere Ionisationen verursacht. Man kann also sagen, dass die Elektronen für die eigentliche Wirkung verantwortlich sind. Foto- und Compton-Effekt (mit Einschränkung auch die Paarbildung) sind also nur wichtig als „Elektronengeneratoren".

11.1.2
Übertragung der Energie – mikroskopisch und makroskopisch

Am Anfang einer jeden biologischen Wirkung steht die Deposition der Strahlenenergie auf die Moleküle des Systems. Bei ionisierenden Strahlen sind hierfür – wie gerade erklärt – vor allem die Elektronen verantwortlich. Je nach ihrer Energie können sie recht lange, wegen der unvermeidlichen Streuung jedoch auch recht verwinkelte, Wege zurücklegen, auf denen sie Spuren in Form von weiteren Ionisationen hinterlassen. Sie liegen aber nicht dicht an dicht, das Ionisationsvermögen von Elektronen ist vergleichsweise gering, so dass sich die Ionisationen einigermaßen gleichmäßig über das exponierte Volumen verteilen. Das ist die Situation mit Röntgen-, Gamma- und Elektronenstrahlen. Ganz anders sieht es aus bei schwereren geladenen Teilchen wie Protonen oder Alphateilchen. Sie ziehen ihre Bahn wie ein Panzer durch das Gelände und hinterlassen eine dichte Spur von Ionisationen. Dass dies auch Konsequenzen für das Schädigungsvermögen hat, liegt auf der Hand, dazu mehr im Kapitel 12.

Physikalische ist also zwischen „locker" (engl. *sparsely*) und „dicht" (*densely*) ionisierenden Strahlen zu unterscheiden. Zur ersten Gruppe gehören alle, bei denen die Energie vor allem durch Elektronen übertragen wird, also Röntgen- oder Gammastrahlen und natürlich Elektronen selbst, zur zweiten sind vor allem Alphateilchen und schwerere Kerne zu rechnen, schnelle Protonen liegen irgendwie dazwischen, am Ende ihrer Bahn, wenn sie schon recht langsam sind, ziehen auch sie eine dicht Ionisationsspur.

Einen Sonderfall hat man mit Neutronen: Da sie ungeladen sind, können sie nur durch einfache mechanische Stöße wechselwirken (jedenfalls in erster Näherung), wobei ihre bevorzugten Partner Kerne des Wasserstoffs, also Protonen sind, die durch den Stoß aus dem Atomverband gerissen werden und dann auf ihrem weiteren Weg Ionisationen hervorrufen. Neutronen ionisieren also indirekt, trotzdem kann die Ionisationsdichte auch – wie bei Protonen – relativ hoch sein. Das ist eigentlich eine etwas paradoxe Situation: Wegen der relativ geringen Wahrscheinlichkeit, bei ihrem Auftreffen einen Stoßpartner zu finden, haben Neutronen ein hohes Durchdringungsvermögen, falls es jedoch zu einer Wechselwirkung kommt, ist diese jedoch deutlich stärker als z. B. bei Gammastrahlen. Neutronen wechselwirken also selten, die Treffer sind dann aber recht wirkungsvoll.

Es lohnt sich, die Vorgänge im Inneren eines bestrahlten Mediums etwas genauer anzusehen. Es sind nach dem Gesagten nicht vor allem die primären Ionisationen, die wichtig sind, sondern vielmehr die sekundären, tertiären usw. Jedes Elektron produziert gewissermaßen seine eigenen Nachkommen bei jeder Ionisation, die es auslöst. Die Lage stellt sich also dar, wie in Abb. 11.5 illustriert.

Wir betrachten die Verhältnisse in einem kleinen Element des bestrahlten Körpers: Von außen kommen Elektronen hinein, die entweder zur Ruhe kommen („Stopper") oder auch wieder austreten („Crosser"). Aber auch innerhalb entstehen Elektronen, sie verlassen den Bereich entweder („Starter") oder beenden dort auch ihren Weg („Insider"). Für eine saubere Energiebilanz muss das alles berücksichtigt werden. Am einfachsten ist das, wenn eintretende und austretende Teilchen sich nach Zahl, Art und Energiedeposition gerade die Waage halten. Man bezeichnet diesen Idealzustand als „Sekundärelektronengleichgewicht". Es ist gegeben im Inneren eines homogenen Körpers, offenbar aber nicht an Grenzflächen verschiedener Materialien. Diese Betrachtung mag manchem Leser als eine reichlich übertriebene Erbsenzählerei erscheinen, nur für Spezialisten der Dosimetrie von Bedeutung. Das ist sie auch, aber doch ein bisschen mehr. Man muss das Beschriebenen nämlich bedenken, wenn man die Dosisverteilung in einem bestrahlten Körper betrachtet, vor allem wie es in der Tiefe aussieht, was besonders bei der Therapie von Tumoren eine große Rolle spielt. Intuitiv würde man vermuten, dass die Dosis an der Körperoberfläche am größten ist. Das ist aber nicht notwendigerweise so, wie Abb. 11.6 zeigt.

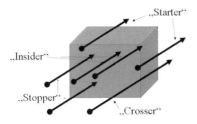

Abb. 11.5 Elektronen in einem Volumenelement des bestrahlten Mediums.

Wenden wir uns zunächst den verschiedenen Photonenstrahlen (Röntgen- und Gammastrahlen) zu. Ihre Intensität nimmt wegen der Absorption mit der Eindringtiefe ab, nicht aber die Dosis. Sie wird nämlich durch Elektronen realisiert und dabei ist ihre anfängliche Geschwindigkeit von Bedeutung. Ist sie groß, so gelangen sie auch in größere Tiefen und deponieren dort Energie, wenn sie klein ist, kommen sie schon nahe der Oberfläche zur Ruhe. So kann man verstehen, dass die Dosis relativ niederenergetischer Röntgen- und Gammastrahlen (Co-60 hat „nur" 1 MeV) sehr schnell mit der Tiefe abnimmt, während sich bei 22 MeV-Röntgenstrahlen die maximale Dosis erst in einer Tiefe von ca. 5 cm aufbaut. Verantwortlich dafür ist, dass an und nahe der Grenzfläche kein Sekundärelektronengleichgewicht herrscht.

Das Bild zeigt auch eine Kurve für Protonen. Sie ist besonders interessant: Bei 20 cm findet man eine Dosis, die fast fünfmal größer ist als an der Eindringstelle. Das hängt damit zusammen, dass bei diesen Teilchen die Energiedeposition umso größer wird, je langsamer sie werden. Am Anfang ist sie recht gering, am größten kurz vor Ende ihrer Reichweite. Man könnte dies als den „Witwe-Bolte-Effekt" bezeichnen (Sie wissen, die arme Frau aus „Max und Moritz"): „Jedes legt noch schnell ein Ei, doch dann kommt der Tod herbei ...". Ähnlich wie Protonen verhalten sich auch andere geladene Teilchen, wie z. B. Alphateilchen oder Kohlenstoffkerne. Dass so etwas für die Strahlentherapie interessant ist, liegt auf der Hand, mehr darüber wird in Kapitel 8 gesagt.

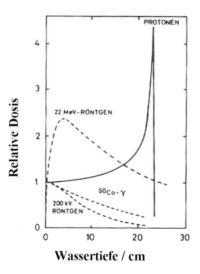

Abb. 11.6 Tiefendosisverläufe verschiedener Strahlenarten in Wasser (entspricht recht genau dem Weichgewebe).

11.2
Optische Strahlungen

Über die Erzeugung der optischen Strahlen, also UV, sichtbares Licht und Infrarot, soll hier nicht gesprochen werden, das sei der technischen Spezialliteratur vorbehalten. Wichtiger ist es, die primäre Interaktion etwas näher zu betrachten. Abgesehen von sehr kurzwelligem UV gibt es keine Ionisationen, sondern nur Anregungen der beteiligten Atome und Moleküle, die auf verschiedene Weise ablaufen können. Die Elektronen im Atom oder Molekül bewegen sich nach dem vereinfachenden Bohrschen Atommodell auf genau definierten Bahnen oder, etwas genauer, sie können nur bestimmte Energiezustände annehmen. Will man sie durch Strahlung auf einen höheren Energiezustand heben, so muss die Energie des auffallenden Quants genau der festgelegten Differenz entsprechen, es handelt sich also um ein Resonanzphänomen.

In Molekülen kommen noch andere Wechselwirkungsmöglichkeiten hinzu. Ihre verschiedenen Bestandteile können Schwingungen ausführen oder aber auch rotieren. Auch hier gilt, dass die energetisch möglichen Zustände genau festgelegt sind, auch sie können also durch Strahlung angeregt werden.

Die Energiebereiche, in denen die drei beschriebenen Vorgänge eine Rolle spielen, sind unterschiedlich. Die größten Beträge werden für die elektronische Anregung benötigt, weniger für die Schwingungen und noch weniger für die Rotationen. Etwas simplifiziert ergibt sich somit folgende Hierarchie:

> *Elektronische Anregung* (UV, Sichtbares) > *Schwingungen* (IR) > *Rotationen* (fernes IR)

Man kann also die Spektralbereiche grob gesagt bestimmten Wechselwirkungsmechanismen zuordnen.

Angeregte Moleküle verhalten sich chemisch durchaus anders als solche im Grundzustand. Sie sind die Objekte der „Photochemie", die man als „Chemie aus angeregten Zuständen" definieren kann. Die Wahrscheinlichkeit der Anregung einer bestimmten Komponente wird durch das Absorptionsspektrum bestimmt. Nur wenn Energie absorbiert wird, kann sie etwas bewirken, z. B. Schäden hervorrufen. (Das ist wieder eine Spielart des Energiesatzes: „Von nichts kommt nichts".) Als Beispiel, das für die Biologie von Bedeutung ist, zeigt Abb. 11.7 das Absorptionsspektrum der DNA.

Nicht alle Bestandteile eines biologischen Systems absorbieren optische Strahlung. Diese Tatsache erlaubt die Anwendung einer interessanten Technik, die als „Aktionsspektroskopie" bezeichnet wird. Stellt man nämlich fest, dass ein Effekt nur durch Exposition von Strahlen mit bestimmten Wellenlängen ausgelöst wird, so kann man durch eine Analyse der Absorptionsspektren möglicher Kandidaten auf den primären Angriffsort zurückschließen. Auf diese Weise wurden z. B. schon 1939 die Nukleinsäuren als Träger der genetischen Information identifiziert [115], was biochemisch erst fünf Jahre später gelang [116]. Ein Aktionsspektrum der Zellabtötung durch ultraviolette Strahlen wurde sogar schon 1930 publiziert,

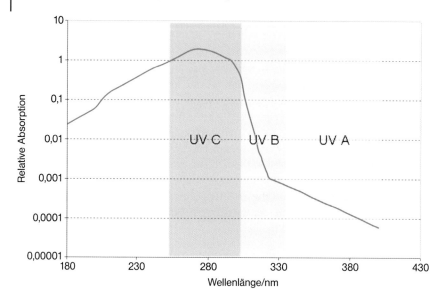

Abb. 11.7 Absorptionsspektrum der DNA.

das dem Absorptionsspektrum der DNA erstaunlich ähnlich sieht [117], was damals allerdings noch nicht erkannt wurde. Interessanterweise ist keine dieser Leistungen mit einem Nobelpreis ausgezeichnet worden, obwohl sie die Grundlagen schufen für den phantastischen Aufstieg der modernen Molekularbiologie. Die strahlenbiologischen Vorläufer wurden übrigens in der Arbeit von 1944 nicht erwähnt, wahrscheinlich waren sie den Autoren auch gar nicht bekannt, ein Schicksal, das auch später noch manchen Erkenntnissen der Strahlenbiologie widerfuhr.

So verführerisch die Anwendung der Aktionsspektroskopie auch ist, so muss man doch bedacht zu Werke gehen, um nicht Fehlinterpretationen aufzusitzen. Ein Beispiel ist die Erythemwirkungskurve (Kapitel 6). Die Schädigung wird hervorgerufen durch DNA-Veränderungen in den Zellen der tiefer liegenden Basalschicht, was sich in der Wirkungskurve kaum widerspiegelt. Das liegt daran, dass die UV-Strahlen erst die darüber liegenden Schichten durchdringen müssen, ihre Absorption modifiziert daher das eigentliche Aktionsspektrum.

Es gibt noch einen anderen Punkt: Der ursprüngliche Absorber muss nicht unbedingt unmittelbar für beobachtete Effekte verantwortlich sein, Anregungsenergie kann nämlich von einem Molekül auf ein anderes übertragen werden. Ein typisches Beispiel ist, dass die DNA durch Strahlen einer Wellenlänge geschädigt wird, die von ihr gar nicht oder nur sehr schwach absorbiert werden. Wie man in Abb. 11.7 sieht, ist das ist z. B. bei UV-A (315–380 nm) der Fall. Bis vor einigen Jahren propagierte man daher Solarien mit UV-A-Strahlern als besonders gesund, da keine Krebsgefahr bestünde, gewissermaßen „Schönheit ohne Reue". Heute wissen wir, dass auch UV-A kanzerogen ist. Dies liegt daran, dass in den Zellen Moleküle vorhanden sind, welche im UV-A absorbieren („Chromophore") und die aufgenommene Energie dann auf die DNA übertragen. Für solche „photosensibilisierten Reaktionen" gibt es verschiedene Mechanismen, manchmal werden durch die Photoreaktion auch freie Radikale gebildet, die ihrerseits dann andere Moleküle auf indirektem Wege verändern können. Man kann Photosensibilisatoren auch von außen zusetzen, um in sonst relativ wirkungslosen Spektralbereichen gezielt Effekte hervorzurufen. Ein Beispiel dafür ist die Anwendung von Psoralen oder seinen Derivaten, oder auch Hämatoporphyrinderivaten in der „photodynamischen Therapie" bestimmter Hautkrankheiten oder Tumoren (s. a. Kapitel 8).

Die Energien der Wechselwirkung sind bei der elektronischen Anregung am größten, die Wellenlängenbereiche, in denen sie vor allem hervorgerufen werden, erstrecken sich in der Regel vom UV bis in das Sichtbare hinein. Hier liegt auch die Domäne der Photochemie, die im Infrarot praktisch keine Rolle spielt, wenn man Wärmeeinwirkungen ausschließt. Es ist daher bis heute auch nicht klar, ob Infrarot-Strahlen außer der durch Temperaturerhöhungen hervorgerufenen biologische Effekte bewirken können, obwohl sie zweifellos auch selektiv absorbiert werden. Viele Biomoleküle haben sehr typische Absorptionsspektren in diesem Bereich, die für analytische Zwecke sehr nützlich sind, aber das reicht keineswegs aus, daraus ihre biologische Wirksamkeit abzuleiten. Das Umgekehrte gilt aber: Wenn keine Strahlung absorbiert wird, entweder direkt oder über den Umweg photosensibilisierter Reaktionen, kann sie auch keine Schäden hervorrufen. Das wird in der öffentlichen Diskussion nur zu oft vergessen.

12
Strahlenwirkungen in der Zelle – etwas näher betrachtet

12.1
Übersicht

Alle gesundheitlichen Wirkungen einer Strahleneinwirkung nehmen ihren Ausgang von Veränderungen in der Zelle. Die zelluläre Strahlenbiologie hat sich in den letzten Jahrzehnten zu einem eigenständigen und umfangreichen Wissenschaftsgebiet entwickelt, dem ganze Lehrbücher und fast unzählige Übersichtsartikel gewidmet sind. Hier können daher nur wenige Aspekte angerissen werden, mehr finden Leser oder Leserin in der am Ende des Buches angegebenen weiterführenden Literatur. Von wenigen Ausnahmen abgesehen basieren die Erkenntnisse ausschließlich auf dem Studium der Wirkungen ionisierender und ultravioletter Strahlung. Das hat zur Folge, dass Versuche, die Effekte anderer Strahlenarten (z. B. der Mobilfunkfelder) zu erforschen, sich der Denkweise und der Methoden der Strahlenbiologie im engeren Sinne bedienen, wobei nicht immer mit der nötigen Sorgfalt vorgegangen und das Gesamtgebiet in hinreichender Weise in die Überlegungen einbezogen wird.

Recht schematisch kann man den Werdegang der biologischen Strahlenwirkung wie in Abb. 12.1 skizzieren.

Am Anfang der Wirkungskette steht die Energiedeposition, entweder in Form von Ionisationen (bei ionisierender Strahlung) oder Anregung in geeigneten Chromophoren (bei UV- und sichtbarer Strahlung). Oft schließen sich physikochemische Reaktionen an, die äußerst schnell ablaufen und in weniger als einer Millisekunde abgeschlossen sind. Bei ionisierender Strahlung spielen hier vor allem freie Radikale eine Rolle (sie können aber auch bei UV auftreten), im UV und Sichtbaren sind in erster Linie Energieübertragungen bei photosensibilisierten Vorgängen zu nennen.

Der wichtigste molekulare Angriffspunkt ist natürlich die DNA, von primären Läsionen an ihr nehmen alle weiteren Prozesse ihren Ausgang. Um sie zu erfassen, bedarf es spezieller, manchmal aufwändiger Techniken. Schäden am Genom können aber auch im mikroskopischen Bild sichtbar werden und zwar in der Form von Chromosomenaberrationen. Die Zelle reagiert auf vielfältige Weise auf strahleninduzierte Schäden. Eine ganze Reihe von Genen wird hoch- oder auch hinabreguliert, der Ablauf des Zellzyklus verzögert und Reparaturprozesse werden

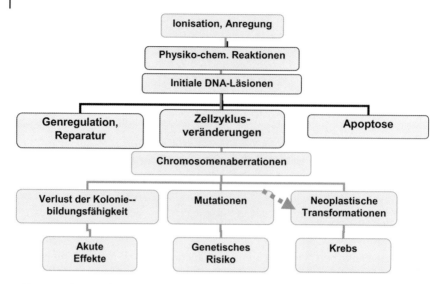

Abb. 12.1 Schematischer Ablauf strahlenbiologischer Effekte.

angestoßen. Bei nicht zu hohen Dosen bleibt die physiologische Integrität zunächst weitgehend erhalten, die Zellen können sich auch noch teilen, aber in der Regel bleiben Schäden zurück. Die Erbinformation ist verändert auf Grund von bleibenden Mutationen, es kann der Keim für einen Tumor gelegt werden, was man als „neoplastische Transformation" bezeichnet. In Abhängigkeit von der Dosis kommt es früher oder später zu einem Stopp der Zellteilung, die unbegrenzte Teilungsfähigkeit geht verloren, was experimentell als „Verlust der Koloniebildungsfähigkeit" registriert wird.

All dies zieht Konsequenzen für den Gesamtorganismus nach sich, sie können früher oder später manifest werden. Der Verlust der Teilungsfähigkeit beeinträchtigt vor allem die Funktionsfähigkeit derjenigen Organe, die wegen eines hohen Zellverlusts auf eine kontinuierliche Nachlieferung angewiesen sind, sogenannte „Erneuerungsgewebe". Dazu gehören alle äußeren und inneren Oberflächen (Haut, Magen-Darm-Trakt), aber auch das blutbildende System. Daraus resultierende Schäden treten meist relativ schnell auf. Bei anderen dauert es sehr viel länger. Das genetische Risiko beruht auf Mutationen in der Keimbahn, und neoplastisch transformierte Zellen können sich später zu einem Tumor entwickeln, was Jahre, selbst Jahrzehnte, dauern kann.

Die Erhaltung strahlengeschädigter, aber noch teilungsfähiger Zellen bietet für den Körper zwar den Vorteil, akute Organschäden zu begrenzen, birgt auf der anderen Seite aber die Gefahr, dass sehr viel später genetische Effekte auftreten oder dass es zu einer Krebserkrankung kommt. Eine Möglichkeit, diese Konsequenzen zu vermeiden, besteht darin, geschädigte Zellen schnell aus dem Körper zu entfernen. Dies geschieht nach einem subtil orchestrierten Selbstmordprogramm, das man als „Apoptose" bezeichnet. Dabei werden die Zellen nicht etwa einfach abgestoßen, also gewissermaßen „entsorgt", sondern die wesentlichen Bestandteile, auch die DNA, werden zerlegt, und damit einer weiteren Verwendung zugeführt. Es handelt sich also um biologisches Recycling, das auch den weiteren Vorteil bietet, dass der Körper nicht mit dem Abtransport abgestorbener Zellen belastet wird. Allerdings kommt es auch hier auf die richtige Balance an. Ein Verlust vieler Zellen würde die Funktionsfähigkeit kritischer Organe unmittelbar bedrohen, aus diesem Grunde spielt die Apoptose vor allem bei niedrigen Dosen eine Rolle, bei höheren Werten überwiegt das Bestreben, auch mit möglicherweise geschädigten Zellen akute Schäden zu begrenzen, allerdings mit dem Risiko möglicher Spätschäden.

Die gerade skizzierte Schadenspalette gilt so nur für ionisierende Strahlen, da nur sie tiefer liegende Organe erreichen können, bei UV sind nur Haut und Augen betroffen.

12.2
Initiale DNA-Veränderungen

Durch die Einwirkung ionisierender Strahlen können an der DNA die verschiedensten Schäden hervorgerufen werden (Abb. 12.2), die hier nicht alle erörtert werden, weil ihre Signifikanz auch nicht immer klar ist. Die meisten können darüber hinaus repariert werden.

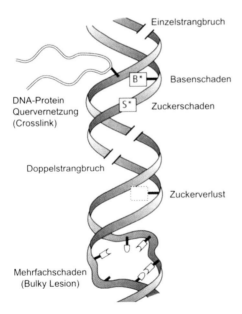

Abb. 12.2 DNA-Veränderungen nach Einwirken ionisierender Strahlen. Von besonderer Bedeutung sind DNA-Doppelstrangbrüche (Bildmitte). Quelle: [118].

Eine Sonderstellung nehmen „Doppelstrangbrüche" (DSB) ein. Wie der Name sagt, wird dabei der DNA-Doppeltstrang vollständig durchschnitten. Intuitiv würde man annehmen, dass ein solcher Schaden irreversibel ist. Das war über viele Jahre auch die weitgehend akzeptierte Lehrmeinung, es wurde dabei jedoch übersehen, dass die DNA keineswegs nackt im Zellkern liegt, sondern in ein Proteingerüst eingebunden ist, das vor allem aus den basischen Histonen besteht und für Stabilität sorgt, auch wenn die Nukleinsäure schwere strukturelle Fehler aufweist. Mit einem Doppelstrangbruch fällt also nicht alles auseinander, dennoch handelt es sich um eine schwerwiegende Veränderung. Sie kann aber repariert werden, dies muss sogar geschehen, damit die Zelle sich wieder teilen kann. Einzelheiten kommen weiter unten.

Je nach Strahlenart und Dosis können Strangbrüche auch lokal in hoher Konzentration auftreten, oft auch zusammen mit anderen Läsionen. In Abb. 12.2 sind solche Strukturen als *bulky lesions* bezeichnet. Es ist nachzuvollziehen, dass eine solche Konfiguration nur schwer aufzulösen ist und Reparaturbemühungen erheblich erschwert. Man geht daher davon aus, dass diese komplexen Schäden, die besonders durch Einwirken dicht ionisierender Strahlung auftreten, überproportional für die später auftretenden biologischen Effekte verantwortlich zu machen sind.

Moderne Techniken erlauben es, DNA-Doppelstrangbrüche äußerst empfindlich nachzuweisen und quantitativ zu bestimmen. Ihre Zahl steigt linear mit der Dosis an, diese Beziehung gilt über viele Zehnerpotenzen, von einigen mGy bis mindestens 10 Gy. Man kann ihre Verteilung im Zellkern sogar sichtbar machen, wie Abb. 12.3 zeigt.

Nach der Einwirkung ultravioletter Strahlen sieht das Schadensspektrum anders aus. Einzelstrangbrüche sind selten, Doppelstrangbrüche als direkte Strahlenfolge werden überhaupt nicht gefunden, können aber im Laufe von Reparaturprozessen

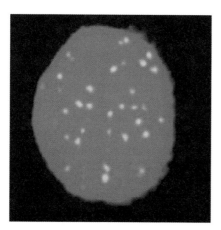

Abb. 12.3 Immunchemische Färbung von DNA-Doppelstrangbrüchen im Kern einer mit Röntgenstrahlen exponierten Säugerzelle. Jeder Punkt entspricht einem Doppelstrangbruch. (Foto: Dr. Andrea Kinner) (S. auch Farbtafel S. XX.)

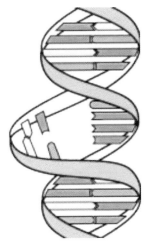

Abb. 12.4 Pyrimidindimere im DNA-Doppelstrang (NASA/David Herring). (S. auch Farbtafel S. XX.)

oder durch Fehler bei der Replikation indirekt entstehen. Vorherrschend sind Basenveränderungen, die wichtigsten sind Pyrimidindimere, bei denen auf einem Strang nebeneinanderliegende Thyminbasen kovalent verbunden werden. Dadurch wird die Struktur des Doppelstranges verformt, auch die fehlerfreie Replikation ist dadurch gehemmt. Es gibt noch andere Photoprodukte, deren Bedeutung jedoch deutlich geringer ist.

Pyrimidindimere stellen ein unverwechselbares Kennzeichen einer UV-Einwirkung dar, weil sie weder durch andere Strahlen noch durch Chemikalien induziert werden. Da sie sich außerdem durch ziemliche chemische Stabilität auszeichnen und sich heute mit Hilfe immunochemischer Methoden recht empfindlich nachweisen lassen, haben sie sich als sehr hilfreiche Indikatoren bei der Analyse erwiesen, z. B. zur Aufklärung von Reparaturprozessen.

12.3
Strahleninduzierte Veränderungen der Chromosomen

Die initialen Läsionen in der DNA lassen sich nur mit Hilfe relativ komplizierter Techniken erfassen – sehen kann man sie nicht. In der Mitose wird das genetische Material sichtbar in der Form der Chromosomen (vgl. Kapitel 2). Es liegt daher nahe zu vermuten, dass Strahlenschäden sich auch in ihnen manifestieren sollten. Das ist in der Tat der Fall. Veränderungen an den Chromosomen werden generell als *Aberrationen* bezeichnet, von denen es zwei Typen gibt, numerische und strukturelle. Unter den ersten versteht man eine Änderung der Chromosomenzahl, bei Menschen also eine Abweichung von 46 im diploiden Satz. Sie können schwerwiegende Krankheiten nach sich ziehen, z. B. das „Down Syndrom", das auf einer Trisomie 21, also einem zusätzlichen Chromosom 21 beruht. Numerische Aberrationen treten nach Strahlenexposition verhältnismäßig selten auf. Ganz anders verhält es sich mit strukturellen Aberrationen, sie sind typische Kennzeichen für eine Strahleneinwirkung, vor allem bei ionisierender Strahlung, etwas weniger ausgeprägt bei UV. Der Ausgangspunkt ist immer ein Chromosomenbruch, der aber nicht mit einem Bruch der DNA-Helix identifiziert werden darf. Es ist zwar richtig, dass Chromosomenbrüche in der Regel auf einen DNA-Doppelstrangbruch (DSB) zurückgehen, d. h., es gibt keinen Chromosomenbruch ohne einen DSB, aber dies stell nur eine notwendige, keineswegs jedoch eine hinreichende Bedingung dar. Ein Großteil der DSB wird repariert (nicht notwendigerweise korrekt), bevor sie sich auf der Ebene der Chromosomen manifestieren können.

Die Formen chromosomaler Veränderungen sind vielgestaltig, sie können hier nicht auch nur annähernd vollständig referiert werden [119]. Wir beschränken uns daher auf einige typische Beispiele, die in Abb. 12.5 schematisch skizziert sind.

Der einfachste Fall ist ein nicht verheilter Chromosomenbruch (rechts im Bild). Dabei entsteht durch eine „Deletion" ein verkürztes Chromosom und ein „azentrisches Fragment", d. h. ein Stück ohne Zentromer. Es wird in der Regel von der Zelle repliziert, da aber das Zentromer fehlt, klappt die Verteilung auf die Tochterzellen nicht richtig, so dass unter Umständen wichtige Information verloren geht, was sich im Absterben oder in veränderten genetischen Eigenschaften niederschlagen kann.

Es gibt noch einen anderen interessanten Effekt: Das isolierte Teilstück kann sich mit einer eigenen Membran umhüllen, wodurch ein weiterer, kleinerer Kern entsteht, ein „Mikrokern" (engl. *micronucleus*). Diese Gebilde sind auch in der

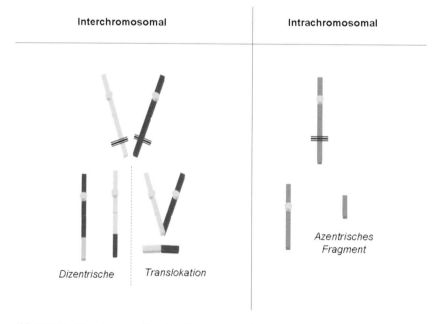

Abb. 12.5 Zur Entstehung struktureller Chromosomenaberrationen.

Interphase nach geeigneter Anfärbung im mikroskopischen Bild leicht zu erkennen, weshalb sich diese Methode großer Beliebtheit erfreut. Bei der Interpretation muss man allerdings vorsichtig sein. Zwar ist es richtig, dass azentrische Fragmente, welche im Gefolge von DNA-Doppelstrangbrüchen aus Chromosomenbrüchen hervorgehen, oft zu Mikrokernen führen, sie können aber auch anders entstehen, z. B. durch eine nicht balancierte Verteilung der Chromosomen bei der Zellteilung. In diesem Fall enthalten die Mikrokerne auch Zentromere. Man kann das natürlich feststellen (etwas aufwändiger), aber genau hinsehen ist schon notwendig. Die möglichen Fehlinterpretationen, von denen es noch eine Reihe mehr gibt, haben einen geschätzten Kollegen, seines Zeichens Spezialist auf diesem Gebiet, bei einem Vortrag zu dem provokanten Titel veranlasst „*Why fools should not study micronuclei*" („Warum Einfältige nicht Mikrokerne untersuchen sollten"). Diese Hinweise sind nötig, weil auch die neuere Literatur, besonders in Bezug auf Mikrowellenfelder, voll von unkritischen Schlussfolgerungen ist, die manchmal auch in normalen Presseorganen zitiert werden.

Die beschriebene Deletion von Chromosomenstücken stellt den einfachsten Fall einer Aberration dar, interessant wird es, wenn zwei verschiedene Chromosomen beteiligt sind (linke Seite in Abb. 12.5). Hier gibt es eine Vielfalt möglicher Formen, die hier besprochenen stellen die wichtigsten Beispiele dar. Die Ausgangssituation ist das Vorliegen von jeweils einem Bruch in zwei verschiedenen Chromosomen. Diese meisten dieser Brüche sind dadurch gekennzeichnet, dass sie sich mit anderen relativ leicht verbinden. Man sagt etwas salopp, sie seien „klebrig" (engl. *sticky*). Passiert dies an der ursprünglichen Bruchstelle, so wird die ursprüngliche Struktur wiederhergestellt, was zwar bemerkenswert, für die weitere Diskussion aber uninteressant ist. Wichtiger sind andere Alternativen: Die Reststücke der beiden Chromosomen verbinden sich, so dass ein Chromosom mit zwei Zentromeren entsteht, also ein „dizentrisches Chromosom", häufig als „dic" abgekürzt. Eine solche Struktur lässt sich bei einiger Erfahrung im mikroskopischen Bild identifizieren, allerdings nur in der Teilungsphase, der Mitose. Dizentrische Chromosomen sind recht typisch als Folge der Einwirkung ionisierender Strahlen, können aber auch durch bestimmte Chemikalien („Radiomimetika") und mit geringerer Wahrscheinlichkeit auch durch UV entstehen. Sie lassen sich als Folge von DNA-Doppelstrangbrüchen interpretieren und sind dafür ein relativ spezifisches Indiz.

Wenn dizentrische Chromosomen in die Zellteilung kommen, heften die Spindelproteine an zwei Zentromere im selben Chromosom an. Falls sie in dieselbe Richtung ziehen, ist alles in Ordnung. In 50% aller Fälle geschieht dies aber nicht, es bildet sich zwischen den beiden Tochterzellen eine Chromosomenbrücke („Anaphasenbrücke"), der es im weiteren Verlauf so geht wie dem sprichwörtlichen Knochen zwischen zwei Hunden: sie zerreißt. Damit ist das Schicksal der Zellen besiegelt, in der Hälfte aller Teilungen sterben Zellen mit dizentrischen Chromosomen ab. Das bedeutet, dass sie in teilungsaktiven Geweben recht schnell verschwinden. Das noch übrig gebliebene Fragment aus den zusammengesetzten Endstücken verhält sich genauso wie das durch einfache Deletion entstandene.

Der zweite Fall bietet noch interessantere Perspektiven: die abgetrennten Endstücke werden ausgetauscht, man bezeichnet das als „Translokation". Man ist geneigt, diesen Vorgang als unbedeutend anzusehen, denn es geht keine Information verloren, sie befindet sich nur an anderer Stelle. Dies ist jedoch zu kurz gedacht, wie ein Rückgriff auf die eigene Erfahrung zeigt: Wird auf einem Scheck das Komma verschoben, so handelt es sich auch um keinen Informationsverlust, sondern nur um eine „Translokation", die Wirkungen können allerdings dramatisch sein. In der Zelle ist es ähnlich, durch die Verschiebung können neue Proteine entstehen, welche ihre Eigenschaften erheblich verändern. Wir wissen heute, dass viele Tumorzellen charakteristische Translokationen aufweisen. Das bekannteste Beispiel stellt das „Philadelphia Chromosom" dar, das typisch ist für einige menschliche Leukämien, vor allem die chronisch-myeloische Leukämie (CML), und durch eine Translokation zwischen den Chromosomen 9 und 22 entsteht. Es war das erste Beispiel von Translokationen in Tumorzellen, dem noch viele weitere folgen sollten. Es demonstriert eindrücklich, wie durch Strahleneinwirkung Tumore entstehen können.

Translokationen sind aber auch noch in anderer Hinsicht interessant. Da für das Überleben wichtige Informationen in der Regel nicht verloren gehen, bleiben sie in der Population erhalten (anders als dizentrische) und können auch lange Zeit nach der Exposition noch nachgewiesen werden, jedenfalls im Prinzip, in der Realität haben auch sie eine verkürzte Lebenszeit. Damit kommen wir zu einer praktischen Anwendung der Chromosomenaberrationen, nämlich als Indikatoren für die Biodosimetrie. Sehr häufig, vor allem bei Unglücksfällen, ist nach einer Strahlenexposition die Dosis nicht bekannt, der die betroffenen Personen ausgesetzt waren und die nachträgliche Rekonstruktion gestaltet sich schwierig. Eine retrospektive Messung im Körper der Opfer wäre somit sehr hilfreich. Das klassische Instrument war die Bestimmung dizentrischer Chromosomen. In teilungsaktiven Geweben verschwinden sie jedoch recht schnell, auf der anderen Seite konnten sie aber nur während der Zellteilung sichtbar gemacht und damit nachgewiesen werden. Man befand sich also in dem Dilemma, in ruhenden Zellpopulationen teilungsspezifische Veränderungen zu erfassen. Einen Ausweg bilden Lymphozyten im peripheren Blut. Sie teilen sich unter normalen Umständen relativ wenig, können aber außerhalb des Körpers unter entsprechenden Kulturbedingungen zur Teilung stimuliert werden und zwar durch Einwirkung des pflanzlichen Stoffes *Phythämagglutinin* (er findet sich z. B. zu geringen Konzentrationen in Bohnen). Mit seiner Hilfe lassen sich dann Mitosen induzieren und Chromosomenaberrationen beobachten. Das „klassische" Verfahren stützt sich auf dizentrische Chromosomen, auf die man auch heute meist noch zurückgreift. Erfahrung und entsprechende Technik vorausgesetzt, kann man so Dosen ab ca. 0,1 Sv erfassen. Die relativ kurze Überlebensdauer dieser „instabilen" Aberrationen bildet ein Hindernis für zuverlässige retrospektive Abschätzungen, was für die relativ „stabilen" Translokationen nicht gilt. Ihre Bestimmung war bis vor einigen Jahren sehr schwierig, ist nun aber durch die FISH-Technik (s. Kapitel 2) entscheidend erleichtert worden. Da sich alle Chromosomen selektiv anfärben lassen, kann man „falsche" Stücke sehr leicht erkennen. Allerdings ist die Empfindlichkeit deutlich geringer als bei den Dizentrischen, weil man in der Regel nur wenige der 46 Chromosomen so gezielt untersuchen kann.

12.4
Zelluläre Endpunkte: Teilungsfähigkeit, Mutationen, Transformationen

Strahleneinwirkung unterbindet die unbegrenzte Zellteilung, ein Effekt, der sowohl für die Tumortherapie (positiv) als auch für die akute Organschädigung (negativ) bedeutsam ist. Eine genauere Aussage über die quantitativen Zusammenhänge lässt sich kaum durch Tierversuche erreichen, es bedarf dazu besonderer *In-vitro* (wörtlich: „im Glas", außerhalb des Körpers, Gegenteil: *In-vivo*) -Techniken. Im Prinzip handelt es sich um ein einfaches Verfahren, das auf Robert Koch, den großen Bakteriologen und Erforscher der Tuberkolose (1843–1910, Nobelpreis 1905), zurückgeht und auch heute noch in der Mikrobiologie angewandt wird. Er brachte Flüssigkeiten, von denen er annahm, dass sie verseucht seien, auf verfestigte, für Bakterien geeignete Nährböden und bebrütete sie für einige Zeit bei der „richtigen" Temperatur. Aus einzelnen Zellen wuchsen auf Grund vieler Teilungen sichtbare Häufchen, „Kolonien", heran, aus deren Zahl man auf die ursprüngliche Bakterienkonzentration zurückschließen konnte, vorausgesetzt, die Zellen hatten ihre Teilungsfähigkeit nicht verloren. Auf diese Weise kann man einfach die bakterienabtötende Wirkung von Pharmaka, z. B. Antibiotika, testen. In den 1950er Jahren ist es gelungen, analoge Versuche auch mit aus Tieren isolierten Zellen durchzuführen, später wurde es auch mit menschlichen Zellen möglich. Eine der ersten Zelllinien dieser Art trägt den Namen „HeLa", was für die Initialen der Spenderin steht. Sie war eine schwarze Amerikanerin, Henrieta Lacks, die 1951 an Krebs starb. Aus ihrem Gebärmutterhalskrebs wurden die Zellen isoliert, die in vielen Labors in aller Welt vermehrt und verwendet wurden, sie sind auch heute noch ein wertvolles Hilfsmittel. Man schätzt, dass die Gesamtmenge an die fünfzig Tonnen ausmacht. Die amerikanische Autorin Rebecca Skloot hat die Geschichte in einem faszinierenden Buch dargestellt [120]. Heute gibt es eine große Zahl von menschlichen Zellen für die In-vitro-Kultur.

Nach einer Bestrahlung sinkt die Zahl der koloniebildenden Zellen. Bezieht man ihre Zahl auf diejenige, die ohne Bestrahlung gefunden wird, so erhält man die sogenannte „Überlebensfraktion", was eigentlich eine irreführende Bezeichnung ist, denn die nicht mehr teilungsfähigen Zellen sind im biochemischen Sinne durchaus nicht tot, viele ihrer Funktionen bleiben durchaus noch erhalten. Aus diesem Grund führen auch gängige „Vitalitätstests", die auf Farbreaktionen beruhen, in die Irre. Die Zellen verlieren ihre Teilungsfähigkeit nicht sofort, die meisten teilen sich noch mehrere Male nach der Bestrahlung – nur für eine Kolonie reicht es nicht mehr.

Abbildung 12.6 zeigt typische Überlebenskurven nach Exposition mit Röntgenstrahlen oder Alphateilchen. Es lohnt sich, einen näheren Blick auf die Figur zu werfen. Zunächst muss darauf hingewiesen werden, dass es sich um eine halblogarithmische Darstellung handelt, d. h., die Dosis ist in einem linearen, die

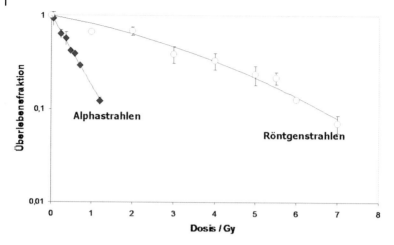

Abb. 12.6 Überlebenskurven von Säugerzellen nach Röntgen- und Alphateilchenexposition (aus dem Labor des Verfassers).

Überlebensfraktion jedoch in einem logarithmischen Raster aufgetragen (jede Maßeinheit entspricht einer Zehnerpotenz). Die beiden Kurven unterscheiden sich deutlich: Bei Röntgenstrahlen fällt die Überlebensfraktion zunächst langsam, bis sie bei höheren Dosen in einen steileren, in dieser Darstellung geraden Abschnitt übergeht. Aus dem Betrachter offensichtlichen Gründen spricht man hier von einer „Schulterkurve". Bei Alphateilchen findet man die Schulter nicht.

In der halb-logarithmischen Repräsentation entspricht eine Gerade einer Exponentialfunktion.

Die Alpha-Kurve kann man daher durch die folgende Formel beschreiben Überlebensfraktion = e^{-kD}, wobei D die Dosis ist und k ein zelllinientypischer Parameter.

Offenbar bestimmt nicht die Dosis allein die Wirkung, es kommt auch auf die Strahlenart an. Etwas vereinfachend, aber im Allgemeinen zutreffend, kann man festhalten, dass dicht ionisierende Strahlen bei gleicher Dosis eine größere Wirkung zeigen als locker ionisierende. In der Wissenschaft wird dieses Verhalten als „relative biologische Wirksamkeit" abgekürzt „RBW", bezeichnet (engl. *relative biological effectiveness, RBE*). Im Strahlenschutz wird dem durch die Einführung von „Strahlenwichtungsfaktoren" Rechnung getragen (s. Kapitel 15).

Die „Schulterkurve" hat eine interessante Implikation: Niedrige Dosen sind offenbar pro Dosisintervall weniger wirksam als hohe, was zu der Frage führt, ob es einen Bereich gibt, in dem überhaupt keine Effekte mehr zu finden sind, mit anderen Worten, tritt die Wirkung erst nach Überschreiten einer Schwelle auf. Diese Diskussion zieht sich schon seit Jahrzehnten hin und hat bisher zu keiner eindeutig belegbaren Lösung, aber zu vielen Forschungsvorhaben geführt. Diese Problematik soll hier nicht weiter vertieft werden, weil eine Entscheidung auf Grund experimenteller oder epidemiologischer Erkenntnisse derzeit nicht möglich ist.

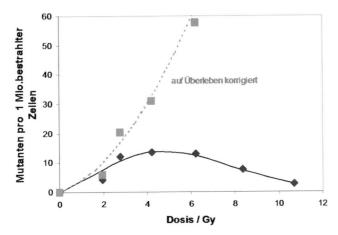

Abb. 12.7 Mutationsauslösung (Resistenz gegenüber 6-Thioguanin) in Säugerzellen durch Röntgenstrahlen (aus dem Labor des Verfassers).

Mit Hilfe des beschriebenen Kultivierungsverfahrens kann man auch die Häufigkeit von Mutationen bestimmen. Sie können sich z. B. darin äußern, dass Zellen gegenüber bestimmten Giften resistent werden, was man auch von Bakterien weiß. Setzt man dem Nährmedium solche Stoffe zu, so können nur resistente Mutanten wachsen und Kolonien bilden. Da die Mutationsraten – auch nach Strahlenexposition – gering sind, muss man von sehr viel höheren Zellkonzentrationen ausgehen als bei den Überlebenstests. Abbildung 12.7 zeigt das Ergebnis eines solchen Versuchs. Die durchgezogene Kurve gibt das Resultat der Auszählung der gewachsenen Kolonien wieder. Das Ergebnis erstaunt. Zwar steigt die Zahl der Mutantenkolonien wie erwartet zunächst an, fällt dann aber wieder ab. Sind hohe Dosen also nicht mutagen? Um den Verlauf zu verstehen, muss daran erinnert werden, dass der Test nur überlebende Zellen erfasst, das gilt auch für Mutanten. Bei höheren Dosen überwiegt die Teilungsinaktivierung, d. h. auch mutierte Zellen haben keine Chance, zu Kolonien heranzuwachsen. Die Rate induzierter Mutanten wird also unterschätzt. Da man aus Parallelexperimenten ohne Zellgift die dosisabhängige Abnahme der Koloniebildungsfähigkeit kennt, kann man eine (rechnerische) Korrektur durchführen. Das Ergebnis ist auch in der Abbildung zu sehen. Danach steigt die Mutationsrate nach Röntgenbestrahlung mit der Dosis in Form einer Parabel („linear-quadratisch") an, bei Alphateilchen gibt es übrigens eine lineare Abhängigkeit.

Es lohnt sich durchaus, die Kurven in Abb. 12.7 auch unter quantitativen Gesichtspunkten etwas näher zu analysieren: die durchgezogene Kurve zeigt, dass maximal 10 überlebende Mutanten von 1 Million bestrahlten Zellen gefunden werden, die Wahrscheinlichkeit beträgt also 1 in 100.000! Röntgenstrahlen sind also nicht besonders mutagen, ultraviolette sind deutlich wirkungsvoller, auch einige Chemikalien. Mutationen entstehen, allerdings in geringer Zahl, auch spontan, d. h. ohne Strahleneinwirkung. Dieser Hintergrund ist in der Darstellung abgezogen, der Anfang wurde also auf „Null" normiert.

Mutationen in Körperzellen können u. a. auch zur Krebsinduktion beitragen, deshalb haben die beschriebenen Untersuchungen auch für diese Frage eine Bedeutung, genauere Aufschlüsse würden aber Tests bieten, welche die neoplastische Transformation direkt erfassen. Solche Methoden, die nicht ganz einfach sind und hier nicht dargestellt werden sollen, gibt es. Ein „klassisches" Ergebnis ist in Abb. 12.8 gezeigt. Es stammt aus dem Labor eines der wissenschaftlich einfluss- und phantasiereichsten Strahlenbiologen der zweiten Hälfte des letzten Jahrhunderts [121], des Amerikaners Mortimer Elkind (1922–2000), der ursprünglich Maschinenbauingenieur war, später aber sehr wichtige bahnbrechende Beiträge zum Verständnis der Strahlenbiologie von Säugerzellen veröffentlichte.

Abbildung 12.7 zeigt gewissermaßen die „Rohdaten", d. h., der Hintergrund spontaner Transformationen wurde nicht subtrahiert. Er beträgt ca. 10^{-4}, eine von 10.000 Zellen ist auch ohne Bestrahlung schon transformiert und könnte somit Ausgang für einen Tumor sein. Dieses „Restrisiko" erscheint sehr klein, wenn man es aber auf den menschlichen Körper überträgt, sieht die Sache anders aus. Der besteht aus ungefähr 10^{13}, in Worten „zehn Billionen", Zellen. Nicht alle können entarten, nehmen wir an nur jede Tausendste, aber dann bleiben immer noch $10^{13} \times 10^{-3} \times 10^{-4} = 10^{6}$, also eine Million, potentielle Krebszellen übrig, die zu jedem Zeitpunkt „spontan" vorhanden wären. Nehmen wir weiterhin großzügig an, dass in dem artifiziellen System der Gewebekultur eine Überschätzung um einen Faktor Tausend vorliegt, so verbleiben immer noch Tausend möglicherweise transformierte Zellen. Diese – zugegebenerweise recht krude – Abschätzung illustriert, dass eigentlich Krebs keine so seltene Krankheit sein sollte. Dass sie

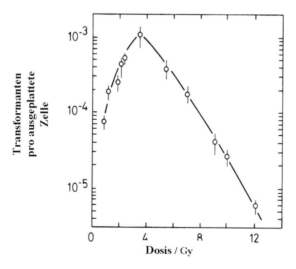

Abb. 12.8 Neoplastische Transformation von Säugerzellen nach Röntgenbestrahlung (modifiziert nach Han und Elkind, 1979).

dennoch nicht so häufig ist, liegt daran, dass nicht alle transformierten Zellen sich tatsächlich zu einem Tumor entwickeln. Die Schutzmechanismen unseres Körpers, vor allem die Immunabwehr, spielen hier eine bedeutsame Rolle und es wird klar, wie wichtig sie für die Erhaltung der Gesundheit sind und dass jede Beeinträchtigung schwerwiegende Folgen nach sich ziehen muss.

Im Übrigen verläuft die Kurve ganz analog wie bei der Mutationsauslösung (Abb. 12.7): Einem anfänglichen Anstieg folgt nach Passieren eines Maximums bei 4 Gy und einer Transformationsrate von 1/1000 ein deutlicher Abfall, der auf die Inhibierung der Teilungsfähigkeit zurückzuführen ist und der die Zahl der transformierten Kolonien sogar weit unter die Spontanrate drückt. Man könnte aus dem Kurvenverlauf schließen, dass hohe Strahlendosen nicht karzinogen seien, was sogar stimmt, denn der Abfall liegt in einem Bereich, in dem die mittlere letale Dosis für den akuten Strahlentod deutlich überschritten ist, eine mögliche Manifestierung des Tumors gar nicht mehr erlebt werden kann.

Die Beispiele dieses Abschnitts sollten illustrieren, dass mit Hilfe von In-vitro-Experimenten wichtige Erkenntnisse zum Verständnis dessen gewonnen werden können, was im Körper nach Strahlenexposition passiert. Sie sind auch besonders wichtig, für die fundierte Planung einer Strahlentherapie.

12.5
Modifikationen der Strahlenwirkung

12.5.1
Vorbemerkung

Bisher sind nur die Folgen einer einzigen akuten Strahlenexposition betrachtet worden, ohne Rücksicht auf denkbare Variationen des Bestrahlungsmusters oder auf Einflüsse des Milieus. Es ist also Einiges nachzuholen. Von den vielen Faktoren, welche hier eine Rolle spielen könnten, werden nur zwei herausgegriffen, nämlich der Einfluss der zeitlichen Dosisverteilung und die Frage von Strahlenschutz oder –sensibilisierung durch chemische Einflüsse. Beide Forschungsrichtungen wurden vor allem durch die Strahlentherapie katalysiert. Eine besondere Rolle spielen aber auch Reparaturprozesse, die ohne Zweifel eines der faszinierendsten Kapitel der Strahlenbiologie darstellen; auf sie wird in einem eigenen Abschnitt näher eingegangen.

12.5.2
Zeitliches Bestrahlungsmuster

Seit den 1920er Jahren hat es sich in der Strahlentherapie von Tumoren eingebürgert (also seit fast hundert Jahren), die Herddosen in Fraktionen aufzuteilen, deren Größe und Abfolge nach Behandlungsstelle und Tumorart variieren. Eine strahlenbiologische Begründung für diese Vorgehensweise fehlte über lange Zeit, auch weil geeignete Techniken nicht zur Verfügung standen. Das änderte sich in

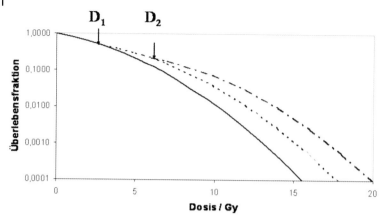

Abb. 12.9 Überlebensverhalten bei fraktionierter Bestrahlung: Auf eine erste Dosis D_1 wird eine Serie weiterer Dosen gegeben, das Überleben der die erste Dosis überlebenden Zellen (mittlere gepunktete Kurve) entspricht der unbestrahlter Zellen (durchgezogene Kurve). Ein analoges Verhalten findet man, wenn eine zweite Dosis D_2 gegeben wird (äußere strichpunktierte Kurve).

den 1950er Jahren, als die In-vitro-Kultur von Säugerzellen etabliert wurde. Abbildung 12.9 gibt schematisch die Ergebnisse eines Experiments wieder, das in der Strahlenbiologie Geschichte geschrieben hat [122]. Es stammt aus dem Labor von Mortimer Elkind, der schon zuvor erwähnt wurde. Im Hintergrund stand, neben den praktischen Anwendungen zum Verständnis strahlentherapeutischer Anwendungsmodi, die Frage, ob Zellen, die eine erste Dosis überlebt hatten, die erlittenen, offenbar subletalen, Schäden „behalten" oder sich bei einer erneuten Exposition wie unbestrahlte Zellen verhalten.

Das Ergebnis zeigt klar, dass die zweite Alternative zutrifft, vorausgesetzt, dass die Pause genügend lang ist (mehr als ca. sechs Stunden) und dass während dieser Zeit optimale Kulturbedingungen herrschen. Das wurde damals als Sensation empfunden, weil es darauf hinwies, dass sich bestrahlte Zellen von subletaler Schädigung „erholen" können. Es konnte daher vermutet werden, dass Reparaturprozesse für Strahlenschäden existieren, für die es damals noch keinerlei Belege gab. Sie wurden erst einige Jahre später entdeckt (s. *Abschnitt 12.5.4*).

Eigentlich war die Anlage des Experiments einfach: Die Zellen wurden mit einer Dosis von ca. 5 Gy bestrahlt und nach einigen Stunden erneut mit einer Reihe von Dosen exponiert, um eine komplette Überlebenskurve der vorgeschädigten Zellen aufzunehmen. Wenn sich die ursprüngliche Kurve nach einmaliger Bestrahlung bruchlos fortsetzen würde, so müsste man schließen, dass die gesetzten Schäden unverändert blieben, die Fraktionierung also keinen Einfluss hätte. Dem ist aber nicht so, vielmehr reproduziert die zweite Überlebenskurve exakt die von ungeschädigten Zellen, allerdings versetzt. Abgesehen von der beschriebenen grundsätzlichen Bedeutung demonstriert das Experiment auch, dass eine Dosisfraktionierung zu einer geringeren Schädigung führt als eine einmalige Exposition mit derselben Gesamtdosis. Man kann dieses Resultat noch ausweiten, indem man eine Dosis in viele kleine Anteile aufspaltet, also eine kontinuierliche Exposition mit geringer Dosisleistung durchführt. Auf der Basis des obigen Ergebnisses kann man schließen, dass auch dann die Gesamtschädigung deutlich niedriger ausfällt. Spätere Experimente haben die Richtigkeit dieser Vermutung erwiesen. Man kann also feststellen:

> Die Wirkung einer Strahlenexposition sinkt, wenn die Gesamtdosis fraktioniert oder mit geringer Dosisleistung appliziert wird.

Allerdings, hier ist ein „Aber" einzufügen: Der beschriebene Effekt tritt nur auf, wenn man es mit einer „Schulterkurve" zu tun hat, wie man bei der Betrachtung von Abb. 12.9 erkennt. Bei einer exponentiellen Abhängigkeit (einer Geraden in der gewählten halblogarithmischen Darstellung) wäre es gleichgültig, ob einmal oder in Fraktionen bestrahlt wird. Bei dicht ionisierenden Strahlen (Alphateilchen, Neutronen) liegen exponentielle Überlebenskurven vor, es ist also weder ein Fraktionierungs- noch ein Dosisleistungseffekt zu erwarten.

12.5.3
Strahlenschutzsubstanzen und Sensibilisatoren

Es ist eine verführerische Idee, Substanzen zu entwickeln, welche die Wirkungen einer Strahlenexposition aufheben oder wenigstens reduzieren. In den 50er und 60er Jahren des 20. Jahrhunderts beschäftigten sich viele Institute mit dieser Aufgabe, häufig gut gefördert. Es ist kein Geheimnis, dass die Verteidigungsministerien ein besonderes Interesse entwickelten. In der Hochzeit des Kalten Krieges waren die Drohungen einer möglichen Auseinandersetzung mit atomaren Waffen immer präsent. Würde eine Armee über solche „Strahlenschutzmedikamente" verfügen, wäre sie unzweifelhaft im Vorteil, da sie kontaminiertes Gebiet früher besetzen könnte. Abgesehen von diesen martialischen Überlegungen interessierten sich aber auch Strahlentherapeuten für dieses Problem, da sie hofften, auf diese Weise mitgetroffene gesunde Zellen schützen zu können. Die Überlegungen sind nicht *prima facie* absurd. Bei locker ionisierenden Strahlen ist ein Großteil der Wirkung dem „indirekten" Effekt, nämlich der Schädigung durch aggressive Wasserradikale zuzuschreiben. Könnte man sie abfangen, bevor sie essentielle Biomoleküle erreichen, wäre damit zumindest ein Teilschutz zu realisieren. Aus der Chemie sind solche Radikalfänger bekannt. Bei OH-Radikalen, welche bei der Strahlenwirkung die Hauptrolle spielen, zeichnen sich vor allem Alkohole durch diese Eigenschaft aus. In der Zellkultur lässt sich auch ihre Fähigkeit, die Strahlenwirkung zu reduzieren, nachweisen. Bevor man allerdings zu falschen Schlüssen verleitet wird, muss darauf hingewiesen werden, dass die Radikale in unmittelbarer Umgebung der DNA entstehen und nur einen kurzen Weg zu ihrem Ziel zurückzulegen haben. Um sie darauf abzufangen, bedarf es sehr hoher Konzentrationen, welche in vivo letalen Substanzdosen nahe kommen.

Dies gilt für alle Strahlenschutzsubstanzen, aus der prinzipiellen Möglichkeit folgt also keineswegs die praktische Anwendbarkeit. So ist es in letzter Zeit recht ruhig geworden mit der Suche nach strahlenbiologischen Wunderpillen. Leider ist mancherorts jedoch etwas hängen geblieben von den damaligen Überlegungen, nämlich die angeblich helfende Wirkung von Alkohol. Aus der Kenntnis der Zusammenhänge wird sofort klar, dass Radikalfänger nur wirksam sein können, wenn sie zum Zeitpunkt der Strahleneinwirkung anwesend sind, also keineswegs als „Nachbehandlung" in Frage kommen. Dennoch hält sich an manchen Stellen die Vorstellung, dass „Wodka gegen Strahlen hilft" – eine schlimme und menschenfeindliche Verfälschung wissenschaftlicher Überlegungen.

Radikalfänger spielen eine nicht unerhebliche Rolle in der Gesundheitsdiskussion. Man schreibt ihnen wundersame Heilwirkungen und die Potenz zur Lebensverlängerung, sicher aber eine Verminderung des Krebsrisikos zu. Hier ist Vorsicht geboten: Sicher laufen in unserem Körper radikalvermittelte Reaktionen ab, wie weit sie am Krankheitsgeschehen beteiligt sind, kann seriös nicht abgeschätzt werden und somit auch nicht die Wirksamkeit vieler als „Radikalfänger" beworbener Substanzen. Die Effektivität der in diesem Zusammenhang immer wieder herausgestellten Vitamine C und E als Strahlenschutzstoffe ist übrigens eher begrenzt, und deutlich niedriger als die von z. B. Glyzerin. Es muss auch bedacht werden, dass biologische Systeme im Laufe der Evolution sehr effektive Detoxifizierungsstrategien entwickelt haben, die nur schwer durch Zugaben externer Stoffe noch weiter verbessert werden können. Eine Schlüsselrolle kommt hier einem recht einfachen Molekül zu, dem *Glutathion* (üblicherweise abgekürzt mit GSH), einem Tripeptid (korrekterweise „Pseudotripeptid", weil es sich nicht immer um echte Peptid-Bindungen handelt) aus den Aminosäuren Glutaminsäure, Cystein und Glyzin (alte deutsche Bezeichnung „Glykokoll"). Glutathion kommt in allen menschlichen Zellen vor und gilt als einer der effektivsten Radikalfänger. Fehlt es, z. B. weil seine Synthese auf Grund einer Mutation nicht möglich ist, so findet man eine deutlich erhöhte Strahlenempfindlichkeit.

Im Gefolge der beschriebenen Forschungen stellte man sich im Hinblick auf strahlentherapeutische Überlegungen die Frage, ob man die Selektivität der Strahlenbehandlung nicht dadurch verbessern könnte, indem man die Tumorzellen durch chemische Sensibilisatoren gezielt empfindlicher machte. Es sind Stoffe entwickelt worden, welche dies ermöglichen; sie werden z. T. auch in der Tumortherapie eingesetzt, aber die großen Hoffnungen wurden nicht erfüllt.

Im Zusammenhang mit den verschiedenen beschriebenen Forschungen geriet auch eine andere Substanz wieder in den Fokus des Interesses, der Sauerstoff. Im Jahre 1921 hatte Hermann Holthusen (1896–1971), einer der Pioniere der deutschen Strahlentherapie, am Modell von Spulwurmeiern festgestellt, dass Sauerstoffentzug die Strahlenresistenz erhöht [123]. Dieser Befund wurde lange Zeit nicht sonderlich beachtet, erst in den 1950er Jahren entdeckte man diese Thematik gewissermaßen neu, als man realisierte, dass in ausgedehnteren soliden Tumoren Regionen mit ausgeprägtem Sauerstoffmangel existieren, weil die Gefäßversorgung nicht hinreichend ausgebildet ist. Tumorzellen können mit diesen Verhältnissen gut umgehen, da sie ihren Energiebedarf durch anaerobe Glykolyse (Gärung) befriedigen können. Der Biochemiker Otto Warburg (1883–1970, Nobelpreis 1931) hatte 1924 sogar die Hypothese aufgestellt, dass der Erwerb dieser Eigenschaft das Kennzeichen einer neoplastischen Transformation sei, was heute so nicht mehr aufrechterhalten wird, auch wenn die Vorstellung bei vielen alternativen Krebstherapien immer noch eine Rolle spielt.

Wegen der nunmehr erkannten Bedeutung für die Strahlentherapie beschäftigte man sich intensiv mit dem strahlenbiologischen Sauerstoffeffekt, wobei der Namensgeber für die Dosiseinheit, Louis Harold Gray, wichtige Untersuchungen beisteuerte. Sauerstoff ist der wirksamste bekannte Strahlensensibilisator. Bei locker ionisierenden Strahlen, also Röntgen- und Gammastrahlen, ist in seiner Abwesenheit eine zwei- bis dreifache Dosis notwendig, um denselben Effekt wie in seiner Anwesenheit zu erzielen. Das „Sauerstoffverstärkungsverhältnis" (engl. *oxygen enhancement ratio*, OER) beträgt also 2 bis 3. Es ist wichtig, darauf hinzuweisen, dass dies nichts mit der physiologischen Rolle des Gases bei Atmungsprozessen zu tun hat, es handelt sich um einen rein strahlenchemischen Prozess, wobei auch Radikalreaktionen eine Rolle spielen. Das bedeutet somit auch, dass es darauf ankommt, dass der Sauerstoff bei der Exposition anwesend ist, eine nachträgliche Begasung bleibt wirkungslos.

Genau genommen ist das nicht ganz korrekt. In ziemlich raffinierten In-vitro-Experimenten konnte man zeigen, dass ein Zeitfenster von etwas weniger als einer Millisekunde besteht. Für die Grundlagenforschung bildet das eine wichtige Erkenntnis, für praktische Anwendungen ergeben sich aber keinerlei Konsequenzen.

Bei dicht ionisierenden Strahlen findet man die Sensibilisierung durch Sauerstoff nicht, was für neuere Modalitäten der Strahlentherapie von Bedeutung ist. Um den Sauerstoffeffekt auszuschalten, entwickelte man zunächst an verschiedenen Orten die Neutronentherapie, die sich jedoch nicht bewährte, vor allem wegen der sehr schlechten Dosisverteilung in größeren Tiefen. Auch für die Schwerionentherapie (s. Kapitel 8) liefert der Sauerstoffeffekt, besser die Möglichkeit seiner Überwindung, einen Teil der Argumentation.

12.5.4
Reparaturprozesse

Eine auf den ersten Blick abenteuerliche Vorstellung: das Genom erkennt ihm zugefügte Schäden und repariert sie anschließend, oft sogar ohne Fehler. Und doch, das gibt es tatsächlich. Heute spricht man wie selbstverständlich davon, vor einigen Jahrzehnten handelte es sich bei der Entdeckung um eine veritable Sensation, die leider nie mit einem Nobelpreis gewürdigt wurde. Es ist müßig, darüber zu spekulieren, ob auch ohne Strahlenforschung diese Vorgänge irgendwann entdeckt worden wären, Tatsache bleibt, dass hiermit die Strahlenbiologie einen entscheidenden Beitrag zum Verständnis lebender Systeme geleistet hat.

Es gab schon frühe Hinweise, deren Bedeutung aber meist nicht erkannt wurde. Eine besondere Rolle kommt der ultravioletten Strahlung zu. Hausser und von Öhmke stellten schon 1933 fest, dass man die UV-induzierte Bräunung von

Bananenschalen durch eine nachträgliche Belichtung rückgängig machen konnte, was sie aber nicht weiter diskutierten [124]. Wieder aufgenommen wurde die Erscheinung vor allem durch Kelner 1949 [125], der das Phänomen systematisch untersuchte und auch den heute gängigen Terminus „Photoreaktivierung" prägte. Die Bildung von Pyrimidindimere in der DNA durch UV-C oder UV-B (s. Abschnitt 12.2) kann durch die Einwirkung längerwelliger Strahlung (UV-A, sichtbares Licht) wieder rückgängig gemacht werden. Entscheidend hierfür ist ein Protein, das als „Photolyase" bezeichnet wird. Es kommt nicht in allen Organismen vor, man findet es in den meisten Mikroben, einfachen Mehrzellern und niedrigen Tieren, nicht aber in höheren Säugetieren. Entwicklungsgeschichtlich hört die Fähigkeit zur Photoreaktivierung bei den Beuteltieren auf. Warum das so ist, bleibt bis heute ein Rätsel.

Die Geschichte der Aufklärung der Reparaturprozesse beginnt eigentlich im Jahre 1963. Man beschäftigte sich mit der UV-Empfindlichkeit von Bakterien und fragte sich, warum es von derselben Art sowohl resistente als auch sensible Stämme gab. Es war auch ein gewisser Glücksfall, dass Pyrimidindimere, welche schon als primäre UV-Schäden in der DNA identifiziert worden waren, chemisch relativ stabil und chromatographisch leicht nachweisbar sind. 1964 erschien in den *Proceedings of the Academy of Sciences* der USA ein kurzer Artikel mit dem prophetischen Titel: *„The disappearance of thymine dimers from DNA: an error correcting mechanism"* („Das Verschwinden von Thymindimeren aus der DNS: ein Fehlerkorrekturmechanismus") [126]. In der Arbeit wurde gezeigt, dass UV-induzierte Dimere aus der DNA verschwanden und sich in Lösung wiederfanden. Ein genauer quantitativer Vergleich stellte sicher, dass es sich nicht um Bruchstücke aus zerfallenden Zellen handelte, auch ließ sich nachweisen, dass in der DNA überlebender Zellen sich kaum mehr Dimere befanden. Die Photoprodukte mussten also ausgeschnitten und anschließend die DNA-Struktur wiederhergestellt worden sein. Dieses damals relativ verwegen anmutende Schema konnte in vielen weiteren Arbeiten bestätigt werden. Die „Nukleotid-Exzisionsreparatur" (NER), wie sie heute bezeichnet wird, ist immer noch der am besten aufgeklärte Reparaturweg, ihre Entdeckung lieferte den Anstoß zu einem umfangreichen Forschungsgebiet, das längst weit über die Strahlenbiologie hinausgewachsen ist und große Bedeutung selbst in der klinischen Medizin erlangt hat.

Im Laufe der Jahre wurden die einzelnen Schritte des Reparaturablaufs aufgeklärt. Sie sind erstaunlich ähnlich in Mikroorganismen und den Zellen höherer Säuger. Als Beispiel soll der Ablauf der Exzisionsreparatur näher betrachtet werden (Abb. 12.10): Durch die UV-induzierten Dimere in der DNA wird deren Struktur verformt, was durch spezielle Enzyme erkannt wird. Sie aktivieren eine Reihe anderer Proteine, welche die Reparatur vorbereiten. Der zunächst wichtigste Schritt ist die „Inzision", Dazu wird die Doppelstrangstruktur erst aufgeweitet, so dass die Schadensstelle durch zwei Schnitte aus dem betroffenen (Einzel-)Strang herausgelöst werden kann. Die so entstandene Lücke wird wie bei der normalen DNA-Replikation unter Rückgriff auf die intakte Basensequenz des Schwesterstrangs mit Hilfe von Polymerasen aufgefüllt. Die endgültige Einfügung in den Doppelstrang („Ligation") erfolgt mit Hilfe einer „Ligase". Auf diese Weise erhält

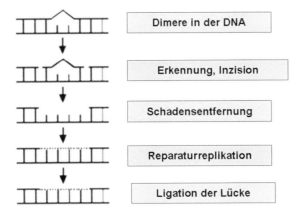

Abb. 12.10 Ablauf der Exzisionsreparatur. Erklärung im Text. (nach Clancy, 2008 [127])

man wieder ein DNA-Molekül mit intakter Struktur und der ursprünglichen Basensequenz. Dieser Vorgang weist eine erstaunliche Präzision auf, die Fehlerhäufigkeit liegt in der Größenordnung von eins zu einer Million.

Der beschriebene Prozess ist der bekannteste und auch der, über den man am meisten weiß, es gibt jedoch noch eine ganze Reihe weiterer Reparaturvorgänge, die meist noch nicht in allen Einzelheiten aufgeklärt sind. Ohne Anspruch auf Vollständigkeit hier einige Beispiele:

Basenexzisionsreparatur: Falls nur die Basen in der DNA verändert sind, ohne dass sich das auf die Struktur des Gesamtmoleküls auswirkt, werden sie ausgeschnitten und dann auf der Grundlage der Basenpaarung korrekt ersetzt.

Fehlpaarungsreparatur: Sowohl bei der DNA-Replikation als auch durch Fehler bei der Reparatur kann es zum Einsetzen von Basen kommen, die nicht der korrekten Paarung entsprechen. Die Zelle verfügt über Mechanismen, dies zu erkennen und zu reparieren. Allerdings existiert das Problem, dass nicht klar ist, welche der fehlgepaarten Basen die ursprünglich richtige ist. Auf Grund der Tatsache, dass in Säugerzellen die DNA methyliert ist (d. h. viele Basen tragen eine Methylgruppe), kann unterschieden werden, welches der „alte" Strang ist, da die Methylierung später als die DNA-Replikation erfolgt. Der methylierte Strang kennzeichnet daher die Ausgangsinformation.

Doppelstrangbruchreparatur: Hier hat man es eigentlich mit zwei verschiedenen Prozessen zu tun. Der erste, häufigere, ist die „nicht-homologe Wiederverbindung" (engl. *non-homologous endjoining*, NHEJ). Mit Hilfe einiger Proteine werden die Stränge wieder verbunden, wobei das Proteingerüst der DNA eine stützende Rolle übernimmt. Dieser Vorgang ist oft mit Fehlern verbunden und daher Ausgang von Mutationen und Chromosomenaberrationen (Abb. 12.11).

Falls ein zweites homologes DNA-Molekül vorhanden ist, also nach der DNA-Verdopplung und vor der Zellteilung (in der G2-Phase des Zellzyklus), können Doppelstrangbrüche mit Hilfe der homologen Teile des Schwesterchromosoms korrekt ausgetauscht werden. Die Doppelstrangbruchreparatur bildet eine essen-

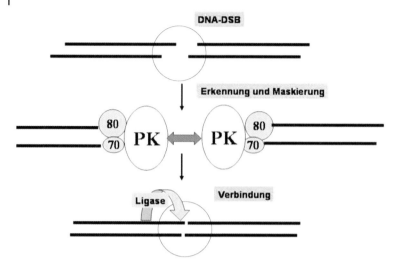

Abb. 12.11 Schema der „nicht-homologen Endverbindung" von DNA-Doppelstrangbrüchen. Nach der Erkennung des Schadens wird dieser von zwei Proteinen (ku-70 und ku-80) „versiegelt", um einem weiteren Abbau vorzubeugen. Mit Hilfe des Enzyms DNA-Proteinkinase (PK) wird die Wiederverbindung vorbereitet, die durch eine Ligase vollzogen wird.

tielle Voraussetzung für das Zellüberleben, da eine Zerstörung der DNA-Struktur eine weitere Replikation unmöglich macht. Diese Aussage impliziert die absurd erscheinende Konsequenz, dass die Entstehung von Mutanten notwendigerweise an die erfolgreiche (aber nicht fehlerfreie) Reparatur gekoppelt ist. Strahleninduzierte Schäden der DNA-Doppelstrangstruktur sind *keine* Mutationen, falls sie nicht behoben werden, führen sie zum Tod der Zelle.

Alle Reparaturprozesse unterliegen der genetischen Kontrolle. Bei der Nukleotidexzisionsreparatur sind 18 Gene bekannt, die in irgendeiner Weise involviert sind. Für die Gesamtheit der Reparaturprozesse geht man beim Menschen von mindestens 180 Genen aus.

Es verwundert daher nicht, dass die beschriebenen Vorgänge eng mit dem Erhalt der Gesundheit verbunden sind. Die Aufklärung der Mechanismen stellt zwar ein ungeheuer interessantes Feld der Grundlagenforschung dar, aber darüber hinaus gibt es auch wichtige klinische Bezüge. Bei einer Reihe von Krankheiten weiß man heute, dass sie mit Defekten im Ablauf von Reparaturprozessen verbunden sind. Einige typische Beispiele sind in Tabelle 12.1 zusammengestellt [128].

Die meisten dieser Defekte werden rezessiv vererbt und sind daher relativ selten, für die betroffenen Familien stellen sie aber eine schwere Belastung dar. Gravierend sind die Einschnitte bei Xeroderma pigmentosum, die durch eine extreme UV-Empfindlichkeit und Anfälligkeit für Hautkrebs, aber auch andere Tumorarten charakterisiert ist. Die Kranken müssen dem Sonnenlicht aus dem Weg gehen, man hat sie auch als „Mondscheinkinder" bezeichnet, sogar selbst ein Spielfilm beschäftigte sich mit diesem schweren Schicksal [129].

Tabelle 12.1 Menschliche Erbkrankheiten mit Defekten in Reparatursystemen.

Name	Symptome	Beteiligter Reparaturprozess
Xeroderma Pigmentosum	Extreme UV-Empfindlichkeit, Hautkrebs	Exzisionsreparatur
Cockayne-Syndrom	Lichtempfindlichkeit, Zwergwuchs, mentale Retardation	Exzisionsreparatur
Trichothiodystrophie	Brüchiges Haar, Hautveränderungen	Exzisionsreparatur
Erbliches kolorektales Karzinom ohne Polyposis (HNPCC, „Lynch-Syndrom")	Darmkrebs	Fehlpaarungsreparatur
Familiärer Brustkrebs	Brustkrebsanfälligkeit	Doppelstrang-bruchreparatur
Ataxia telangiectasia (Louis-Bar-Syndrom, Boder-Sedgwick-Syndrom)	Empfindlichkeit gegen ionisierende Strahlen, Bewegungsstörungen, Immunstörungen	Schadenserkennung
Familiäres Melanom	Melanome	Schadenserkennung

12.6 Abschließende Synopse

Synopse heißt „Zusammenschau" und dies ist in der Tat notwendig bei der komplexen Reaktion von Zellen auf Bestrahlung. Die bisherige Betrachtung beschäftigte sich vor allem mit Einzelaspekten, es muss jedoch betont werden, dass diese verwoben sind in ein sehr komplexes Netzwerk. Einen – zugegebenerweise sehr vereinfachten Eindruck – mag Abb. 12.12 vermitteln. Die DNA-Schäden lösen eine ganze Reihe zellulärer Aktivitäten aus: Sie wirken wie das Heben des Taktstocks bei dem Beginn eines komplizierten Konzerts, das den

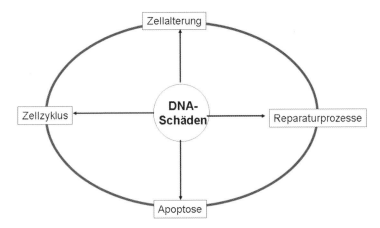

Abb. 12.12 Vereinfachtes Schema zellulärer Reaktionen auf Strahleneinwirkung (nach Harper und Elledge, 2008 [130]).

Namen trägt „DNA damage response (abgekürzt „DDR")". Wie im Orchester übernehmen einige Instrumente die Führung. In unserem Spiel sind es zwei Gene, die mit der Erbkrankheit Ataxia telangiectasia eng gekoppelt sind, nämlich ATM und ATR.

Eine der ersten Reaktionen auf eine Strahlenexposition besteht darin, dass der Fortgang des Zellzyklus angehalten wird, um den dann einsetzenden Reparaturvorgängen Zeit zu gewähren, damit die Schäden nicht weitergegeben werden. Hierbei spielen ATR und ATM eine wichtige Rolle. Sind sie desaktiviert, so unterbleibt das Anhalten des Zellzyklus, mit dem Resultat, dass die notwendigen Reparaturen nicht effizient ablaufen können. Die betroffenen Zellen zeigen daher eine erhöhte Strahlenempfindlichkeit. Falls die Reparatur nicht gelingt oder wegen des Ausfalls der verantwortlichen Gene nicht ablaufen kann, kommt es häufig zum programmierten Zelltod, der Apoptose. Viele Gene spielen mit in diesem Stück. Es sind natürlich alle, welche für die verschiedenen Reparaturwege verantwortlich sind, aber auch diejenigen, welche den ordnungsgemäßen Fortgang des Zellzyklus kontrollieren. Eine wichtige Rolle kommt auch dem Protein p53 zu, das auch als „Wächter des Genoms" bezeichnet wird. Es ist ein Sensor für DNA-Schäden und leitet – im Zusammenspiel mit den AT-Genen – die ersten Schritte der zellulären Reaktion ein. Wie bedeutsam es ist, geht auch daraus hervor, dass es in den meisten Tumorzellen verändert ist, was dazu führt, dass in ihnen die Stabilität der genetischen Information nicht mehr gewährleistet ist.

Die Untersuchung der Vorgänge, die ablaufen, wenn eine Zelle bestrahlt wird, sei es mit UV oder ionisierenden Strahlen, hat erstaunliche Erkenntnisse über die Regulation des fein abgestimmten Netzwerks zellulärer Reaktionen geliefert, die in ihrer Bedeutung weit über die Strahlenbiologie im engeren Sinne hinausgehen. Erst durch die Störung des „normalen" Zustands lässt sich lernen, wie komplex die Zusammenhänge sind, welche die Normalität garantieren.

13
Strahlendosen und ihre Messung

13.1
Vorbemerkungen und Übersicht

Das Gebiet der Strahlungsmessung ist riesig, viele dicke Lehrbücher beschäftigen sich damit, drastische Eingrenzungen sind daher hier unumgänglich. An dieser Stelle soll nur auf ionisierende Strahlen eingegangen werden, weil sich auf sie das öffentliche Interesse am meisten konzentriert und leider auch oft Merkwürdigkeiten in den Medien kursieren. Also, wenn in *diesem* Kapitel von „Strahlung" gesprochen wird, so ist immer nur die ionisierende Komponente gemeint, damit die Sache zumindest sprachlich etwas einfacher wird. Eigentlich gibt es keinen rechten Grund für die oft herrschende Verwirrung. Strahlung lässt sich mit verschiedenen Verfahren sehr empfindlich und auch genau messen, aufpassen muss man nur, weil die vielen verwendeten Größen und Einheiten leicht durcheinandergeraten, Deshalb ist es gut, zu Beginn eine klärende Übersicht zu versuchen.

Häufig wird die Strahlungsmessung pauschal als „Dosimetrie" bezeichnet, wobei verkannt wird, dass die wenigsten Verfahren tatsächlich geeignet sind, die Dosis wirklich zu bestimmen. Zur Verwirrung trägt überdies bei, dass sehr häufig Zusätze angefügt werden („Personendosis", „Äquivalenzdosis", „effektive Dosis" etc.), die in den verschiedenen Anwendungsgebieten durchaus ihre Bedeutung und Berechtigung haben, dem Nichteingeweihten jedoch das Leben schwer machen. In diesem Kapitel beschränken wir uns auf die „reine Lehre", d. h. den physikalischen Sachverhalt, die für den Strahlenschutz notwendigen und nützlichen Modifikationen werden an anderer Stelle erläutert (Kapitel 15).

Eigentlich bleiben dann nur noch zwei Größen übrig, die zu betrachten sind, nämlich „Dosis" und „Aktivität".

> *Dosis*: die in einem Massenelement absorbierte und dort verbleibende Energiemenge dividiert durch die Masse dieses Elements.
> *Aktivität*: Die Zahl der Zerfälle einer radioaktiven Substanz pro Zeiteinheit.

Strahlen und Gesundheit: Nutzen und Risiken, 1. Auflage. Jürgen Kiefer
© 2012 Wiley-VCH Verlag GmbH & Co. KGaA. Published 2012 by Wiley-VCH Verlag GmbH & Co. KGaA.

Tabelle 13.1 Die wichtigsten Strahlungsmessgrößen und ihre Einheiten.

Name	Größe	Einheit	Verwendung
Energiedosis	absorbierte Energie/Masse	Gray (Gy) = J/kg	allgemein
Energiedosis (alt)	absorbierte Energie/Masse	rad = 0,01 Gy („Centigray")	nicht mehr erlaubt
Ionendosis	freigesetzte Ladung eines Vorzeichens pro Masse (Luft)	C/kg	allgemein
Ionendosis (alt)	freigesetzte Ladung eines Vorzeichens pro Masse (Luft)	Röntgen (R) = $2{,}58 \times 10^{-4}$ C/kg	nicht mehr erlaubt
Aktivität	Zerfälle/Zeiteinheit	Becquerel (Bq) = s^{-1}	
Aktivität (alt)	Zerfälle/Zeiteinheit	Curie (Ci) = $3{,}7 \times 10^{10}$ Bq	nicht mehr erlaubt

Beide sind sauber definiert und die dazugehörenden Einheiten international verbindlich vereinbart. Somit wäre die Welt also in Ordnung. Wie üblich steckt ein bisschen Teufel im Detail: Die Messung stellt sich nicht so einfach dar, auch braucht man noch Hilfsgrößen und bei den Einheiten gibt es noch alte Bezeichnungen, die zwar ausgemerzt sein sollten, aber oft noch ziemlich lebendig sind. Eine Übersicht gibt Tabelle 13.1, auf die noch öfter zurückzukommen sein wird.

Die internationale Einheit für die physikalische Dosis, also deponierte Energie pro Masse, ist das „Gray" (Gy), das einem Joule pro Kilogramm entspricht. Um Verwechslungen zuvorzukommen, wird sie auch häufig als „Energiedosis" bezeichnet, was eigentlich einen Pleonasmus darstellt. Früher gab es eine andere Einheit, das „rad" (steht für *radiation absorbed dose*):

$$1 \text{ rad} = 0{,}01 \text{ Gy.}$$

Interessanterweise gibt es, vor allem in dem modernen Amerika eine unausrottbare Liebe zu alten Dimensionen (nicht nur in der Dosimetrie, man denke an immer noch gängige Längenangaben in „inches"). Um sich von ihnen zumindest in Bezug auf die Zahlenwerte nicht trennen zu müssen, findet man häufig „Centigray" (cGy), was genau genommen auch nicht erlaubt ist. Auf die Bedeutung der „Ionendosis" wird etwas später im Zusammenhang mit der Ionisationskammer eingegangen.

Auch die Einheiten der Radioaktivität haben eine Geschichte, auf die schon im Abschnitt 3.3 hingewiesen wurde.

Heute gängige Verfahren ermöglichen es, Strahlung mit eindrucksvoller Empfindlichkeit zu messen, die deutlich größer ist als z. B. bei chemischen Verunreinigungen. Zur Illustration ein Beispiel: Die EU setzte nach dem Tschernobylunfall als Grenzwert für den Verzehr radioaktiv kontaminierter Lebensmittel 600 Bq/kg fest. Das wichtigste Nuklid ist hier Caesium-137, bei dem in einem Kilogramm $3{,}3 \times 10^{12}$ Zerfälle pro Sekunde stattfinden. Eine Dreisatzrechnung ergibt, dass 600 Bq rund 2×10^{-10} kg entsprechen. Wenn man das in Konzentrationen einer wässrigen Lösung ausdrückt, so erhält man ca. ein Kilogramm auf fünf Milliarden

Tabelle 13.2 Übersicht über verschiedene Verfahren zur Messung ionisierender Strahlung.

Art	Verfahren	Messgröße	Einsatzbereich
kalorimetrisch	Erwärmung	Temperaturerhöhung	Kalibrierung
elektrisch	Ionisationskammer	Ladung, Strom	Ionendosismessung
	Geiger-Müller-Zählrohr	Impulszahl	Überwachungsmessung
	Stabdosimeter	Ladung	Aktivität Personendosis
optisch	Szintillationszähler	Lichtblitze	Nuklearmedizin, Labor
	Thermolumineszenz	Lichtmenge	Personendosis
	„Glasdosimeter"	Lichtmenge	Personendosis
	Speicherradiografie	Lichtemissionsverteilung	Radiodiagnostik
	Festkörperdetektor	Lichtemissionsverteilung	Radiodiagnostik
	Film	Filmschwärzung	Radiodiagnostik, Labor
chemisch	chemische Dosimetrie	optische Absorption	Lebensmittelbestrahlung,
	„radiochrome" Materialien	Verfärbung	Strahlensterilisation
biologisch	Lymphozyten des peripheren Blutes	Chromosomenaberrationen	Personendosis, Unfallsituationen

Liter oder, um es anschaulicher zu machen, man müsste zehn Kilogramm Caesium im Steinhuder Meer (Wassermenge 42 Milliarden Liter) gleichmäßig verrühren, um dieselbe Konzentration zu erreichen. Nun ist die Erfassung von 600 Bq/kg eine der leichteren Übungen für jedes kernphysikalische Praktikum, entsprechende Bestimmungen bei rein chemischer Analytik übersteigen die Möglichkeiten normaler Labors bei weitem.

Die Tatsache, dass Radioaktivität relativ leicht zu erfassen und deshalb wegen der ubiquitären Umweltradioaktivität auch überall zu finden ist, hat sicher zu der häufig festzustellenden Strahlenhysterie beigetragen.

Es gibt eine Reihe unterschiedlicher Verfahren, basierend auf verschiedenen physikalischen Methoden. Tabelle 13.2 gibt eine summarische Übersicht, eine eingehendere Besprechung folgt in den nächsten Abschnitten.

13.2
Kalorimetrie

Es war schon betont worden, dass eine direkte Messung der Dosis kaum möglich ist. Da alle Energie sich letztlich in Wärme niederschlägt, wäre es eine Möglichkeit der Wahl, einen Körper zu bestrahlen und die daraus resultierende Temperaturerhöhung zu bestimmen. Grundsätzlich ist dieser Gedanke richtig, seine Realisierung stößt jedoch an praktische Grenzen. Auch hierzu ein Beispiel: Die mittlere letale Dosis für Menschen ist 5 Gy, also 5 J/kg, was 1,2 Kalorien pro Kilogramm entspricht. Da zur Erwärmung eines Liters Wasser um ein Grad bekanntlich 1000 Kalorien nötig sind, führen 5 J/kg zu einer Temperaturerhöhung von $1,2 \times 10^{-3}$,

204 | *13 Strahlendosen und ihre Messung*

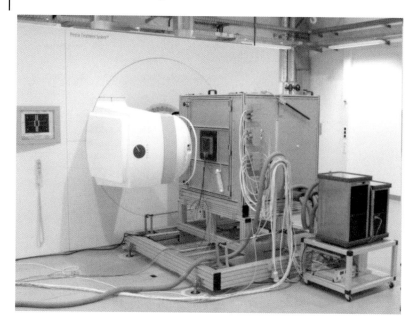

Abb. 13.1 Kalorimetrische Kalibrierung eines medizinischen Linearbeschleunigers bei der Physikalisch-Technischen Bundesanstalt (Foto: PTB).

also rund einem Tausendstel Grad. So etwas lässt sich mit entsprechend ausgelegten Apparaturen durchaus bestimmen, nur möchte man aber deutlich geringere Dosen als die Letaldosis sicher erfassen. Dafür scheidet die Kalorimetrie definitiv aus, auch wenn sie für Kalibrierungszwecke durchaus ihre Bedeutung hat, nur nicht für die Routine in der Praxis. Abbildung 13.1 vermittelt einen Eindruck davon, welcher technische Aufwand dabei zu treiben ist.

13.3
Elektrische Verfahren

Es liegt nahe, die besondere Eigenschaft ionisierender Strahlung, nämlich ihre Fähigkeit, Elektronen aus dem Atomverband herauslösen zu können, für Messzwecke einzusetzen. In der Tat beruhen hierauf die empfindlichsten Methoden.

13.3.1
Ionisationskammer

In der Ionisationskammer haben wir die – im Prinzip – einfachste Anordnung zur quantitativen Strahlungsmessung (Abb. 13.2): In einer luftgefüllten (!) Kammer befinden sich zwei Elektroden, welche mit einer Spannungsquelle verbunden sind.

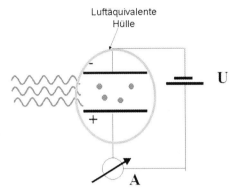

Abb. 13.2 Prinzipieller Aufbau einer Ionisationskammer.

Tritt Strahlung von außen ein, so werden aus den Luftmolekülen Elektronen freigesetzt, die nach dem Coulombschen Gesetz zur Anode hin beschleunigt werden, die positiv geladenen Atomrümpfe wandern zur Kathode. So kommt es zu einer Ladungsverschiebung zwischen den Elektroden, die entweder direkt gemessen oder – das ist das Übliche – über einen zwischen den Elektroden fließenden Strom ermittelt werden kann. Die Ladung auf der Anode ist, wenn alles korrekt abläuft, gleich der Zahl der freigesetzten Elektronen und damit der absorbierten Energie proportional. Man erhält so also unmittelbar ein Maß für die Dosis, allerdings nur in Luft. Aus diesem Grunde verwendet man hierfür eine besondere Größe, nämlich die „Ionendosis", definiert als Ladung eines Vorzeichens pro Masse, mit der Einheit „Coulomb/kg" (C/kg). Einen speziellen Namen hat man nicht eingeführt. Auch hier gab es eine alte Einheit, das „Röntgen" (R), deren Definition auf alten Ladungseinheiten basierte.

Die Abgrenzung der Ionendosis zur Energiedosis (gemessen in Gy) ist wichtig, weil sich letztere auf alle Materialien bezieht und je nach absorbierendem Medium bei identischem äußeren Strahlungsfeld ziemlich unterschiedliche Werte annehmen kann, man denke z. B. an den Vergleich von Knochen und Weichgewebe. Die Ionendosis charakterisiert dagegen eigentlich das Strahlungsfeld, insofern gibt es für verschiedene Gewebe auch verschiedene Umrechnungsfaktoren zwischen Energie- und Ionendosis, die von der Strahlenart abhängen.

So einfach die Messung mit einer Ionisationskammer erscheint, so gibt es auch hier ein paar Probleme: Das erste ist die Empfindlichkeit: Kleine Dosen resultieren nur in geringen Ladungsmengen bzw. schwachen Strömen, so dass eine aufwändige Verstärkung notwendig wird, was zwar möglich, aber apparativ teuer ist. Um Fehlmessungen zu vermeiden, ist sicherzustellen, dass weder Ladungen verloren gehen, noch welche zu viel erfasst werden. Es muss also das „Sekundärelektronengleichgewicht" gewährleistet sein (s. Kapitel 11). Man erreicht das dadurch, dass die Wandung aus einem Kunststoffmaterial aufgebaut ist, dessen atomare Zusammensetzung möglichst nahe der von Luft entspricht („luftäquivalentes Material"). Es gibt noch einen weiteren Punkt: In der Kammer entstehen negativ geladene

Elektronen und positive Atomreste. Um zu vermeiden, dass sie sich wieder vereinigen und so der Messung verloren gehen, muss die angelegte Spannung hoch genug sein, um sie möglichst schnell voneinander zu entfernen. Das ist kein Problem, aber man darf dabei nicht übertreiben, denn werden die Elektron zu stark beschleunigt, so ionisieren sie ihrerseits und produzieren weitere Elektronen. Dieses Verhalten öffnet aber den Weg für ein anderes, das populärste, Messverfahren, nämlich den Geigerzähler.

13.3.2
Geigerzähler

Der korrekte Name für dieses Instrument lautet „Geiger-Müller-Zählrohr". Es wurde von dem deutschen Physiker Hans Geiger (1882–1945) zusammen mit seinem Doktoranden Walther Müller entwickelt (Publikation 1928), basierend auf einer Idee, die Geiger schon im Jahre 1913 hatte. Damals war er in Manchester Assistent des berühmten Sir Ernest Rutherford, der das erste brauchbare Atommodell entwickelte. Es geht die Legende, dass Geiger die Idee zu dem nach ihm benannten Gerät bekam, als er bei Arbeiten zur Alphastreuung an Goldfolien ca. 30.000 Szintillationen in völliger Dunkelheit zu zählen hatte (s. auch Abschnitt 13.4.1).

Der prinzipielle Aufbau ist in Abb. 13.3 dargestellt.

Das Gerät besteht aus einem Metallrohr, das als Kathode fungiert. Im Zentrum ist als Anode ein Zähldraht aufgespannt. Tritt durch das Fenster Strahlung ein, so entstehen Elektronen, die so stark beschleunigt werden, dass sie auf ihrem Weg weitere Elektronen freisetzen, welche ihrerseits auch wieder Ionisationen erzeugen. Durch ein einziges Strahlungsquant (oder Teilchen) wird so eine Elektronenlawine hervorgerufen, die sich als Stromimpuls äußert; es gibt also einen beträchtlichen Verstärkungseffekt. Der konzentrische Aufbau bringt auch noch einen weiteren Vorteil: Die elektrischen Feldlinien konzentrieren sich um den Zähldraht,

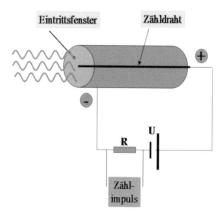

Abb. 13.3 Aufbau eines Geiger-Müller-Zählrohrs.

so dass die angelegte Spannung in Grenzen gehalten werden kann. Aus diesem Grunde kommt es auch auf die richtige Polarität an, denn nur die leichteren Elektronen werden so stark beschleunigt, dass sie zum Auslösen weiterer Ionisationen in der Lage sind. Auf etwas anderes muss man auch noch achten: die Lawine muss auch zum Stillstand kommen, ein andauernder Stromfluss ist zu vermeiden, auch damit eine erneute Messung stattfinden kann. Um dies zu erreichen, werden dem Füllgas (normalerweise Luft oder auch Edelgase) organische Dämpfe beigemischt, welche Elektronen abfangen und damit die Entladung löschen.

Nicht selten werden Geigerzähler als „Dosimeter" bezeichnet, was nicht korrekt ist. Wie der Name andeutet, zählen sie Quanten oder Teilchen, geben also Aufschluss über das Strahlungsfeld. Wenn man die Strahlung nach Art und Energie kennt, kann man aus den gezählten Impulsen die Dosis berechnen, aber auch nur dann. Aus diesem Grunde ist bei seriösen Anbietern stets angegeben, für welche Strahlung eine Kalibrierung durchgeführt wurde. Die meist benutzte Dosisangabe in „Sievert", welche eine Berücksichtigung der relativen biologischen Wirksamkeit impliziert, ist irreführend und mit Großzügigkeit bestenfalls als Verkaufsargument zu interpretieren. Da man Geigerzähler sogar in Elektronikmärkten kaufen kann (ab ca. 150 €), muss man bei ihrem Gebrauch auch Kenntnisse und Verstand walten lassen. Ohne Zweifel hat man es, wenn man Bescheid weiß, aber mit einem überaus nützlichen Gerät zu tun. Vor Strahlenhysterie muss aber gewarnt werden, auf Grund der Umweltradioaktivität (Kapitel 10) „tickt" es eben überall.

13.3.3
Stabdosimeter

Im Hinblick auf die tägliche Praxis bleibt noch ein anderes Gerät zu erwähnen, dessen Wirkungsweise so einfach ist, dass man ihm kaum verlässliche Messungen zutrauen würde. Es handelt sich um das *Stabdosimeter*, im Laboralltag auch oft als „Füllhalterdosimeter" bezeichnet, da es einen Clip besitzt, mit dem man es neben dem Schreibgerät in der Jackentasche befestigen kann (Abb. 13.4).

Eigentlich haben wir es hier mit einer schönen Demonstration des Coulombschen Gesetzes zu tun, nämlich der Abstoßung zwischen gleichnamigen Ladungsträgern. Das Herzstück ist ein Metallbügel (2), mit dem ein karbonisierter

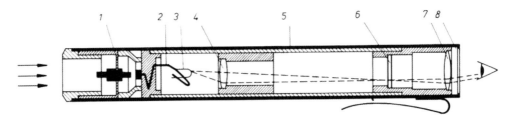

Abb. 13.4 Stabdosimeter (Erklärung siehe Text).

dünner Quarzfaden (3) leitend verbunden ist. Lädt man ihn über den Kontaktstift (1) auf, so verteilen sich die Ladungen gleichmäßig über Bügel und Quarzfaden. Da dieser leicht beweglich ist, spreizt er sich wegen der Abstoßung vom Bügel weg, was man mit Hilfe eines optischen Abbildungssystems (7) auf einer Skala (6) sichtbar machen kann. Fällt Strahlung auf das Gerät, so findet durch die Ionisation in der Umgebung eine (teilweise) Entladung statt, und der Ausschlag geht zurück. Man kann so die Dosis ablesen. Die zu erreichende Empfindlichkeit ist beachtlich, man kann einige Milligray recht zuverlässig registrieren. Natürlich ist gewisse Vorsicht angebracht: eine Entladung kann durch Luftfeuchtigkeit bewirkt werden, außerdem ist das Stabdosimeter ziemlich stoßempfindlich. Das Wichtigste aber: vor der Messung muss es aufgeladen werden, aus diesem Grunde gehört ein Ladegerät zur unverzichtbaren Ausstattung.

13.4
Optische Verfahren

Durch Strahlen werden in bestimmten Materialien Lichtblitze hervorgerufen, die man als *Szintillationen* bezeichnet. In der Geschichte der Atomphysik spielen sie eine große Rolle. Treffen Alphateilchen auf Zinksulfid, ein weißes Pulver, so löst jedes einen Lichtblitz aus, so dass man sie zählen kann. Etwas unangenehm dabei ist, dass man sie nur mit vollständig dunkeladaptierten Augen erkennen kann, auch nur wenig Licht stört. Mit Hilfe dieser Methode konnte Rutherford die Streuung von Alphateilchen an dünnen Goldfolien bestimmen, was die Grundlage für sein berühmtes Atommodell schuf. An der Auswertung war übrigens Hans Geiger beteiligt. Auch heute hat das Verfahren durchaus noch eine gewisse Bedeutung, z. B. bei der Bestimmung der Radonkonzentration in Raumluft. Szintillationsmethoden sind in der Nuklearmedizin sehr wichtig, andere optische Strahlungsdetektoren werden sowohl in der Strahlenschutzdosimetrie als auch in der Röntgendiagnostik eingesetzt.

13.4.1
Szintillationszähler

Szintillationszähler haben heute ihre größte Bedeutung bei der Messung von Gammastrahlen. Der prinzipielle Aufbau geht aus Abb. 13.5 hervor. Trifft ein Gammaquant auf einen geeigneten Szintillator (meist Natriumjodid, das mit kleinen Mengen Thallium gezielt „verunreinigt", dotiert, ist), so werden dort Lichtblitze ausgelöst, deren Zahl der absorbierten Energie proportional ist. Sie treffen auf das Eintrittsfenster einer Röhre, die unter einer Reihe verschiedener Namen bekannt ist (Sekundärelektronenvervielfacher, Photosekundärelektronenvervielfacher, auch englisch *Multiplyer*, meist aber abgekürzt SEV oder PSEV), jedoch nur einen einzigen Zweck erfüllt, nämlich schwache Lichtsignale zu detektieren. In dieser Funktion findet man das Gerät in den unterschiedlichsten Anwendungen, z. B. auch in Photometern oder Observatorien. Mit der Messung

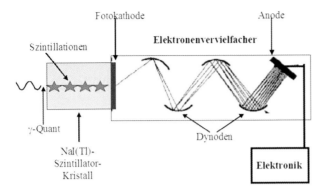

Abb. 13.5 Prinzipieller Aufbau eines Szintillationszählers.

ionisierender Strahlung hat es nur insofern zu tun, als dass es besonders geeignet ist, Szintillationen zu registrieren.

Die Funktionsweise geht aus Abb. 13.5 hervor: Das Eintrittsfenster des SEV stellt die Kathode dar, die aus einem Material aufgebaut ist, aus dem durch Lichtquanten Elektronen freigesetzt werden.

Dieser *Fotoelektrische Effekt*, der schon im 19. Jahrhundert bekannt war, spielt in der Geschichte der modernen Physik eine große Rolle. Seine Deutung gelang Albert Einstein im Jahre 1905, wodurch er die Quantennatur des Lichtes bewies und damit den Grundstein für die Quantenmechanik legte. 1921 erhielt er dafür den Nobelpreis, nicht etwa für die Relativitätstheorie.

In der Röhre befindet sich eine Reihe weiterer hintereinander angeordneter Elektroden, die als Dynoden bezeichnet werden. An ihnen liegen positive Spannungen mit ansteigenden Werten, so dass sich zwischen aufeinanderfolgenden Dynoden jeweils ein elektrisches Feld aufbaut. Durch dieses werden die durch das Licht freigesetzten Elektronen – wie im Bild angedeutet – beschleunigt. Die Dynoden bestehen aus einem Material, in dem durch Elektronen genügender Energie weitere Elektronen ausgelöst werden, so dass bei jedem Stoß ihre Zahl um einen bestimmten Faktor erhöht wird. So ergibt sich ein multiplikativer Effekt, an der Anode erhält man einen gut messbaren Stromstoß, der dann elektronisch verarbeitet werden kann. So erklären sich auch die oben erwähnten Namen der Anordnung.

Ein Beispiel: Üblicherweise werden 10 bis 14 Dynoden verwendet, an jeder wird die Elektronenzahl verdoppelt. Mit 14 Stufen erhält man dann aus jedem ursprünglichen Fotoelektron 2^{14}, d. h. eine Verstärkung von ca. 20.000.

Der Szintillationszähler hat gegenüber dem Geiger-Müller-Zählrohr einen wichtigen Vorteil, er ist nicht nur in der Lage Photonen oder Partikel zu zählen, sondern mit ihm können auch verschiedene Strahlenarten differenziert werden. Da die Gesamtintensität der durch die Absorption eines Strahlungsquants hervorgerufenen Szintillationen dessen Energie proportional ist, kann man das Spektrum eines auftreffenden Strahlungsgemisches sortieren (vorausgesetzt, der Kristall ist groß genug, um das Quant zumindest weitgehend zu absorbieren). Wegen dieser

Eigenschaft erfreut sich dieses Gerät nicht nur bei Physikern, sondern auch bei Uranprospektoren einiger Beliebtheit.

In der Nuklearmedizin benutzt man Szintillationszähler, um die Verteilung injizierter radioaktiv markierter Pharmaka im Körper zu verfolgen. Ihre graphische Darstellung nennt man *Szintigramm*, die Methode *Szintigraphie*.

13.4.2
Thermolumineszenzdosimetrie

Einem ganz anderen Anwendungsgebiet ist diese Methode zuzuordnen, nämlich dem praktischen Strahlenschutz. Bekanntlich müssen bei allen Personen, die beruflich mit Strahlung arbeiten, die Dosen ermittelt werden, denen sie in einem bestimmten Zeitraum ausgesetzt waren. Herkömmlicherweise geschah das mit Hilfe von „Filmdosimetern", die während der Arbeitszeit zu tragen waren. Sie hatten jedoch einige praktische und grundsätzliche Nachteile (z. B. geringe Empfindlichkeit, umständliche Auswertung), so dass man auf bessere Methoden sann. Die Thermolumineszenzdosimetrie (TLD) bietet sich hierfür an, deren Prinzip anhand von Abb. 13.6 erläutert werden soll.

Der Detektor besteht aus speziellen Kristallen, z. B. Lithiumfluorid oder Calciumfluorid. Anders als in isolierten Atomen existieren dort die Energiezustände in „Bändern", von denen hier vor allem der Grundzustand und der erste angeregte Zustand interessieren. Durch Strahlungsabsorption werden Elektronen in den angeregten Zustand angehoben, aus dem sie unter Lichtemission in den Grundzustand zurückfallen können, was man als *Fluoreszenz* bezeichnet. In den hier verwendeten Materialien gibt es aber auch noch Zwischenzustände, die energetisch zwischen Grund- und erstem Anregungszustand liegen. Sie haben etwas merkwürdige Eigenheiten, denn sie können nur auf dem Umweg über den angeregten Zustand erreicht werden, und die Elektronen können nur über den Anregungszustand wieder in den Grundzustand gelangen. Sie sind dort also gefangen, sie „haften", weshalb man die Zwischenlagen auch als „Haftstellen" bezeichnet. Sie werden bei längerer Strahlungsexposition nach und nach gefüllt, bilden also gewissermaßen ein „Dosisgedächtnis", genau was man im Strahlenschutz benötigt. Der Energieabstand zwischen den Haftstellen und dem angereg-

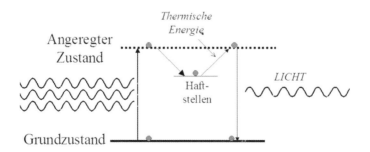

Abb. 13.6 Wirkungsprinzip der Thermolumineszenzdosimetrie.

ten Zustand liegt im thermischen Bereich, durch gezielte Erwärmung werden die Elektronen auf den Anregungszustand angehoben, aus dem sie unter Lichtemission in den Grundzustand zurückkehren. Die Lichtintensität ist der akkumulierten Dosis proportional. Das Ganze erinnert an die berühmte Erzählung des Barons Münchhausen, der in eisiger Kälte mit der Kutsche das Land bereiste: Der Postillion blies zwar munter in sein Horn, aber die Töne blieben aus, da sie im Instrument gefroren. Erst als er bei der Rast im warmen Wirtshaus sein Horn an den Garderobehaken hängte, erklangen von dort die schmissigen Melodien – sie waren thermisch aktiviert worden.

Die TLD-Methode ist für den Strahlenschutz attraktiv: Sie ist empfindlich, recht genau, leicht auswertbar (wenn die entsprechenden Geräte vorhanden sind), und die Detektoren sind klein, so dass sie auch in Fingerringdosimetern leicht einsetzbar sind. Einen Nachteil gibt es allerdings doch: die Sache ist etwas teuer, so dass TLDs im Routinebetrieb noch kaum eingesetzt werden, im Weltraum aber wohl – die Astro- und Kosmonauten tragen TLDs zur persönlichen Überwachung.

13.4.3
Glasdosimeter, Speicherfolien

Materialien mit Haftstellen bieten noch weitere Anwendungsmöglichkeiten. Interessant wird es, wenn der energetische Abstand zwischen Zwischen- und Anregungszustand größer ist und nicht mehr durch Zuführung von Wärme überwunden werden kann. Liegt er im Bereich der Quantenenergie von Licht, so kann man den Übergang durch Photonen geeigneter Wellenlänge gezielt stimulieren. Solche Verfahren werden heute zur Personendosimetrie in der Strahlenschutzüberwachung eingesetzt, sie haben die früher verwendeten Filmdosimeter weitgehend verdrängt. Die Detektoren bestehen aus mit Silber dotiertem Phosphatglas. Bei Bestrahlung mit ionisierenden Strahlen bilden sich Leuchtzentren, die durch ultraviolettes Licht „ausgelesen" werden können. Die Elektronen in den Haftstellen werden in den angeregten Zustand angehoben und fallen unter Lichtemission in den Grundzustand. Die Intensität der stimulierten Lumineszenz ist der akkumulierten Dosis proportional. Eine Weiterentwicklung ist das sogenannte „OSL-Verfahren" (optisch stimulierte Lumineszenz), bei dem Berylliumoxid-Kristalle benutzt werden. Es zeichnet sich durch Genauigkeit, vor allem durch einen sehr großen Dosisbereich aus, es können Dosen von einigen Mikrogray bis zu 100 Gray recht zuverlässig gemessen werden.

Auf der Basis der beschriebenen Technik gibt es aber noch eine weitere Anwendung, welche für die medizinische Praxis von großer Bedeutung ist, die Speicherfolie (Abb. 13.7).

Die gute alt-bewährte Röntgendiagnostik mit Filmen ist eigentlich nicht mehr ganz auf der Höhe der Zeit, die chemische Entwicklung braucht ständige Überwachung und blockiert so Personal, die Dokumentation füllt Schränke, ein Datenaustausch ist aufwändig und eine nachträgliche Bildaufarbeitung ist kaum möglich – eine Digitalisierung ist angesagt. Sie gelingt verhältnismäßig unkompliziert (aber nicht billig!) mit Hilfe von Speicherfolien. Sie entsprechen in ihren Abmes-

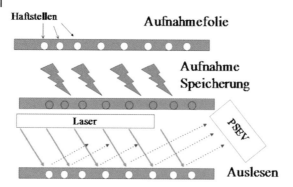

Abb. 13.7 Prinzip des Aufnahmevorgangs bei dem Einsatz von Speicherfolien.

sungen den herkömmlichen Röntgenfilmen und können daher in vorhandenen Kassetten benutzt werden. Die Folien bestehen aus einem Kunststoffträger mit einem Material, das Haftstellen ausweist, die durch Exposition mit Röntgenstrahlen aufgefüllt werden können. Die zweidimensionale Verteilung der Elektronendichte auf den Zwischenzuständen stellt ein latentes Bild dar. Die „Entwicklung" wird mit Hilfe eines dünnen Laserstrahls bewerkstelligt, mit dem die Fläche mäanderförmig abgetastet wird, so wie es auch bei Röhrenfernsehempfängern geschah. An jedem getroffenen Bildpunkt wird ein Lichtpuls erzeugt, dessen Stärke der Dosis an dieser Stelle proportional ist und der von einem SEV (s. Abschnitt 13.4.1) registriert wird. Eine entsprechend ausgelegte Elektronik sorgt für die richtige Ortszuordnung und anschließende Speicherung. Die Befundung geschieht an Spezialmonitoren. Natürlich ist dafür gesorgt, dass die Wellenlängen des stimulierenden und des emittierten Lichts nicht übereinstimmen, so dass es zu keiner durch Streuung verursachten Fehlmessung kommen kann.

Die digitale Radiographie hat viele Vorteile, allerdings eine Aussage, die man immer wieder hört und liest, stimmt (bis jetzt noch?) nicht, nämlich dass die Folien weit empfindlicher seien als die hergebrachten Film-Verstärkerfolien-Kombinationen und daher die Belastung der Patienten deutlich gesenkt würde. Man kann allenfalls vermuten, dass durch die Möglichkeiten der digitalen Nachbearbeitung die Zahl von nicht verwertbaren Fehlaufnahmen sinkt, was indirekt die Gesamtexposition verringern würde.

13.4.4
Festkörperdetektoren in der Röntgendiagnostik

Mancher ältere Leser (oder Leserin) mag sich noch an Schirmbilduntersuchungen erinnern, die nach dem Zweiten Weltkrieg zur Tuberkuloseerkennung in mobilen Röntgenstationen allerorts durchgeführt wurden. Das Bild während der Exposition auf einem Fluoreszenzschirm, hinter dem der befundende Arzt sich den ganzen Arbeitstag aufhalten durfte. Ein strahlenhygienisches Schauerbild, das gottlob der Vergangenheit angehört (in Thomas Manns „Zauberberg" wird es eindrücklich

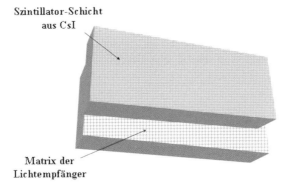

Abb. 13.8 Prinzipieller Aufbau des Festkörperdetektors.

beschrieben). In der Zwischenzeit sind die Schirme durch moderne Bildwandler ersetzt worden und die Belastung von Patienten und Personal konnte auf diese Weise drastisch gesenkt werden. Auch hier hat nun die Digitalisierung Einzug gehalten und zwar in Form von Festkörperdetektorsystemen. Sie spielen vor allem eine große Rolle bei Operationen unter Röntgenkontrolle, wo meist der „C-Bogen" zum Einsatz kommt (s. Kapitel 4). In ihm befindet sich der Festköperdetektor, dessen Wirkungsweise in Abb. 13.8 veranschaulicht ist. Die empfindliche Schicht besteht aus einem Szintillator (z. B. Caesiumjodid), sie wirkt ganz analog zu dem alten Fluoreszenzschirm und liefert ein optisches Durchleuchtungsbild. Darunter liegt eine Matrix lichtempfindlicher Elemente, welche wie in einer Digitalkamera das Lichtbild in elektronische Signale umsetzt. Mit Hilfe von Befundungsmonitoren kann der Arzt online seine Diagnose stellen und über sein weiteres Vorgehen entscheiden. Durch die digitale Verarbeitung hat man bei interventionellen Maßnahmen auch die Möglichkeit, Bilder zu speichern, sie „einzufrieren", so dass nicht ohne Unterbrechung geröntgt werden muss, sondern erst wenn eine neue Situation dies erfordert. Damit wird die Belastung von Patienten und Personal sehr erheblich gesenkt.

Festkörperdetektoren der beschriebenen Art besitzen schon heute hohe Empfindlichkeit und gutes Auflösungsvermögen, sie sind der herkömmlichen Technik deutlich überlegen.

13.5
Chemische Verfahren

An erster Stelle ist hier der fotografische Film zu nennen, wie er in der traditionellen Röntgendiagnostik oder auch bei der Strahlenschutzüberwachung eingesetzt wird. Abgesehen von der etwas umständlichen Verarbeitung gibt es noch einige sonstige Nachteile: er ist nicht sehr empfindlich und sein Dynamikbereich beschränkt im Vergleich zu anderen Detektoren. Auch spezielle Röntgenfilme reagieren mehr auf optische Strahlung wie sichtbares Licht oder UV als auf ionisierende Strahlen. Aus diesem Grunde werden in der Röntgendiagnostik Verstärkerfolien benutzt, welche Röntgenstrahlen in Licht umwandeln und so die Empfindlichkeit erhöhen, allerdings auf Kosten der Detailerkennbarkeit. Vorteile liegen in dem geringen apparativen Aufwand und den vertretbaren Kosten. Dennoch dürfte die Bedeutung des Films in der Strahlendetektion in Zukunft wohl weiter abnehmen.

Bei hohen Dosen (1 bis 1000 Gy) kann man „radiochrome" Folien benutzen. Sie verfärben sich nach Strahleneinwirkung und können leicht durch Absorptionsmessung ausgewertet werden. Ihr Einsatzgebiet liegt vor allem auf dem Gebiet der Strahlensterilisation.

Im Labor erfreuen sich chemische Verfahren großer Beliebtheit. Das bekannteste stellt die „Eisensulfat-Dosimetrie" dar, welches nach seinem Entwickler Hugo Fricke (dänischer Physiker, 1892–1972) auch „Fricke-Dosimeter" genannt wird. Sie beruht auf der Oxidation von zweiwertigen Fe^{2+}-Ionen zu dreiwertigen Fe^{3+}-Ionen durch die strahleninduzierten Radikale in wässeriger Lösung, die sich durch Absorptionsspektrometrie bestimmen lassen.

Freie Radikale sind auch die Grundlage einer anderen Methode. Normalerweise verfügen sie nur über eine sehr kurze Lebensdauer, nicht aber in festen Materialien, in denen sie sich nicht bewegen und daher nicht reagieren können. In bestrahlten Kristallen von z. B. der Aminosäure Alanin bleiben sie daher über lange Zeit erhalten und können quantitativ gemessen werden. Allerdings bedarf es dazu relativ aufwändiger Apparaturen, Elektronenspinresonanzspektrometern, was die Verwendung auf wenige, entsprechend ausgerüstete Labors beschränkt. Interessant ist, dass die Radikale auch in festen Körpersubstanzen, z. B. Zahnschmelz, beständig bleiben, was eine „Biodosimetrie" auch Jahre nach der Exposition ermöglicht [131]. So hat man z. B. die Dosen bei Überlebenden in Hiroshima und Nagasaki ermittelt, aber auch bei Strahlenunfällen anderer Art ist das Verfahren zum Einsatz gekommen.

13.6
Biodosimetrie

Charakteristisch für Unfälle ist die Tatsache, dass sie in der Regel nicht vorhersehbar sind und dass daher ihr Ablauf nur schwierig zu rekonstruieren ist. Das gilt in besonderem Maße auch für Zwischenfälle mit Strahleneinwirkung, wobei die retrospektive Dosisermittlung ein gravierendes Problem darstellt. Wäre es möglich, im Nachhinein im exponierten Individuum die erhaltene Strahlendosis abzuschätzen, so dass Folgemaßnahmen eingeleitet und u. U. medizinische Behandlungen begonnen werden können, wäre viel gewonnen. Das „klassische Vorgehen besteht in der Bestimmung dizentrischer Chromosomenaberrationen in den Lymphozyten des peripheren Blutes. Die zytologischen Grundlagen wurden bereits in Kapitel 12 besprochen. Das besondere Problem liegt darin, dass die Chromosomen nur während der Teilungsphase sichtbar gemacht werden können, die Aberrationen in teilungsaktiven Zellpopulationen aber nicht erhalten bleiben, weil sie zum Absterben der betroffenen Zellen führen. Man muss also Zellen finden, welche sich normalerweise nicht oder nur wenig teilen, zur Auswertung jedoch in eine Mitose gebracht werden können. Diese eigentlich irreal anmutende Bedingung erfüllen die Lymphozyten im peripheren Blut, die Teil der Immunabwehr des menschlichen Körpers sind und bei Infektionen aktiv werden.

Zur Dosisabschätzung wird den Probanden Blut entnommen, aus dem durch Zentrifugationsverfahren die Lymphozyten angereichert werden. Sie werden in geeigneten Medien in vitro kultiviert. Zur Teilungsstimulation setzt man Phythämagglutinin zu, ein pflanzliches Zytokin, nach ca. ein bis zwei Tagen wird die Proliferation durch Zugabe von Colchicin (übrigens das Gift der Herbstzeitlosen) oder einem ähnlichen Stoff mit vergleichbarer Wirkung angehalten, so dass sich in der Kultur die Mitosen anreichern. Dies ist notwendig, da sie normalerweise nur mit wenigen Prozent in der Zellkultur zu finden sind. Nach Färbung kann man unter dem Mikroskop die Chromosomen beobachten und Veränderungen erfassen. Abbildung 13.9 zeigt ein Beispiel, wie es nach Strahlenexposition gefunden wurde.

Die Empfindlichkeit der beschriebenen Methode ist begrenzt, selbst unter optimalen Bedingungen lassen sich Dosen unter 0,1 Gy nicht sicher nachweisen, und das auch nur dann, wenn es sich um eine kurzzeitige Einmalbestrahlung handelte und wenn die Exposition noch nicht lange zurücklag. Ein Grund hierfür liegt darin, dass auch bei Lymphozyten noch Teilungen vorkommen (wenn auch normalerweise in nicht allzu großer Zahl), so dass die Zellen mit dizentrischen Chromosomen ausscheiden.

Die Bestimmung „stabiler" Translokationen bietet im Prinzip einen Ausweg aus diesem Dilemma, aber sie stößt an methodische und auch an arbeitstechnische Grenzen. Die spezifische Färbung der Chromosomen (*chromosome painting*) ist

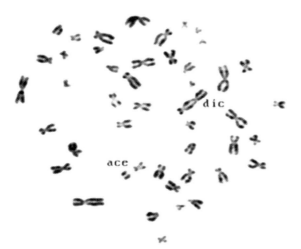

Abb. 13.9 Chromosomen einer menschlichen Lymphozytenzelle nach Exposition mit ionisierenden Strahlen. Man erkennt ein dizentrisches Chromosom (dic) sowie azentrische Fragmente (ace) (Quelle: BfS).

sehr aufwändig und teuer, außerdem werden – anders als bei den morphologisch erkennbaren dizentrischen – nicht alle Chromosomen im Kern erfasst, so dass die Empfindlichkeit notwendigerweise sinkt. Für sehr lange zurückliegende Expositionen stellt die Translokationsanalyse jedoch eine Möglichkeit dar, zumindest eine annähernde Dosisabschätzung vorzunehmen. Beide zytologische Verfahren können mit gewisser Zuverlässigkeit nur nach akuter Bestrahlung angewendet werden, im Falle einer Langzeitexposition sinken die Ausbeuten erheblich auf Grund der gleichzeitig ablaufenden Reparaturprozesse.

Eine andere Methode der Biodosimetrie wurde schon im vorigen Abschnitt angesprochen, die Messung strahleninduzierter Radikale in fester Matrix, z. B. dem Zahnschmelz. Die Ergebnisse solcher Untersuchungen zeigen, dass auch Jahre nach Strahleneinwirkung noch zuverlässige Dosisabschätzungen vorgenommen werden können, wobei die Empfindlichkeit der zytologischen Verfahren vergleichbar ist. Neben dem nicht geringen apparativen Aufwand stellt die Notwendigkeit der Zahnentnahme für die Analyse eine gravierende Einschränkung dar. Da wohl die wenigsten Personen sich freiwillig dieser Prozedur ohne medizinische Notwendigkeit unterziehen werden, ist man letztlich auf altersbedingten Zahnverlust angewiesen, was die Erfassungsmöglichkeiten doch sehr stark einschränkt [132].

14
Die Epidemiologie und ihre Fallstricke

14.1
Vorbemerkungen

Die Epidemiologie („Lehre über das Volk") spielt eine äußerst wichtige Rolle bei der quantitativen Abschätzung von Risiken. Die grundlegende Überlegung stellt sich recht einfach dar: man schaue auf die Zahl der Krankheiten im Volk und ihre Lebensumstände, dann kann man alles über Gesundheitsgefahren erfahren. Wie meist, kommen die Probleme, wenn man ein simpel erscheinendes Konzept in die Praxis umsetzt. Gerade in diesem Wissenschaftszweig liegt die Gefahr von Fehlschlüssen sehr nahe, das, was „offensichtlich" ist, ist nicht notwendigerweise auch richtig. Der viel zitierte „gesunde Menschenverstand" kann häufig sehr in die Irre führen! Es beginnt schon bei der sorgfältigen Wortwahl, z. B. bei dem Begriff "Risiko": Man sagt so leichthin, Strahlung sei ein Risiko. Das ist so nicht korrekt, sie ist es nur dann, wenn Menschen auch tatsächlich exponiert werden. Um ein etwas hergeholtes Beispiel zu gebrauchen: Meteoriten können ohne Zweifel sehr zerstörerisch, also gefährlich sein, dennoch ist das mit ihnen verbundene Risiko sehr gering, weil die Wahrscheinlichkeit, von ihnen getroffen zu werden, gegen null tendiert, Man muss also sauber differenzieren zwischen dem „Gefährdungspotenzial" (engl. *hazard*) (sehr hoch bei Meteoriten) und dem „Risiko", das sich als Produkt aus Gefährdungspotenzial und Expositionswahrscheinlichkeit (sehr niedrig bei Meteoriten) darstellt. Auch hier ist an die schon zitierte Bemerkung über Balkanarmeen zu erinnern: „Ihre Kanonen treffen selten, aber wenn sie treffen, ist ihre Wirkung eine ungeheure ..." Ja, wenn ...

In vielen Untersuchungen geht es zunächst darum festzustellen, ob überhaupt ein Gefährdungspotenzial besteht. Sollte das nicht der Fall sein, erübrigt sich jede weitere Risikoüberlegung. Die Epidemiologie kann hier helfen, aber es muss klar gesagt werden, einen kausalen Zusammenhang kann sie niemals beweisen, bestenfalls nahelegen. Aus diesem Grunde sind ihre Vertreter auch recht vorsichtig, sie sprechen höchstens von einer „Assoziation". Da man in keinem Fall alle erforderlichen Daten vollständig erfassen kann – die gesamte Menschheit kann man nicht in die Studien einbeziehen – ist man immer auf möglichst „repräsentative" Ausschnitte angewiesen, die also ein getreues Abbild der Wirklichkeit abbilden sollen, wobei notwendigerweise Fehler nicht auszuschließen sind. Um sie quantitativ einzugrenzen, bedient man sich der Statistik, wobei ein anderer Begriff eine Schlüsselfunktion einnimmt, nämlich die „Signifikanz". Sie entstammt Wahrscheinlichkeitsüberlegungen und beschreibt, zu welchem Prozentsatz die in einer Studie gefundene Eigenschaft in der gesamten untersuchten Population vorkommt. Es hat sich eingebürgert, hier mit einem Wert von 95% zu arbeiten. Selbst wenn er erreicht wird, hat man noch keine Sicherheit, man kommt ihr bestenfalls näher, was aber Überraschungen nicht ausschließt: Die wöchentlichen Gewinne der Lottoziehungen demonstrieren das immer wieder: Die Wahrscheinlichkeit, keine richtige Zahl zu wählen, liegt weit über 95%, dennoch gibt es fast immer wenigstens einen Gewinner. Ein mir befreundeter herausragender Radiologe stellte das anlässlich einer Diskussion über Signifikanz einmal sehr plastisch dar. Er ist nämlich nicht nur in seinem Fach herausragend, sondern auch in seiner Körpergröße. Folgt man der üblichen Argumentation, so lässt sich feststellen, dass es in Deutschland mit einer Signifikanz von 95% keine Radiologen über zwei Meter gibt. „Einer sitzt vor Ihnen", war sein Kommentar. Dieser kleine Exkurs verfolgte das Ziel, die Wachsamkeit gegenüber statistischen Aussagen zu erhöhen.

Ein oft angeführtes Zitat aus der Literatur eignet sich in überzeugender Weise zu der Illustration, weshalb man bei epidemiologischen Assoziationen Vorsicht walten lassen sollte. Die kleine Notiz erschien im Jahr 1988 in der Zeitschrift „Nature" [133] unter der netten Überschrift „A new parameter for sex education" („Ein neuer Parameter für die sexuelle Unterweisung"). Zentral war eine parallele

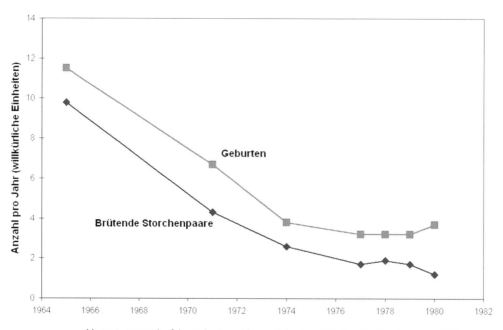

Abb. 14.1 Der Verlauf der Geburtenzahlen und der Anzahl brütender Storchenpaare in Westdeutschland (nach Sies, 1988).

Darstellung der Geburtenraten und der Dichte von Storchenpaaren, die in Abb. 14.1 wiedergegeben wird.

Die Ähnlichkeiten sind unverkennbar und sprechen eindeutig für eine Assoziation. Die Leser mögen ihre eigenen Schlüsse ziehen. Der kurze Text der Publikation sei nicht unterdrückt, weil er in prägnanter Kürze die Lösung eines auch heute noch brisanten Problems aufzeigt:

> „There is concern in West Germany over the falling birth rate. The graph might suggest a solution that every child knows makes sense."
>
> („In Westdeutschland ist man über fallende Geburtenraten beunruhigt. Die Abbildung könnte eine Lösung anregen, von der jedes Kind weiß, dass sie Sinn macht.")

Analogieschlüsse dieser Art stellen durchaus keine Seltenheit dar, speziell auch auf unserem Fachgebiet. Eine Illustration bietet die alte und immer wieder aufflammende Diskussion um Kernkraftwerke und Leukämien bei Kindern. In Schleswig-Holstein gibt es bei Geesthacht eine unübliche Häufung von Fällen dieser Krankheit. Da sich in der Nähe das Kernkraftwerk Krümmel befindet, scheint von vornherein klar zu sein, welche Ursachen dafür verantwortlich sind. Einen solchen Zusammenhang zu beweisen, bedarf erheblicher Anstrengung, er ist übrigens bis heute nicht geführt worden. Diese Frage soll hier nicht vertieft werden, sie wird an anderer Stelle (Kapitel 10) ausführlicher dargestellt.

Bevor auf Einzelheiten epidemiologischer Studien eingegangen wird, müssen noch einige Klarstellungen zur Wortwahl getroffen werden, um die verwendeten Begriffe zu erläutern:

Inzidenz: Hierunter versteht man die Zahl neuer Krankheitsfälle in einem bestimmten Zeitraum, bezieht man sie – wie meist durchgeführt – auf die Zahl der Individuen in der Bevölkerung, so erhält man die *Inzidenzrate*. Häufig meint man fälschlicherweise diesen Begriff, wenn man von *Inzidenz* spricht. Die Inzidenzrate gibt das *absolute Risiko* an, in einem bestimmten Zeitraum zu erkranken, die Dimension ist also „Zahl durch Personenzahl und Zeit", üblicherweise „Zahl durch Personenjahre".

Prävalenz: Während sich die Inzidenz mit Neuerkrankungen in einem bestimmten Zeitraum beschäftigt, versteht man unter *Prävalenz* die Zahl der zu einem Zeitpunkt Erkrankten in der betrachteten Bevölkerung, bezieht man sie auf die Populationsgröße, so erhält man die *Prävalenzrate*, welche meist als eine Art „Gesundheitsindikator" benutzt wird.

Risiko: Oben wurde schon darauf hingewiesen, dass schädliche Einflussfaktoren nur dann zu einem Risiko führen, wenn die untersuchten Individuen auch tatsächlich exponiert werden. Die möglichst genaue Erfassung der erhaltenen Dosen gehört daher unumgänglich zu einer ernst zu nehmenden epidemiologischen Studie, in der Praxis ergeben sich hier am häufigsten Probleme. Die bei korrekter Durchführung erhobenen Daten kann man auf verschiedene Weise darstellen: Wenn man von den bei exponierten Personen registrierten Fällen die bei den Nichtexponierten gefundenen (oft als „spontaner Hintergrund" bezeichnet) abzieht, so erhält man das „zusätzliche absolute Risiko" (engl. *excess absolute risk*, EAR), angegeben in „Zahl der Erkrankten pro Personenzahl und Erfassungszeitraum", also z. B. „Fälle durch Personenjahre". Das absolute Risiko ist in der Regel eine Funktion von Dosis und Lebensalter, kann aber auch z. B. noch zusätzlich vom Geschlecht abhängen. Man kann sich aber auch dafür interessieren, um welchen Anteil sich bei den Exponierten das Risiko im Vergleich zur Spontanrate erhöht. Hierzu bildet man das Verhältnis der Fälle von Exponierten zu den bei Nichtexponierten, üblicherweise beide in Abhängigkeit vom Lebensalter, und gelangt so zum „relativen Risiko" (engl. *relative risk*, RR), dessen Wert immer größer als Eins bzw. bei prozentualen Angaben größer als 100% ist, jedenfalls wenn auf Grund der Exposition überhaupt zusätzliche Erkrankungen auftreten. Zieht man „1" bzw. „100%" ab, so erhält man das „zusätzliche relative Risiko" (engl. *excess relative risk*, ERR). Es illustriert beispielhaft besonders schön, ob eine Einflussgröße (z. B. Strahlung) das altersbedingte Krebsrisiko erhöht. Die Zusammenhänge sind in Abb. 14.2 graphisch dargestellt.

Die gestrichelte Linie soll den Verlauf der spontanen Krebserkrankungen als Funktion des Lebensalters darstellen. Es wird angenommen, dass durch die Strahleneinwirkung entweder ein konstantes zusätzliches additives oder aber ein konstantes zusätzliches relatives Risiko hervorgerufen wird. Im ersten Fall wird immer eine vom Lebensalter unabhängige Zahl hinzugefügt, im zweiten erhöht sich die Krankheitszahl immer um einen konstanten Faktor. Das bedeutet, dass bei gleich bleibendem zusätzlichem relativem Risiko die Zahl der zusätzlichen Fälle in hohem Lebensalter drastisch ansteigt. Dies wird durch die beiden Kurven im unteren rechten Teil illustriert, wo die Zahl der zusätzlichen Fälle dargestellt ist.

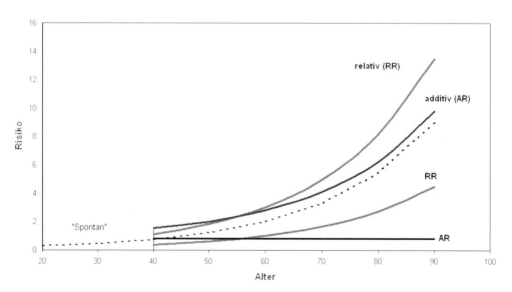

Abb. 14.2 Zu den verschiedenen Risikokenngrößen (Erläuterung im Text).

Es zeigt sich bei der Analyse epidemiologischer Daten, dass die Ergebnisse meist durch eine Mischung der beiden Modelle am besten beschrieben werden.

Attributables Risiko: Hat man einen Schädigungsfaktor identifiziert, so stellt sich die Frage, in welchem Maße er zur allgemeinen Erkrankungsrate beiträgt. Man nennt diese Größe das „zuzuordnende" oder „attributable" (oft auch „attributionelle") Risiko. Man erhält es im Prinzip aus dem Verhältnis der Anzahl der durch den Schädigungseinfluss hervorgerufenen Erkrankungen zu der Gesamtzahl dieser Krankheiten in der Bevölkerung. Zur korrekten Bestimmung muss diese Berechnung zunächst in den relevanten Untergruppen (verschiedene Altersstufen getrennt nach Frauen und Männern) durchgeführt werden, bevor die Integration über die Gesamtbevölkerung vorgenommen werden darf.

Konfidenz- oder **Vertrauensintervalle**: Epidemiologische Untersuchungen führen niemals zu eindeutigen fehlerfreien Beziehungen, sondern sind immer durch eine gewisse Schwankungsbreite gekennzeichnet. Um dennoch zu belastbaren Aussagen zu gelangen, muss die Statistik bemüht werden. Man gibt üblicherweise den Bereich an, in dem sich ein zuvor festgelegter Prozentsatz der Daten befindet, gängig ist die 95%-Grenze (dazu lese man noch einmal das oben zur Statistik Gesagte). Kenngrößen der Untersuchungsergebnisse sind somit der Mittelwert und die Konfidenzintervalle (nach oben und nach unten), innerhalb der Spannweite von dem unteren bis zum oberen Konfidenzintervall liegt dann mit 95% Wahrscheinlichkeit der zutreffende Wert.

Power: Am Anfang einer jeden Studie steht eine klar definierte Hypothese, deren Gültigkeit entweder angenommen oder abgelehnt werden soll, sie darf im Laufe der Untersuchung nicht mehr modifiziert werden. Es ist unerlässlich, bei der Planung zu prüfen, ob mit den gewählten Mitteln die Fragestellung überhaupt beantwortet werden kann. Man muss sich darüber im Klaren sein, welche Unterschiede überhaupt zu erwarten sind und ob diese durch das gewählte Vorgehen aufgedeckt werden können. Die Güte der Studie, technisch als „Power" bezeichnet, hängt von dem gewählten Signifikanzniveau und dem Umfang der untersuchten Population ab. Daher steht die Berechnung der Power am Anfang, ihre Angabe gehört zu jeder seriösen Dokumentation. Eine Fragestellung mit einem zu kleinen Studienumfang anzugehen, ist nicht nur wissenschaftlich falsch, sondern im Hinblick auf die eingesetzten Mittel ökonomisch unsinnig. Um solche Fehlentwicklungen zu vermeiden, steht vor der Entscheidung über die Durchführung in vielen Fällen eine so genannte „Machbarkeitsstudie", in welcher die Voraussetzungen der Durchführbarkeit kritisch hinterfragt werden.

14.2
Studientypen

14.2.1
Ökologische Studien

Dies ist ein Ansatz nach dem Diktum des Physiklehrers aus der „Feuerzangenbowle", dem legendären Film mit Heinz Rühmann: "Stellen wir uns mal ganz dumm ...". Manchmal kommt man so weiter, aber häufig gibt es auch einen Reinfall. In ökologischen Studien betrachtet man eine bestimmte Region im Hinblick auf die Häufigkeit von Krankheiten, schaut nach Besonderheiten der Umgebung, und wenn man sie findet, schließt man daraus auf einen Zusammenhang, auch wenn man über individuelle Expositionen keine Daten hat. Das eingangs gegebene Beispiel mit Störchen und Geburtenraten stellt dafür ein fast klassisches Beispiel dar. Ein anderes wäre, wenn man die Gegend, in der Thomas Manns „Zauberberg" angesiedelt ist, der schon mehrfach zitiert wurde, auf die Verbreitung von Lungenkrankheiten untersuchen würde. Man käme unweigerlich zu dem Schluss, dass hier die Gefährdung besonders groß sei. Das Gegenteil ist natürlich wahr: Wegen des angenehmen Klimas kommen gerade viele Kranke hierher, sie erhoffen sich Heilung, damit steigt aber auch der Anteil der Erkrankten an der Bevölkerung. Man muss also sehr vorsichtig sein, aus einer solchen Betrachtung voreilige Schlüsse zu ziehen. Ökologische Studien können also bestenfalls einen Anlass geben, in Bezug auf mögliche Gefährdungen etwas genauer nachzusehen. Ohne Betrachtungen individueller Expositionen geht das im Allgemeinen nicht.

14.2.2
Kohortenstudien

Dieses Verfahren gilt in der Epidemiologie als „Goldstandard", aber es ist mühsam und teuer. Man betrachtet eine wohldefinierte Bevölkerungsgruppe, bei der die individuellen Expositionen erfasst werden und bestimmt die Erkrankungshäufigkeit in Abhängigkeit von der Dosis. Am besten wäre es, wenn man beginnen könnte, bevor die potenzielle Gefährdung, z. B. durch Einführung einer neuen Technologie, eingeführt wird, man also in der Lage wäre, eine „prospektive" Studie durchzuführen. In der Praxis lässt sich das selten bewerkstelligen, so dass die Untersuchungen meistens „retrospektiv" sind. Hat man es mit seltenen Krankheiten zu tun, so muss die Kohorte sehr groß gewählt werden, um statistisch brauchbare Daten zu erhalten, wodurch das Vorgehen recht komplex und auch sehr teuer wird.

Aber auch wenn alle Vorgaben erfüllt sind, muss man vorsichtig sein. Als Beispiel sei eine sehr umfangreiche Erhebung über die Gesundheit von Angehörigen der Nuklearindustrie in den USA angeführt [134]. Vergleicht man die Todesrate bei diesen Beschäftigten mit der einer alters- und geschlechtsstandardisierten Gruppe aus der allgemeinen Bevölkerung, so findet man überraschenderweise, dass sie deutlich (und statistisch signifikant) geringer ausfällt. Naive Geister könnten daraus den Schluss ziehen, dass etwas Bestrahlung der Gesundheit dient (manche tun dies und nennen das *radiation hormesis*). Berücksichtigt man jedoch die Dosisverteilung, so ändert sich das Bild. Es ist vor allem die recht große Untergruppe mit vernachlässigbaren Expositionen, welche die Überlebensraten nach oben ziehen. Diese Personen erkranken wesentlich weniger, als es dem Bevölkerungsdurchschnitt entspricht. Dies liegt daran, dass die Angehörigen dieser anspruchsvollen Berufe im Allgemeinen eine gesündere Lebensführung haben, eine Erscheinung, die man als *healthy worker effect* bezeichnet, der auch in anderen Zusammenhängen immer wieder gefunden wird.

Beachtet man alle Kautelen, so kann man aus einer Kohortenstudie durch den Vergleich der Krankheitsraten bei Exponierten und Nichtexponierten auf das durch eine Exposition verursachte zusätzliche Risiko zurückschließen. Die an verschiedenen Stellen angezogene Erhebung bei den Überlebenden von Hiroshima und Nagasaki (*life span study*) gibt ein gutes Beispiel hierfür.

14.2.3
Fall-Kontroll-Studien

Wie schon gesagt, die Verfolgung einer ganzen Kohorte über einen längeren Zeitraum ist aufwändig, besonders bei seltenen Erkrankungen. Es gibt allerdings auch noch einen anderen Weg, die *Fall-Kontroll-Studie*. Sie beginnt damit, dass man eine genügend große Zahl von Fällen auswählt, also Menschen, bei denen die Erkrankung zweifelsfrei feststeht. Zu jedem sucht man sich eine Kontrolle, also eine gesunde Person, die dem „Fall" in möglichst vielen Eigenschaften, also z. B. Alter, Geschlecht, gesellschaftlichem und wirtschaftlichem Stand, entspricht (man nennt dieses Verfahren *matching*). Gut ist, wenn man zu jedem Fall mehrere Kontrollen finden kann. Bei beiden Gruppen ermittelt man quantitativ das Ausmaß der Exposition durch den vermuteten schädigenden Einfluss, also z. B. die Strahlendosis. Die Auswertung gestaltet sich hier ein wenig komplizierter: Man bestimmt zunächst sowohl für die Fälle als auch die Kontrollen das Verhältnis der Exponierten (E_F bzw. E_K) zu den Nichtexponierten (N_F bzw. N_K). Im Englischen bezeichnet man diese Größen als *odds* (so viel wie „Chancen", also bei Exposition zu erkranken bzw. gesund zu bleiben). Bildet man aus diesen beiden Größen wieder das Verhältnis, die *odds ratio*, so kann man bei seltenen Krankheiten dadurch das Risiko abschätzen. In mathematischen Termen lautet das so:

$$OR\ (odds\ ratio) = (E_F/N_F)\ /\ (E_K/N_K) \sim Risiko$$

Fall-Kontroll-Studien erfreuen sich recht großer Beliebtheit, weil man mit noch vertretbarem Aufwand und in einigermaßen erträglicher Zeit zu Ergebnissen gelangen kann, aber gerade sie sind auch durch Fehleinschätzungen besonders gefährdet; davon ist im nächsten Abschnitt zu sprechen.

14.3
Fallstricke der Epidemiologie – die Bradford-Hill-Kriterien

Eigentlich schaut alles so einfach aus, man muss nur richtig hinsehen, dann weiß man, warum man krank wird. Aus dem Vorhergesagten sollte klar geworden sein, dass die Sache nicht so simpel ist. Der englische Epidemiologe Sir Austin Bradford Hill (1897–1991), der übrigens als erster (zusammen mit Sir Richard Doll, 1912–2005) den Zusammenhang zwischen Rauchen und Lungenkrebs nahelegte, hat seinen Kollegen einige bemerkenswerte Leitsätze ins Stammbuch geschrieben, die international als die *Bradford-Hill-Kriterien* bekannt wurden [135]. Sie seien hier in verkürzter Form zitiert und interpretiert:

1) *Stärke (strength)*: Je eindeutiger der Zusammenhang festgestellt wird, desto mehr spricht für eine Assoziation. Große Konfidenzintervalle schwächen die Argumentation, aber: das Fehlen einer Assoziation beweist nicht, dass kein Kausalzusammenhang besteht.
2) *Konsistenz*: Vergleichbare Untersuchungen durch andere Arbeitsgruppen an verschiedenen Orten sollten zu ähnlichen Ergebnissen führen.
3) *Spezifität*: Ein Kausalzusammenhang ist umso wahrscheinlicher, je spezifischer die Wirkung eines angenommenen Schädigungsfaktors ist.
4) *Zeitlicher Zusammenhang (temporality)*: Eigentlich eine aus der Logik folgende Selbstverständlichkeit: die Exposition durch ein schädigendes Agens muss vor der dadurch möglicherweise ausgelösten Krankheit liegen. Latenzzeiten sind zu berücksichtigen.
5) *Biologischer Gradient*: Das Ausmaß der biologischen Reaktion sollte bei höheren Dosen zunehmen.
6) *Plausibilität*: Postulierte Zusammenhänge sollten weder den Gesetzen der Logik noch anerkannten wissenschaftlichen Tatsachen widersprechen. Ein plausibler Wirkungsmechanismus ist hilfreich, aber seine Formulierung kann u. U. auf Grund fehlender wissenschaftlicher Erkenntnisse noch nicht möglich sein.
7) *Kohärenz*: Die Übereinstimmung zwischen epidemiologischen Befunden und experimentellen Laboruntersuchungen stärkt die Beweisführung (das Fehlen solcher Untersuchungen kann jedoch eine gefundene epidemiologische Assoziation nicht aufheben).
8) *Experiment*: Wenn es möglich ist, wäre es wünschenswert, die epidemiologischen Befunde durch gezielte Experimente zu untermauern.
9) *Alternative Erklärungsmöglichkeiten (analogy)*: Auch wenn man sich in eine Hypothese verliebt hat, sollten andere Erklärungsmöglichkeiten ernsthaft und selbstkritisch geprüft werden. Die Effekte ähnlicher Einflussfaktoren sind dabei auch in die Überlegungen einzubeziehen.

Es sind offenbar hohe Hürden zu überwinden, bevor man die Annahme einer kausalen Beziehung rechtfertigen kann. Man muss sich auch darüber im Klaren sein, dass mancherlei Fehlermöglichkeiten die Aussagen einer epidemiologischen Untersuchung verzerren können.

Für eine quantitative Risikoabschätzung ist die Erfassung der Exposition unerlässlich. Die Realisierung dieser selbstverständlich erscheinenden Voraussetzung stößt in der Praxis häufig auf Schwierigkeiten. Nur selten gibt es für die in die Studie eingeschlossen Personen eine individuelle Dosimetrie, weshalb man meist auf Surrogate zurückgreifen muss. Häufig wird aus der Entfernung zur Strahlenquelle die Dosis abgeschätzt. Bei einmaliger Einwirkung von durchdringender ionisierender Photonenstrahlung (Gamma- oder Röntgenstrahlung) mag diese Näherung angehen, bei Expositionen über längere Zeiträume ist sie sehr fragwürdig, da die Personen sich wohl kaum immer am selben Ort befinden. Bei nicht-ionisierenden Strahlungen stellt der Abstand zur Quelle ein zweifelhaftes Maß dar, da Abstrahlungscharakteristiken (z. B. bei Mobilfunkbasisstationen) zu starken Abweichungen von der postulierten Entfernungsabhängigkeit führen. Noch unsicherer wird es, wenn man sich auf die Aussagen der Studienteilnehmer oder gar deren Angehörigen (wenn die Betroffenen verstorben sind) verlassen muss. Ohne zuverlässige Expositionserfassung stehen alle quantitativen Schlussfolgerungen auf tönernen Füßen!

Leider gibt es aber auch noch andere Fehlerquellen, die man schlagwortartig unter zwei Oberbegriffen zusammenfasst, Verzerrung (*Bias*) und Störfaktoren (*Confounder*). Ein Beispiel ist die retrospektive Dosisabschätzung. Es liegt nahe, dass Erkrankte glauben, einer höheren Dosis ausgesetzt gewesen zu sein als Gesunde, es gibt also oft eine Erinnerungsverzerrung (*recall bias*). Eine andere Art von Schieflage kann sich ergeben, wenn bei der Auswahl der Studienteilnehmer „Fälle" und „Kontrollen" unterschiedlich gut kooperieren, so dass die Repräsentativität nicht mehr gleichmäßig gegeben ist (*selection bias*).

Es wäre schön, wenn eine untersuchte Erkrankung nur auf einen einzigen Einflussfaktor zurückzuführen wäre, aber die Wirklichkeit lehrt uns etwas anderes. Es muss also bedacht werden, was sonst noch eine Rolle spielen könnte. Diese Störgrößen müssen sorgfältig erfasst und ihr Einfluss entweder ausgeschlossen oder wenigstens rechnerisch korrigiert werden. Ein Beispiel: Es wäre unverzeihlich, wenn man bei einer Untersuchung über die Strahlenabhängigkeit des Lungenkrebses nicht die Rauchgewohnheiten mit einbeziehen würde. In der Praxis ist diese Forderung häufig nicht leicht zu erfüllen, auch kann eine „Erinnerungsverzerrung" ins Spiel kommen. Manchmal gibt es auch neben einer Strahlenexposition in der Umgebung noch chemische Noxen, z. B. Pflanzenschutzmittel aus der Landwirtschaft, deren Aufspürung durchaus Schwierigkeiten bereiten kann. Selbst das soziale Umfeld kann sich als *Confounder* entpuppen, wie das oben gegebene Beispiel des *healthy worker effects* lehrt.

Epidemiologische Studien sind also alles andere als einfach, weder in der Durchführung noch in der Interpretation. Dennoch bleiben sie ein unerlässliches Mittel zur Risikoabschätzung, auf das in keinem Fall verzichtet werden kann, allerdings haben sie auf keinen Fall ein Alleinstellungsmerkmal. Erst im Zusammenspiel mit anderen Untersuchungen können sie zu einem konsistenten Bild führen. Verantwortungsvollen Vertretern dieser Zunft – wie Austin Bradford Hill – ist dies bewusst, vor Amateuren und ihren argumentativen Schnellsch(l)üssen sei daher dringend gewarnt.

15
Das System des Strahlenschutzes

15.1
Übersicht

Die Bezeichnung „Strahlenschutz" trägt eine doppelte Bedeutung, einerseits meint man damit die Durchführung von technischen Maßnahmen, die zur Reduzierung der Exposition von Menschen führen, z. B. die Errichtung von Abschirmwänden oder das Tragen von Bleischürzen, andererseits versteht man darunter das Regelwerk, durch welches mögliche Belastungen auf Grund einzuhaltender rechtlicher Vorgaben in Grenzen gehalten werden sollen. Dieser zweite Aspekt ist das Thema dieses Kapitels. Zumindest in Deutschland meint man, wenn man von Strahlenschutz im gesetzlichen Sinne spricht, nur Regelungen für ionisierende Strahlen, nicht ionisierende Strahlen werden im Rahmen anderer Bestimmungen abgehandelt. Deshalb wird auch hier getrennt vorgegangen.

Generell gilt, dass Strahlenschutz (im definierten Sinne als organisatorisches und gesetzliches Regelwerk) eine internationale Veranstaltung ist, auch wenn die einzelnen Bestimmungen natürlich der nationalen Legislative obliegen, sie folgen aber, von ganz wenigen Ausnahmen abgesehen, den Vorschlägen internationaler Gremien. In besonderem Maße gilt das für die Länder der Europäischen Union, denen bindende Vorgaben in der Form von „EU-Grundnormen" gemacht werden, welche sie innerhalb einer bestimmten Frist in nationales Recht umzusetzen haben.

Das wichtigste Beratungsgremium ist die *International Commission on Radiological Protection* (Internationale Kommission für Strahlenschutz, ICRP), die bzw. deren Vorläufer im Jahre 1928 auf Initiative der Internationalen Radiologengesellschaft gegründet wurde. Sie ist eine unabhängige Institution, die sich ähnlich wie eine Akademie durch Zuwahl laufend selbst ergänzt. Ihr Einfluss ist beträchtlich, ihre Empfehlungen, die in einer eigenen Zeitschrift (Annals of the ICRP) publiziert werden, bestimmen in entscheidendem Maße die Entwicklung des Strahlenschutzes. In Deutschland entspricht ihr die Strahlenschutzkommission (SSK), die bei dem Bundesministerium für Umwelt, Naturschutz und Reaktorsicherheit (BMU) angesiedelt ist und die Bundesregierung in allen Angelegenheiten des Strahlenschutzes berät. Im Gegensatz zur ICRP umfasst das Aufgabengebiet der SSK auch den Schutz bei der Verwendung nicht ionisierender Strahlen. Sie wurde

1974 gegründet, im Jahr 2011 hielt sie ihre 100. Sitzung ab. Derzeit hat sie sechs Ausschüsse, von denen einer sich speziell mit nicht ionisierenden Strahlen beschäftigt. In der Durchführung des Strahlenschutzes auf Bundesebene wird die Regierung durch das Bundesamt für Strahlenschutz (BfS) unterstützt.

Parallel zur ICRP gibt es eine Organisation, die sich den Problemen nicht ionisierender Strahlung widmet, die International Commission on Non Ionising Radiation Protection (ICNIRP), die erst 1992 offiziell etabliert wurde, allerdings gab es vorher schon verschiedene Komitees mit gleicher Aufgabenstellung.

Außer den erwähnten Körperschaften wirkt noch eine ganze Reihe internationaler und nationaler Organisationen an der Entwicklung des Strahlenschutzes mit, die aufzuzählen den Rahmen sprengen würde. Erwähnt werden sollen nur die Weltgesundheitsorganisation WHO (World Health Organisation, Sitz Genf) sowie die Internationale Kernenergie Agentur IAEA (International Atomic Energy Agency, Sitz Wien). Die letztere erstellt *Basic Radiation Standards* [136] (Original im Jahre 1996, laufende Überarbeitung), in der die grundsätzlichen Anforderungen an den Strahlenschutz niedergelegt sind. Eine wichtige Aufgabe kommt auch dem United Nations Scientific Committee on the Effects of Atomic Radiation (UNSCEAR) zu, das sich regelmäßig, üblicherweise jährlich, in Wien trifft, um den jeweils aktuellen Stand der Wissenschaft zu diskutieren und in zusammenfassenden Publikationen zu dokumentieren und zu kommentieren. Es handelt sich in diesem Fall allerdings um Delegationen, welche von den Regierungen der beteiligten Staaten (gegenwärtig 27) entsandt werden, so dass die Wertungen nicht völlig frei von politischen Überlegungen sind. Der Bericht wird jährlich der Generalversammlung der Vereinten Nationen vorgelegt. Die Veröffentlichungen von UNSCEAR, die auch im Internet verfügbar sind [137], bilden eine unschätzbare Quelle, um sich über neue Erkenntnisse und Studien zu informieren.

15.2
Ionisierende Strahlen

15.2.1
Grundlegende Verfahren und Prinzipien

Die ICRP hat in einigen grundlegenden Empfehlungen internationale Standards zum Strahlenschutz definiert, die nicht nur die nationalen Regelungen weitgehend bestimmt, sondern auch den Umweltschutz generell stark beeinflusst haben, weil hier das erste Mal ein umfassendes System der Überwachung und Kontrolle eingeführt wurde. An erster Stelle ist hier die Empfehlung Nr. 26 aus dem Jahre 1977 zu nennen [138], welche auch noch das heute gültige Vorgehen im Wesentlichen beschreibt. Eine zentrale Feststellung ist in wenigen Sätzen zusammengefasst:

- *No practice shall be adopted unless its introduction produces a positive net benefit.*

- *All exposures should be kept as low as reasonably achievable, economic and social factors taken into account.*
- *The dose equivalent to individuals shall not exceed the limits recommended for the appropriate circumstances by the commission.*

in deutscher Übersetzung:
- Es soll keine Tätigkeit eingeführt werden, wenn damit nicht ein positiver Nettonutzen verbunden ist.
- Alle Expositionen müssen unter Berücksichtigung ökonomischer und sozialer Faktoren so niedrig wie vernünftigerweise möglich gehalten werden.
- Die Äquivalenzdosen für Einzelpersonen dürfen die Grenzwerte nicht übersteigen, die für die entsprechenden Umstände durch die Kommission empfohlen werden.

In seiner prägnanten Kürze kann man die zitierte Empfehlung der ICRP schon klassisch nennen, weil sie die wesentlichen Prinzipien des Strahlenschutzes wie durch ein Brennglas konzentriert, aber auch deswegen kommt man nicht ohne erklärende Kommentare aus. Im ersten Satz wird kategorisch festgelegt, dass Strahlenanwendungen nur gestattet sind, wenn damit ein Nutzen verbunden ist. Dieser hat sich am Wohl des Menschen zu orientieren, nicht aber an wirtschaftlichen Überlegungen, wenn auch anfangs die Formulierung „positiver Nettonutzen" in dieser Richtung interpretiert wurde, was heute nicht mehr so gesehen wird. Den Anwendungen ionisierender Strahlen werden hiermit enge Grenzen gesetzt. Der zweite Satz konstituiert ein wichtiges Prinzip, nämlich dass auch bei erlaubten Tätigkeiten die Dosen so niedrig wie vernünftigerweise möglich gehalten werden müssen. Dies bedeutet keine Reduzierung um jeden Preis, sondern nur so weit wie es die Erreichung des angestrebten Ziels erlaubt. Wenn bei einer Röntgenuntersuchung aus Strahlenschutzgründen die Dosis so weit herabgesetzt wird, dass eine Diagnose nicht mehr möglich ist, so ist das nicht vernünftig, sondern unsinnig. Das Schlagwort muss also nicht „Minimierung", sondern „Optimierung" lauten. Diese Leitlinie wird auch häufig als „ALARA-Prinzip" bezeichnet, was sich aus den oben in der englischen Version fest gedruckten Anfangsbuchstaben ergibt.

Im dritten Satz werden Grenzwerte eingeführt, wobei als neue Größe die „Äquivalenzdosis" auftritt. Hierzu bedarf es etwas ausführlicherer Erläuterungen. Bei den ionisierenden Strahlen ist es wie bei den Tieren in George Orwells berühmter „Farm der Tiere": „Alle Tiere sind gleich, aber manche sind gleicher." Auf unsere Situation übertragen: alle Strahlen führen zu biologischen Effekten, aber manche sind effektiver. Im Kapitel 12 war gezeigt worden, dass die physikalische Dosis nicht allein die Wirkung bestimmt, sondern dass es auch darauf ankommt, mit welcher Strahlenart gearbeitet wird. Bei Alphateilchen benötigt man deutlich weniger als bei Röntgen- oder Gammastrahlen, was unter dem Begriff „Relative Biologische Wirksamkeit" subsumiert wird. Da Strahlenschutzregelungen für alle Strahlenarten anwendbar sein sollen, muss dieses Verhalten berücksichtigt werden. Man tut es auf die Weise, dass die Dosis in Gray mit einem

„Strahlenwichtungsfaktor" multipliziert wird, die so gewonnene neue Größe nennt man „Äquivalenzdosis" und gibt ihr, um Verwechselungen auszuschließen, einen eigenen Einheitennamen, nämlich „Sievert", abgekürzt „Sv", benannt nach dem schwedischen Physiker Rolf Sievert (1896–1966). Die Wichtungsfaktoren werden hauptsächlich aus Tierexperimenten abgeleitet, da es praktisch keine Daten für den Menschen gibt. Sie sind keineswegs in Granit gemeißelt, sondern unterliegen je nach Erkenntnisfortschritt ständiger Anpassung. Man sieht das in Tabelle 15.1. Als Referenz geht man immer von den locker ionisierenden Röntgen- oder Gammastrahlen aus. In strahlenbiologischen Versuchen findet man zwar manchmal durchaus Unterschiede auch bei ihnen, z. B. bei niedrigen Quantenenergien, aber im Interesse einer einfachen Handhabung der Vorschriften werden diese nicht im Einzelnen berücksichtigt. Dies zeigt ein gewisses Dilemma: Strahlenschutzvorschriften sollen zwar wissenschaftliche Erkenntnisse zu Grunde legen, aber eine zu große Detaillierung würde die Handhabbarkeit erschweren, so dass Vereinfachungen nicht zu vermeiden sind, allerdings dürfen die Schutzziele dadurch nicht beeinträchtigt werden. Dies impliziert, dass Abschätzungen „großzügig" in dem Sinne vorgenommen werden, dass Risiken im Zweifelfall eher zu groß als zu klein angenommen werden, was man auch als „konservatives Vorgehen" charakterisiert. Zahlenwerte im Strahlenschutz können daher nicht immer die exakte Wissenschaft widerspiegeln, also Vorsicht bei dem Gebrauch zu allgemeiner Schlussfolgerungen!

Man erkennt in der Tabelle, dass im Laufe der Jahre Anpassungen vorgenommen wurden, vor allem bei Protonen und Neutronen. Bei diesen glaubte man zunächst, aus den japanischen epidemiologischen Daten einen Faktor von 10 ableiten zu können, was sich jedoch auf Grund neuer Dosisabschätzungen als trügerisch erwies. Heute geht man je nach Neutronenenergie von Werten zwischen 5 und 20 aus. Der „Abstieg" der Protonen erklärt sich dadurch, dass erst in den letzten Jahren auf diesem Gebiet verstärkt geforscht wurde, so dass die ursprünglichen, weitgehend auf Schätzungen beruhenden, Werte verfeinert werden konnten. Die Teilchenart spielt eine Rolle in modernen Spielarten der Strahlentherapie, aber auch als Teil der Weltraumstrahlung bei Flügen in großer Höhe.

Tabelle 15.1 Strahlenwichtungsfaktoren.

	ICRP 26 (1977) [139]	ICRP 60 (1990) [140]	ICRP 103 (2007) [141]
Photonen, Elektronen	1	1	1
Protonen	10	5	2
Neutronen	10	5–20	5–20
Alphateilchen, schwere Ionen	20	20	20

Die ICRP hat in ihren Empfehlungen von Mal zu Mal Korrekturen vorgenommen. In Deutschland gelten derzeit (2012) die Vorschläge aus dem Jahre 1990 (ICRP 60).

Das Konzept der Äquivalenzdosis ist genau genommen nur für stochastische Effekte (genetisches Risiko und Krebs) anwendbar, bei akuten Wirkungen (außer bei Augenkatarakten) sind die Unterschiede zwischen den Strahlenarten im Allgemeinen kleiner. Im Sinne der oben zitierten „Konservativität" macht man aber keinen gravierenden Fehler, wenn man Äquivalenzdosen generell benutzt.

Im Hinblick auf die gerade erwähnten Späteffekte hat man noch ein weiteres praktisches Problem: Wie in Kapitel 5 erläutert, kann strahleninduzierter Krebs in nahezu allen Organen des menschlichen Körpers auftreten, allerdings gibt es erhebliche Unterschiede in der Empfindlichkeit. Man müsste also für jedes Gewebe einen eigenen Grenzwert einführen, was nicht gerade benutzerfreundlich wäre. Deshalb geht man anders vor, indem man die Organe nach „relativen Empfindlichkeiten" gruppiert. Man geht von den Organäquivalenzdosen aus, multipliziert sie mit den anzuwendenden „Gewebewichtungsfaktoren" und summiert anschließend über alle betroffenen Organe. So erhält man gewissermaßen eine gewichtete Ganzkörperdosis. Sie heißt „effektive Dosis" und stellt im Strahlenschutz eine zentrale Größe dar. Als Einheit wird auch hier (leider) das „Sievert" benutzt.

Die Gewebewichtungsfaktoren sind in Tabelle 15.2 zusammengestellt. Auch hier hat es im Laufe der Jahre erhebliche Veränderungen gegeben. Zunächst fallen die Lücken in der Spalte zum Jahr 1977 auf. Sie erklären sich dadurch, dass zum

Tabelle 15.2 Gewebewichtungsfaktoren. Unter „verbleibende" sind die am stärksten exponierten Organe zusammengefasst, die nicht extra aufgeführt sind. Die Zahlen in Klammern geben die Zahl der unter „verbleibenden" aufgeführten Organe an.

	ICRP 26 (1977)	ICRP 60 (1990)	ICRP 103 (2007)
Gonaden	0,25	0,20	0,08
Knochenmark	0,12	0,12	0,12
Colon		0,12	0,12
Lunge	0,12	0,12	0,12
Magen		0,12	0,12
Harnblase		0,05	0,04
Brust	0,15	0,05	0,12
Leber		0,05	0,04
Speiseröhre		0,05	0,04
Schilddrüse	0,03	0,05	0,04
Gehirn			0,01
Haut		0,01	0,01
Knochenoberflächen	0,03	0,01	0,01
Speicheldrüsen			0,01
Verbleibende	0,30 (5)	0,05 (2)	0,12 (14)
	1,00	1,00	1,00

damaligen Zeitpunkt für viele Organe die Informationen wegen der langen Latenzzeiten überhaupt noch nicht verfügbar waren. 1990 hatte sich das geändert. Neue Erkenntnisse lieferte die umfangreiche Inzidenzstudie, die im Jahre 2007 erschien [141], wo vor allem die vorher nicht erkannte Sensibilität des Gehirns sich abzeichnete. Der Grund hierfür liegt in der Tatsache, dass ein großer Teil der strahleninduzierten Tumoren in diesem Organ als „gutartig" einzustufen sind, d. h. sie metastasieren nicht und zeigen eine geringe Letalität, obwohl ihr sonstiger Krankheitsverlauf alles andere als „gutartig" bezeichnet werden muss. In der Mortalitätsstatistik traten sie jedoch nicht auf, weshalb sie gewissermaßen „übersehen" wurden. Mit dem neuesten Vorschlag (letzte Spalte) gibt es aber noch andere wichtige Veränderungen: Die gravierendste ist die „Herabstufung" der Gonaden. Ihre Sonderstellung war nicht in einer besonderen Empfindlichkeit in Bezug auf die Karzinogenese begründet, sondern wegen des genetischen Risikos. Wie schon zuvor ausführlicher dargestellt (Kapitel 5), kann man heute davon ausgehen, dass es in seiner Bedeutung etwas überschätzt worden ist, so dass konsequenterweise die hohe Wichtung in Frage zu stellen war. Die ICRP hat deshalb in ihrer neuesten grundlegenden Empfehlung [140] einen entsprechenden Schritt vollzogen und einen Wichtungsfaktor von 0,08 vorgeschlagen (die deutsche Verordnung ist dem bisher noch nicht gefolgt). Dies zieht einiges nach sich. Zunächst gibt es Unsicherheiten: weil man in Zukunft erst sehr genau nachsehen muss, auf Grund welcher Regelung eine Berechnung durchgeführt wurde, wenn man Werte von effektiven Dosen vergleichen will. Man wird es vor allen Dingen bei der Einordnung von Risiken in der Röntgendiagnostik merken. Obwohl eigentlich systemfremd, lässt sich die Sitte nicht ausmerzen, sie durch effektive Dosen zu charakterisieren. Bisher galten Computertomographien des Abdomens als potenziell besonders gefährlich, was daran liegt, dass sich die Gonaden im Strahlengang befinden. Mit Inkrafttreten der neuen Vorschläge dürfte ein Abdominal-CT plötzlich deutlich „gesünder" werden, da dann die effektive Dosis bei dieser Untersuchung einen geringeren Wert hat. Auf jeden Fall empfiehlt es sich, in Zukunft noch etwas genauer hinzusehen.

Strahlenschutzbestimmungen haben das primäre Ziel, Menschen, die in ihrem Beruf Strahlen ausgesetzt sind, nach Möglichkeit zu schützen oder zumindest das Risiko auf ein akzeptables Maß zu begrenzen, wobei man über das, was „akzeptabel" ist, lange und trefflich streiten kann (soll hier aber nicht geschehen). Der Weg, der eingeschlagen wird, besteht in der Festlegung von Grenzwerten. Grundsätzlich gibt es dabei zwei Kategorien, die sich auf unterschiedliche mögliche Strahlenwirkungen beziehen, nämlich „Organgrenzwerte" und solche für die effektive Dosis. Deterministische Effekte, die relativ kurzfristig auftreten und sich durch Schwellendosen auszeichnen (vgl. Kapitel 5), sollen durch „Organgrenzwerte" dadurch ausgeschlossen werden, dass die jeweiligen Schwellendosen nicht erreicht werden. Für stochastische Schäden soll durch die Grenzwerte für die effektive Dosis das Risiko begrenzt werden – ausschließen lässt es sich bekanntlich nicht. Zusammengefasst also:

> **Aufgaben der Grenzwertsetzung**
> Ausschluss deterministischer Wirkungen: Organgrenzwerte liegen deutlich unter den Schwellendosen. Begrenzung stochastischer Risiken: Kontinuierliche Evaluation auf Grund von wissenschaftlicher Risikoanalyse.

Neuere wissenschaftliche Erkenntnisse können ursprüngliche Festsetzungen in Frage stellen und Änderungen notwendig machen. Das gilt vor allem für das Krebsrisiko. Im Übergang von der Empfehlung 26 der ICRP aus dem Jahr 1977 zu der Neufassung ICRP 60 (1990) wurde den zwischenzeitlich bekannten Ergebnissen aus den Studien in Hiroshima und Nagasaki Rechnung getragen, was zu einer Revision der Risikoabschätzungen und somit auch zu neuen Grenzwertvorschlägen führte. Aber selbst bei deterministischen Effekten gibt es ab und an Bewegung, ganz aktuell bei der Einschätzung des Risikos von Augenkatarakten (Linsentrübung). Bisher war man von einer Schwellendosis von ca. 5 Gy ausgegangen. Neue Untersuchungen haben die Richtigkeit dieser Vorstellung in Frage gestellt. Die ICRP hat deshalb vorgeschlagen, den Grenzwert für die Augenlinse von bisher 150 mSv drastisch auf 20 mSv abzusenken (der deutsche Verordnungsgeber ist dem bisher nicht gefolgt).

15.2.2
Strahlenschutzbestimmungen in Deutschland

Wie die meisten Staaten folgt auch Deutschland dem internationalen Vorgehen, der Strahlenschutz ruht daher, basierend den Vorschlägen der ICRP aus dem Jahre 1977, auf drei Säulen, die sich schlagwortartig zusammenfassen lassen:

> **Grundprinzipien des Strahlenschutzes**
> *Rechtfertigung*: Abwägung von Nutzen und Risiko;
> *Optimierung*: Erreichung des Anwendungsziels mit geringstmöglicher Strahlendosis;
> *Begrenzung des Risikos*: Festlegung von Grenzwerten.

Konkretisiert wird das in gesetzlichen Regelungen, deren rechtlicher Zusammenhang in Abb. 15.1 diagrammatisch illustriert ist.

Alle gesetzlichen Regelungen in Deutschland basieren bekanntlich auf unserem Grundgesetz. Natürlich wird dort nichts über den Strahlenschutz ausgeführt, aber es gibt einen wichtigen Bezug: Im Artikel 2 heißt es: „Jeder hat das *Recht auf Leben* und *körperliche Unversehrtheit*". Eine nicht gerechtfertigte Strahleneinwirkung verstößt gegen dieses Grundrecht. Nach einem höchstrichterlichen Urteil des Bundesgerichtshofs aus dem Jahre 1997 wurde festgestellt, dass eine nicht indizierte Röntgenaufnahme den strafrechtlichen Tatbestand der Körperverletzung darstellt

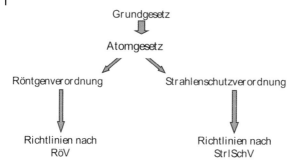

Abb. 15.1 Rechtlicher Zusammenhang der Strahlenschutzbestimmungen in Deutschland.

[142]. Die eigentliche gesetzliche Grundlage für den Strahlenschutz stellt jedoch das „Atomgesetz" dar. Es trat erstmalig am 1. 1. 1960 in Kraft, kurze Zeit nachdem die Alliierten der Bundesrepublik den Bau nuklearer Anlagen erlaubt hatten. In der Zwischenzeit hat es viele Änderungen über sich ergehen lassen müssen, die vorläufig letzte am 1. Dezember 2011. In Bezug auf den Strahlenschutz enthält es keine Einzelregelungen, aber im Artikel 1 heißt es: „Es ist der Zweck dieses Gesetzes, Leben, Gesundheit und Sachgüter vor den Gefahren der Kernenergie und der schädlichen Wirkung ionisierender Strahlen zu schützen und durch Kernenergie oder ionisierende Strahlen verursachte Schäden auszugleichen." Wie dieses im Einzelnen geschieht, wird durch Rechtsverordnungen geregelt, zu deren Erlass die zuständigen Bundesministerien durch das Gesetz ermächtigt werden. Im Bund ist hierfür das Bundesministerium für Umwelt, Naturschutz und Reaktorsicherheit (BMU) zuständig, in den Bundesländern sind unterschiedliche Ministerien die jeweiligen Ansprechpartner.

Es gibt in Deutschland zwei Verordnungen für den Strahlenschutz, nämlich die „Röntgenverordnung" (RöV) und die „Strahlenschutzverordnung" (StrlSchV). In den grundsätzlichen Regelungen stimmen sie überein (z. B. Rechtfertigung, Optimierung, Grenzwerte etc.), der Unterschied liegt im Anwendungsbereich. Die Röntgenverordnung beschränkt sich – wie der Name sagt – auf Röntgenstrahlen und umfasst noch nicht einmal alle, sondern nur diejenigen im Energiebereich von 5 keV bis 1 MeV, für höhere Energien, wie sie z. B. in der Strahlentherapie tiefer liegender Tumoren verwendet werden, ist die Strahlenschutzverordnung anzuwenden. Sie gilt auch für Arbeiten mit radioaktiven Stoffen und den Betrieb nukleartechnischer Anlagen und ist daher entsprechend umfangreicher (RöV 48 Paragraphen plus eingeschobene Paragraphen und Anlagen, 43 Seiten, StrlSchV 118 Paragraphen plus Anlagen, 151 Seiten). Beide Verordnungen sind zu Beginn dieses Jahrhunderts entscheidend verändert worden (s. u.), die StrlSchV wurde 2001 komplett neu gefasst, die RöV 2002 novelliert, die letzten Ergänzungen gab es im November 2011. Die aktuellen Versionen sind im Internet verfügbar [143].

Obwohl die Verordnungen vom Bund erlassen werden, ist die Durchführung den Ländern übertragen. Aus diesem Grund bedarf es bei allen Änderungen auch der Zustimmung des Bundesrates. Zu jeder Verordnung gehören Richtlinien, welche Einzelheiten regeln und eigentlich als Vorgaben für die Behörden gedacht sind, aber deren Studium auch für die Nutzer unumgänglich ist, damit man weiß, was verlangt wird.

Schon wiederholt wurde darauf hingewiesen, dass als Konsequenz der ICRP-Empfehlung 60 aus dem Jahre 1990 wichtige Veränderungen notwendig wurden. Ihren Werdegang zeigt Abb. 15.2 am Beispiel der Vorschriften für medizinische Anwendungen.

In der Europäischen Union müssen die Strahlenschutzbestimmungen „harmonisiert" werden, d. h. im Wesentlichen übereinstimmen. Auf der Basis der ICRP-Empfehlungen wurden 1996 „EU-Grundnormen" erlassen, die innerhalb von vier Jahren in nationales Recht zu überführen waren. Die Bundesregierung hat das nicht ganz geschafft, vielleicht auch weil es 1998 einen entscheidenden Koalitionswechsel gab. Die wichtigste Änderung betraf sicher den Erlass neuer Grenzwerte, so wurde der Jahresgrenzwert für beruflich Exponierte von bis dato 50 mSv auf 20 mSv abgesenkt, aber auch einige andere neuen Aspekte hatten durchaus nachhaltige Auswirkungen, z. B. die Einbeziehung natürlicher Strahlenquellen (die vorher nicht dem Strahlenschutz unterlagen), was zu der Überwachung des fliegenden Personals führte, oder die Bestimmung, dass Schwangerschaft nicht automatisch das Verbot der Arbeiten mit Strahlung nach sich zieht, was bedeutet, dass auch ein Grenzwert für das Ungeborene, den Fötus, festgesetzt werden musste. Auch wird dem Patientenschutz in erhöhtem Maße Rechnung getragen, z. B. durch die Einführung von Referenzwerten für diagnostische Untersuchungen, welche dem Arzt Richtwerte für seine Arbeit an die Hand geben. Zur Qualitätskontrolle werden in den Bundesländern „ärztliche Stellen" eingerichtet.

Es kann nicht Sinn dieser kurzen Übersicht sein, auf viele Einzelheiten einzugehen, aber einige wichtige Punkte sollen erwähnt werden. Meist wird vor allem über Grenzwerte gesprochen, das wird auch geschehen, aber später. Wichtiger nämlich ist, was man die „Philosophie des Strahlenschutzes" nennen könnte. Als oberstes Ziel gilt, Strahlung sinnvoll einzusetzen und jede unnötige Exposition zu vermeiden und zwar von Mensch und Umwelt. Neben der Kontrolle der technischen Einrichtungen dient dem die Qualifikation des Personals. Aus diesem Grunde stellen beide Verordnungen klar, dass nur Personen ionisierende Strahlen eigenverantwortlich

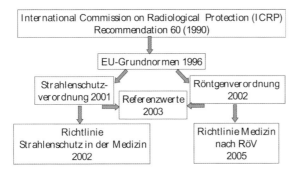

Abb. 15.2 Werdegang der Strahlenschutzregelungen um 2000 am Beispiel der Humanmedizin.

einsetzen dürfen, die über eine dem jeweiligen Gebiet entsprechende Fachkunde verfügen. Sie wird in der Regel zusätzlich zu der normalen Berufsausbildung in Theorie und Praxis erworben. Der Umfang der zu erbringenden Leistungen ist in den Richtlinien niedergelegt, von denen es eine ganze Reihe gibt (z. B. Medizin, Tierheilkunde, Technik) und die kontinuierlich den neusten Entwicklungen angepasst werden. Unter Aufsicht arbeitendes Personal muss über „Kenntnisse im Strahlenschutz" verfügen, die ebenfalls separat erworben und nachgewiesen werden müssen. Neu (und sehr sinnvoll) ist die Vorschrift, dass sowohl Fachkunde als auch Kenntnisse spätestens alle fünf Jahre durch Teilnahme an geeigneten Veranstaltungen aktualisiert werden müssen. Auf diese Weise soll sichergestellt werden, dass die mit Strahlung Tätigen immer auf dem aktuellen Stand bleiben.

Die Rechtfertigung einer Strahlenanwendung hat an erster Stelle zu stehen. Die Entscheidung muss letztlich der Gesetzgeber treffen, wobei auch politische Einschätzungen eine Rolle spielen können. Zum ersten Mal gibt es seit 2011 sowohl in der RöV als auch in der StrlSchV eine Liste nicht gerechtfertigter Tätigkeiten, z. B. „Anwendung von umschlossenen radioaktiven Stoffen oder ionisierender Strahlung am Menschen zur Zutrittskontrolle oder Suche von Gegenständen, die eine Person an oder in ihrem Körper verbirgt, soweit die Anwendung nicht auf Grund eines Gesetzes erfolgt und unter Berücksichtigung aller Umstände des Einzelfalls zur Erledigung hoheitlicher Aufgaben notwendig ist oder im Geschäftsbereich des Bundesministeriums der Verteidigung zum Zweck der Verteidigung oder der Erfüllung zwischenstaatlicher Verpflichtungen zwingend erforderlich ist." Die Kontrolle von Passagieren in Flughäfen mit Röntgenstrahlen zur Entdeckung verborgenen Sprengstoffs ist also durch deutsches Recht nicht gedeckt, wenn nicht hoheitliche Aufgaben dies zwingend erfordern, was einer speziellen Regelung bedürfte.

Eine besondere Bedeutung hat die Rechtfertigung in der medizinischen Strahlendiagnostik. Sicher besteht kein Zweifel, dass die Anwendung von Röntgenstrahlen zur Erkennung von Krankheiten segensreich, von großem Nutzen und daher grundsätzlich gerechtfertigt ist. Das entbindet den Arzt aber nicht von der Pflicht, im Einzelfall zu prüfen, ob die Strahlendiagnostik der richtige Weg ist oder ob es andere, möglicherweise bessere Verfahren gibt, das diagnostische Ziel zu erreichen. Das bedeutet, es muss in jedem Fall eine „rechtfertigende Indikation" gestellt (und dokumentiert) werden. Da es hierzu besonderer Kenntnisse bedarf, über die nicht jeder Arzt verfügt, ist klar geregelt, dass nur fachkundige Mediziner (im oben definierten Sinne) Röntgenaufnahmen anordnen dürfen. Zur Vermeidung unnötiger Doppeluntersuchungen sollen Patienten auch „Röntgenpässe" (vergleichbar den „Impfpässen") erhalten, in die alle Aufnahmen einzutragen sind. Man geht nicht fehl in der Annahme, dass diese recht strengen Bestimmungen auch darauf zurückzuführen sind. dass die medizinische Strahlenanwendung die mit Abstand größte Quelle zivilisatorischer Expositionen darstellt (vgl. Kapitel 10).

Das ursprüngliche Ziel der Strahlenschutzbestimmungen lag in dem Schutz der Beschäftigten. Ein wichtiger Ansatz, es zu erreichen, liegt in der Einführung von Grenzwerten, die nicht überschritten werden dürfen. Sie sind im Laufe der Entwicklung immer wieder gesenkt worden, das letzte Mal durch die ICRP-Empfehlung 60 (1990) und in Deutschland mit der Neufassung von StrlSchV und RöV 2001 bzw.

Tabelle 15.3 Grenzwerte für ionisierende Strahlungen

Personenkreis	Effektive Dosis	Organdosen (auszugsweise)
Beruflich exponierte Erwachsene		
Kategorie (A)	20 mSv/Jahr	Haut, Hände: 500 mSv/Jahr
		Augenlinse: 150 mSv/Jahr
Kategorie (B)	6 mSv/Jahr	Keimdrüsen, Knochenmark: 50 mSv/Jahr
Lebenszeitdosis	400 mSv	
Jugendliche	1 mSv/Jahr	Haut, Hände: 50 mSv/Jahr
		Augenlinse: 15 mSv/Jahr
allgemeine Bevölkerung	1 mSv/Jahr	Haut, Hände: 50 mSv/Jahr
		Augenlinse: 15 mSv/Jahr
gebärfähige Frauen		Uterusdosis: 2 mSv/Monat
Fötus bei beruflicher Exposition der Schwangeren		1 mSv für die Dauer der Schwangerschaft ab Bekanntgabe. Arbeitswöchentliche Ermittlung und Mitteilung.

2002. In der Tabelle 15.3 sind die wichtigsten Zahlen zusammengestellt, wobei die Organgrenzwerte nur auszugsweise aufgeführt sind, die ausführlichen Angaben findet man in den Anlagen zur RöV bzw. StrlSchV. Es wird bei beruflicher Exposition zwischen zwei Kategorien mit verschiedenen maximalen Jahresgrenzwerten unterschieden, wobei bei der Kategorie B etwa geringere Anforderungen gelten. Außerdem gibt es eine Lebenszeitdosis, bei deren Überschreitung eine weitere Tätigkeit nur unter sehr strengen Einschränkungen noch möglich ist. Für Jugendliche – auch bei beruflicher Exposition – und die allgemeine Bevölkerung gelten durchweg niedrigere Werte. Da die Tätigkeit von Schwangeren, anders als früher, nicht mehr grundsätzlich verboten ist, wurde konsequenterweise auch ein Grenzwert für das Ungeborene, den Fötus, eingeführt. Man kann mit Fug und Recht über die Sinnhaftigkeit dieser neuen Regelung streiten, sie findet sich aber in vielen Ländern. Die Strahlenschutzanforderungen sind in diesem Fall recht hoch und mit einigem Aufwand verbunden. Um eine zu hohe Bestrahlung bei einer unentdeckten Schwangerschaft zu vermeiden, wird außerdem die Uterusdosis bei „gebärfähigen Frauen" (für diese ungalante Formulierung muss man sich eigentlich entschuldigen) auf 2 mSv pro Monat begrenzt.

Grenzwerte gelten nicht für Patienten. Die Verantwortung liegt hier bei dem fachkundigen Arzt, deshalb kommt der „rechtfertigenden Indikation" eine hohe Bedeutung zu.

Man könnte noch viele weitere Erläuterungen und Kommentare zu den Strahlenschutzbestimmungen anschließen. Das kann und soll hier nicht geschehen, es würde nicht nur den Rahmen sprengen, sondern würde auch dem Sinn dieses Buches zuwiderlaufen, da der Schwerpunkt bei einer übersichtlichen, und daher notwendigerweise kurz gefassten Information über die Zusammenhänge von Strahlung und Gesundheit liegt.

15.3
Nicht ionisierende Strahlen

15.3.1
Vorbemerkungen

Das Gebiet des Schutzes vor möglichen Schäden durch nicht ionisierende Strahlen ist noch nicht so klar strukturiert wie bei ionisierenden Strahlen. Als Pendant zur ICRP gibt es, wie schon erwähnt, die bedeutend jüngere International Commission on Non Ionising Radiation Protection (ICNIRP), die ebenso als unabhängiges internationales Beratungsgremium tätig ist. Sie veröffentlicht zu grundsätzlichen Fragen Leitlinien (*Guidelines*), die aber noch nicht dieselbe Wirkung entfalten wie die Empfehlungen der ICRP. Die Vorgaben der EU sind in Richtlinien festgelegt. Diese sowie die nationalen Regelungen folgen zwar weitgehend Vorschlägen von ICNIRP, unterscheiden sich aber in Einzelfällen der gesetzlichen Ausgestaltung.

Die wichtigsten ICNIRP-Leitlinien sind die folgenden:

- Guidelines for Limiting Exposure to Time-Varying Electric, Magnetic, and Electromagnetic Fields (up to 300 GHz) (1998) [144],
- Guidelines on Limits of Exposure to Ultraviolet Radiation of Wavelengths Between 180 nm and 400 nm (Incoherent Optical Radiation) (2004) [145],
- Guidelines on Limits of Exposure to Broad-Band Incoherent Optical Radiation (0,38 to 3 µm) (1997) [146],
- Guidelines for Limiting Exposure to Time-Varying Electric and Magnetic Fields (1 Hz to 100 kHz) (2010) [147],
- Interim Guidelines on Limits of Human Exposure to Airborne Ultrasound (1984) [148].

Einige dieser Publikationen sind offensichtlich schon etwas angejahrt, neue Bearbeitungen sind z. T. in Vorbereitung. Das gilt z. B. für das EMF (Elektromagnetische Felder)-Gebiet. Außerdem gibt es eine größere Zahl spezieller Veröffentlichungen, in denen auf besondere Fragen eingegangen wird, manchmal auch in Gemeinschaft mit anderen Organisationen. Zu nennen ist hier z. B. für den Ultraschalls die Zusammenfassung einer Tagung von ICNIRP und der britischen Health Protection Agency (HPA) [149], die sich mit neueren Problemen befasste. Erwähnt werden soll auch eine kurze Stellungnahme zu Fragen der Patientensicherheit bei der Magnetresonanztomographie (MRT) [150].

Das gesamte Gebiet der nicht ionisierenden Strahlen, das sich über viele Zehnerpotenzen der Quantenenergie erstreckt, ist nicht nur physikalisch, sondern vor allem auch im Hinblick auf mögliche Gefährdungspotenziale so vielfältig, dass einheitliche Schutzgrößen nicht definiert werden können. Unter Schutzaspekten kommt allerdings noch eine wichtige Tatsache hinzu: Sowohl optische Strahlen als auch elektromagnetische Felder sind allgegenwärtig, die Expositionen nehmen auf Grund technischer Entwicklungen ständig zu, zumindest gilt das für Niederfrequenz- und Hochfrequenzfelder. Schutzbestimmungen dürfen sich daher nicht auf berufliche Einwirkungen beschränken, so wichtig diese Problematik auch ist, sondern müssen mehr noch als bei ionisierenden Strahlen auch die allgemeine Bevölkerung besonders im Auge behalten.

Es kann hier nicht auf Einzelheiten eingegangen werden, die Materie ist recht komplex und fordert selbst die Fachleute heraus. Es beginnt mit den verwendeten Strahlungsgrößen, die natürlich in den verschiedenen Frequenzbereichen unterschiedlich ausfallen müssen. Im optischen Spektralbereich werden meist gewichtete Größen verwendet, die Wichtungsfunktionen unterscheiden sich jedoch je nach der Art der Strahlung und dem potenziell am stärksten gefährdeten Organ. Im UV ist es vor allem die Haut, im Sichtbaren das Auge. Die zu verwendenden Funktionen sind im Anhang der „Richtlinie 2006/25/EG" des Europäischen Parlaments und des Rates vom 5. April 2006 über „Mindestvorschriften zum Schutz von Sicherheit und Gesundheit der Arbeitnehmer vor der Gefährdung durch physikalische Einwirkungen (künstlicher optischer Strahlung) (19. Einzelrichtlinie im Sinne des Artikels 16 Absatz 1 der Richtlinie 89/391/EWG)" [151] zu finden. Wer schon von der umfangreichen Überschrift verschreckt ist, weiß, was ihn im Inneren erwartet, es wird nicht einfacher, im Gegenteil. Auf eine Besprechung muss daher hier verzichtet werden, die Entwirrung ist auch für Spezialisten eine nicht ganz leichte Aufgabe. Im Gegensatz zu den Regelungen bei ionisierenden Strahlen hat man (bisher?) darauf verzichtet, für gewichtete Größen eigene Einheitennamen einzuführen, der geneigte Leser muss also sehr genau hinschauen, um herauszufinden, was im Einzelnen gemeint ist. Die Ausgangsgröße ist im

Tabelle 15.4 „Basisgrenzwerte" für elektromagnetische Felder

Frequenzbereich	Kopf u. Rumpf, Stromdichte, mA/m²	Ganzkörper-SAR, W/kg	Kopf u. Rumpf, Lokale SAR, W/kg	Gliedmaßen, Lokale SAR, W/kg	Leistungsdichte, W/m²
Beruflich Exponierte					
bis 1 Hz	40				
1–4 Hz	40/f				
4 Hz bis 1 kHz	10				
1 bis 100 kHz	f/100				
100 kHz bis 10 MHz	f/100	0,4	10	20	
10 MHz bis 10 GHz		0,4	10	20	
10 bis 300 GHz					50
Allgemeine Bevölkerung					
bis 1 Hz	8				
1–4 Hz	8/f				
4 Hz bis 1 kHz	2				
1 bis 100 kHz	f/500				
100 kHz bis 10 MHz	f/500	0,08	2	4	
10 MHz bis 10 GHz		0,08	2	4	
10 bis 300 GHz					10

Allgemeinen die Bestrahlung (gemessen in J/m^2) bzw. die Bestrahlungsleistung (gemessen in W/m^2), für gewichtete Größen werden dieselben Einheiten benutzt.

Bei elektromagnetischen Feldern (EMF) ist es ein wenig einfacher, aber auch nur auf den ersten Blick. Es wird nämlich zwischen „Basis-" und „Referenzgrößen" unterschieden. Der Grund ist eigentlich einsichtig. Die Basisgrößen haben einen unmittelbaren Bezug zur prognostizierten Schädigung, allerdings mit dem Nachteil, dass sie im Allgemeinen nicht direkt messbar sind, sondern durch komplizierte Berechnungen ermittelt werden müssen. Die Referenzgrößen beschreiben Eigenschaften der externen Felder. Folgend dieser Logik beziehen sich empfohlene Grenzwerte (die ICNIRP spricht von *restrictions*) immer auf die Basisgrößen. Eine Übersicht gibt Tabelle 15.4.

15.3.2
Regelungen in Deutschland

Auch auf die Gefahr einer gewissen Redundanz hin sei noch einmal festgestellt, dass der Schutz gegen gesundheitliche Wirkungen nicht ionisierender Strahlung in Deutschland nicht zum Strahlenschutz im gesetzlichen Sinn gehört, was leider zur Folge hat, dass die Übersicht leicht verloren geht, und zwar sowohl im Hinblick auf die Vorschriften als auch die Zuständigkeiten. Seit 2009 gibt es das „Gesetz zum Schutz vor nicht ionisierender Strahlung bei der Anwendung am Menschen" (NiSG), das aber, wie der Titel auch sagt, sich auf *„Anwendungen* am Menschen" bezieht und damit vor allem den medizinischen und paramedizinischen Bereich betrifft. Die einzige Bestimmung von unmittelbarer Auswirkung ist das in § 4 festgelegt Nutzungsverbot von Sonnenstudios etc. für Jugendliche unter 18 Jahren. Weiteres bleibt Verordnungen überlassen, zu deren Erlass hiermit die gesetzliche Grundlage geschaffen wurde. Interessant und wichtig ist, dass zum ersten Male auch für den Bereich der nicht ionisierenden Strahlen für Anwendungen am Menschen die „rechtfertigende Indikation" eingeführt sowie der Nachweis einer Fachkunde verlangt wird (§ 2).

Bisher gibt es auf der Basis des Gesetzes nur die „Verordnung zum Schutz vor schädlichen Wirkungen künstlicher ultravioletter Strahlung (UV-Schutz-Verordnung – UVSV)", ebenfalls aus dem Jahr 2009, die man auch kurz als „Solarienverordnung" bezeichnen könnte. In ihr werden u. a. neben dem erwähnten Nutzungsverbot für Jugendliche Obergrenzen für die Bestrahlungsgeräte festgelegt, wobei als Messgröße die „erythemwirksame Bestrahlung" benutzt wird. Darüber hinaus werden Mindeststandards für Einrichtung und Anforderungen an das Personal definiert.

Der Arbeitsschutz wird von den angeführten Regelungen nicht erfasst. Dafür gibt es seit 2010 die „Arbeitsschutzverordnung zu künstlicher optischer Strahlung vom 19. Juli 2010 (BGBl. I S. 960)" (OStrV), die in die Zuständigkeit des Bundesministeriums für Arbeit und Soziales fällt. Grenzwerte werden in § 6 zwar sowohl für inkohärente als auch Laserstrahlung angesprochen, für Einzelheiten wird jedoch auf anzuwendende EU-Richtlinien verwiesen, was es dem Anwender nicht gerade leicht macht. Auch aus diesem Grunde wird derzeit ein Leitfaden vorbereitet.

Auch bei elektromagnetischen Feldern gestaltet sich die Lage nicht sehr übersichtlich. Es gibt für Anlagenbetreiber eine Vorgabe durch die „Verordnung über elektromagnetische Felder vom 16. Dezember 1996" (26. BImschV), welche auf der Basis des Bundesimmissionsschutzgesetzes erlassen wurde und sich gegenwärtig in Überarbeitung befindet. Hier werden Obergrenzen der elektrischen und der magnetischen Feldstärke sowohl für Hochfrequenz- als auch Niederfrequenzanlagen festgelegt, die auf Empfehlungen der ICNIRP beruhen. Für mobile Geräte, also z. B. Handys, gibt es keine direkten gesetzlichen Vorgaben, allerdings ist die „Europanorm 1999/5/EG" einzuhalten.

Man kommt also leider um die Feststellung nicht herum, dass die übersichtliche Systematik, wie man sie für ionisierende Strahlen kennt, sich für nichtionisierende Strahlen erst noch entwickeln muss.

16
Strahlenzwischenfälle

16.1
Übersicht

Immer wenn irgendwo auf der Welt unbeabsichtigt Strahlung austritt, ist dem Ereignis, vor allem in Deutschland, große Publizität sicher, selbst wenn die Folgen minimal bleiben. Es entsteht so leicht der Eindruck, dass Arbeiten mit Strahlenquellen nicht nur potenziell gefährlich (was sicher zutrifft), sondern auch besonders unfallträchtig seien. Die Ereignisse in Japan im März 2011 mögen diese Einschätzung noch verstärkt haben. Eine etwas nüchternere Bilanzierung kann zu einer sachlichen Diskussion beitragen.

Nukleare Anlagen gehören zu den Einrichtungen, die am schärfsten überwacht werden, nicht nur in Deutschland, sondern auch international. Zur Klassifizierung von Zwischenfällen wurde ein international gültiges System eingeführt, die so genannte „INES-Skala" (*International Nuclear Event Scale*). Sie umfasst acht Stufen in steigender Ordnung der zu erwartenden Auswirkungen (Tabelle 16.1).

Tabelle 16.1 Die internationale INES-Skala zur Einordnung nuklearer Ereignisse.

Stufe	Bezeichnung	Auswirkungen
7	Katastrophaler Unfall	Schwerste Freisetzung: Auswirkungen auf Gesundheit und Umwelt in einem weiten Umfeld
6	Schwerer Unfall	Erhebliche Freisetzung: Voller Einsatz der Katastrophenschutzmaßnahmen
5	Ernster Unfall	Begrenzte Freisetzung: Einsatz einzelner Katastrophenschutzmaßnahmen
4	Unfall	Geringe Freisetzung: Strahlenexposition der Bevölkerung etwa in der Höhe der natürlichen Strahlenexposition
3	Ernster Störfall	Sehr geringe Freisetzung: Strahlenexposition der Bevölkerung in Höhe eines Bruchteils der natürlichen Strahlenexposition
2	Störfall	Erhebliche Kontamination (im Betrieb), unzulässig hohe Strahlenexposition beim Personal
1	Störung	Abweichung von den zulässigen Bereichen für den sicheren Betrieb der Anlage
0		Keine oder sehr geringe sicherheitstechnische Bedeutung

Die Kategorien 0 bis 3 umfassen „Störfälle" (engl. *incidents*), ernst wird es ab Stufe 4, ab der von Unfällen steigenden Auswirkungsgrades gesprochen werden muss. Obwohl nicht exakt quantifizierbar, liegt der Skala die Vorstellung einer logarithmischen Stufung zu Grunde (ähnlich der „Richter-Skala" für Erdbeben).

In Deutschland gibt es außerdem noch eine Rangfolge, die sich an der Eilbedürftigkeit der Meldepflicht orientiert. Das Bundesamt für Strahlenschutz sammelt alle Meldungen und berichtet jährlich dem Deutschen Bundestag über die Lage [152]. Im Bericht 2010 [153] sind alle Ereignisse von 2000 bis 2010 nach der INES-Einstufung geordnet aufgelistet (Abb. 16.1).

Es gab in den angegebenen Jahren insgesamt nur zwei Ereignisse nach INES 3, oberhalb dieser Stufe hat es über den gesamten Zeitraum des Betriebs von Kernkraftwerken keine Zwischenfälle gegeben, die meisten gehören zur Einstufung INES 0, eine Tendenz zur Steigerung mit längerer Laufzeit ist nicht zu erkennen. Die Problematik der Störfälle bei nukleartechnischen Anlagen wird weiter unten noch etwas ausführlicher angesprochen.

Das United Nations Committee on the Effects of Atomic Radiation (UNSCEAR) hat 2008 einen Versuch unternommen, eine Bilanz der bekannten Zwischenfälle mit Strahleneinwirkung zu ziehen [154]. Es sind keineswegs nur Anlagen der Kerntechnik oder der Kernwaffenproduktion, bei denen solche Ereignisse zu ernsten Gesundheitsschäden und Todesfällen geführt haben, sondern auch in

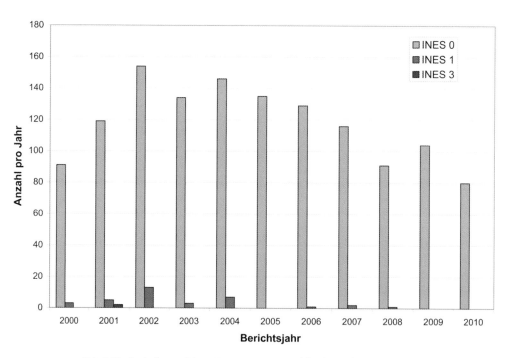

Abb. 16.1 Statistik gemeldeter Ereignisse in Deutschland 2000 bis 2010 nach INES-Klassifizierung.

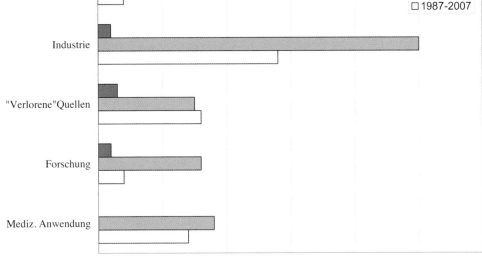

Abb. 16.2 Schwerere Zwischenfälle in verschiedenen Tätigkeitsbereichen im Zeitraum 1945–2007 (Quelle: UNSCEAR, 2011).

anderen Bereichen, wobei selbst Fehler in der medizinischen Anwendung leider nicht auszuschließen sind. Die Fallbeispiele im Folgenden sind diesem UNSCEAR-Bericht entnommen.

Im betrachteten Zeitraum 1945 bis 2007 gab es etwas mehr als 200 schwerere Zwischenfälle, d. h. Ereignisse mit deutlichen akuten Folgen oder gar Toten, die sich auf verschiedene Arbeitsbereiche verteilen, wobei der relativ hohe Anteil der Industrie auffällt. Betrachtet man einige Fälle im Einzelnen, so kann man feststellen, dass sehr häufig vorgesehene Sicherungsvorrichtungen entweder ausfielen oder nicht beachtet wurden. Man sollte meinen, solche Vorkommnisse gehörten der Vergangenheit an, aber dem ist nicht so, wenn sie auch seltener werden, weil Kenntnisse über Strahlengefahren nunmehr zur Allgemeinbildung gehören sollten.

16.2
Nicht nukleare Ereignisse

Wie immer im Leben, aber hier ganz besonders, können Unaufmerksamkeit und Eile tödlich sein. So geschehen im Juni 1990 in Israel: In einer Sterilisationsanlage hatten sich Kartons verkeilt und blockierten das Transportband. Ein bemühter Arbeiter bemerkte dies und sprang schnell hinzu, ohne auf die installierten und vorgesehenen Sicherheitsvorkehrungen zu achten. Als er das erkannte, war es leider zu spät. In kurzer Zeit wurde er von der eingebauten hoch intensiven Co-60-Gammaquelle mit 20 Gy exponiert. Trotz intensiver medizinischer Behandlung konnte er nicht gerettet werden und starb nach 36 Tagen. Beispiele ähnlicher Art gibt es auch in anderen Ländern. Wenn es noch eines Beweises bedurft hätte, wie wichtig die eingehende Schulung der Mitarbeiter und die Etablierung zuverlässiger Strahlenschutzmaßnahmen sind, die dokumentierten Fälle liefern ihn in überzeugender Weise.

In der Medizin oder der Forschung sollten diese Voraussetzungen eigentlich gegeben sein, kann man doch hier in der Regel von entsprechender Vorbildung des Personals ausgehen. Dennoch kommt es auch hier immer wieder zu Unfällen, in die tragischerweise nicht selten sogar Patienten verwickelt sind. Bei der Brachytherapie, der im Jahr 1992 in den USA eine Patientin unterzogen werden sollte, brach im Applikator der Führungsdraht, ohne dass dies bemerkt wurde. Die hochaktive Iridium-192-Quelle verblieb im Körper, und die Frau wurde in ein Pflegeheim verlegt. Eine radiologische Untersuchung, die aber nicht durchgeführt wurde, hätte den Fehler zu Tage gefördert. Im weiteren Verlauf löste sich die Quelle, die allerdings nicht erkannt und als „Biomüll" entsorgt wurde. Erst später wurde sie zufällig entdeckt, als ein Transportfahrzeug einen Strahlungsdetektor passierte. Die Patientin verstarb nach vier Tagen, was man auf ihre schwere Krankheit zurückführte. Erst eine später durchgeführte Obduktion enthüllte den wahren Grund. Weil die Quelle recht lange unentdeckt blieb, wurden insgesamt 45 weitere Personen exponiert, jedoch waren die Dosen nicht so hoch, dass akute Strahlenschäden auftraten.

Zwischenfälle dieser Art sind nicht auf radioaktive Quellen beschränkt, auch bei Therapie-Beschleunigern können folgenreiche Fehler auftreten. So wurde 1990 in Saragossa (Spanien) ein Linearbeschleuniger modifiziert, ohne dass der Operateur davon Kenntnis erhielt. Es wurde zwar eine erhöhte Dosis angezeigt, aber man nahm an, dass dies auf einem Fehler des Messinstruments beruhte. Die behandelten Patienten erhielten bis zu siebenmal höhere Dosen als vorgesehen und entwickelten schwere Symptome einer Strahlenschädigung. 15 von ihnen starben, wobei der Todesgrund nicht immer klar zu ermitteln war, da es sich um ohnehin schwerkranke Menschen handelte.

Aufregend sind die Geschichten um verloren gegangene oder fehlgeleitete Strahlenquellen –im Englischen heißen sie *orphan sources* („verwaiste Quellen"). Im UNSCEAR-Bericht sind 34 solcher Ereignisse aufgezählt, wobei eine substantielle Dunkelziffer vermutet wird. Tragischerweise wurden in der Regel Menschen schwer geschädigt, die in keiner Beziehung zu Tätigkeiten mit Strahlenquellen standen und nicht wussten oder ahnen konnten, was mit ihnen geschah. 42 kamen auf Grund akuter Strahlenschäden zu Tode und mindestens 129 nahmen allein bei einem solchen Ereignis substantielle Mengen an Radioaktivität auf, mit kaum abzusehenden gesundheitlichen Folgen.

Es sind zum Teil abenteuerliche Geschichten, die hier zu erzählen wären. Die folgenreichste ereignete sich in Goiania, der Hauptstadt des brasilianischen Bundesstaates Goias. Diebe drangen in eine Strahlentherapieklinik ein und entwendeten eine Cs-137-Quelle mit einer Aktivität von 5×10^{13} Bq (in alten Einheiten ca.

13,5 Curie). Sie demontierten die Einheit, wobei der Behälter zerbrach und radioaktives Caesiumchlorid auf dem Gebäudehof und in der Umgebung verstreut wurde. Erst als einige Bewohner typische Symptome einer akuten Strahlenschädigung entwickelten, ging man der möglichen Ursache nach, entdeckte den Grund und startete ein groß angelegtes Untersuchungsprogramm. In einem Fußballstadion wurden 110.000 möglicherweise Betroffene auf Kontaminationen untersucht und, wenn notwendig, einer weiteren medizinischen Behandlung zugeführt. Die Radioaktivität war über 85 Häuser verteilt worden, sieben von ihnen mussten abgerissen werden, der sicher zu lagernde Müll bemaß sich auf mehr als 3000 Kubikmeter. Die Folgen sind bis heute zu spüren, noch immer stehen 150 Personen unter medizinischer Beobachtung.

Ein ähnlicher, aber nicht so folgenreicher Fall ereignete sich 1994 in Estland, als drei Brüder ebenfalls eine Cs-137-Quelle stahlen. Einer von ihnen erlitt schwere Strahlenschäden und starb nach wenigen Wochen. Die Quelle blieb jedoch unidentifiziert in seinem Haus, so dass auch andere Familienmitglieder schwere Schäden davontrugen.

Dramatisch war auch, was einer Familie 1988 bis 1991 in Kiew (Ukraine) widerfuhr. Sie war in einen neuen Wohnkomplex eingezogen. Nach einigen Wochen im neuen Domizil wurde der älteste Sohn krank, und man diagnostizierte einen Knochenmarkschwund. Die Mutter vermutete Spätfolgen des Tschernobyldesasters, als auch das jüngere Kind ähnliche Symptome zeigte und veranlasste eine Untersuchung auf mögliche Strahlenfolgen. Erst dann entdeckte man, dass eine starke Cs-137-Quelle in die Wand des Kinderzimmers eingebaut worden war. Es konnte nie aufgeklärt werden, wie sie dorthin gelangte.

Ein anderer Fall, der schon in Kapitel 10 angesprochen wurde und der die Medien und die Öffentlichkeit auf makabre Weise faszinierte und eine Weile in Atem hielt, gehört eigentlich nicht in diese Kategorie, weil es sich um einen geplanten Anschlag und keineswegs um einen Unfall handelte, aber er muss hier erwähnt werden, auch weil er zeigt, welch tödliches Werkzeug Radionuklide sein können. Der abtrünnige russische Agent Alexander Litwinenko wurde im November 2006 durch eine tödliche Dosis von Polonium-210 umgebracht. Dieses Nuklid, das auch in der Natur als Zerfallsprodukt der Uran-Radium-Reihe vorkommt, ist ein wirksamer Alphastrahler mit einer Halbwertszeit von 140 Tagen und verursacht bei Ingestion oder Inhalation schwere Schäden. Seine Besonderheit liegt in der sehr hohen spezifischen Aktivität, d. h. der Aktivität pro Masse. Sie liegt bei $1{,}67 \times 10^{14}$ Bq/g und ist damit erheblich höher als die von Plutonium-239 (2×10^9 Bq/g) – auch ein Alphastrahler, dem der Ruf anhaftet, das gefährlichste „Strahlengift" zu sein. Nur wenige Milligramm Polonium-210, mit der Nahrung aufgenommen, genügen, eine akut tödliche Dosis zu erreichen. Es heißt, sie sei in einer Tasse Tee verabreicht worden. Eine schaurige Demonstration, dass auch Mördern kernphysikalische Kenntnisse nützlich sein können!

16.3
Nukleare Zwischenfälle

16.3.1
Kernwaffenproduktion

Besonders in der frühen Phase des Kalten Krieges, als es darum ging, den Wettstreit um Kernwaffen für sich zu entscheiden, wurde die Sicherheit nicht selten dem Konkurrenzdruck geopfert. Obwohl die frühere Sowjetunion einen traurigen Rekord für Unfälle bei der Waffenproduktion hält, verlangt es die Ehrlichkeit, darauf hinzuweisen, dass auch in den USA und Großbritannien ähnliche Ereignisse geschahen.

Die Liste beginnt mit einem äußerst schwerwiegenden Unfall 1957 in dem „Mayak-Komplex" nahe der Stadt Tscheljabinks am Fuße des Urals. Durch die Explosion eines Lagertanks wurden 740 PetaBq (740 × 10^{15} Bq, entsprechend 20 Millionen Curie) an radioaktiven Stoffen freigesetzt und über ein großes Gebiet verteilt, das selbst heute noch weitgehend gesperrt ist. Es heißt, dass die Radioaktivität im nicht weit entfernten Karatschai-See, der auch als Deponie genutzt wurde, noch heute fast der Hälfte der Menge entspricht, welche bei der Tschernobylkatastrophe aus dem Reaktor entwich. Die Folgen sind bis heute noch nicht vollständig aufgearbeitet. Es war übrigens nicht der einzige Unfall an dieser Stelle, allerdings derjenige mit den gravierendsten Folgen für die Umgebung.

In der Wiederaufbereitungsanlage im sibirischen Tomsk ereignete sich 1993 ein weiterer Unfall, bei dem fast 2000 Personen stark exponiert wurden, die mit Aufräumarbeiten beschäftigt waren. In Windscale (England) führte ein Feuer zur Freisetzung von sehr großen Mengen (740 × 10^{12} Bq) von Jod-131, aber auch anderen Nukliden, z. B. Cäsium-137, Xenon-133 und Polonium-210, die sich auf ein größeres Gebiet in der Grafschaft Cumbria verteilten. In der Folge wurde sogar der Name des Ortes geändert, heute heißt er Sellafield, beherbergt aber immer noch eine Reihe nukleartechnischer Anlagen.

Auch in den USA forderte die Kernwaffenentwicklung ihre Opfer. Im Januar 1986 explodierte in Gore (Oklahoma), einer kleinen Stadt benannt nach einem Vorfahren des ehemaligen Vizepräsidenten und engagierten Umweltschützers Al Gore, ein Tank mit über einer Tonne Uranhexafluorid, was zu einer nicht unbeträchtlichen Kontaminierung der Umgebung führte. Ein Arbeiter starb, und wenigstens sieben unbeteiligte Personen erlitten schwere Strahlenschäden.

16.3.2
Kernenergie

16.3.2.1 Vinca, Jugoslawien
Das Geschehen, das sich im Oktober 1958 im Boris-Kidrich-Institut in Vinca, einem kleinen Ort nicht weit von Belgrad, abspielte, war einer der ersten Unfälle, der im Zusammenhang mit der friedlichen Nutzung der Kernenergie bekannt wurde, aus diesem Grunde wird es hier am Anfang erwähnt. Es ähnelt in fataler

Weise auch manchem, was später geschah, z. B. in Tokai-Mura (s. u.). Bei einem Experiment an einem Forschungsreaktor niedriger Leistung wurde die kritische Masse überschritten und eine nicht geplante Kettenreaktion eingeleitet. Obwohl der Vorgang von den anwesenden Forschern frühzeitig bemerkt wurde, erhielten sechs Personen Dosen zwischen 2 und 4,4 Gy. Sie wurden nach Paris zur Behandlung durch Spezialisten im Hospital „Marie Curie" ausgeflogen. Alle erhielten Knochenmarktransplantationen, was zur damaligen Zeit eine noch nicht verbreitete Therapieform darstellte, bis auf einen Mitarbeiter überlebten alle. Interessant an diesem Fall ist, dass alle Patienten das übertragene Knochenmark wieder abstießen. Offenbar hatten die gegebenen Stammzellen ausgereicht, um minimale Funktionen aufrecht zu erhalten und damit eine spätere Regenerierung zu ermöglichen.

16.3.2.2   Three Mile Island, Harrisburg USA

Dieses war der erste schwerwiegende Unfall in der Geschichte der kommerziellen Kernenergienutzung, der weltweites Aufsehen erregte. Er ereignete sich im März 1979. Durch Bedienungsfehler und nachfolgende Fehleinschätzung der Situation wurde die Kühlung des Reaktorkerns unterbrochen, was eine partielle Kernschmelze nach sich zog. Die Folgen blieben glücklicherweise beschränkt, die meisten Spaltprodukte konnten zurückgehalten werden, aber die gasförmigen Jod-131 (550 Millionen Bq) und Xenon-133 (370 $\times 10^{12}$ Bq) entwichen bei dem notwendigen Druckausgleich ins Freie. Trotz dieser weiträumigen Verteilung blieb nach der Einschätzung von UNSCEAR die Exposition der Bevölkerung gering. Es gibt zwar einige Publikationen, welche auf erhöhte Krebsraten nach dem Unfall hindeuten [155], sie basieren aber hauptsächlich auf der Beobachtung der Krebsinzidenz in den betroffenen Gebieten, berücksichtigen Störfaktoren (wie z. B. das Rauchen) in nur ungenügender Weise und leiden an der Unsicherheit der Dosisabschätzungen. Kein Zweifel besteht daran, dass der Unfall eine erhebliche psychische Belastung der Bevölkerung nach sich zog, die sich auch in gesundheitlichen Beeinträchtigungen niederschlug.

16.3.2.3   Tschernobyl

Der bis heute folgenschwerste Unfall ist mit dem Namen „Tschernobyl" verbunden, für Viele ist er zu einem Synonym für eine nukleare Katastrophe und die Unbeherrschbarkeit der Technik durch den Menschen geworden. Die dabei freigesetzte Radioaktivität verteilte sich über weite Teile Europas und beeinflusste das Leben vieler Millionen, auch in Deutschland. Auch aus diesem Grunde soll auf die Folgen ausführlicher eingegangen werden. Es gibt eine große, kaum überschaubare Zahl von Veröffentlichungen zu diesem Thema. Auch die deutsche Strahlenschutzkommission hat sich mehrfach dazu geäußert [156]. UNSCEAR hat 2008 eine zusammenfassende Bewertung abgegeben [157], auf welche sich die nachfolgenden Ausführungen im Wesentlichen stützen. Sie ist nach sehr eingehenden, auch oft kontroversen, Beratungen zustande gekommen, wie ich aus eigener Anschauung als damaliges Mitglied der deutschen Delegation bezeugen kann. Natürlich können nicht nur „Konzile irren" (Martin Luther), auch internationale Gremien sind gegen Fehlschlüsse nicht gefeit. Eine Unterstellung, die oft geäußert wird, stimmt aber auf keinen Fall, dass die Regierungen der betroffenen Länder (Ukraine, Weißrussland) die Folgen herunterspielen würden. Das Gegenteil ist der Fall: in Erwartung umfangreicher internationaler Hilfen haben und hatten sie größtes Interesse, die Zahl der Opfer so hoch wie möglich anzusetzen.

Das Unheil begann am 26. April 1986, als bei einem Test der Reaktor außer Kontrolle geriet. Es folgte ein nicht mehr beherrschbarer Anstieg der Leistung, gefolgt von einer Explosion und einem Reaktorbrand (es handelte sich, wie auch in Windscale, um einen für die Plutoniumproduktion besonders geeigneten Graphitreaktor, die meisten zur Energieerzeugung benutzten Anlagen besitzen Wassermoderatoren). Enorme Mengen an Radioaktivität wurden in höhere Schichten der Atmosphäre geschleudert, die quantitativen Angaben schwanken etwas und liegen bei ca. $1,2 \times 10^{19}$ Bq insgesamt, wovon $1,5 \times 10^{18}$ Bq auf Jod-131 und 9×10^{16} Bq auf Cäsium-137 entfallen. Das Ereignis wurde von den Behörden zunächst verschwiegen und erst durch Messungen im schwedischen Reaktorzentrum Forsmark (1100 km von Tschernobyl entfernt) am Morgen des 28. April 1986 entdeckt.

Weite Teile nicht nur der unmittelbaren Umgebung und in der Ukraine und Weißrussland, sondern auch in der (heutigen) russischen Föderation und ganz Europa (mit Ausnahme der iberischen Halbinsel) wurden kontaminiert. Wegen des Transports über Winde erreichten die radioaktiven Wolken auch entfernte Gebiete, was zu einer recht ungleichen Verteilung führte. Deutschland blieb, außer Teilen von Bayern, relativ verschont. Die mittlere zusätzliche effektive Dosis in den Jahren 1986 bis 2005 lag für die deutsche Bevölkerung bei 0,17 mSv, also deutlich unter der aus natürlichen Quellen (vgl. Kapitel 10). In den unmittelbar betroffenen Ländern war sie um ca. einen Faktor 10 höher, besonders hoch lag sie natürlich in der Umgebung des havarierten Reaktors. Es wurden über 100.000 Menschen evakuiert, im Jahr 1986 betrug für diese Gruppe die mittlere effektive Dosis 31 mSv. Außerhalb der damaligen Sowjetunion wurden die höchsten Werte (über die Zeit 1986–2005) in folgenden Ländern ermittelt: Finnland (1,36 mSv), Österreich (0,98 mSv), Slowenien (0,98 mSv), Moldavien (0,97 mSv) und Lichtenstein (0,91 mSv). Man sieht aus dieser Aufstellung, dass sich die Aktivität über weite Strecken verteilte und sich nicht nur in den unmittelbaren Nachbarländern niederschlug. In Polen wurde z. B. nur eine zusätzliche effektive Dosis von 0,25 mSv abgeschätzt.

Zur Eindämmung der Schäden setzte man Personal aus allen Gebiete der damaligen Sowjetunion ein, alles in allem waren es im ersten Jahr über 300.000 Menschen, die Zahl erhöhte sich für die Periode bis 2005 auf 526.000. Sie waren am stärksten exponiert mit geschätzten zusätzlichen effektiven Dosen über die Jahre 1986 bis 2005 von im Mittel von 117 mSv, die hauptsächlich auf das erste Jahr zurückzuführen sind. Diese Mittelwerte verschleiern, dass einzelne Arbeiter, die an den ersten Notmaßnahmen unmittelbar beteiligt waren, erheblich größere Belastungen zu ertragen hatten. Bei ihnen wurden auch akute Strahlenschäden unterschiedlichen Schweregrades diagnostiziert. 134 erkrankten am akuten Strahlensyndrom, 28 verstarben. Bei ihnen lag die Ganzköperdosis über 6 Gy, schwere Hautschäden auf Grund sehr hoher lokaler Dosen bis zu 500 Gy (hauptsächlich durch Betastrahlen) zogen Entzündungen und Infektionen nach sich, die oft nicht mehr beherrscht werden konnten. Es ist tragisch, dass auch Knochenmarktransplantationen, die bei früheren Unfällen durchaus wirkungsvoll waren, leider nicht zu therapeutischen Erfolgen führten. In der Folgezeit kam es noch zu 30 weiteren Todesfällen, wobei der Bezug zur Strahleneinwirkung nicht immer ganz klar ist. Bei vier Betroffenen wurde eine Beteiligung des hämatopoetischen Systems festgestellt, so dass die offizielle Zahl akut verursachter Todesfälle 32 beträgt. Man muss jedoch darauf hinweisen, dass auch die Überlebenden unter schweren somatischen und auch psychischen Folgen leiden, eine dramatische Situation, welche durch die Angabe dürrer Zahlen nicht erfasst, ja geradezu verschleiert wird.

Die Spätwirkungen sind sehr viel schwieriger abzuschätzen und bieten leider auch Raum für jede Art von Spekulationen. Eine Folge wurde allerdings relativ früh offensichtlich, ein dramatischer Anstieg von Schilddrüsentumoren bei Kindern und Jugendlichen. Er wurde verursacht durch die Aufnahme von Jod-131, vor allem über stark kontaminierte Milch. Man hätte das zu einem erheblichen Teil vermeiden können, hätte man frühzeitig Jodtabletten verteilt, was aus nicht ganz klaren Gründen unterblieb. Abbildung 16.3 zeigt den zeitlichen Verlauf für die jungen Menschen, welche zum Zeitpunkt der Explosion unter 18 Jahren waren, in den drei unmittelbar betroffenen Ländern. Während die Inzidenzrate vor Tscher-

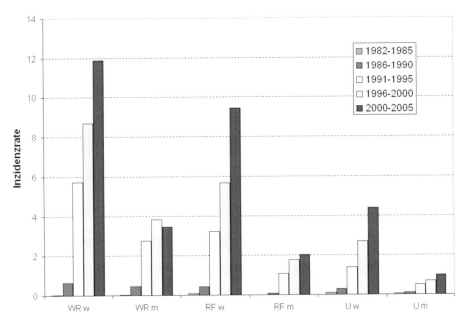

Abb. 16.3 Der Anstieg der Rate von Schilddrüsentumoren bei Menschen, die zum Zeitpunkt der Explosion unter 18 Jahren waren. Der entsprechende Wert für die Periode 1982–1985 ist zum Vergleich angegeben. Inzidenzraten sind angegeben als „Fälle pro Jahr und 1 Million Einwohner der betreffenden Altersgruppe" (Quelle: UNSCEAR Report 2008).

nobyl äußerst gering war, stieg sie über die folgenden Jahre dramatisch an, und ein Ende scheint sich noch nicht abzuzeichnen. Bisher sind fast 7000 Fälle festzustellen. Es fällt auf, dass Mädchen in allen drei Ländern stärker betroffen waren als Jungen. Glücklicherweise lassen sich Schilddrüsentumoren bei Kindern relativ gut behandeln. Die Europäische Union, auch Deutschland in nicht unbeträchtlichem Maße, hat große Anstrengungen unternommen, das Leid zu lindern und den Familien zu helfen, zumindest in medizinischer Hinsicht konnten dabei beachtliche Erfolge verzeichnet werden.

Andere Spätfolgen sind sehr viel schwieriger abzuschätzen, schon deshalb, weil es nahezu unmöglich ist, Kohorten mit definierter Exposition abzugrenzen und ihr weiteres Schicksal zu verfolgen. Den besten Ansatz bilden hier noch die *Recovery Workers*. Es zeichnet sich ab, dass bei ihnen die Leukämierate erhöht ist, aber die epidemiologische Evidenz steht noch auf schwachen Füßen. Interessant sind die Ergebnisse im Hinblick auf strahleninduzierte Linsentrübungen („Grauer Star", „Katarakt"). Vor allem durch die eingehenden Untersuchungen des amerikanischen Ophthalmologen Basil Worgul (1948–2006) zeigte sich, dass sie bei beträchtlich niedrigeren Dosen und auch noch nach längeren Zeiträumen auftreten, als bisher angenommen worden war, was beträchtliche Auswirkungen auf die Strahlenschutzbestimmunen hatte [158]., worauf schon verschiedentlich hingewiesen wurde.

Über die Folgen für die allgemeine Bevölkerung sind von verschiedener Seite allerlei Überlegungen angestellt worden, wobei vor allem die Medien sich besonders hervortaten. So ist immer wieder, regelmäßig am Jahrestag des Disasters, davon zu lesen und zu hören, dass die Leukämierate, besonders bei Kindern, „dramatisch" angestiegen sei. Dafür gibt es jedoch keine nachprüfbaren Belege. Die Vermutung, dass eine gewisse Steigerung vorliegen könnte, ist durchaus gerechtfertigt. Wenn sie allerdings tatsächlich vorliegen würde, wäre sie zu klein, um epidemiologisch erfassbar zu sein. In den vorliegenden Statistiken zeichnet sich jedenfalls ein solcher Effekt nicht ab. Man darf sich durch die Bilder nicht täuschen lassen, Kinderleukämie kommt leider überall vor, auch um Tschernobyl, dass sie durch Strahlung verursacht wurde, lässt sich aber nicht nachweisen.

Gleiches gilt für strahlenbedingte Erbkrankheiten. Auch hier gibt es keinerlei Belege, dass ihre Zahl angestiegen sei. In Bezug auf einen oft postulierten Anstieg von Fehlgeburten und Missbildungen bei der Embryonalentwicklung lassen sich keine harten Fakten finden [159]. Dass die Zahl von Abtreibungen zugenommen hat, ist bei der verzweifelten Lage der Bevölkerung nicht überraschend. Sie demonstrieren, dass die Folgen des Unglücks sich nicht auf strahlenbiologische Aspekte reduzieren lassen.

Viele Experten und auch weniger Berufene haben Überlegungen und Abschätzungen über die Langzeitfolgen angestellt. So gibt es die unterschiedlichsten Zahlen, mit wie viel Krebstodesfällen letztendlich zu rechnen wäre. Diese Diskussion soll hier nicht geführt werden, denn sie bedient im Wesentlichen bei den daran teilnehmenden Gruppen das eigene Weltbild, gleichgültig welcher Grundfarbe. Wenn die WHO von 4000 oder 5000 spricht, so handelt es sich um rein akademische Berechnungen auf der Grundlage unterschiedlichster Annahmen, deren Richtigkeit sich niemals belegen lassen wird. Selbst wenn die Zahlen zutreffen würden, sie sind verschwindend klein gegenüber den Millionen, welche in der betrachteten Bevölkerung auf Grund anderer Einflüsse an Krebs erkranken und daran sterben werden. Damit sollen die Strahlenfolgen nicht etwa verniedlicht werden, aber es verlangt die wissenschaftliche Redlichkeit, darauf hinzuweisen, dass es sich hier nur um nicht beweisbare Spekulationen auf hohem Niveau handelt.

Zusammenfassend muss festgestellt werden, dass die Katastrophe von Tschernobyl weitreichende gesellschaftliche und politische Umwälzungen nach sich zog, sogar (vielleicht auch besonders) in Deutschland. Die radiologischen Folgen, obwohl schwerwiegend und erschütternd in Einzelfällen, blieben – bis auf die Schilddrüsentumoren bei Kindern und Jugendlichen – überschaubar und relativ eingegrenzt. Eine solche nüchterne Feststellung sollte nicht dahingehend missverstanden werden, dass Leid und Elend der betroffenen Bevölkerung klein geredet werden sollen – sie sind schwerwiegender und traumatisieren ungleich mehr als die direkten Strahleneffekte.

16.3.2.4 Tokai-Mura

Im September 1999 führten drei Mitarbeiter einer Brennelementeaufbereitungsanlage in Tokai-Mura, einem kleinen Ort an der Ostküste Japans, der von einem großen Nuklearkomplex beherrscht wird, Experimente für die Entwicklung eines Brutreaktors durch. Dabei schütteten sie fast 17 kg angereichertes Uran in einen Tank, wohl nicht wissend, dass dabei die „kritische Masse" weit überschritten wurde. So kam es zu einer Kettenreaktion, bei der erhebliche Dosen von Neutronen und Gammastrahlen freigesetzt wurden, allerdings nicht zu einer Explosion, so dass nur relativ geringe Mengen an Spaltprodukten entwichen. Ungefähr 200 Anwohner in der nächsten Umgebung wurden evakuiert, die bei ihnen gemessenen Strahlendosen lagen bei den meisten unter 5 mSv, nur 10% erhielten bis zu 25 mSv.

Während die Folgen für Außenstehende also vergleichsweise harmlos blieben, erlitten die unmittelbar Beteiligten schwere Strahlenschäden. Ihr Schicksal weckte großes internationales Interesse, auch weil der weitere Verlauf der Behandlung durch das Internet von vielen Wissenschaftlern in aller Welt verfolgt werden konnte. Trotz Stammzell- und Knochenmarkübertragung konnten zwei der Arbeiter nicht gerettet werden – die Dosen waren zu hoch: 10–20 Gy bei dem einen, 6–10 Gy bei dem anderen Opfer. Lediglich der Aufseher, der sich bei dem Unfall in einiger Entfernung aufhielt, überlebte. Die Gefährdung der Umgebung hielt sich glücklicherweise in Grenzen, eine nur geringe Kontamination klang relativ schnell ab.

16.3.2.5 Fukushima

Im März 2011 erschütterten die Meldungen über Erdbeben und Tsunami in Japan die Welt. In nicht wenigen Medien eroberte allerdings der Störfall im Kernkraftwerk Fukushima Titelseiten und Schlagzeilen und dominierte – zumindest in Deutschland – die Berichterstattung. Bei allem berechtigten Interesse an den

Folgen des Nuklearunfalls darf in der Diskussion die Tatsache nicht untergehen, dass durch die riesige Flutwelle nahezu 20.000 Menschen ihr Leben verloren haben, viele mehr Hab, Gut und Heimat!

Anders als bei den bisher geschilderten Ereignissen wurde das Geschehen in diesem Fall nicht durch menschliches Versagen, sondern eine Naturkatastrophe ausgelöst, deren Ausmaß nicht für möglich gehalten wurde. Es ist hier nicht der Platz, um über Planungsfehler oder ähnliches zu sprechen, wir wollen uns auf Ablauf und Folgen dessen konzentrieren, was sich im Kernenergiekombinat Fukushima abspielte (im Gegensatz zu dem, was man in Deutschland üblicherweise hört, wird der Name des Ortes, wie meist in Japan, auf der zweiten Silbe betont, also „Fukúshima", nicht „Fukushíma"). Eine abschließende Wertung ist derzeit noch nicht möglich und wäre ohne Zweifel verfrüht. Einen vorläufigen Bericht hat die Gesellschaft für Anlagen- und Reaktorsicherheit (GRS) im März 2012 vorgelegt und einen Versuch der Einordnung vorgenommen [160].

In Fukushima gibt es zwei Kernkraftwerkkomplexe, Fukushima Daiichi (Fukushima I) und das 12 km entfernte Fukushima Daini (Fukushima II), nur das erste wurde von den Auswirkungen von Erdbeben und Tsunami am 11. März 2011 schwer betroffen. In Daini kam es zwar auch zu Zwischenfällen, die aber beherrschbar blieben und vom Betreiber in die INES-Stufe 3 („ernster Störfall") eingeordnet wurden. In diesem Zusammenhang ist auch zu bemerken, dass im KKW Onogawa, das nur 75 km vom Epizentrum des Bebens entfernt liegt (Fukushima I, 163 km), zwar auch Störfälle auftraten, welche aber keine katastrophalen Ausmaße annahmen.

In Fukushima Daiichi setzte die Flutwelle die Notstromversorgung außer Betrieb, so dass die notwendige Kühlung der Reaktorblöcke und des Lagerbeckens der Brennelemente nicht aufrechterhalten werden konnte. Es kam zu einer Kernschmelze mit extremer Hitzeproduktion. Bei hohen Temperaturen reagieren die Brennelementehüllen aus Zirkonium mit Wasser, wodurch dieses in seine Bestandteile Wasserstoff und Sauerstoff zerlegt wird. Beide stellen ein hochexplosives Gemisch dar („Knallgas"), das schon durch einen Funken entzündet werden kann. Genau dieses geschah am 12. März 2011 im Block 1, am 14. März in Block 3 und am 15. März im Block 4, was zu einer Zerstörung der Gebäude und Freisetzung radioaktiver Stoffe führte. Auch die notwendige Druckentlastung durch Öffnen der Gasventile (*venting*) war mit dem Austritte großer Mengen von Radionukliden verbunden und somit auch mit einer Kontamination großer Flächen der Umgebung. Zum Schutz der Bevölkerung wurde eine Evakuierung angeordnet, wodurch mehr als 100.000 Menschen betroffen waren.

Es waren hauptsächlich Jod-131 und Caesium (sowohl Cs-134 als auch Cs-137), welche in die Umwelt entwichen. Die Schätzungen gehen davon aus, dass die Gesamtmenge zwischen 10 und 20% derjenigen in Tschernobyl entsprach. Es kommt hinzu, dass sie nicht wie 1986 zu größerem Anteil in höhere Luftschichten geschleudert wurde, so dass die Ausbreitung relativ begrenzt blieb. Auch die hauptsächlich vorherrschenden Windrichtungen dämpften glücklicherweise die Gefahr – vieles trieb auf den Pazifik, und die Vielmillionenmetropole Tokio blieb weitgehend verschont. Man darf unumwunden feststellen: Glück hat dazu beigetragen, das Ausmaß der Katastrophe zu begrenzen.

In Europa bestand zu keiner Zeit auch nur die Spur einer Gefahr. Zwar konnten die Physiker auf der Messstelle auf dem Schauinsland (dem „Hausberg" der Freiburger im Schwarzwald, Höhe 1284 m, mit Luftmessstation des BfS) Spuren des Jod-131 nachweisen, was sie sehr stolz machte, aber die Konzentrationen waren so gering, dass ihre Erfassung nur mit anspruchsvollem technischem Aufwand möglich war.

In Japan stellte sich die Lage naturgemäß sehr viel ernster dar, zunächst für die unmittelbar Beteiligten, die am havarierten Reaktor in verschiedensten Funktionen zum Einsatz kamen, fast 20.000 Personen der Belegschaft und von Fremdfirmen. Glücklicherweise waren keine auf die Strahleneinwirkung zurückzuführende Todesopfer zu beklagen, leider jedoch eine Reihe von Unglücksfällen im Zusammenhang mit Erdbeben, Tsunami und Aufräumungsarbeiten.

Eine erste Bilanz der Strahlenexposition bei den Arbeiten im und um das Kernkraftwerk wurde gegen Ende 2011 gezogen; Von 19.594 dabei Tätigen (Stammpersonal und Fremdfirmen) erhielten sechs Personen eine Dosis von mehr als 250 mSv, bei dreien lag der Wert zwischen 200 und 250 mSv, bei 23 zwischen 150 und 200 mSv. Die Mehrzahl wurde niedrigeren Dosen ausgesetzt, die prozentuale Verteilung geht aus Abb. 16.4 hervor (alle Daten beruhen auf Angaben der Betreiberfirma TEPCO). Offenbar blieben im Ganzen die Belastun-

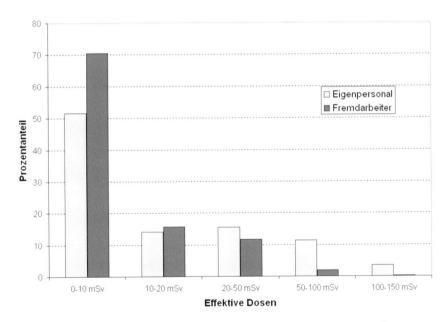

Abb. 16.4 Prozentuale Verteilung der Dosen, welche bei Rettungsmaßnahmen und Aufräumarbeiten am Kernkraftwerk Fukushima Daiichi bei Stammpersonal (3368 Personen) und Fremdarbeitern (16.226 Personen) bis Januar 2012 ermittelt wurden (Quelle: TEPCO, nach Angaben der GRS).

gen in unter den gegebenen Umständen noch tolerierbaren Grenzen, es ist davon auszugehen, dass eine intensive medizinische Nachbeobachtung erfolgt.

Eine Abschätzung der radiologischen Auswirkungen auf die Bevölkerung gestaltet sich schwieriger. Die Medizinische Universität Fukushima untersuchte 1727 Personen aus Orten verschiedener Entfernung vom Kraftwerk (zwischen 10 und 50 km). Die höchsten gefundenen Werte waren (bei jeweils einer Person) 37,4 und 14,6 mSv, in 63% der Fälle wurden weniger als 1 mSv gemessen (Abb. 16.5).

Die Wirkungen inkorporierter Nuklide, vor allem von Jod-131, kann noch nicht zuverlässig abgeschätzt werden. Um alle möglichen gesundheitlichen Folgen möglichst genau zu erfassen, wurde ein langfristig angelegtes Gesundheitsüberwachungsprogramm von den Behörden initiiert, in welches zwei Millionen Menschen aus der Region Fukushima aufgenommen wurden.

Das Schweizer Eidgenössisches Nuklearsicherheitsinspektorat ENSI hat die Auswirkungen von Tschernobyl und Fukushima verglichen und kommt zu dem Schluss, dass die Ereignisse 1986 ungleich gravierender waren als die in Japan 2011. Geht man von den in den nächsten Jahrzehnten zu erwartenden zusätzlichen Strahlenexpositionen aus, so sind auf der Grundlage eines angenommenen Wertes von 160 mSv in 70 Jahren ca. 340.000 Menschen betroffen, während wegen der ungleich weiteren Verteilung der freigesetzten Radioaktivität im Falle von Tschernobyl von ungefähr 75 Millionen auszugehen ist [162].

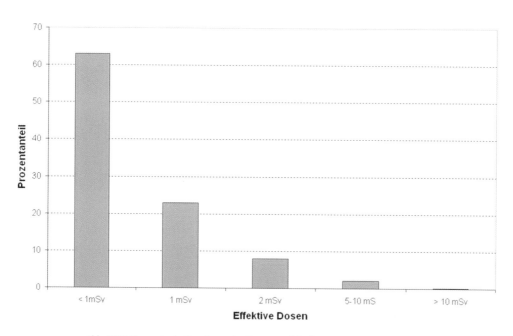

Abb. 16.5 Prozentuale Verteilung der Dosen, welche bei 1727 Personen aus der Umgebung von Fukushima ermittelt wurden (Quelle: The Asahi Shimbun, 2011, zitiert nach GRS, 2012 [161]).

16.4
Schlussbemerkung

Alle Einrichtungen, in denen mit ionisierenden Strahlen gearbeitet wird, stehen unter verschärfter nicht nur nationaler, sondern weltweiter Beobachtung. Dafür sorgen nicht nur die zu diesem Zwecke etablierten Agenturen und Behörden, sondern auch eine oft überkritische Öffentlichkeit und Medien, welche gern verborgene Ängste bedienen. Gleichgültig, ob man diese Situation begrüßt oder bedauert, sie resultiert darin, dass wohl für kein technisches oder medizinisches Arbeitsfeld eine so gute Übersicht über Zwischenfälle besteht, wie in dem der Strahlenanwendung jeglicher Art.

UNSCEAR hat in seinem schon mehrfach zitierten Bericht eine Art Übersichtsbilanz gezogen (Tabelle 16.2).

Für die erste Periode (1945–1965) muss man, vor allem im militärischen Bereich, von einer nicht unbedeutenden Dunkelziffer ausgehen. Die hohe Zahl von Toten bei nuklearen Einrichtungen im Zeitraum 1966–1987 geht fast vollständig auf die Folgen der Tschernobylkatastrophe zurück. Beeindruckend und wahrscheinlich für viele Beobachter unerwartet sind die Zahlen der Opfer durch „verwaiste" Quellen. Wenn es noch eines Beweises bedurft hätte, erweist sich hier die Notwendigkeit einer weltweiten „Kultur des Strahlenschutzes" und setzt alle Kritiker der heutzutage als nicht mehr notwendig empfundenen strikten Überwachung nachdrücklich ins Unrecht. Die hohe Zahl der Fälle medizinischer Überexpositionen registriert man nicht nur mit Verwunderung, sondern vor allem Bedrückung. Sie bilden einen Ansporn für die internationale Ärzteschaft, durch die Qualität von Aus- und Fortbildung, welche ausdrücklich auch technisches und naturwissenschaftliches Wissen umfassen müssen, die Möglichkeit von Unglücksfällen dieser Art in Zukunft drastisch zu reduzieren.

Keine Frage, die in der Tabelle zitierten Zahlen sind hoch, zu hoch: Dennoch müssen sie in realistischen Zusammenhängen gesehen werden. In anderen Arbeitsfeldern könnten sie deutlich höher liegen, hätte man vergleichbare weltweite Statistiken. Ein Beispiel möge genügen: Am 9. Dezember 1984 ereignete sich in einem Werk der amerikanischen „Union Carbide Company" im indischen

Tabelle 16.2 Übersicht über die Folgen schwerer Strahlenunfälle in verschiedenen Arbeitsfeldern (ARS: Akutes Strahlensyndrom) (Quelle: UNSCEAR Report 2008).

	1945–1965		1966–1986		1987–2007		1945–2007	
	Tote	ARS	Tote	ARS	Tote	ARS	Tote	ARS
Nukleare Einrichtungen	13	42	34	123	3	2	50	167
Industrie	0	8	3	61	6	51	9	119
„Verwaiste" Quellen	7	5	19	98	16	205	42	308
Forschung	0	2	0	22	0	5	0	29
Medizin	Keine Daten		4	470	42	153	46	623
Insgesamt	20	57	60	774	67	416	147	1246

Bhopal eine folgenreiche Explosion. Durch die Wolke tödlicher Gase starben im Laufe weniger Tage mindestens 2500 Menschen [163], wie viele weitere Opfer zu beklagen sind, lässt sich nicht zuverlässig abschätzen. Es ist unmenschlich, Opferzahlen gegenseitig aufzurechnen, das ist auch nicht der Sinn dieses Vergleichs. Er soll nur illustrieren, dass nicht nur die Strahlenanwendung die Gefahr tödlicher Unfälle in sich birgt und dass die angstvolle Konzentrierung auf die Beobachtung dieser Technik möglicherweise zu einem Übersehen anderer Bedrohungen führt.

Literatur

1. http://web.physik.rwth-aachen.de/~hebbeker/lectures/ph2_02/tipl293.gif (29.7.2012).
2. http://www.tf.uni-kiel.de/matwis/amat/mw_for_et/kap_a/illustr/solarspektrum.gif (29.7.2012).
3. Bangert, K. u. a.: *Naturwissenschaften* 1986, **73**: 495.
4. Knippers, R.: Molekulare Genetik, 6. neubearbeitete Aufl., 1996, Georg Thieme Verlag Stuttgart – New York, ISBN 3-13-477006-7.
5. http://www.wissenschaft-online.de/artikel/692182, © Spektrum Akademischer Verlag.
6. Robert-Koch-Institut: Krebs in Deutschland: Häufigkeit und Trends. GEKID, RKI 2006; http://www.leukaemie-online.de/index.php?option=com_content&view=article&id=501:deutsche-krebsstatistik-10250-leukaemiefaellejahr-mittleres-alter-63-jahre&catid=41:forschung&Itemid=2.
7. Robert-Koch-Institut: Krebs in Deutschland. http://www.krebsdaten.de/Krebs/DE/Content/Publikationen/Krebs_in_Deutschland/kid_2012/kid_2012_kinder.pdf?__blob=publicationFile.
8. http://en.wikipedia.org/wiki/Reactive_oxygen_species (aufgerufen am 3.3.2011).
9. Röntgen, W. C.: Über eine neue Art von Strahlen. Sitzungsberichte der physikalisch-medizinischen Gesellschaft zu Würzburg, Jahrgang 1895, S. 132. s. http://radiofysikse.opalen.com/upload/documents/sfr/pdf/Uber_eine_neue_art_von_strahlen_ocr.pdf (12.4.2012).
10. Strahlenexposition durch medizinische Maßnahmen. Bundesamt für Strahlenschutz 2008. http://www.bfs.de/de/ion/medizin/Medizin.pdf.
11. Kalender, W. u. a.: *Radiology* 1989, **172**: 414.
12. www.bfs.de (12.7.2011).
13. verfügbar unter: http://www.unscear.org/docs/reports/2001/2001Annex_pages%208-160.pdf.
14. United Nations Scientific Committee on the Effects of Atomic Radiation (UNSCEAR): UNSCEAR 2006 Report Vol. I, p. 1–323 (2008).
15. www.rerf.jp.
16. www.rerf.jp/intro/establish/rerf30the.pdf.
17. Preston, D. L., Shimizu, Y., Pierce, D. A., Suyama, A., and Mabuchi, K.: Studies of Mortality of Atomic Bomb Survivors, Report 13: Solid Cancer and Noncancer Disease Mortality: 1950–1997. *Radiat. Res.* 2003, **160**: 381–407.
18. Ozasa, K., Shimizu, Y., Suyama, A., Kasagi, F., Soda, M., Grant, E.J., Sakata, R., Sugiyama, H., Kodama, K.: Studies of the mortality of atomic bomb survivors, Report 14, 1950-2003: An overview of cancer and noncancer diseases. *Radiat Res.* 2012, **177**: 229–243.
19. Radiation Effects Research Foundation: Frequently asked questions. http://www.rerf.or.jp/general/qa_e/qa1.html (aufgerufen am 12.4.2012).
20. Richardson, D., Sugiyama, H., Nishi, N., Sakata, R., Shimizu, Y., Grant, E.J., Soda, M., Hsu, W.L., Suyama, A., Kodama, K., Kasagi, F.: Ionizing radiation and leukemia mortality among Japanese Atomic

Strahlen und Gesundheit: Nutzen und Risiken, 1. Auflage. Jürgen Kiefer
© 2012 Wiley-VCH Verlag GmbH & Co. KGaA. Published 2012 by Wiley-VCH Verlag GmbH & Co. KGaA.

Bomb Survivors, 1950–2000. *Radiat Res.* 2009, **172**: 368–382.

21 Preston, D.L., Shimizu, Y., Pierce, D.A., Suyama, A., Mabuchi, K.: Studies of Mortality of Atomic Bomb Report 13: Solid Cancer and Noncancer Disease Mortality: 1950–1997. *Radiat Res.* 2003, **160**: 381–407.

22 Richardson, D., Sugiyama, H., Nishi, N., Sakata, R., Shimizu, Y., Grant, E.J., Soda, M., Hsu, W.L., Suyama, A., Kodama, K., Kasagi, F.: Ionizing radiation and leukemia mortality among Japanese Atomic Bomb Survivors, 1950–2000. *Radiat Res.* 2009, **172**: 368–382.

23 Preston, D.L., Ron, E., Tokuoka, S., Funamoto, S., Nishi, N., Soda, M., Mabuchi, K., Kodama, K.: Solid cancer incidence in atomic bomb survivors: 1958–1998. *Radiat Res.* 2007, **168**: 1–64.

24 Cardis, E., Vrijheid, M., Blettner, M., Gilbert, E., Hakama, M., Hill, C., Howe, G., Kaldor, J., Muirhead, C.R., Schubauer-Berigan, M., Yoshimura, T., Bermann, F., Cowper, G., Fix, J., Hacker, C., Heinmiller, B., Marshall, M., Thierry-Chef, I., Utterback, D., Ahn, Y.O., Amoros, E., Ashmore, P., Auvinen, A., Bae, J.M., Bernar, J., Biau, A., Combalot, E., Deboodt, P., Diez Sacristan, A., Eklöf, M., Engels, H., Engholm, G., Gulis, G., Habib, R.R., Holan, K., Hyvonen, H., Kerekes, A., Kurtinaitis, J., Malker, H., Martuzzi, M., Mastauskas, A., Monnet, A., Moser, M., Pearce, M.S., Richardson, D.B., Rodriguez-Artalejo, F., Rogel, A., Tardy, H., Telle-Lamberton, M., Turai, I., Usel, M., Veress, K.: The 15-Country Collaborative Study of Cancer Risk among Radiation Workers in the Nuclear Industry: estimates of radiation-related cancer risks. *Radiat Res.* 2007, **167**: 396–416.

25 United Nations Scientific Committee on the Effects of Atomic Radiation (UNSCEAR): Sources and Effects of Ionizing Radiation. Report to the General Assembly with Scientific Annexes, Vol. II Effects. (New York: United Nations) (2000), siehe auch: C. R. Muirhead, Studies on the Hiroshima and Nagasaki survivors, and their use in estimating radiation risks, Radiation Protection Dosimetry Vol. 104, No. 4, pp. 331–335 (2003).

26 Epidemiological evaluation of cardiovascular diseases and other non-cancer diseases following radiation exposure, UNSCEAR 2006 Report Vol. I, pp. 323–383. United Nations New York, 2008.

27 Doll, R., Wakeford, R.: Risk of childhood cancer from fetal irradiation. *Br J. Radiol.* 1997, 130–139.

28 Schutz des Menschen vor solarer UV-Strahlung. Empfehlungen und Stellungnahmen der Strahlenschutzkommission 1995–1997. Informationen der Strahlenschutzkommission (SSK) des Bundesministeriums für Umwelt, Naturschutz und Reaktorsicherheit Nr. 4 (1998).

29 McKinlay, A.F., and Diffey, B.L.: A reference action spectrum for ultraviolet induced erythema in human skin. *CIE J.* 1987, **6**: 17–22.

30 http://www.hohenstein.de/de/inline/pressrelease_3656.xhtml?excludeId=3656 (9.9.2011).

31 Lehmann, P.: Heliotrope Erkrankungen – Diagnose und Therapie. *Dt. Med. Wochenschrift.* 2004, **129**: 259–266.

32 http://www.krebsregister.saarland.de/datenbank/datenbank.html (12.9.2011).

33 Elwood, J.M., Lee, J.A., Walter, S.D., Mo, T., Green, A.E.: Relationship of melanoma and other skin cancer mortality to latitude and ultraviolet radiation in the United States and Canada. *Int. J. Epidemiol.* 1974, 325–32.

34 Brash, D.E., Rudolph, J.A., Simon, J.A., Lin, A., McKenna, G.J., Baden, H.P., Halperin, A.J., and Ponten, J.: A role for sunlight in skin cancer: UV-induced p53 mutations in squamous cell carcinoma. *Proc. Natl. Acad. Sci. USA.* 1991, **88**: 10124–10128.

35 Ringborg, U., Breitbart, E.W., Meulemans, C.C.E.: Prevention of cutaneous malignant melanoma and non-melanoma skin cancer. ECSC-EC-EAC Brussels/Luxembourgh, 1995.

36 www.rki.de/cln_116/nn_204124/DE/Content/GBE/DachdokKrebs/Datenbankabfragen/datenbankabfragen__node.html?__nnn=true (24.9.2011).

37 Wolff, J.: Ein neues Profil für die Solarien-Branche, http://www.photomed.de/Neues_Profil_fuer_die.solarien-profil0.0.html (24.9.2011).

38 http://www.bmu.de/files/pdfs/allgemein/application/pdf/uv_schutzverordnung.pdf

39 Doré, J.F., Chignol, M.C.: Tanning salons and skin cancer. *Photochem Photobiol Sci.* 2011 Aug 15.
40 Erren, T., Stevens, R.G.: Licht, Melatoin und innere Krebserkrankungen – Aktuelle Fakten und Forschungsperspektiven. *Gesundheitswesen.* 2002, **64**: 278–283.
41 Fördergemeinschaft gutes Licht: LED – Licht aus der Leuchtdiode. http://www.licht.de/fileadmin/shop-downloads/h17.pdf. (26.9.2011).
42 Weitere Angaben findet man unter http://www.bvb-verband.de/service/pdf/laender_strom.pdf.
43 Siehe z. B. http://www.bzur.de/Radar/12.pdf (aufgerufen am 14.11.2011).
44 http://www.bfs.de/de/ion/wirkungen/radar/radarkommission.html (aufgerufen am 14.11.2011).
45 http://www.iss.it/binary/publ/publi/0125.1109758370.pdf
46 Merzenich, H., Schmiedel, S., Bennack, S., Brüggemeyer, H., Philipp, J., Blettner, M., Schüz, J.: Childhood leukemia in relation to radio frequency electromagnetic fields in the vicinity of TV and radio broadcast transmitters. *Am J Epidemiol.* 2008, Nov 15, **168** (10): 1169–78.
47 Siehe auch die internationale Statistik unter http://www.itu.int/ITU-D/ict/statistics/index.html.
48 de Vocht, F., Burstyn, I., Cherrie, J.W.: Time trends (1998–2007) in brain cancer incidence rates in relation to mobile phone use in England. *Bioelectromagnetics.* 2011, **32** (5): 334–339.
49 Frei, P., Poulsen, A.H., Johansen, C., Olsen, J.H., Steding-Jessen, M., Schüz, J.: Use of mobile phones and risk of brain tumours: update of Danish cohort study. *BMJ.* 2011, 19; 343: d6387.
50 INTERPHONE Study Group. Brain tumour risk in relation to mobile telephone use – results of the INTERPHONE international case-control study. *Int J Epidemiol.* 2010, **39** (3): 675–94.
51 Christian Morgenstern: Die unmögliche Tatsache, aus Palmström, Berlin 1910.
52 Repacholi, M.H., Lerchl, A., Röösli, M., Sienkiewicz, Z., Auvinen, A., Breckenkamp, J., d'Inzeo, G., Elliott, P., Frei, P., Heinrich, S., Lagroye, I., Lahkola, A., McCormick, D.L., Thomas, S., Vecchia, P.: Systematic review of wireless phone use and brain cancer and other head tumors. *Bioelectromagnetics* 2011 Oct 21. doi: 10.1002/bem.20716.
53 Verschaeve, L., Juutilainen, J., Lagroye, I., Miyakoshi, J., Saunders, R., de Seze, R., Tenforde, T., van Rongen, E., Veyret, B., Xu, Z.: In vitro and in vivo genotoxicity of radiofrequency fields. *Mutat Res.* 2010, Dec, **705** (3): 252–68.
54 Ruediger, H.W.: Genotoxic effects of radiofrequency electromagnetic fields. *Pathophysiology.* 2009, Aug, **16** (2–3): 89–102.
55 Kiefer, J.: Genotoxische Wirkungen hochfrequenter Felder – eine kritische Bestandsaufnahme in: Nichtionisierende Strahlung in Arbeit und Umwelt (her.: H.-D. Reidenbach, K. Dollinger, G. Ott), 2011, TÜV Media Group, TÜV Rheinland Group, S. 145–155.
56 Baan, R., Grosse, Y., Lauby-Secretan, B., El Ghissassi, F., Bouvard, V., Benbrahim-Tallaa, L., Guha, N., Islami, F., Galichet, L., Straif, K.; WHO International Agency for Research on Cancer Monograph Working Group: Carcinogenicity of radiofrequency electromagnetic fields. *Lancet Oncol.* 2011, Jul, **12** (7): 624–6.
57 http://www.krebsgesellschaft.de/hirntumor_uebersicht,4183.html (aufgerufen am 24.11.2011).
58 http://www.rki.de/cln_226/nn_204124/DE/Content/GBE/DachdokKrebs/KID/gesamt__bKindern/C00__97__07,templateId=raw,property=publicationFile.pdf/C00_97_07.pdf (aufgerufen am 24.1.2011).
59 Danker-Hopfe, H., Dorn, H., Bornkessel, C., Sauter, C.: Do mobile phone base stations affect sleep of residents? Results from an experimental double-blind sham-controlled field study. *Am J Hum Biol.* 2010, Sep–Okt, **22** (5): 613–8. Ein detaillierter Bericht (in deutscher Sprache) liegt als Teil des deutschen Mobilfunkforschungsprogramms vor unter http://www.emf-forschungsprogramm.de/forschung/biologie/biologie_abges/bio_095_AB.pdf (aufgerufen 26.11.2011).
60 In: Experten – orientierungslos im Antennenwald, Online-Ausgabe der *Ärzte Zeitung* vom 31.05.2001.
61 van Rongen, E., Croft, R., Juutilainen, J., Lagroye, I., Miyakoshi, J., Saunders, R., de

Seze, R., Tenforde, T., Verschaeve, L., Veyret, B., Xu, Z.: Effects of radiofrequency electromagnetic fields on the human nervous system. *J Toxicol Environ Health B Crit Rev.* 2009, Oct, **12** (8): 572–97.
62 www.emf-forschungsprogramm.de.
63 Wertheimer, N., Leeper, E.: Electrical wiring configurations and childhood cancer. *Am J Epidemiol.* 1979, Mar, **109** (3): 273–84.
64 Ahlbom, A., Day, N., Feychting, M., Roman, E., Skinner, J., Dockerty, J., Linet, M., McBride, M., Michaelis, J., Olsen, J.H., Tynes, T., Verkasalo, P.K.: A pooled analysis of magnetic fields and childhood leukaemia. *Br J Cancer.* 2000, Sep, **83** (5): 692–8.
65 Kheifets, L., Ahlbom, A., Crespi, C.M., Draper, G., Hagihara, J., Lowenthal, R.M., Mezei, G., Oksuzyan, S., Schüz, J., Swanson, J., Tittarelli, A., Vinceti, M., Wunsch Filho, V.: Pooled analysis of recent studies on magnetic fields and childhood leukaemia. *Br J Cancer.* 2010, Sep 28, **103** (7): 1128–35. Erratum in: *Br J Cancer.* 2011, Jan 4, **104** (1): 228.
66 http://monographs.iarc.fr/ENG/Monographs/vol80/mono80.pdf (aufgerufen 29.11.2011).
67 Schüz, J., Grigat, J.P., Störmer, B., Rippin, G., Brinkmann, K., Michaelis, J.: Extremely low frequency magnetic fields in residences in Germany. Distribution of measurements, comparison of two methods for assessing exposure, and predictors for the occurrence of magnetic fields above background level. *Radiat Environ Biophys.* 2000, Dec, **39** (4): 233–40.
68 Wilson, R.R.: Radiological Use of Fast Protons, *Radiology.* 1946, **47**: 487–491.
69 http://ptcog.web.psi.ch/Archive/Patient-statistics-updateMay2011.pdf
70 Deutsche Krebshilfe e.V., Buschstr. 32, 53113 Bonn. http://www.krebshilfe.de/fileadmin/Inhalte/Downloads/PDFs/Blaue_Ratgeber/053_strahlen.pdf.
71 Heyd, R., Seegenschmiedt, M.H., Rades, D., Winkler, C., Eich, H.T., Bruns, F., Gosheger, G., Willich, N., Micke, O.: German Cooperative Group on Radiotherapy for Benign Diseases. Radiotherapy for symptomatic vertebral hemangiomas: results of a multicenter study and literature review. *Int J Radiat Oncol Biol Phys.* 2010, **77**: 217–25. Ogino, I., Torikai, K., Kobayasi, S., Aida, N., Hata, M., Kigasawa, H.: Radiation therapy for life- or function-threatening infant hemangioma. *Radiology.* **218**: 834–839.
72 Fürst, C.J., Lundell, M., Holm, L.E.: Radiation therapy of hemangiomas 1909–1959. A cohort based on 50 years of clinical practice at Radiumhemmet, Stockholm. *Acta Oncol.* 1987, Jan–Feb, **26** (1): 33–6.
73 Trott, K.R., Kamprad, F.: Estimation of cancer risks from radiotherapy of benign diseases. *Strahlenther Onkol.* 2006, **182**: 431–436 .
74 Seegenschmiedt, M.H., Micke, O., Willich, N.: Radiation therapy for non-malignant diseases in Germany. Current concepts and future perspectives. *Strahlenther. Onkol.* 2004, **180**: 718–730.
75 http://www.nuklearmedizin.de/leistungen/leitlinien/html/radiosynoviorthese.php?navId=53
76 Franke, A., Reiner, L., Pratzel, H.G., Franke, T., Resch, K.L.: Long-term efficacy of radon spa therapy in rheumatoid arthritis – a randomized, sham-controlled study and follow-up. *Rheumatology* (Oxford). 2000, **39**: 894–902.
77 http://www.g-ba.de/downloads/40-268-236/2005-06-15-BUB-Hyperthermie.pdf.
78 http://www.lgl.bayern.de/lebensmittel/chemie/kontaminanten/radioaktivitaet/index.htm
79 http://www.bfs.de/bfs/recht/dosis.html. Eine kürzere Version gibt es unter http://www.verwaltungsvorschriften-im-internet.de/pdf/BMU-RS-20070112-KF-A007.3.pdf.
80 Strahlenschutzverordnung Anlage VII.
81 verwaltungsvorschriften-im-internet.de/pdf/BMU-RS-20070112-KF-A007.3.pdf.
82 High-dose irradiation: wholesomeness of food irradiated with doses above 10 kGy, a joint FAO/IAEA/WHO study group. Geneva, Switzerland, 15-20 September 1997, http://www.who.int/foodsafety/publications/fs_management/irradiation/en/
83 http://www.bvl.bund.de/DE/01_Lebensmittel/03_Verbraucher/10_LMBestrahlen/lm_LM_Bestrahlen_basepage.html?nn=1401996. Hier findet man auch weitere interessant und nützliche Links zum Thema.
84 http://www.gesetze-im-internet.de/bundesrecht/lmbestrv_2000/gesamt.pdf.
85 http://nucleus.iaea.org/FICDB/Browse.aspx.

86 Welt am Sonntag 25. 3. 2007, http://www.welt.de/wissenschaft/article776838/UV_Licht_kann_Wasser_reinigen.html.
87 Bundesvereinigung der Firmen im Gas- und Wasserfach e. V., Marienburger Straße 15, 50968 Köln, Technische Mitteilung 01/08.
88 www.bfs.de
89 www.unscear.org
90 Regulla, D., and Schraube, H.: Radiation exposure of aircrews in civil aviation. In: Strahlenbiologie und Strahlenschutz. 28. Jahrestagung des Fachverbands für Strahlenschutz e.V., Hannover, 23.–25.10.1996 (Hrsg.: G. Heinemann, H. Pfob). Köln: Verlag TÜV Rheinland, 375–380 (1996).
91 Eine Übersicht findet man bei: Grosche, B., Kreuzer, M., Kreisheimer, M., Schnelzer, M., Tschense, A.: Lung cancer risk among German male uranium miners: a cohort study, 1946-1998. *Br J Cancer*. 2006, Nov 6, **95** (9): 1280–7.
92 Eine ausführliche Zusammenstellung hat UNSCEAR vorgenommen: Effects of ionizing radiation. UNSCEAR Report 2006, Vol. II. Annex E: Sources-to-effects assessment for radon inhomes and workplaces, pp. 197-334. United Nations New York, 2009.
93 http://www.bmu.de/files/pdfs/allgemein/application/pdf/radon_themenpapier.pdf
94 Darby, S., Hill, D., Deo, H., Auvinen, A., Barros-Dios, J.M., Baysson, H., Bochicchio. F., Falk, R., Farchi, S., Figueiras, A., Hakama, M., Heid, I., Hunter, N., Kreienbrock, L., Kreuzer, M., Lagarde, F., Mäkeläinen, I., Muirhead, C., Oberaigner, W., Pershagen, G., Ruosteenoja, E., Rosario, A.S., Tirmarche, M., Tomásek, L., Whitley, E., Wichmann, H.E., Doll, R.: Residential radon and lung cancer – detailed results of a collaborative analysis of individual data on 7148 persons with lung cancer and 14.208 persons without lung cancer from 13 epidemiologic studies in Europe. *Scand J Work Environ Health*. 2006; **32** Suppl 1: 1–83. Erratum in: *Scand J Work Environ Health*. 2007, Feb, **33** (1): 80.
95 http://doris.bfs.de/jspui/handle/urn:nbn:de:0221-201005041866.
96 Die letzte Zusammenstellung findet man im Jahresbericht 2009, zugänglich unter www.bfs.de.
97 Black, D. (Ed.) (1984): Investigation of the possible increased incidence of cancer in West Cumbria. HMSO, London.
98 Gardner, M.J., Snee, M.P., Hall, A.J., Powell, C.A., Downes, S., Terrell, J.D.: Results of case-control study of leukaemia and lymphoma among young people near Sellafield nuclear plant in West Cumbria. *Brit.Med. J.* 1990, **300**: 423–429. Erratum in: *Brit.Med. J.* 1992, **305**: 715 .
99 The distribution of childhood leukaemia and other childhood cancers in Great Britain 1969–1993. COMARE Report No. 11 (2006) http://www.comare.org.uk/press_releases/documents/COMARE11thReport.pdf.
100 Kaatsch, P., Kaletsch, U., Meinert, R., Michaelis, J.: An extended study on childhood malignancies in the vicinity of German nuclear power plants. *Cancer Causes Control*. 1998, **9**: 529–533.
101 SSK: Ionisierende Strahlung und Leukämieerkrankungen von Kindern und Jugendlichen, G. Fischer Verlag, Stuttgart 1994.
102 Spix, C., Schmiedel, S., Kaatsch, P., Schulze-Rath, R., Blettner, M.: Case-control study on childhood cancer in the vicinity of nuclear power plants in Germany 1980–2003. *Eur J Cancer*. 2008, **44**: 275–284.
103 Further consideration of the incidence of childhood leukaemia around nuclear power plants in Great Britain. COMARE Report No. 14 (2011). http://www.comare.org.uk/press_releases/documents/COMARE14report.pdf.
104 Bewertung der epidemiologischen Studie zu Kinderkrebs in der Umgebung von Kernkraftwerken (KiKK-Studie), Stellungnahme der Strahlenschutzkommission. Berichte der Strahlenschutzkommission (SSK), Heft 57. H. Hoffmann Verlag, Berlin 2008.
105 Cook-Mozaffari, P.J., Darby, S.C., Doll, R., Forman, D., Hermon, C., Pike, M.C., Vincent, T.: Geographical variation in mortality from leukaemia and other cancers in England and Wales in relation to proximity to nuclear installations, 1969-78. *Br J Cancer*. **59** (189): 476–485. Erratum in: *Br J Cancer*. 1989, Aug, **60** (2): 270; s. auch: Cook-Mozaffari, P., Darby,

S., Doll, R.: Cancer near potential sites of nuclear installations. *Lancet.* 1989, **334**: 1145–1147.

106 Kinlen, L.: Childhood leukaemia, nuclear sites, and population mixing. *Br J Cancer.* 2011, **104**: 12–18.

107 Greaves, M.F., Alexander, F.E.: An infectious etiology for common acute lymphoblastic leukemia in childhood? *Leukemia.* 1993, **7**: 349–360.

108 Schwankner, R.J., Eigenstetter, M., Laubinger, R., Schmidt, M.: Strahlende Kostbarkeiten. *Physik in unserer Zeit.* 2005, **36** (4): 160–167. DOI:10.1002/piuz.200501073. Hier findet man noch viele andere Beispiele.

109 Polednak, A.P., Stehney, A.F., Rowland, R.E.: Mortality among women first employed before 1930 in the U.S. radium dial-painting industry. A group ascertained from employment lists. *Am J Epidemiol.* 1978, **107**: 179–195.

110 Freiherr Gustav von Pohl: Erdstrahlen als Krankheits- und Krebserreger. Lebenskunde Verlag Düsseldorf, 6. Aufl., 1988.

111 Prokop, O., Wimmer, W.: Wünschelrute, Erdstrahlen, Radiästhesie. 3. Aufl., Enke, Stuttgart 1985.

112 http://www.geophys.uni-stuttgart.de/erdstrahlen/erds2.htm.

113 König, H.L.: Erdstrahlen und Magnetismus. Ihre Wirkung für Wohlbefinden und Gesundheit. 5. überarbeitete Aufl., München, Moos, 1986.

114 König, H.L., Betz, H.-D.: Der Wünschelrutenreport, Eigenverlag München, 1989.

115 Knapp, E., Reuss, A., Risse, O., Schreiber, H.: Quantitative Analyse der mutationsauslösenden Wirkung monochromatischen UV-Lichtes. *Naturwissenschaften.* 1939, **27**, 304.

116 Avery, O.T., Macleod, C.M., McCarty, M.: Studies on the chemical nature of the substance inducing transformation of Pneumococcal types induction of transformation by a deoxyribonucleic acid fraction isolated from Pneumococcus. *J Exp Med.* 1944, Feb 1, **79** (2): 137–158.

117 Gates, F.L.: A study of the bactericidal action of ultraviolet light. III. The absorption of ultraviolet light by bacteria. *J Gen Physiol.* 1930 Sep 20; **14** (1): 31–42.

118 www.umingo.de/lib/exe/fetch.php?media=politik.

119 Siehe dazu z. B.: G. Obe, Vijayalxmi (eds.): Chromosomal Alterations, Springer-Verlag, Berlin-Heidelberg, 2007.

120 Skloot, R.: Die Unsterblichkeit der Henrietta Lacks. Irisiana 2010.

121 Han, A., Elkind, M.M.: Transformation of mouse C3H 10T1/2 cells by single and fractionated does of X-rays and fission spectrum neutrons. *Cancer Res.* 1979, **39**: 123–130.

122 Elkind, M.M., Sutton, H.: X-ray damage and recovery in mammalian cells in culture. *Nature.* 1959, **184**: 1293–1295.

123 Holthusen, H.: Beiträge zur Biologie der Strahlenwirkung. Untersuchungen an Askarideneiern. *Pfluegers Arch.* 1921, **187**: 1–24.

124 Hausser, K.W., und von Oehmcke, H.: Lichtbräunung an Fruchtschalen. *Strahlentherapie.* 1933, **48**, 223–229.

125 Kelner, A.: Effect of visible light on the recovery of Streptomyces griseus conidia from ultraviolet irradiation injury. *Proc. Natl. Acad. Sci. USA.* 1949, **35**, 73–79.

126 Setlow, R.B., Carrier, W.L.: The disappearance of thymine dimers from DNA: an error correcting mechanism. *Proc. Natl. Acad. Sci. USA.* 1964, Feb, **51**: 226–31.

127 Clancy, S.: DNA damage & repair: mechanisms for maintaining DNA integrity. *Nature Education.* 2008, **1** (1).

128 Siehe auch Friedl, W., Propping, P.: Disposition für erbliche Krebserkrankungen, in: W. Hiddemann, C. Bartram (Hrsg.): Die Onkologie. Springer, Heidelberg 2010, S. 129–150.

129 „Mondscheinkinder", ein Film von Manuela Starke, Deutschland, 2006.

130 Harper, J.W., Elledge, S.J.: The DNA damage response: ten years after. *Mol Cell.* 2007, Dec 14, **28** (5): 739–45.

131 Nakamura, N., Hirai, Y., Kodama, Y.: Gamma-ray and neutron dosimetry by EPR and AMS using tooth enamel from atomic bomb survivors – a minireview. *Radiat Prot Dosimetry.* 2012, Jan 20.

132 Näheres zu den Verfahren in: Léonard, A., Rueff, J., Gerber, G.B., Léonard, E.D.: Usefulness and limits of biological dosimetry based on cytogenetic methods. *Radiat Prot Dosimetry.* 2005, **115** (1-4): 448–

54. Kleinerman, R.A., Romanyukha, A.A., Schauer, D.A., Tucker, J.D.: Retrospective assessment of radiation exposure using biological dosimetry: chromosome painting, electron paramagnetic resonance and the glycophorin a mutation assay. *Radiat Res.* 2006, Jul, **166** (1 Pt 2): 287–302. Sevan'kaev, A., Khvostunov, I., Lloyd, D., Voisin, P., Golub, E., Nadejina, N., Nugis, V., Sidorov, O., Skvortsov, V.: The suitability of FISH chromosome painting and ESR-spectroscopy of tooth enamel assays for retrospective dose reconstruction. *J Radiat Res* (Tokyo). 2006, Feb, **47** Suppl A: A75–80.
133 Sies, H.: A new parameter for sex education. *Nature.* 1988, **332**: 495.
134 Howe, G.R., Zablotska, L.B., Fix, J.J., Egel, J., and Buchanan, J.: Analysis of the Mortality Experience amongst U.S. Nuclear Power Industry Workers after Chronic Low-Dose Exposure to Ionizing Radiation. *Radiat. Res.* 2004, **162**: 517–526.
135 Hill, Austin Bradford (1965) The Environment and Disease: Association or Causation? Proceedings of the Royal Society of Medicine **58** (5): 295–300. http://www.edwardtufte.com/tufte/hill (aufgerufen am 5. 4. 2012).
136 http://www-pub.iaea.org/.
137 Unscear.org.
138 ICRP, Recommendations of the ICRP. ICRP Publication 26. Ann. ICRP 1 (3) (1977).
139 1990 Recommendations of the International Commission on Radiological Protection ICRP Publication 60, Ann. *ICRP* **21** (1–3) (1991).
140 The 2007 Recommendations of the International Commission on Radiological Protection ICRP Publication 103, Ann. ICRP 37 (2–4). (2007).
141 Preston, D.L., Ron, E., Tokuoka, S., Funamoto, S., Nishi, N., Soda, M., Mabuchi, K., Kodama, K.: Solid cancer incidence in atomic bomb survivors: 1958–1998. *Radiat Res.* 2007, **168**: 1–64.
142 Aktenzeichen 2 StR 397/97 (*Neue Juristische Wochenschrift* (1998) S. 833 ff.).
143 RöV: http://www.gesetze-im-internet.de/bundesrecht/r_v_1987/gesamt.pdf StrlSchV: http://www.gesetze-im-internet.de/bundesrecht/strlschv_2001/gesamt.pdf.
144 Health Physics 74 (4): 494–522; 1998, http://www.icnirp.de/documents/emfgdl.pdf.
145 Health Physics 87 (2): 171–186; 2004, http://www.icnirp.de/documents/UV2004.pdf.
146 Health Physics 73 (3): 539–554; 1997, http://www.icnirp.de/documents/broadband.pdf.
147 Health Physics 99 (6): 818–836; 2010, http://www.icnirp.de/documents/LFgdl.pdf.
148 Health Physics 46 (4): 969–974; 1984, http://www.icnirp.de/PubUltrasound.htm.
149 Proceedings of the international workshop on the effects of ultrasound and infrasound relevant to human health. *Progress in Biophysics and Molecular Biology* 93 (1–3); January/April 2007.
150 Amendment to the ICNIRP "Statement on Medical Magnetic Resonance (MR) Procedures: Protection of Patients". *Health Physics* 97 (3): 259–261; 2009, http://www.icnirp.de/documents/MR2009.pdf.
151 http://bb.osha.de/docs/RL_2006_25_EG_Opt_DE.pdf.
152 abrufbar unter bfs.de.
153 http://doris.bfs.de/jspui/bitstream/urn:nbn:de:0221-201109056248/1/BfS2011_Jahresbericht2010.pdf.
154 Radiation Exposures in Accidents, United Nations Committee on the Effects of Atomic Radiation, UNSCEAR 2008 Report, UN New York 2011, pp. 1–44.
155 Siehe z. B.: Wing, S., Richardson, D., Armstrong, D., and Crawford-Brown, D.: A reevaluation of cancer incidence near the Three Mile Island nuclear plant: the collision of evidence and assumptions. *Environ. Health Perspect.* 1997, **105**: 52–57.
156 SSK: 20 Jahre nach Tschernobyl. Eine Bilanz aus Sicht des Strahlenschutzes. http://www.ssk.de/de/werke/2006/kurzinfo/ssk0603.htm.
157 Health Effects Due to Radiation from the Chernobyl Accident. United Nations Committee on the Effects of Atomic Radiation, UNSCEAR 2008 Report, UN New York 2011, pp. 45–220.
158 Worgul, B.V., Kundiyev, Y.I., Sergiyenko, N.M., Chumak, V.V., Vitte, P.M., Medvedovsky, C., Bakhanova, E.V., Junk, A.K.,

Kyrychenko, O.Y., Musijachenko, N.V., Shylo, S.A., Vitte, O.P., Xu, S., Xue, X., Shore, R.E.: Cataracts among Chernobyl clean-up workers: implications regarding permissible eye exposures. *Radiat Res.* 2007, **167**: 233–243.
159 Castronovo, F.P. Jr.: Teratogen update: radiation and Chernobyl. *Teratology*, 1999, **60**: 100–106.
160 Fukushima Daiichi – Unfallablauf, radiologische Folgen. GRS, S. 51 (2012). http://www.grs.de/publications/grs-S-51-fukushima-daiichi-11-maerz-2011-unfallablauf-radiologische-folgen, aufgerufen am 22. 3. 2012.
161 The Asahi Shimbun, Study shows wide variation in Fukushima radiation exposure, 13. Dezember 2011.
162 ENSI (Eidgenössisches Nuklearsicherheitsinspektorat): Radiologische Auswirkungen aus den kerntechnischen Unfällen in Fukushima vom 11.03.2011, ENSI-AN-7746, 16. Dezember 2011.
163 http://www.umweltbundesamt.de/uba-info-presse/2009/pd09-087_Chemieunglueck_in_Bhopal.html

**Weiterführende Literatur
(Auswahl, nur deutschsprachige Werke)**

1 Diehl, J. F.: Radioaktivität in Lebensmitteln
  Wiley-VCH 2003, 256 S.
  ISBN 978-3-527-30722
2 Eidemüller, D.
  Das nukleare Zeitalter
  Hirzel S. Verlag 2012, 184 S.
  ISBN: 3777621811
3 Grupen, C.
  Grundkurs Strahlenschutz
  Springer-Verlag GmbH, 2008, 399 S.
  ISBN: 3540758488
4 Kauffmann, G., Sauer, R., Weber, W. (Herausgeber)
  Radiologie-Bildgebende Verfahren, Strahlentherapie, Nuklearmedizin und Strahlenschutz-
  4. Auflage.
  Urban & Fischer 2011
  ISBN: 3437414178
5 Kiefer.,J., Kiefer, I.,
  Allgemeine Radiologie
  Parey Verlag 2003, 192 S.
  ISBN 3-8263-3397-7
6 Krieger, H.
  Grundlagen der Strahlungsphysik und des Strahlenschutzes
  4. , überarbeitete und erweiterte Auflage.
  Vieweg+Teubner Verlag, 2012
  ISBN: 3834818151
7 Laubenberger, T., Laubenberger, J.
  Technik der medizinischen Radiologie
  Deutscher Aerzte-Verlag, 1999, 635 S.
  ISBN: 376911132X
8 Lindell, Bo
  Geschichte der Strahlenforschung 02
  Das Damoklesschwert. Jahrzehnt der Atombombe: 1940-1950. Über Strahlung, Radioaktivität und Strahlenschutz.
  Übersetzt von Traute Roedler-Vogelsang
  Isensee Florian GmbH, 2007, 394 S.
  ISBN: 3899953614
9 Reidenbach, H.-D., Siekmann, H., Brose, M., Ott, G.
  Praxis-Handbuch optische Strahlung: Gesetzesgrundlagen, praktische Umsetzung und betriebliche Hilfen.
  Schmidt, Erich Verlag 2012, 292 S.
  ISBN: 3503138226
10 Reiser, M., Kuhn, F.-P., Debus, J.
  Radiologie
  Thieme Georg Verlag 2006. 760 S.
  ISBN: 3131253223
11 Strahlenschutzkommission (SSK)
  Einfluss der natürlichen Strahlenexposition auf die Krebsentstehung in Deutschland
  Veröffentlichung der Strahlenschutzkommission Bd. 62
  H. Hoffmann GmbH- Fachverlag Berlin 2008, 326 S.
  ISBN 978-3-87344-144-6
12 Strahlenschutzkommission (SSK)
  Vergleichende Bewertung der Evidenz von Krebsrisiken durch elektromagnetische Felder und Strahlungen
  Stellungnahme der Strahlenschutzkommission 2011, 81 S.
  http://www.ssk.de/de/werke/2011/kurzinfo/ssk1106.htm (30. 7. 2012)
13 Zink, C. (Herausgeber)
  Wörterbuch Radioaktivität, Strahlenbiologie, Strahlenschutz
  ABW Wissenschaftsverlag G, 2012, 320 S.
  ISBN: 3940615315

Epilog

Dies ist zwar im strengen Sinn kein wissenschaftliches Buch, aber doch eine Abhandlung, die für sich in Anspruch nimmt, auf wissenschaftlichen Grundlagen zu beruhen. Persönliche Aussagen sollten dabei keinen Raum einnehmen, das oberste Prinzip sei Sachlichkeit. Der Autor hat sich bemüht, diese Regel einzuhalten, auch wenn ab und an der feuilletonistische Gaul mit ihm durchgeht. In diesem Nachwort verlässt der Autor seine bemühte Objektivität und wird persönlich: ab jetzt wagt er, „ich" zu sagen.

Ein Forscherleben ist voll mit persönlichen Begegnungen, vielleicht mehr als in anderen Berufen. Durch die internationale Zusammenarbeit wird man Glied einer weltumspannenden Gemeinschaft, die nüchternen Daten der Publikationen erhalten ein Gesicht, wenn man die Autoren kennt. Über das Engagement für die Sache hinaus entwickeln sich so persönliche Freundschaften, die oft ein Leben lang halten. Solche Erfahrungen wiegen manche Enttäuschungen und nicht selten frustrierende Anstrengungen mehr als auf. Darüber zu berichten gäbe Stoff für ein eigenes Buch, dazu ist hier weder der richtige Rahmen noch der Platz. Manchmal vermischen sich aber wissenschaftliches Interesse und menschliches Erleben. Diese Momente bleiben im Gedächtnis und prägen auch das Verhältnis zur eigenen Tätigkeit. Um dem Leser etwas davon zu vermitteln, warum die Beschäftigung mit der Thematik dieses Buches für mich mehr bedeutet als eine fachlich fundierte Pflichtübung, sollen am Ende einige wenige kurze Erzählungen stehen, gewissermaßen als Illustrationen dafür, was sich hinter Zahlenkolonnen und graphischen Darstellungen verbirgt.

Wissenschaft wird von Menschen gemacht, und oft sind Menschen ihre Objekte. Besonders gilt das bei epidemiologischen Studien, Einzelschicksale werden zu „Fällen". Bedrückend habe ich das empfunden bei einem meiner Besuche in Hiroshima. Eine ältere Dame, Überlebende der Katastrophe, berichtete über ihre Erlebnisse nach der Explosion. Sie war als Schülerin auf einem Klassenausflug, um eine Telefonvermittlungsanlage zu besichtigen, als die Bombe explodierte. Zusammen mit ihren Kameradinnen rannte sie um ihr Leben, stürzte sich in einen Fluss nahebei, um dem sich ausbreitenden Feuer zu entgehen. Sie überlebte, ein Großteil der Gruppe jedoch starb auf Grund akuter Strahlenschäden. Die Erzählung kam mir bekannt vor, und plötzlich erinnerte ich mich, dass ich eine ähnliche Schilderung schon in einer wissenschaftlichen Abhandlung gelesen

Strahlen und Gesundheit: Nutzen und Risiken, 1. Auflage. Jürgen Kiefer
© 2012 Wiley-VCH Verlag GmbH & Co. KGaA. Published 2012 by Wiley-VCH Verlag GmbH & Co. KGaA.

hatte, in der es um die Ermittlung der „mittleren letalen Dosis" ging. Selten wurde mir so deutlich, dass wissenschaftliche Distanz (die nötig ist) auch mitleidlos sein kann.

Bei einer anderen Gelegenheit besuchte ich die „Radiation Effects Research Foundation" in Hiroshima. Besonders interessierten mich die Forschungen zur genetischen Strahlenwirkung und ich konnte mich lange mit einem japanischen Kollegen unterhalten, den ich nicht zuletzt besonders schätze, da er der einzige japanische Pfeiffenraucher ist, den ich kenne. Mitten in der fachlichen Diskussion sagte er auf einmal unvermittelt: „Wissen Sie eigentlich, dass es ein Zufall ist, dass wir uns hier so unterhalten können?" Mein verwundertes „Wieso?" beantwortete er mit der Erzählung, dass seine Mutter, die mit ihm schwanger war, am 6. August 1945 die S-Bahn versäumt hatte, die sie wie jeden Tag zur Arbeit nach Hiroshima bringen sollte. Der nächste Zug kam nicht mehr, in der Zwischenzeit war die Bombe explodiert. So rettete eine Nachlässigkeit ihm das Leben. Heute ist er einer der bedeutendsten Forscher auf dem Gebiet der Strahlengenetik.

Ein anderes bedrückendes Erlebnis hängt mit meinen Untersuchungen zur Weltraumstrahlenbiologie zusammen. Wir hatten die Möglichkeit, auf mehreren Shuttleflügen Experimente durchzuführen, die – bis auf das letzte – erfolgreich verliefen. Den Abschluss sollten Versuche auf der „Columbia" bilden. Die Crew war eingehend auf die Fragestellung vorbereitet worden, unsere Partnerin an Bord war die junge indische Astronautin Kalpana Chawla, die voll Stolz ihr Land bei der Weltraumforschung repräsentierte. Zum Ablauf des Experimentes gehörte es, dass zu einem bestimmten Zeitpunkt an unserer Apparatur Einstellungen vorzunehmen waren, wozu unsere Anweisungen notwendig waren. Als es soweit war, wurde der Funkkontakt hergestellt, und alles lief völlig reibungslos. Ich war beeindruckt von dem fröhlichen Engagement der jungen Kollegin und ihrer Kompetenz. Zum Abschluss verabredeten wir, dass wir uns nach dem Ende der Mission treffen wollten. Andere Verpflichtungen machten es notwendig, dass ich nach Deutschland vorzeitig zurückkehren musste und nicht bis zur vorgesehenen Landung im Kennedy Space Center bleiben konnte. Ein Mitarbeiter blieb zurück, um unsere Proben dann im Empfang zu nehmen. Zuhause wartete ich auf seinen Anruf. Leider kam es ganz anders: Vor der Zeit klingelte das Telefon mit der schrecklichen Nachricht, dass „Columbia" abgestürzt sei. Die Umstände sind durch Presseberichte hinreichend bekannt und brauchen hier nicht beschrieben zu werden. Für mich aber trug die Katastrophe ein Gesicht – das zerstörte Lachen einer jungen Inderin, die stolz war, auch mit unseren Experimenten der Wissenschaft und ihrem Land zu dienen.

„Strahlen und Gesundheit" ist somit nicht nur der Titel eines Buches, dahinter steht auch die Geschichte von großen Erwartungen, enttäuschten Hoffnungen, manchen Erfolgen und nicht zuletzt menschlichen Schicksalen. In der Beschreibung der Fakten kommen diese Aspekte nicht zur Sprache, sollen es auch nicht, aber am Ende soll an diese andere Seite doch wenigstens erinnert werden.

Glossar

ALARA-Prinzip ("As low as resonably achievable")	Ein aus dem Strahlenschutz abgeleiteter Grundsatz bei der Anwendung schädigender Einflüsse, nämlich unter Beachtung der mit der Anwendung verbundenen Ziele die Exposition so niedrig zu halten wie es vernünftigerweise möglich ist
Antiteilchen	Elementarteilchen existieren in zwei Erscheinungsformen, zu jedem gibt es ein Antiteilchen mit identischer Masse, aber im Allgemeinen entgegengesetzter Ladung. Theoretisch kann man sich komplementär zu unserer Welt eine „Antiwelt vorstellen. Treffen Antiteilchen aufeinander, so verlieren sie ihre Identität und „zerstrahlen", d. h. entsprechend ihrer Ruhemasse wird elektromagnetische Strahlung erzeugt „Vernichtungsstrahlung"
Apoptose	Geregelter Prozess des Zellabbaus („programmierter Zelltod"), s. a. Nekrose,
Arteriovenöse Malformationen (AVM)	In der Regel angeborene Fehlbildungen von Blutgefäßen, bei denen Arterien und Venen direkt verbunden sind
Auflösungsvermögen	Die Eigenschaft von Verfahren, feine Strukturen zu unterscheiden. Eine übliche Angabe ist „Linienpaare pro Millimeter"
AVM	s. „Arteriovenöse Malformationen"
BfS	s. Bundesamt für Strahlenschutz
Bias	„Verzerrung": systematischer Fehler bei der Erhebung von statistischen Größen.
Bohrschen Atommodell	Vereinfachendes Schema der elektronischen Energiezustände im Atom. Dabei wird angenommen, dass sich die Elektronen auf wohldefinierten elliptischen Bahnen um den Atomkern bewegen (vorgeschlagen von Niels Bohr, dänischer Physiker, 1885-1962, Nobelreis1922)

Strahlen und Gesundheit: Nutzen und Risiken, 1. Auflage. Jürgen Kiefer
© 2012 Wiley-VCH Verlag GmbH & Co. KGaA. Published 2012 by Wiley-VCH Verlag GmbH & Co. KGaA.

Botox	Nervengift des Bakteriums *Chlostridium botulinum*, wird in der Kosmetik als hautstraffendes Mittel eingesetzt.
Brachytherapie	Strahlentherapeutische Methode,, bei welcher der Strahler sich in sehr kurzer Entfernung vom Behandlungsherd befindet
Bundesamt für Strahlenschutz (BfS)	Bundesbehörde (zugeordnet dem Bundesministerium für Umwelt, Naturschutz und Reaktorsicherheit). Unterhält Einrichtungen an verschiedenen Orten, Hauptsitz Salzgitter, Website: www.bfs.de
Chromophor	(„Farbträger"), Stoffe, der durch spezifische Lichtabsorption farbig erscheint
Chromosomen	(„Farbkörper"), Träger der genetischen Information in der Zelle, bestehen aus Desoxyribonukleinsäure (DNS, heute meist DNA) und Proteinen. Der Name rührt daher, dass sie während der Zellteilung mit Hilfe bestimmter Farbstoffe im mikroskopischen Bild sichtbar gemacht werden können
COMARE	„Committee on Medical Aspects of Radiation in the Environment", britisches wissenschaftliches Beratungsgremium zu Fragen des Strahlenrisikos. Website: www.comare.org.uk
Confounder	Störfaktor, der in epidemiologischen Studien mit dem untersuchten Effekt in Beziehung steht und somit das Ergebnis verfälschen kann.
deterministisch	Im Einzelfall (im Prinzip) vorhersagbar
Diathermie	Tiefenwärmebehandlung mit Hilfe hochfrequenter elektromagnetischer Felder
Elektronvolt	s. Energieeinheiten
ELF	„extremely low frequency". Sammelbezeichnung für elektrische und magnetische Felder sehr niedriger Frequenz wie sie z.B. im Stromnetz auftreten
EMF	Sammelbezeichnung für hochfrequente elektromagnetische Felder
endoplasmatisches Retikulum	weitverzweigtes Membransystem in der Zelle, das vielfältige Aufgaben erfüllt, z.B. bei Signaltransduktion und Transportprozessen
Energieeinheiten	Es gibt eine Vielzahl von Energieeinheiten, die z. T. nur noch historische Bedeutung haben. Die wichtigsten sind Joule (J) (internationale Energieeinheit). Elektronvolt (eV) (atomphysikalische Energieeinheit) und die Kilowattstunde (kWh), die in der Technik verwendet wird, sowie die heute nicht mehr erlaubte „Kalorie" (cal). Es bestehen folgende

	Beziehungen: 1 cal = 4,18 J 1 ev = 1,6x10^{-19} J 1 kWh = 3,6x10^6 J
Enzyme	Proteine, welche in biologischen Systemen als Katalysatoren wirken und die Geschwindigkeit von Reaktionsabläufen beeinflussen. Veralteter Name: Fermente.
FCKW	s. Fluorchlorkohlenwasserstoffe
FISH	„Fluoreszenz in situ Hybridisierung": immunochemisches Verfahren, mit Hilfe dessen bestimmte Zellbestandteile selektiv mit Floureszenfarbstoffen markiert werden können
Fluorchlorkohlenwasserstoffe (FCKW)	Recht stabile organische Halogenverbindungen, die als Treib- und Lösungsmittel eingesetzt wurden. Als Folge photochemischer Prozesse führen sie in der Atmosphäre zum Abbau des Ozons, ihre Verwendung ist daher heute weltweit weitgehend verboten.
Fluoroskopie	Durchleuchtung mit Röntgenstrahlen
GSI	„Gesellschaft für Schwerionenforschung" in Darmstadt, heute „GSI Helmholtzzentrum für Schwerionenforschung". Eine der größten Einrichtungen für die Forschung mit hochenergetischen schweren Ionen. In Deutschland Wegbereiter der Schwerionentherapie. Website: www.gsi.de
GSM	s. Mobilfunkfrequenzen
Haemangiom	„Blutschwämmchen", embryonaler Tumor, der bei 3-5 % aller Säuglinge bis zum dritten Lebensjahr auftreten kann
Haftstellen	Im Bohrschen Atommodell ein zwischen den Bahnen möglicher Aufenthaltsort von Elektronen zwischen Grund- und angeregtem Zustand
Hormesis	Vorstellung, dass niedrige Dosen an sich schädlicher Stoffe einen günstigen Einfluss haben. In der Pharmazie sind Beispiele solcher Effekte bekannt, die Existenz einer „Strahlenhormesis" ist umstritten und zweifelhaft
HPA	„Health Protection Agency". britische Gesundheitsschutzbehörde, die auch für den Strahlenschutz zuständig ist. Verschiedene Einrichtungen, zentrale Verwaltung in London, Website: http://www.hpa.org.uk

IAEA	„International Atomic Energy Agency", Unterorganisation der Vereinten Nationen, Sitz Wien, Website: www.iaea.org
IARC	„International Agency for Research on Cancer", Unterorganisation der Weltgesundheitsorganisation WHO, Sitz Lyon, Website: www.iarc.fr
ICNIRP	„International Commission on Non-Ionizing Radiation Protection", unabhängiges internationales wissenschaftliches Beratergremium für den Schutz vor den Wirkungen nicht ionisierender Strahlen. Website: www.icnirp.de
ICRP	„International Commission on Radiological Protection", unabhängiges internationales wissenschaftliches Beratergremium für den Schutz vor den Wirkungen ionisierender Strahlen. Website: www.icrp.org
INES-Skala	Internationale Skala zur Einordnung von Zwischenfällen in Nuklearanlagen
Ingestion	Aufnahme mit der Nahrung
Inhalation	Aufnahme mit der Atemluft
Karzinogenese	Der Prozess der Krebsentstehung
Katarakt (die K.), cataracta	Trübung der Augenlinse, synonym „Grauer Star"
kritische Masse	Die Mindestmasse von spaltbarem Material, die notwendig ist, um eine Kettenreaktion aufrecht zu erhalten. Sie hängt von dem verwendeten Nuklid ab und kann durch Neutronenreflektoren verringert werde. Die kritische Masse von Uran-235 beträgt ca. 50 kg, von Plutonium-239 10 kg (ohe Reflektoren)
Laser	„Light Amplification by Stimulated Emission oft Radiation", in der Regel sehr intensive Lichtquellen, die kohärente, d. h. in gleicher Phase schwingende, und meist monochromatische (frequenzgleiche) Lichtwellen emittieren.
Leukämie	Erkrankung des blutbildenden Systems, die durch eine unkontrollierte Vermehrung weißer Blutkörperchen und deren Vorstufen charakterisiert ist. Es gibt eine Vielzahl verschiedener Leukämien.
Linac	Abkürzung für „linear accelerator", lineare Anordnung zur Beschleunigung von Elektronen oder Ionen.
LTE	s. Mobilfunkfrequenzen
Melatonin	Von der Zirbeldrüse (im Zwischenhirn) produziertes Hormon, das den Tag-Nacht-Rhythmus steuert,

	wirkt außerdem als Strahlenschutzsubstanz bei ionisierenden Strahlen
Mitochondrien	Zellorganellen aus Membranstrukturen, in denen die Stoffwechselprozesse zur Energiegewinnung ablaufen
Mitose	Die Teilung des Zellkerns
Mobilfunkfrequenzen	Im Mobilfunk werden verschiedene Verfahren eingesetzt, die (in Deutschland) wichtigsten sind GSM („Global System for Mobile Communications") und UMTS („Universal Mobile Telecommunications System"). Bei GSM gibt es zwei Frequenzbereiche, nämlich GSM-900 (Trägerfrequenz 900 MHz) und GSM-1800 (1800 MHz), bei UMTS liegt die Übertragungsfrequenz im Bereich von 1900 bis 2200 MHz. Die Übertragungsstrukturen der verschiedenen Netze unterscheiden sich. In neuerer Zeit ist als weiteres Verfahren „LTE" („long tem evolution") hinzugekommen, es wird als Weiterentwicklung von UMTS betrachtet und benutzt die 800 MHz- und die 2,6 GHz-Frequenzbänder. Für die drahtlose Datenübertragung über kürzere Entfernungen hat das WLAN-Verfahren („wireles local area network") die größte Bedeutung. Je nach verwendetem Standard arbeitet es bei ca. 2,5 oder 5,5 MHz.
MRT	„Magnetresonanztomographie", diagnostisches Verfahren, bei denen das Verhalten von Wasserstoffkernen im magnetischen Feld ausgenutzt wird
Nekrose	Im Gegensatz zur „Apoptose" pathologischer Zerfall von Zellen oder Gewebsbestandteilen.
Osteodensitometer	Gerät zur Bestimmung des Kalziumgehalts von Knochen mit Hilfe von Röntgenstrahlen (oft fälschlicherweise auch „Knochendichtemessung" genannt)
Pechblende	Uranhaltiges Erz.
PET	„Positronen-Emissions-Tomographie", nuklearmedizinisches Diagnoseverfahren, bei welchem mit Positronenemittern markierte Pharmaka in den Körper gebracht werden. Ihre Verteilung wird mit Hilfe der entstehenden Vernichungsstrahlung durch außen liegende Detektoren bestimmt.
Psoriasis	s. Schuppenflechte
Radikale	Chemische Substanzen, bei den in den atomaren Schalen ungepaarte Elektronen vorkommen. Sie zeichnen sich in der Regel durch sehr hohe Reakti-

	onsfreudigkeit und dadurch kurze Lebensdauer aus.
SAR	„Specific Absorption Rate", die durch hochfrequente Strahlung pro Zeiteinheit absorbierte Energie, wird als Expositionsmaß verwendet. Übliche Einheit W/kg.
Schuppenflechte	Nicht tumoröse Hauterkrankung, charakterisiert durch stark schuppende, juckende Areale, die auch andere Organe befallen kann. Anderer Name: Psoriasis
SSK	„Strahlenschutzkommission", wissenschaftliches Beratungsgremium der Bundesregierung zu allen Fragen des Strahlenschutzes. Website: www,ssk.de
Stammzellen	Undifferenzierte teilungsfähige Zellen, aus denen durch Differenzierung die Funktionszellen der Organe hervorgehen. Es wird heute davon ausgegangen, dass auch Tumoren über Stammzellen verfügen.
stochastisch	Zufallsgesteuert (Gegenteil: deterministisch)
Teletherapie	Behandlung durch externe Strahlenquellen.
Terahertz-Strahlung	Elektromagnetische Felder im Terahertzbereich zwischen Infrarot und Hochfrequenzfeldern. Frequenzbereich 3×10^{11} bis 3×10^{12} Hz. Wird auch dem „fernen Infrarot" zugerechnet.
Tinea capitis (Kopfpilz)	Durch Fadenpilze (Dermatophyten) verursachte infektiöse Erkrankung der behaarten Kopfhaut, die vor allem bei Kindern vor der Pubertät auftritt.
Trisomie 21	Anomalie der Chromosomenzahl durch ein zusätzliches Chromosom 21, führt zum klinischen Bild des „Down-Syndrom" (früher als „Mongolismus" bezeichnet)
UNSCEAR	„United Nations Scientific Committee on the Effects of Atomic Radiation", Beratungsgremium der Vereinten Nationen zu Fragen des Strahlenschutzes, besteht aus von Regierungen entsandten Wissenschaftlerdelegationen, kommt regelmäßig (üblicherweise einmal jährlich in Wien) zusammen. publiziert umfangreiche Berichte zu wissenschaftlichen Fragen des Strahlenschutzes, die auch im Internet abrufbar sind. Website: www. unscear.org
UTMS	s. Mobilfunkfrequenzen
van Allen belts	Strahlungsgürtel um die Erde, welche aus vom Magnetfeld eingefangenen geladenen Teilchen der kosmischen Strahlung bestehen, benannt nach ih-

	rem Entdecker, dem amerikanischen Physiker James van Allen (1914-2006)
Vernichtungsstrahlung	Die bei der Vereinigung von Elektronen und Positronen entstehende elektromagnetische Wellenstrahlung mit einer Energie von 511 keV.
WHO	„World Health Organisation", Weltgesundheitsorganisation, Einrichtung der Vereinten Nationen mit Sitz in Genf. Website: www.who.int
Wirkungsgrad	Das Verhältnis von gewonnener zu aufgebrachter Energie bei Umwandlungsprozessen.
WLAN	s. Mobilfunkfrequenzen
Zentromere	Die Ansatzpunkte der Spindelproteine, welche die Verteilung der Chromosomen auf die Tochterzellen bei der Mitose sicherstellen.
Zytoplasma	Inhaltsstoffe und Strukturen der Zelle außerhalb des Zellkerns

Index

a

Aberrationen 183 ff
Abschirmung 105, 227
Abschwächung 31
Absorption
– DNA 175
– Körperbestrahlung 33 f
– Photosensibilisatoren 177
– Röntgenstrahlung 172
Absorptionsspektrometrie 213
Abwehrmechanismen 28
Adenin 24
Aerosole 153
After-loading-Brachytherapie 127
Akne 131
aktinische Keratosen 132
Aktionsspektroskopie 175
Aktivität
– Atemluftaufnahme 152
– ionisierende Strahlen 39
– Messung 201
– natürliche Strahlung 148
akute Strahlenschäden 243–253
– Sonnenstrahlung 86
akutes Strahlensyndrom (ARS) 65, 250
ALARA-Prinzip 229
alltägliche Strahlenbelastung 162
Alphastrahler 147–153
Alphateilchen
– elektromagnetische Wellen 7
– Energieübertragung 172
– Strahlenwichtungsfaktoren 230
Alphazerfall 11
Alternativerklärungen (analogy) 224
Aminosäuren 20
Anaphasenbrücke 185
angeregter Zustand 35
Angerkamera 52
Anodenmaterial 169

Antikörper 128
Antimaterie 12
Antineutrino 12
Apoptose 25
– Reparatursysteme 200
– Zellveränderungen 180
Äquivalenzdosen
– Flughöhen 150
– ionisierende Strahlen 38
– Strahlenschutz 229
Arteriografie 155
arteriovenöse Malformationen (AVM) 124, 130
Arthritis/Arthrosen 130, 133
Assoziationen 217
Ataxia telangiectasia 199
Atemluft 138, 151 f
ATM/ATR Gen 200
Atombombe 71 f
Atomgesetz 234
attributables Strahlenrisiko 77, 221
Auflösungsvermögen 213
Aufnahmeorgane 151
Augen 63–69, 231
– Sonnenstrahlung 86, 92
– Strahlentherapie 125
– Tschernobyl 252
– Zellveränderungen 181; siehe siehe auch Linsen, Katarakte
Ausbreitungsgeschwindigkeit 3
Ausscheidung 136
azentrisches Chromosomenfragment 184

b

Bakterien 140
Basalzellenkarzinom (Basaliom) 93, 132
Basenexzisionsreparatur 197
Basisfunkstationen 107
Baubiologe 165

Becquerel 11, 38, 138
benigne Tumoren 28, 78; siehe siehe auch Tumoren, Krebs
Bergamotteöl 91, 131
beruflich Exponierte siehe Exposition
Bestrahlung, (Therapie) 121 ff, 191
Betastrahler 126, 147
Betazerfall 12
Bevölkerungsgruppe 161, 222; siehe siehe auch Population, Referenz, Standard
Bewegungsgeschwindigkeit 59
Bindungsenergie 170
Biodosimetrie 79, 214
Biokatalysatoren 22
Biologie 19–30
biologische Halbwertszeit 137
biologische Strahlungsmessung 203
biologischer Gradient 224
Biomoleküle 19, 33
Blattgemüse 138
Blaulichtgefährdung (blue light hazard) 99
Bleiisotope 147
Bleischürzen 227
blutbildende Systeme 26, 64, 78
Blutgefäße 48, 136
Blutplättchen siehe Thrombozyten
Boder-Sedgwick-Syndrom 199
Brachytherapie 121, 126
Bradford-Hill-Kriterien 224 f
Bräunungsbeschleuniger 91
Bremsstrahlung 167
Brightness-Mode 59
Brust 78
– Brachytherapie 126
– Gewebewichtungsfaktoren 231
Brustkrebs
– Magnetresonanztomographie 57
– Reparatursysteme 199
– Strahlentherapie 121
bulky lesions 182
Bundesministerium für Umwelt, Naturschutz, Reaktorsicherheit (BMU) 227

c

C-60 Lebensmittelbestrahlung 140
Caesium 15
– Fukushima 253
– Lebensmittelgrenzwerte 139
C-Bogen 47, 213
charakteristische Röntgenstrahlung 167; siehe auch Röntgenstrahlung
chemische Strahlungsmessung 203, 213
Chromophoren 176 ff

Chromosomen 23
– Aberrationen 203, 214
– Brüche 79, 183 ff
chronisch-myeloische Leukämie (CML) 186
Clostridium botulinum 142
Cockayne-Syndrom 199
Compton-Effekt 170
Computertomographie 44, 49, 123, 156
Coulombsches Gesetz 2, 10, 21, 36, 205
Cumarine 131
Curie 11, 58
Cytoplasma 21

d

Definitionen 1–19
Deletion 184 ff
Depressionen 99, 132
Derivat 8-Methoxypsoralen (8-MOP) 131
Desoxyribonukleinsäure siehe DNA
Desoxyribose 24
deterministische Effekte 63, 231
Deutschland
– gemeldete Ereignisse 243
– Strahlenschutz 233
Diathermie 32, 37, 133
Dichte 33
Dicke 33
dielektrische Relaxation 143
Differenzierung (Zellen) 25
digitale Radiographie 47
Dipoleigenschaften 21, 36
dizentrische Chromosomen 185 f
DNA (deoxyribonucleic acid) 22 ff
– damage response (DDR) 200
– Mobilfunkkommunikation 112
– PUVA 131
– Strahlenrisiken 62
– Zellveränderungen 179 ff
dominante genetische Eigenschaft 70
Doppelhelix 22
Doppelkontrast-Röntgendiagnostik 48
Doppelstrangbrüche (DSB) 182, 197
Dopplersonographie 58 f
Dosen 37, 138
– Energieübertragung 173
– Fukushima 255
– gastrointestinale 66 f
– Hiroshima 73 f
– Kohortenstudien 222
– medizinische Expositionen 157
– Messung 201
– Strahlenrisiken 62–68
– Strahlentherapie 121 ff

Down Syndrom 183
dunkler Hauttyp 88
Durchblutungsstörungen 53
Durchdringungsvermögen
– Körperbestrahlung 32 ff
– Röntgendiagnostik 45
– Strahlentherapie 122
Durchfall 65
Durchleuchtungen siehe Röntgendiagnostik

e
Echoortung 17, 104
effektive Dosen
– Fukushima 256
– ionisierende Strahlen 38
– Strahlenschutz 231; siehe auch Dosen
effektive Halbwertszeit 137
Eier 138
Eigenfrequenzen 35
Eindringtiefe 31 ff
– Hochfrequenzfelder 103
– Sonnenstrahlung 86
– Terahertzstrahlung 36, 101
Einheiten (Expositionsmaße) 37
Einheiten (SI) 2
Einstein 4, 12, 171
Eisensulfat-Dosimetrie 213
Eiweiße 20
elektrische Felder 116
elektrische Strahlungsmessung 203 f
Elektro(hyper)sensibilität 114
elektromagnetische Wellen 3–18
– niedriger Frequenz (ELF) 36, 40
– Strommasten 103
Elektronen 2, 21
– Körperbestrahlung 31
– Photonenstrahlung 167
– Strahlentherapie 122
– Strahlenwichtungsfaktoren 230
Elektronengeneratoren 172
Elektronenlinearbeschleuniger 122
Elektronenspinresonanzmessung 79
elektronische Anregungen 175
Elektrosmog 103, 163
elektrostatische Abstoßung 10
Elementarteilchen 11
Embryo 27, 81; siehe siehe auch Schwangerschaft
Empfindlichkeit
– Biodosimetrie 215
– Festkörperdetektoren 213
– Ionisationskammer 205; siehe auch Organempfindlichkeit

endoplasmatisches Retikulum 22
Energie
– Barrieren 35
– Deposition 179
– Messsung 202
– optische Strahlung 39
– Röntgenröhre 169
– Strahlung 4
– Übertragung 172
Entaartung 62
Enzymreaktionen 22, 33
Epidemiologie 217–226
Epilation 64
epitheliale Hauttumoren 93 f
Erbium-169 Radiosynoviorthese 130
Erbkrankheiten 62, 68, 252; siehe siehe auch genetisches Risiko
Erblindung 93
Erderwärmung 9
Erdstrahlen 163
Erholungsvermögen 124; siehe siehe auch Reparatur
Erkrankungen
– Kohortenstudien 222
– Nicht-Krebs 129; siehe siehe auch Krebs, Leukämie
Ernährungstrakt
– Röntgendiagnostik 155; siehe siehe auch Magen
Erneuerungsgewebe 64, 180
ernster Unfall/Störung 243
Erwärmungen 105
erythemwirksame Bestrahlung 89 f, 100, 240
Erythrozyten 26, 64
Erzeugung (Strahlung) 6, 167–178
esoterische Strahlenquellen 163
excess absolute/ relative risk (EAR/ERR) 220
Experimente (Bradford-Hill-Kriterium) 224
Exposition 37
– beruflich 235
– Brachytherapie 126
– Bradford-Hill-Kriterien 225
– Computertomographie 50
– Epidemiologie 220
– Fukushima 255
– Hiroshima 71
– Ingestion/Inhalation 151
– medizinische 155 f
– natürliche Strahlung 145
– Radioaktivität 138
– Strahlenrisiken 62
– Strahlenschutz 235
– zelluläre Endpunkte 187

extrem niedrige Frequenz (ELF) 5, 9
Exzisionsreparatur 196

f

Fall-Kontroll-Studien 223
Faraday-Käfig 32
Färbung (Chromosomen) 215
Fehler (Bradford-Hill-Kriterien) 224
Fehlpaarungsreparatur 197
Fernsehsender 103 ff
Fertilitätsstörungen 68 ff
Festkörperdetektoren 47, 203, 212
Filmdosimeter 203, 211
Fisch 138
Fleisch 138
Flugreisen 150
Fluor-18 53
Fluorchlorkohlenwasserstoffe (FCKW) 7
Fluoreszenz 35
Fluoreszenz-in-situ-Hybridisierung (FISH) 23, 186
Flussdichte 40
Fortpflanzung 27
Fotoeffekt 170, 209
fotografische Schichten 46
Fötus 170, 237
Frequenzen 3 ff
– Körperbestrahlung 32 ff
– Mikrowellen 116, 143
– Photonenstrahlung 167
– Strahlenschutz 239
– Strahlentherapie 133
– Ultraschall 17, 58
Frühschäden 63
Fukushima 253 ff
Füllhalterdosimeter 207
Funkmasten 107
funktionelle Strahlendiagnostik 51
Furocumarinen 91

g

galaktisches Feld 149
Gamma Knife 124, 130
Gammastrahlen 6, 15, 51
– Brachytherapie 126
– Bradford-Hill-Kriterien 225
– Energieübertragung 174
– Hiroshima 72
– Ingestion/Inhalation 153
– Körperbestrahlung 31 f
– Strahlentherapie 51, 122
Ganzkörperexposition 65 ff
Ganzkörper-Specific Absorption Rate 239
Gardner-Hypothese 159
gastrointestinale Dosen 66 f
Gebärmutterhals 126
Gefährdungspotenzial 217
Gefahren
– Hochfrequenzfelder 105–133
– ionisierende Strahlung 6, 61–84, 127
– Lebensmittelkontamination 139–144
– Mobilfunk 106
– optische Strahlung 35 ff, 41, 175, 179–200, 240
– Radar 104
– Sonnenstrahlung 63, 85–101
– Strahlendiagnostik 43 ff
– UV-Strahlung 7, 41, 87–101, 131, 141, 175, 179–200; siehe siehe auch Risiko, gesundheitliche Wirkungen
Geiger-Müller-Zählrohr 203, 206
Gelenksdiagnostik 57
genetische Information 20, 24, 62
genetisches Risiko 69, 231
Genomreparatur 195
Genomschäden 179
genotoxische Wirkungen 112
Gesundheit/Indikatoren 19, 219
gesundheitliche Wirkungen 113
– berufliche Exposition 80
– Handys/Mikrowellen/Strommasten 103–120
– Hiroshima/Nagasaki 71 f
– ionisierende Strahlung 61
– nukleare Zwischenfälle 243–256
– Sonnenstrahlung 85
– Strahlenschutz 240 f
– Umweltstrahlung 144–166
– UV-Strahlung 80
– Zellen 179–200
Getreideprodukte 138
Gewebe 25
– Strahlentherapie 123
– Regulation 62
– Wichtungsfaktoren 231
Gewürze 141
Glasdosimeter 203, 211
Glasuren (Uransalz) 162
Gliomen 109
Glukose 53
Glutathion (GSH) 194
Goldstandard (Kohortenstudien) 80, 109, 222
Gonaden 231
Gradientenfeld 56
Granulozyten 26, 64
Grauer Star siehe Augenkatarakte

Gray (Gy) 37, 66 f, 202, 229
Greaves-Hypothese 161
greenhouse effect 9
Grenzwerte
– elektromagnetische Felder 239
– ionisierende Strahlungen 237; siehe siehe auch Organgrenzwerte, Iodgrenzwerte etc.
grundlegende Strahlenschutz-Verfahren 228 ff
Grundzustand 35
GSM-Netze 107
Guanin 24
Guidelines (ICNIRP) 238

h

Haarverlust 64
Halbwertsschichten 31
Halbwertszeit
– Lebensmittel 135
– Nuklearmedizin 52
– primordiale Radionuklide 146 f
– Teilchenstrahlen 11
Hämatophyrinderivat 132
hämatopoetisches Syndrom 65
Hämatoporphyrinderivate 177
Handys 9, 103–120
Harnblase 78, 231
Häufigkeitsanteile 51
Haut
– Brachytherapie 126
– Gewebewichtungsfaktoren 231
– Körperbestrahlung 31
– Schwellendosen 69
– Sonnenstrahlung 86
– Strahlenrisiken 64
– Strahlentherapie 131
– Zellveränderungen 180
Hautkrebs; siehe siehe auch Tumoren, Basalzellenkarzinom, Plattenepithelkarzinom
– Solarien 98
– Sonnenstrahlung 89, 93–101
– Spätwirkungen 93 ff
– UV-Strahlung 131
– weißer 29, 93
– Xeroderma pigmentosum 198
Hauttypen 88
healthy worker effect 223, 225
Heilen (Strahlentherapien) 121–134
Heilwässer 136
Herddosen siehe Dosen
Herpes-simplex-Virus 92
Herz-Kreislauf-Erkrankungen 81

Hirntumoren 108, 113; siehe siehe auch Tumoren
Hiroshima 71 f
Histonen 23
Hitzestar siehe Katarakt
Hochfrequenzfelder 5, 103
– Magnetresonanztomographie 55
– Strahlenschutz 238
– Strahlentherapie 133
Hochfrequenzwellen 36, 39
Höhenstrahlen 149
hormonelle Regulationsprozesse 27
Hyperthermie 133

i

image guided radiotherapy (IGRT) 123
Immunsuppression 65
Immunsystem 26
– Sonnenstrahlung 92
– Strahlenrisiken 65
indirekter Strahleneffekt 34
Induktion, Tumoren 27
Infrarotstrahlung (IR) 7 ff
– Körperbestrahlung 31–35
– Saunen 100
– Sonne 85, 100
Infraschall 17
Ingestion /Inhalation 136 f, 151
initiale DNA-Veränderungen 181
Initiation, Tumoren 27
innere Exposition 136 f, 151
Intensitäten 4
intensitätsmodulierte Strahlentherapie (IMRT) 123
Interkalation 131
International Commission on Non Ionising Radiation Protection (ICNIRP) 16
International Nuclear Event Scale (INES) 243
Internationale Kommission für Strahlenschutz (ICRP) 227–240
INTERPHONE Study 109
Inzidenz 219
Inzision 196
– Messsung 202
– Strahlenwichtungsfaktoren 230; siehe siehe auch Dosen
Ionentherapie 121–127
Ionisationskammer 203 f
ionisierende Strahlung 4 ff, 32–37, 167
– Energieübertragung 173
– Heilen 122–134
– Messsung 201–216
– Strahlenrisiken 62

– Strahlenschutz 228 ff
– Zellveränderungen 179
Isotope 11, 135
Isozentrum 123

j

jährliche Krebs-Neuerkrankungsraten 29
Jetlag 132
Jod
– Anreicherung 136
– Ingestion/Inhalation 152
– Lebensmittelgrenzwerte 139
– Prophylaxe 140
Jod-131
– Fukushima 253
– Nuklearmedizin 52
– Radionuklidtherapie 127

k

Kalium-40
– Ingestion/Inhalation 152
– Lebensmittel 135
– natürliche Strahlung 147
Kalorimetrie 203
Kalziumgehalt 47
kardiozerebrale Dosen 66
Kartoffeln 138
Karyogramm 23
Karzinogenese 27
– Gewebewichtungsfaktoren 231; siehe siehe auch gesundheitliche Wirkung
Katalysatoren 22
Katarakte 69, 231
– Hitze- 100
– Hochfrequenzfelder 105
– Sonnenstrahlung 93
– Strahlenrisiken 63
– Strahlenschutz 231
– Tschernobyl 252
katastrophaler Unfall 243
Kavitationen 36
Keime 140
Keimzellen 62, 68
keltischer Hauttyp 88
Keratoconjunctivitis 92
Kernenergie
– Strahlenbelastung 145, 158
– Strahlenzwischenfälle 248
Kernladungszahlen 10
Kernphotoeffekt 140
Kernspaltung 15
Kernspin 55
Kernwaffenproduktion 248

Kieferuntersuchungen 44
Kinderkrebs (KiKKStudie) 160
Kinder-Leukämie 159
Kinlen-Hypothese 161
klassische Röntgendiagnostik 44
Klystrons 104
Knochenaufbau 87
Knochendichtemessung 48
Knochenmark 64 f
– Gewebewichtungsfaktoren 231
Kobalt-60 15, 121
kohärente Strahlung 101
Kohlenhydrate 20
Kohortenstudien 222
Koinzidenzapparatur 54
Kolonienbildungsfähigkeit 180, 189
Konfidenzintervalle 221
konformale Strahlentherapie 123
konservatives Strahlenschutz-Vorgehen 230
Konsistenz (Bradford-Hill-Kriterium) 224
kontaminierte Lebensmittel 138
Kontrastmittel 48
Körper
– Scanner 8, 101
– Sonnenstrahlung 86
– Strahlendiagnostik 43–60
kosmische Strahlung 12
kosmogene Nuklide 146, 151
Kräuter 141
Krebs 28
– embryonale Induktion 83
– Mobilfunkkommunikation 107
– Strahlenrisiken 71
– Strahlenschutz 231
– Strahlentherapie 123
– Tschernobyl 252
– Zellveränderungen 180; siehe siehe auch Hautkrebs
Kristallschwingungen 58
Kurzwellentherapie 133

l

Langzeiteffekte
– Hochfrequenzfelder 112
Langzeiteffekte
– ionisierende Strahlung 129
– Sonnenstrahlung 87
– Tschernobyl 252; siehe siehe auch Spätwirkungen, Latenzzeiten
Larmor-Frequenz 56
Laser 9, 101
Lasermedizin 132
Läsionen (DNA) 182

Latenzzeiten 66
– Hiroshima 75
– Mobilfunk 108
– Tumoren 28
Lebensdauern (Körperzellen) 25
Lebensmittelbestrahlung 135–144
Lebenszeitdosis 237
Lebenszeitstudie (Life Span Study) 72–81
Leber 25, 231
Lederhaut 87
LEDs (light emitting diodes) 99
– Lebensmittelbestrahlung 142
– Strahlentherapie 132
Leitlinien, ICNIRP 238
Letaldosis 69
Leuchtfarben 163
Leukämie 29
– chronisch-myeloische (CML) 186
– Hiroshima 73 f
– Hochfrequenzfelder 106
– Immunsuppression 65
– Kernenergie 159
– Radio/Fernsehsender 106
– Stromversorgungsleitungen 117
– Tschernobyl 252
Leukozyten 26, 65
Licht 31–35; siehe siehe auch sichtbare Strahlung
Lichtdermatosen 92
Lichtmangel 99
Lichtschutzfaktoren (LSF) 91
Lichttherapie 132
Life Span Study 223
Ligase 196
Light amplification by stimulated emission of radiation (LASER) 9, 101
Light Emitting Diodes (LEDs) 99
– Lebensmittelbestrahlung 142
– Strahlentherapie 132
Linearbeschleuniger (Linacs) 122, 169, 204
Linsentrübungen 63, 252; siehe siehe auch Auge, Katarakte
Lippenbläschen 92
Longitudinalwellen 17
Louis-Bar-Syndrom 199
luftäquivalentes Material 205
Lumineszenz 211
Lunge
– Gewebewichtungsfaktoren 231
– Ingestion/Inhalation 137, 153
– Krebs 75 ff, 130, 153 f, 224
– medizinische Expositionen 126, 157
– Strahlenrisiken 78

lymphatische Leukämien 29
Lymphbahnverteilung 136
Lymphozyten 64, 203, 215
Lynch-Syndrom 199

m

Machbarkeitsstudien 221
Magen-Darm-Trakt
– Gewebewichtungsfaktoren 231
– Röntgendiagnostik 48
– Strahlenrisiken 64
– Zellveränderungen 180
Magnetfelder
– Hochfrequenzwellen 36
– Magnetresonanztomographie 55
– Stromversorgungsleitungen 116
Magnetresonanztomographie (MRT) 44, 55 f, 119, 238
Magnetrons 104
Makromoleküle 20
makroskopische Energieübertragung 172
Makula-Degeneration 132
maligne Tumoren 28
malignes Melanom 95 f
Mammakarzinom 121
Mammographie 155, 171
Masten (Strom) 116
matching 223
Mausergewebe 64
mediterraner Hauttyp 88
medizinische Expositionen 145, 155 f
Mehrstadienmodell 27
Mehrzeiler 49
Melanin 89
Melanome 93 f, 199
Melanopsin 99
Melanozyten 89
Melatonin 99, 132
Membran 20
Meningiome 108
Messungen/Messgrößen 37, 40, 201–216
Metabolite 33
metallhaltige Tätowierungen 119
metallische Implantate 57
Metastasen 28, 78
– Positronen-Emissions-Tomographie 53
– Radionuklidtherapie 127
Mikrokerne 184
mikroskopische Energieübertragung 172
Mikrowellen 5, 9,
– Körperbestrahlung 32, 36 ff
– Lebensmittelbestrahlung 142
– Therapie 133

Mikrowellenherde 9, 103, 116–120
Milch 138
Mineralwässer 136
minimale Erythemdosis (MED) 89
Mischhauttyp 88
mitochondriale Metabolitproduktion 33
Mitose 23, 183
mittlere letale Dosis (LD$_{50}$) 66, 69
Mobilfunk 5, 9, 103 ff
modifizierte Strahlenwirkungen 191
Molekularbiologie 61, 176
molekulare Körperzusammensetzung (menschlich) 19
Monozyten 26, 65
Morbidität siehe Todesfälle, Mortalität
morphologisch-anatomische Fehlbildungen 82
Mortalität 77, 97
Multileaf-Kollimatoren 123
Multiorganversagen 66
Multiplyer 208
Mutationen 27, 62–69
– Ingestion/Inhalation 153
– Mobilfunk 112
– Zellveränderungen 180, 187 f
Muttermale 95
Muttermilch 138
Myonen 149

n
Nacktscanner 101
Naevi 95
Nahrung 151; siehe siehe auch Lebensmittel
natürliche Strahlenquellen 145–168
Nekrose 25
neoplastische Transformation 28
– Zellveränderungen 180, 190
– Ingestion/Inhalation 153
Nettonutzen 229
Netzhaut 93, 99
Neurodermitis 131
Neutronen 10, 15
– Hiroshima 72
– Körperbestrahlung 31 f
– Strahlenwichtungsfaktoren 230
nicht-homologe Wiederverbindung 197
nicht-ionisierende Strahlen 238
Nicht-Krebs-Erkrankungen 129
nicht-lineare Strahlungseffekte 5
nicht-nukleare Strahlenzwischenfälle 245
Nidation 81
Niederfrequenzfelder 238
Nieren-Harn-Trakt 48

Non-Hodgkin-Lymphom 128
nordischer Hauttyp 88
Nucleus suprachiasmaticus 99
nukleare Strahlenzwischenfälle 248
Nuklearmedizin 44, 51 f, 157
Nukleinsäuren 20, 182
Nukleobasen 20
Nukleotiden 22
Nukleotid-Exzisionsreparatur (NER) 196

o
Obst 138
odds ratio 223
ökologische Studien 222
Onkologie 53; siehe siehe auch Krebs
Optimierung, Strahlenschutz 233
optische Strahlendosen-Messung 203, 208
optische Strahlung 31, 35, 175
optisches Skalpell 133
Ordnungszahl 33, 47
Organdosen/-empfindlichkeiten 78, 231, 237
Organe/-schäden 25, 63, 180
Organogenese 81 f
Osteoporose/Osteodensitometer 47
Ozonschicht 7 ff, 85

p
Paarbildung 170
Pathologie 62
Pedoskope 162
Philadelphia Chromosom 186
Photochemie 175
photodynamische Therapie (PDT) 122, 132, 177
photoelektrischer Effekt 170, 209
photografische Schichten 46
Photolyase 196
Photonenstrahlung 5, 10, 167
– Bradford-Hill-Kriterien 225
– Körperbestrahlung 32
– Strahlentherapie 122
– Strahlenwichtungsfaktoren 230
Photoreaktivierung 196
Photoretinitis 99
Photosensibilisatoren 35, 132, 177
Phototherapie 131 f
phototoxische Substanzen 91
physikalische Halbwertszeit 137; siehe siehe auch Halbwertzeit
physikochemische Reaktionen 179
Phythämagglutinin 186
piezoelektrischer Effekt 17, 58
Pigmentierung 89, 95

Pilze 140
Plancksches Wirkungsquantum 4
Plattenepithelkarzinom 93 f
Plausibilität (Bradford-Hill-Kriterium) 224
Plutoniumgrenzwerte 139
Polarität 55
Polonium-210 148, 152
Populationsgröße 219
Porphyrinring 132
positiver Nettonutzen 229
Positron 12
Positronen-Emissions-Tomographie (PET) 14, 44, 52 ff, 123, 157
potenzielle Gefährdung 222
Power 221
Präimplantationsphase 81 f
Pränataldiagnostik 59
Prävalenz 219
Präzession 55
primordiale Radionuklide 146
Prodomalphase 66
Progression/Promotion 28
Proliferation 27
Prophylaxe 140
Prostata 126
Protein p53 200
Proteine/-gerüst 20, 182, 197 ff
Protonen 7–15
– Energieübertragung 172
– Strahlentherapie 125
– Strahlenwichtungsfaktoren 230
Psolaren (PUVA) 91, 131
Psoriasis 131 f
psychische Symptome 114
Pyrimidindimere 183, 196

q
Quanten 9 f, 167
Quecksilberstrahler 142
Quelle-Detektor-CT-Anordnung 49
Quellterm 72

r
Rachitis 87
Radar 9, 104
Radiästhesie 163
radiation absorbed dose (rad) 202
Radiation Effects Reserach Foundation (RERF) 72
Radikale 33 ff
– Strahlendosen-Messung 213, 216
– Strahlenrisiken 79
Radikalfänger 99, 193

radioaktiv markierte Nuklide 127
radioaktiver Zerfall 11, 201
Radioaktivität 10 ff, 38
– Fukushima 256
– Lebensmittel 135–140
– natürliche Strahlung 145
radiochrome Folien 213
radiochrome Materialien 203
Radioimmuntherapie 128
Radiokohlenstoff C-14 151 f
radiologische Diagnostik 156 f; siehe siehe auch Röntgen, medizinische Exposition, Strahlendiagnostik
Radiomimetika 185
Radionuklide
– Brachytherapie 126
– Fukushima 253
– Lebensmittel 138
– natürliche Strahlung 145 f
– Nuklearmedizin 52, 127
Radiosender 103 ff
Radiosynoviorthese 130
Radiowellen 9, 32
Radium
– natürliche Strahlung 147
– Strahlentherapie 121
– Zifferblätter 162
Radon
– Ingestion/Inhalation 152
– natürliche Strahlung 147
– Therapie 130
reactive oxygen species (ROS) 33; siehe siehe auch Radikale
Reaktorbrand 250
Rechtfertigung (Strahlenschutz) 233, 236 f
Referenzperson 138
Reflexion 58
Regelungen (Deutschland), Strahlenschutz 240
Regeneration 27
relative biologische Wirksamkeit (RBW) 187, 229
relative Organempfindlichkeiten 231; siehe siehe auch Organdosen, Strahlenwichtung, Gewebewichtungsfaktoren
Relaxation/Reorientierung 56
Reoxygenierung 124
Reparaturprozesse 191, 195, 216
Replikation 183
Repräsentativität (selection bias) 225
Resistenz siehe Strahlenresistenz
Resonanzen 35 f, 104
Restitutionsvorgänge 64

Retinopathie 93
reversible Schadenstypen 62
Rezeptormoleküle 22
rezessive genetische Eigenschaft 70
Rhenium-186 130
Risiko
– Bradford-Hill-Kriterien 225
– Epidemiologie 217 ff
– Strahlenschutz 233; siehe siehe auch Gefahren, gesundheitliche Wirkungen
Röntgenbremsstrahlung 167
Röntgendiagnostik 44 ff, 155
– Computertomographie 49 f
– Strahlendosen-Messung 212
– zivilisatorische Strahlung 145
Röntgenpass 157
Röntgenstrahlen 6, 167
– Bradford-Hill-Kriterien 225
– Energieübertragung 174
– Körperbestrahlung 31 f
– Strahlenschutzverordnung 234
– Strahlentherapie 122
Rotationen (IR) 175
Rutengänger 163

S
Sauerstoff 21
Sauerstoffeffekt 123 f, 195
Schädigungsvermögen 172
Schallfeldstärken 36
Schallwellen 58
Schichtenaufnahmen 49, 57
Schilddrüse
– Funktionsdiagnostik 51
– Gewebewichtungsfaktoren 231
– Krebs 140
– medizinische Expositionen 157
– Radioaktivität 136
– Radionuklidtherapie 127
– Strahlenrisiken 79
– Tschernobyl 251
Schlafstörungen 114, 132
Schmerzbehandlung 130
Schneeblindheit 92
Schulterkurve 187
Schuppenflechte 131 f
Schutzmechanismen 191
Schwangerschaft 27, 81, 89, 235
schwarzer Hautkrebs 93 ff
schwarzer Hauttyp 88
Schwellendosen 62 ff
– Gewebewichtungsfaktoren 231
– mittlere Letaldosis 69

– Schwangerschaft 82
– Sonnenstrahlung 89
schwerer Unfall 243
Schwerionentherapie 125
Schwingungen (IR) 175
Sekundärelektronengleichgewicht 173, 205
Sellafield 1589
Sensibilisatoren 193
sichtbare Strahlung (Licht) 3
– elektromagnetische Wellen 5
– Körperbestrahlung 35
– Sonne 99
– Strahlentherapie 131
SI-Einheiten 2
Sievert (Sv) 38, 138, 207, 230
Signifikanz 217
Singulett-Sauerstoff 132
Skelett Expositionen 157
solar particle events 149
Solarien / Sonnenstudios 97
Sonnenaktivität 149
Sonnenbrand siehe Erythem, gesundheitliche Wirkungen
Sonnenschutzmittel 91
Sonnenstrahlung 7, 85–102, 149
Sonographie 2, 16, 32–44, 58 f; siehe siehe auch Ultrschall
Sonolumineszenz 37
Spaltprodukte 249
Spätwirkungen
– Hiroshima 75
– Sonnenstrahlung 93
– Strahlenrisiken 63, 69, 81
– Strahlentherapie 129
– Tschernobyl 251
– Zellveränderungen 181; siehe siehe auch Latenzzeit, Langzeit
Specific Absorption Rate (SAR) 40, 239
Speicherfolien 47, 211
Speicherradiografie 203
Spektrum
– Gammastrahlen 16
– IR 9, 100 f
– Laser 101, 132
– optische Strahlen 39, 175, 239
– Photosensibilisatoren 132, 177
– Röntgenstrahlung 168
– Sonne 8, 85–93, 99
– Strahlendiagnostik 44, 58
– UV 7, 35, 182
– Wechselwirkungen 175
– Weltraumstrahlung 149; siehe siehe auch Absorption

Spermienzahlen 68
spezifische Aktivität 39
Spezifität, Bradford-Hill-Kriterien 224
Spin, Magnetresonanztomographie 55
Spiral-Computertomographie 49
spontaner Hintergrund 219
Stabdosimeter 203, 207
Stammzellen 25, 63 ff
standardisierte Normalbevölkerung 75
Stärke (strength), Bradford-Hill-Kriterien 224
starke Wechselwirkung 10
stereotaktische Strahlentherapie 124
Sterilisation
– Lampen 92
– Lebensmittelbestrahlung 142
stochastische Prozesse 63
Störfaktoren (Confounder) 225
Störfall /Störung 243
Strahlenabort 83
Strahlenbelastung
– Flugrouten 151
– Ingestion/Inhalation 151
– medizinische Expositionen 157; siehe siehe auch Exposition
Strahlenbiologie 61 ff, 176
Strahlenchemie 34
Strahlendiagnostik 43–60, 236
Strahlendosen-Messung 201–216
Strahlenerytheme 64
Strahlengürtel (Erde) 149
strahleninduzierte Chromosomenveränderungen 183
strahleninduzierte Radikale 213, 216
Strahlen-Krebs 71; siehe auch Krebs
Strahlenquellen 121
Strahlenresistenz
– Lebensmittelbestrahlung 140
– Strahlenrisiken 64
– Strahlentherapie 121–126
– zelluläre Endpunkte 188
Strahlenrisiken 61–84
Strahlenschutzsubstanzen 193
Strahlenschutz-System/Prinzipien 227–242
Strahlenschutzverordnung 234
Strahlenspektrum (Sonne) 8
Strahlensyndrom
– akutes 65–69
– Erbkrankheiten 199
– Strahlenunfälle 257
– Tschernobyl 250
Strahlentherapie 128, 191
Strahlentod 66, 148
Strahlenwichtungsfaktoren 230

Strahlenzwischenfälle 243–258
Strahlung/-Wirkung 1–18
– Körper 31–42
– Lebensmittel 135–144
– Umwelt 145–168
– Zelle 179–200
Strahlungsverlust 9
Strangbrüche 182
Streuung (Röntgenstrahlung) 172
Strommasten 103–120
Strontium 16, 139
strukturelle Chromosomenaberrationen 184
Studiengüte siehe Power
Studientypen 222
supraleitenden Materialien 56
Symptome 67
Syndrome 65 ff, 199, 250, 257
Szintigraphie 51
Szintillationszähler 52, 203, 208

t

Tattoos 119
Technetium-99m 52, 127
technischen Strahlenschutzmaßnahmen 162, 227
Teilchenstrahlen 3, 10
Teilungsfähigkeit 27, 62 f
– Strahlentherapie 123
– Zellveränderungen 180, 187
Teletherapie 121 f
Temperaturen 57; siehe siehe auch Wärme, Erwärmung, Überwärmung
Terahertzstrahlung 5 ff, 35, 39, 100
Therapiesimulator 123
Thermolumineszenzdosimetrie (TLD) 203, 210
Thorax-Röntgendiagnostik 155
Thorium-232 147
Thoron 147
Three Mile Island (Harrisburg USA) 249
Thrombozyten 26, 64
Thymin 24
Thyratrons 104
Tiefendosiskurve 125, 174
Tochtergeschwülste siehe Metastasen
Todesfälle 78
– Hautkrebs 95
– Strahlenrisiken 76
– Tschernobyl 252
Tokai-Mura 253
Trägerfrequenzen 107, 116
Transformationen, zelluläre 187
Translokationen 79, 184 ff, 216

Transversalwellen 17
Treibhauseffekt 9
Trinkwasser 135–142
Tripeptide 194
Trisomie 21, 183
Tritium 151 f, 163
Tschernobyl 16, 249 ff
Tumoren 27
– Diagnostik 53–57
– Hiroshima 73 ff
– medizinische Expositionen 157
– Nuklearmedizin 51
– photodynamische Therapie 177
– Röntgenröhre 169
– Sonnenstrahlung 93 f
– Strahlentherapie 121 f, 191
– Translokation 186
– Tschernobyl 250 f
– Zellveränderungen 180

u
Überlandleitungen 9
Überlebensfraktion, zelluläre Endpunkte 187–193
Überwärmung 133
Ultraschall 16, 32–44, 58 f
ultraviolette Strahlung(UV) 5 ff
– Erythemwirkindex 90
– Körperbestrahlung 31–35
– optische Strahlung 39
– Sonnenstrahlung 85 f
– Strahlentherapie 131
– Zellveränderungen 179
Ulzerationen 64
UMTS Netze 107
Umweltstrahlung 145–168
Unfälle 243
Ungeborene 63, 81
Uran / Uran-Radium-Zerfallsreihe 72, 147–154
Urknall 12
Uterusdosen 82
uveale Melanome 125

v
van Allen belts 149
Veränderungen
– DNA 175, 182 f, 200
– Organfunktionen 63
– Zelle 179; siehe siehe auch Aberration, Organ-, Chromosom- etc
Verbrennungen 105

Verdauungstrakt 65; siehe siehe auch Magen-Darm
Verfahren, Strahlenschutz 228 f
Verhaltensregeln, Sonnenstrahlung 90
Vernichtungsstrahlung 7, 54, 134
Verstärkerfolien 46
Vertrauensintervalle 221
Verweildauer 138, 152
Verzehrgewohnheiten 138
Verzerrung (Bias) 225
Vinca (Jugoslawien) 248
Vitalitätstests 187
Vitamin D Synthese 86
Vitiligo 131 f

w
Wärmeerytheme 100
Wärmeleitung 143
Wärmestrahlung 9, 100
Wartungstechniker 105
Wasser 19 ff, 34
Wasserstoffbrückenbindung 21
Wechselwirkungsprozesse 32, 167–178
Weichgewebeuntersuchungen 57
weißer Hautkrebs 93 f
Wellen 1–18
Wellenlängen 3 ff
– Hochfrequenzfelder 103
– Mikrowellenherde 116
– Sonnenstrahlung 85
Weltgesundheitsorganisation (WHO) 16, 228
Weltraumstrahlung 146, 149 f
Wichtungsfaktoren 38
Wirbelsäulendiagnostik 57
Wirksamkeit, relative biologische 229
Wirkungen 2
– Fukushima 256
– Hochfrequenzfelder 104
– Röntgenröhre 168
– Sonnenstrahlung 85
– Strahlenrisiken 61
– Zellveränderungen 179; siehe siehe auch gesundheitliche ~
Wismut 153
WLAN 103
Wolfram 123, 169
Wünschelruten 163

x
X-Chromosom 23
Xeroderma pigmentosum 198

y
Y-Chromosom 23
Yttrium-90 130

z
Zahn Röntgendiagnostik 44, 155
zeitlicher Zusammenhang (temporality) 224
zeitliches Bestrahlungsmuster 191
Zellen, -veränderungen 20
– Differenzierung 25
– Erneuerungssystem 26
– Mobilfunk 112
– Physiologie/Pathologie 61 ff
– Proliferation 78
– Strahlenwirkungen 179–200
Zellteilung 25, 180–191
– Doppelstrangbruch 197
– PUVA 131
– Strahlentherapie 123
– Ungeborene 81
– zentrales Nervensystem 65
Zelltod 200
zelluläre Endpunkte 187
zelluläre Strahlenbiologie 179 f
Zentralnervensystem 65, 108
Zentromer 184
zerebrovaskuläre Dosis 67
Zerfallsreihen 10, 147
Zielorgane 136, 151
Zifferblätter 162
zivilisatorische Strahlungsquellen 145, 155 f, 158 f
Zottenzellen 65
Zwischenlager 159